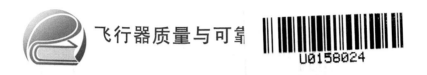

飞行器质量与可靠

U0158024

机械可靠性基础及设计分析与应用

张建国　编著

北京航空航天大学出版社

内 容 简 介

本书围绕机械产品可靠性基础及设计分析与应用的主题,全面系统地介绍了机械产品可靠性相关原理、分析方法及应用。全书共分 10 章,第 1 章绪论主要综述了本书核心内容——应力强度干涉模型和概率设计、机械随机优化设计的起源、发展和现状及机械产品全寿命保证计划;第 2 章介绍了机械故障(失效)统计和可靠性模型相关数学基础,包括机械产品常用的正态分布、对数正态分布、威布尔分布和指数分布、机械可靠性常用参数、失效数据分析;第 3、4、5、6 章囊括了机械系统可靠性建模、故障(失效)率的分配和预计、机械失效机理及分析系统的故障(失效)模式机理及影响分析和故障树分析;第 7 章阐述了机械概率性能设计和典型零部件的概率设计;第 8 章阐述了疲劳寿命计算的概念和相关方法;第 9 章介绍了机械零部件寿命试验设计、统计评估及加速寿命试验;第 10 章介绍了机械维修与可用性。

本书可作为高等院校的安全科学与工程、机械工程、力学、土木工程、航空宇航飞行器设计类等相关专业本科生、研究生的教材,也可供相关领域的教师、科研及工程技术人员学习参考。

图书在版编目(CIP)数据

机械可靠性基础及设计分析与应用 / 张建国编著
. －－北京 :北京航空航天大学出版社,2023.8
　　ISBN　978－7－5124－4121－7

　　Ⅰ.①机… Ⅱ.①张… Ⅲ.①机械设计－可靠性设计
Ⅳ.①TH122

中国国家版本馆 CIP 数据核字(2023)第 130517 号

版权所有,侵权必究。

机械可靠性基础及设计分析与应用
张建国　编著
策划编辑　蔡　喆　　责任编辑　刘晓明

*

北京航空航天大学出版社出版发行

北京市海淀区学院路 37 号(邮编 100191)　http://www.buaapress.com.cn
发行部电话:(010)82317024　传真:(010)82328026
读者信箱:goodtextbook@126.com　邮购电话:(010)82316936
北京富资园科技发展有限公司印装　各地书店经销

*

开本:787×1 092　1/16　印张:27.25　字数:698 千字
2023 年 8 月第 1 版　2023 年 8 月第 1 次印刷　印数:1 000 册
ISBN 978－7－5124－4121－7　定价:85.00 元

若本书有倒页、脱页、缺页等印装质量问题,请与本社发行部联系调换。联系电话:(010)82317024

飞行器质量与可靠性专业系列教材

编委会主任： 林　京

编委会副主任：

王自力　白曌宇　康　锐　曾声奎

编委会委员（按姓氏笔画排序）：

于永利　马小兵　吕　川　刘　斌

孙宇锋　李建军　房祥忠　赵　宇

赵廷弟　姜同敏　章国栋　屠庆慈

戴慈庄

执行主编： 马小兵

执行编委（按姓氏笔画排序）：

王立梅　王晓红　石君友　付桂翠

吕　琛　任　羿　李晓钢　何益海

张建国　陆民燕　陈　颖　周　栋

姚金勇　黄姣英　潘　星　戴　伟

序

  1985 年国防科技界与教育界著名专家杨为民教授创建了国内首个可靠性方向本科专业,翻开了我国可靠性工程专业人才培养的篇章。2006 年在北京航空航天大学的积极申请和原国防科工委的支持与推动下,教育部批准将质量与可靠性工程专业正式增列入本科专业教育目录。2008 年该专业入选国防紧缺专业和北京市特色专业建设点。2012 年教育部进行本科专业目录修订,将专业名称改为飞行器质量与可靠性专业(属航空航天类)。2019 年该专业获批教育部省级一流本科专业建设点。

  当今在实施质量强国战略的过程中,以航空航天为代表的高技术产品领域对可靠性专业人才的需求越发迫切。为适应这种形势,我们组织长期从事质量与可靠性专业教学的一线教师编写了这套"飞行器质量与可靠性专业系列教材"。本系列教材在系统总结并全面展现质量与可靠性专业人才培养经验的基础上,注重吸收质量与可靠性基础理论的前沿研究成果和工程应用的长期实践经验,涵盖质量工程与技术,可靠性设计、分析、试验、评估,产品故障监测与环境适应性等方面的专业知识。

  本系列教材是一套理论方法与工程技术并重的教材,不仅可作为质量与可靠性相关本科专业的教学用书,也可作为其他工科专业本科生、研究生以及广大工程技术和管理人员学习质量与可靠性知识的工具书。我们希望这套教材的出版能够助力我国质量与可靠性专业的人才培养取得更大成绩。

编委会

2019 年 12 月

前　言

机械可靠性设计分析是由机械工程学科中的机械设计理论与统计学中的工程统计学、力学中的固体力学和材料力学等多学科交叉形成的一门新兴学科方向，随着该方向应用研究的逐渐深入和拓展，目前它不仅涉及到材料、信息和自动化，还包括了工程管理等诸多学科领域。随着科学技术的进步，机械产品自身组成日趋复杂精密，其服役环境日趋严苛特殊，外界因素对机械产品功能、性能影响引起的可靠性问题日益突出，如何从设计上保证和提高机械产品可靠性已成为机械产品实现高质量正向设计的核心关键手段之一。

传统的机械产品设计和分析采用的是确定性方法，机械设计分析中涉及到的参数均取为确定值。本书介绍的机械产品可靠性方法涉及工程随机变量统计和概率分析，解决了传统机械设计的确定性理论方法所不能处理的随机统计概率分析问题，同时能有效地提高产品的设计水平和质量，降低产品成本，满足日益突出的机械可靠性设计分析的技术需求及市场竞争对产品质量的要求。

本书系统介绍了机械可靠性设计的基础理论与方法，并融入作者20多年的机械可靠性相关课程的本科教学、研究生教学以及科研成果和工程培训素材，既可满足大学本科生、研究生教学使用，亦可为从事机械可靠性研究的科研人员和可靠性工作的工程技术人员及管理人员提供有益参考。

全书由张建国编写并负责统稿。在编写过程中，参阅了国内外同行的教材、手册及相关文献，除在本书参考文献中列出之外，也在此向这些参考文献的作者致以衷心的感谢！除本书编著者之外，还有在读博士研究生邱继伟、马宇鹏、翟浩、游令非、周霜、范晓铎、黄赢、肖晓琦和硕士研究生吴洁、叶楠、李桥、杜小松等，为本书的绘图、排版及部分例题资料汇编等工作付出了辛勤的劳动，在此表示感谢！

由于编者水平有限，书中难免存在疏漏或不当之处，敬请广大读者不吝批评指正！

作　者
2023 年 6 月

目　　录

第1章 绪 论

1.1 机械产品可靠性的重要性

20世纪早期至中期,可靠性理论和可靠性工程伴随着两次世界大战而逐步发展,特别是第二次世界大战中,飞机成为重要的武器和运输工具,战争中飞机和舰艇的电子设备故障常常导致贻误战机,这促使可靠性设计相关理论得到重视。20世纪中后期,可靠性的研究开始从电子、宇航、航空、核能等工业领域向动力、冶金、化工、电力系统、机械设备、土木建筑等领域拓展,至20世纪末,在人工智能、信息处理、生物和医学等领域也得到了广泛应用。

1.1.1 机械产品失效可能导致灾难性事故

随着现代科学技术的发展,产品(包括机电一体化高科技产品)的结构日益复杂,比如一架大型客机可以包含上千万个零件,功能及结构组成越来越复杂,多性能参数要求越来越高,工作环境更加严酷。"千里之堤,溃于蚁穴",实际工程中一个关键零件的失效,就可能导致事故的连锁反应,对复杂装备和工程系统造成灾难性的后果。

1. 印度博帕尔毒气泄漏灾难

1984年12月3日,美国联合碳化公司(Union Carbide)设在印度中央邦首府博帕尔的农药厂,由于地下储气罐阀门失效,氰化物毒气溢出,造成了一场有史以来最严重的工业灾难,直接致死人数2.5万,间接致死人数55万,永久性残废人数20多万。

1980年,美国联合碳化公司在印度博帕尔农药厂开始自行生产杀虫剂的化学原料——异氰酸酯(MIC),第二次世界大战期间德国法西斯曾用这种毒气杀害大批关在集中营里的犹太人。异氰酸酯被冷却成液态,贮存在3个不锈钢双层储气罐中,重量达45吨之多。为了避免储气罐内温度在夏季烈日曝晒下升高,罐体大部分被掩埋在地表以下,罐壁间装有制冷系统,以确保罐内毒气处于液化状态;万一罐壁破裂,毒气外逸,净化器可中和毒气;假如净化器失灵,自动点火装置可将毒气在燃烧塔上变为无毒气体。

事故当天工人在冲洗设备管道时,凉水不慎流入装有异氰酸酯的储藏罐。几个小时过后,一股浓烈、酸辣的乳白色气体,神不知鬼不觉地从储藏罐的阀门缝隙里冒了出来。美国联合碳化公司对印度博帕尔毒气泄漏事故的全部解释和说明是"罪魁祸首是异氰酸酯,是工人在例行的设备保养过程中无心而为之的结果"。

而早在1982年,一支安全稽查队就曾向美国联合碳化公司汇报,称博帕尔工厂"一共有61处安全危险隐患"。工厂在1984年中期就开始面临停产,并大量削减雇工人数,70多只仪表、指示器和控制装置只有1名操作员管理,异氰酸酯生产工人的安全培训时间也从6个月降到了15天。在博帕尔惨案发生的时候,农药厂生产线上的6个安全系统无一正常运转。厂里的手动报警铃、异氰酸酯的冷却及中和等设备不是发生了故障,就是为了节约成本,将异氰酸酯的冷却系统关闭停运。

2. 美国挑战者号航天飞机灾难

1986 年 1 月 28 日,美国东部时间上午 11 时 39 分(格林尼治标准时间 16 时 39 分),挑战者号航天飞机在美国佛罗里达州的肯尼迪航天中心发射升空。升空后,因其右侧固体火箭助推器(SRB)的 O 形环密封圈失效,毗邻的外部燃料舱在泄漏出的火焰的高温烧灼下发生结构失效,导致高速飞行中的航天飞机在空气阻力的作用下于发射后的第 73 s 解体。灾难发生准确时间是发射后的第 $T+73.162$ s,航天飞机在 14.6 km(48 000 ft)的高度上开始解体,挑战者号的残骸散落在大海中,留下了人类航天历史上至今挥之不去的痛苦记忆。后续的航天飞机计划停滞 32 个月。

发射当天的天气预报说 28 日清晨非常冷,气温接近 31 ℉(-0.5 ℃),这是允许发射的最低温度。过低的温度令制造与维护航天飞机 SRB(Soild Rocket Booster)部件的工程师感到担心,27 日晚,部分工程师再次表达了对密封 SRB 部件接缝处的 O 形环的担心:低温会导致 O 形环的橡胶材料失去弹性。他们认为,如果 O 形环的温度低于 53 ℉(约 11.7 ℃),将无法保证接缝的有效密封。但是,公司的管理层否决了他们的异议,发射按日程进行。

发射前一天夜间的低温,把 SRB 的温度降到 40 ℉的警戒温度以下。红外摄像机发现,右侧 SRB 部件尾部接缝处的温度仅有 8 ℉(-13 ℃);从液氧舱通风口吹来的极冷空气降低了接缝处的温度,让该处的温度远低于气温,并远低于 O 形环的设计承限温度。

最终的决定是将发射时间再推迟 1 个小时。最后一项检查完成后,冰雪开始融化,挑战者号在美国东部时间当日上午 11 时 38 分发射。

3. 英国石油公司墨西哥湾原油泄漏事件

2010 年 4 月 20 日晚 10 点左右,英国石油公司(British Petroleum,简称 BP)在美国墨西哥湾租用的钻井平台"深水地平线"发生起火爆炸,导致大量石油泄漏,并造成 7 人重伤、至少 11 人失踪,酿成了一场经济和环境惨剧。"深水地平线"钻井平台爆炸沉没约两天,海面下 1 525 m 处受损油井开始漏油,估计每天漏油大约 5 000 桶,造成有史以来最大的海面污染。为此,BP 将面临高达数百亿美元的经济索赔和善后处理等,是美国历史上最严重的一次漏油事故。

事故调查表明,导致"深水地平线"起火爆炸的根源在于油井的防喷阀门失效。深海钻井平台作业时经常碰到甲烷晶体,甲烷气泡从钻杆底部高压处上升到低压处,突破数处安全屏障。事发时,工人观察到钻杆突然喷气,随后气体和原油冒了上来。气体涌向一处有易燃物的房间,在那里发生第一起爆炸。随后发生一系列爆炸,点燃了冒上来的原油。

路易斯安那州州长 2010 年 5 月 26 日表示,环境破坏后果是该州超过 160 km 的海岸受到泄漏原油的污染,污染范围超过密西西比州和阿拉巴马州海岸线的总长。墨西哥湾沿岸生态环境正在遭遇"灭顶之灾",污染可能导致墨西哥湾沿岸 1 000 mile 长的湿地和海滩被毁,渔业受损,脆弱的物种灭绝。

1.1.2　产品可靠性直接关系到企业的利润和市场生存

早在 20 世纪 60 年代,美国人预言,今后在激烈的国际市场竞争中,只有可靠性高的产品及其企业才能幸存下来。到了 20 世纪 80 年代,日本制造业崛起时,准确预判可靠性是制造业市场竞争的核心:"今后产品竞争的焦点是可靠性"。比如电力行业的汽轮发电机组,如果一台

30×10^4 kW 汽轮发电机组因叶片失效而被迫停机 1 天，则直接损失超过 100 万元，间接损失超过 2 000 万元。一条货车生产线因焊接机器人发生故障而又没有备件，则停工 1 小时造成的产值损失超过 100 万美元。

1. 高可靠性是汽车消费市场的竞争焦点

最有说服力的例子是，日本汽车依靠其高可靠性，最终牢牢占据了美国市场，取得了完全的竞争优势。日本丰田最初于 1965 年向美国出口"丰田宝贝"288 辆，在战后首次销往美国的汽车由于安全和可靠性问题被退货。作为家用交通工具，消费者更重视其安全性、实用性、舒适性、经济性和便利性，经有针对性地重新设计和改进后，丰田推出了花冠（Corona）汽车，并于 20 世纪 70 年代中后期在美国市场站住了脚，1985 年丰田占美国家用轿车市场份额的 20%。到 21 世纪初，日本汽车已在美国市场取得优势地位，丰田超过通用，成为全球销量第一，丰田一家的年利润远远超过美国三大汽车公司利润的总和。美国三大汽车公司的国内市场占有率从 1979 年的 80%（当年丰田的市场占有率仅为 7.1%）降至目前的不到 50%。其技术方面的原因，主要是美国汽车的可靠性不如日本汽车。

国际市场上汽车产品的可靠性成为消费者购车考虑的首要因素（见图 1.1），价格与市场占有率都与其可靠性水平的高低直接相关。目前国际上盛行的产品责任法、保用期、索赔制、召回等都与产品的可靠性有关。德国联邦机动车管理局的统计数据表明，因为安全方面的重要缺陷而被召回的机动车数量在 1998—2006 年的 9 年，从 55 例增加至 167 例（见图 1.2），相关的召回成本增加了 8 倍。汽车公司的保修成本占销售额的 8%～12%，与利润相当。由于市场竞争，汽车开发周期缩短和成本降低，导致产品可靠性降低。

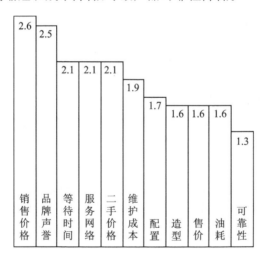

注：框上方数字是顾客购车决策量化（非常重要，1.0；不重要，4.0）

图 1.1　顾客购车时的考虑因素

产品在投标、签订合同、鉴定和验收时都有可靠性条款和指标，可靠性已经成为商品广告和新闻中的一个亮点。

2. 汽车安全气囊召回导致公司破产

日本高田公司原本是一个经营工业纺织品的家族企业。公司决定进军汽车安全气囊市场，始于本田汽车 1985 年的新年宴会。本田安全气囊项目负责人小林三郎向高田提议，除了

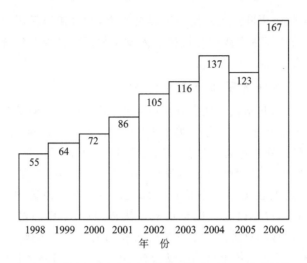

注：框上方数字是因为安全方面的重要缺陷而被召回的案例数。

图 1.2　1998—2006 年德国联邦汽车管理局统计汽车召回情况

安全带外,高田应当涉足气囊产品。几年之后,高田不仅生产气囊的外布,还购买火箭发动机技术,自己生产气囊气体推进剂。气体推进剂正是气囊最危险的部分。

日本高田公司是世界上第二大汽车安全部件制造商,其主要客户除了日系阵营的本田、日产、马自达、三菱汽车等外,还有奥迪、奔驰、宝马、通用、现代、福特等诸多知名车企。美国高速公路交通安全管理局(NHTSA)2014 年 10 月 22 日表示,由于日本高田集团供应的安全气囊充气时会爆出金属碎片,会对前排乘客造成安全威胁。2013 年全年至 2014 年公告日期截止,高田气囊故障导致汽车在美召回总量达到 780 万辆。如果扩大到全球范围,召回车辆早就超过了千万辆,召回最终导致公司破产。

问题原因是气囊内的气体推进剂是装在一个个圆片中,多个圆片装在气囊的气体推进器里。高田的质量问题就出在这些圆片的生产中。在呈交给 NHTSA 的报告中,高田列举了几个错误:一是推进剂的存放没有防潮措施,受潮的推进剂可能导致在多年后圆片包装破裂;二是有些圆片合装在一起时压力过小。在有些案例中,比如本田的某些车型上,本田要求每个气囊装 7 个圆片,而实际装的是 6 个。

而内部消息显示,高田公司已经承认安全气囊出现问题,而这种缺陷至少已存在 10 年。路透社称其获悉的数十份高田内部工程报告、宣讲材料以及电子邮件副本显示,公司在截至2011 年的 10 年间生产的气体发生器,难以达到内部安全标准,问题存在时间比 NHTSA 调查涵盖时间还长 4 年。

2014 年 6 月,宝马就已经宣布将和高田一起调查因安全气囊存在爆炸隐患而可能带来的危险,据透露,2000 年 6 月—2006 年 8 月之间生产的宝马 3 系 E46 可能配备了存在该隐患的安全气囊,而这批车正是在中国投产的第一批宝马品牌的产品。

1.1.3　产品可靠性关系到国家安全和声誉

1. 苏联切尔诺贝利核电站事故

切尔诺贝利核事故,是一件发生在苏联时期乌克兰境内切尔诺贝利核电站的核子反应堆事故。该事故被认为是历史上最严重的核电事故,也是首例被国际核事件分级表评为第七级事件的特大事故(第二例是 2011 年 3 月 11 日发生在日本福岛县的福岛第一核电站事故)。普里皮亚季城因此被废弃。

1986 年 4 月 26 日凌晨 1 点 23 分(UTC+3),乌克兰普里皮亚季邻近的切尔诺贝利核电厂的 4 号反应堆发生了爆炸。核反应堆全部炸毁,大量放射性物质泄漏,成为核电时代以来最大的事故。辐射危害严重,导致事故后有 31 人当场死亡,200 多人受到严重的放射性辐射,之后 15 年内有 6 万~8 万人死亡,13.4 万人遭受各种程度的辐射疾病折磨,方圆 30 km 地区的 11.5 万多民众被迫疏散。

连续的爆炸引发了大火并散发出大量高能辐射物质到大气层中,这些辐射尘涵盖了大面积区域。这次灾难所释放出的辐射线剂量是第二次世界大战时期爆炸于广岛的原子弹的 400 倍以上。这场灾难总共损失大概 2 000 亿美元,是近代历史中代价最"昂贵"的灾难事件。

关于事故的起因,官方的第一个解释于 1986 年 8 月公布,完全把事故的责任推卸给核电站操纵员。第二个解释则发布于 1991 年,该解释认为事故是由于压力管式石墨慢化沸水反应堆(RBMK)的设计缺陷导致,尤其是控制棒的设计。

当反应堆温度过高时,设计的缺陷使得反应堆容器变形、扭曲和破裂,使得插入更多的控制棒变得不可能。值得注意的一点是,操纵员闭锁了许多反应堆的安全保护系统(除非安全保护系统发生故障,否则是技术规范所禁止的)。

切尔诺贝利核电厂并没有因为 4 号机组出问题而停止运作,只是封闭了电厂的 4 号机组,并且用 200 m 长的水泥墙与其他机组隔开,但由于缺乏能源,所以乌克兰政府让其他三个机组继续运作。1991 年 2 号机组发生一场火灾,乌克兰政府当局随后宣布 2 号机组无法修复,必须终止运作。1996 年 11 月,在乌克兰政府与国际原子能总署的协议下,1 号机组停止运作。2000 年 11 月乌克兰政府总统列昂尼德·丹尼洛维奇·库奇马,在一个正式典礼上关闭了 3 号机组的运作。至此,整个切尔诺贝利发电厂就停止了发电,永远不再运作。

2. 中国高铁建设成就

至 2019 年底,中国高速铁路营业总里程达到 3.5×10⁴ km,居世界第一。超过世界高铁总里程的 2/3,成为世界上高铁里程最长、运输密度最高、成网运营场景最复杂的国家,中国高铁动车组已累计运输旅客突破 90 亿人次,成为中国铁路旅客运输的主渠道。中国高铁的安全可靠性和运输效率世界领先。当前,高铁已经逐渐成为我国对外输出的一张名片,与智能手机、共享单车、网购一起被称为中国的"新四大发明"。

中国高铁建设探索试验阶段,始于 20 世纪 90 年代的广深铁路。1990—1991 年期间,中国开始高铁技术攻关和试验实践规划,提出分期分段兴建客运专线、实现客货分流的建设理念,以广深铁路为准高速化改造试点线路,并优先选择在京沪线京津段和沪宁段设计高速铁路。2003 年 10 月 11 日,秦沈客运专线全段建成通车,设计速度为 250 km/h,为中国第一条高速国铁线路。2008 年 8 月 1 日,京津城际铁路开通运营,成为中国内地第一条设计速度为 350 km/h 级别的高速铁路。2017 年 12 月 28 日,石济高速铁路开通运营,至此,中国铁路"四横四纵"快速通道全部建成通车。线路规划在 2016—2025 年(远期至 2030 年)期间建设以 8 条纵线和 8 条横线主干通道为骨架、区域连接线衔接、城际铁路为补充的高速铁路网。

目前,中国高铁营业里程超过世界其他国家高铁营业里程的总和,票价最低,建设成本约为其他国家建设成本的 2/3。中国高铁跑出中国速度,更创造了中国奇迹。未来,中国高铁将进入广泛应用云计算、大数据、互联网、移动互联、人工智能、北斗导航等新技术,实现高铁移动设备、基础设施,以及内外部环境之间信息全面感知、广泛互联、融合处理、主动学习和科学决策的智能高铁发展新阶段,以上新技术的应用给产品可靠性发展带来了新的挑战。

1.1.4　机械可靠性是制造业的核心技术

机械可靠性不仅是传统制造业的核心技术,也是目前"中国制造 2025"的关键技术,同时是 2035 追赶德国工业 4.0,实现制造业产业升级的技术瓶颈之一。"中国制造 2025",是政府实施制造强国战略的第一个十年行动纲领。2025 迈入制造强国行列;2035 中国制造业整体达到世界制造强国阵营中等水平。"中国制造 2025"涉及一系列重大装备设备,如大型飞机、航空发动机及燃气轮机、民用航天、智能绿色列车、节能与新能源汽车、海洋工程装备及高技术船舶、智能电网成套装备、高档数控机床、核电装备、高端诊疗设备等一批创新和产业化专项、重大工程。2016 年 4 月,国务院批准实施了《装备制造业标准化和质量提升规划》,可靠性技术作为通用质量特性,已经上升为国家战略。

随着现代制造业的发展,很多高端装备的结构组成越来越复杂,工况越来越极端,安全性要求越来越高,节能环保指标越来越严,使得可靠性问题成为当前装备制造业高度关注的问题。复杂装备可靠性设计问题已成为先进数字化设计领域的主要研究方向,也是关系到我国高端装备自主研发的核心技术。从"解决有无"跃升至"产品高端化和自主化"所面临的首要困难是如何提升产品可靠性。

机械可靠性同样是军工武器装备的核心关键技术。在国际上,几乎所有的军事订货合同中都有可靠性和维修性条款。20 世纪 70 年代后期,美国的国防技术政策有了引人瞩目的变化,从过去主要追求武器系统的高性能转而更加重视武器系统的可靠性与维修性。道理很明显,如果可靠性不高,性能便无从发挥。如果维修性不高,便难以保持可靠性,从而降低可用性,并增加寿命期费用。此外,发达国家还把可靠性问题提升到节约资源和能源的高度来认识。

1.2　机械可靠性理论及其早期应用情况

20 世纪初开始就有学者把概率论与数理统计学应用于结构安全度分析,进行了机械结构可靠性理论的初步研究。最早的有匈牙利布达佩斯的卡钦奇于 1911 年提出了用统计数学的方法研究荷载及材料强度问题;德国的 Mayer 于 1926 年提出了基于随机变量均值和方差的设计方法;苏联的哈奇诺夫和马耶罗夫于 1927 年提出了概率设计的方法。

A. M. Freudenthal 最早于 1947 年在美国土木工程师学会(ASCE)刊物 *Structural Safety* 上发表了机械可靠性的核心理论"应力-强度分布干涉"模型。后续于 1954 年,在《应用物理》上发表了"疲劳中的失效和存活";于 1957 年,出版了《飞机结构的疲劳》。

自 20 世纪 70 年代中期以来,机械结构随机可靠性分析已有较为成熟的理论和应用,结构可靠性理论日趋完善并被各国规范、标准相继采用。这些理论的提出使可靠性研究达到了前所未有的高度,相应的国民经济各行各业都渗透着可靠性技术,甚至应用于信用风险分析。

在机械结构可靠性研究早期主要有如下代表人物和研究成果:

亚利桑那大学的 D. Kececioglu 教授于 1964 年在机械可靠性领域首先研究"应力-强度分

布干涉理论"并发表了论文。1965 年,在美国可靠性与维修性年会有关机械可靠性的论文只有 2 篇。1967 年,机械可靠性领域的另一个代表人物 C. Lipson 向 Rome 航空发展中心(RADC)提交了研究报告《可靠性预测:机械应力-强度干涉》,进而于 1973 年出版了 *Statistic Design and Analysis of Engineering Experiment*,其中给出了许多机械零件尤其是汽车零件可靠性的实例。1980 年,可靠性著述最多的 B. S. Dhillon 对应力-强度分布干涉理论作了进一步的阐述,将其应用扩展到冗余系统。

在 20 世纪 60 年代初到 80 年代初的 20 年间,D. Kececioglu 在机械可靠性领域做出了很多的贡献,同时他也是公认的当代资格最深的可靠性教育家。其主要贡献包括以下方面:

① 研究了应力-强度分布干涉理论在机械可靠性领域的应用,并在为 NASA 进行的研究项目的基础上,提出了一套比较完整的以干涉理论为根据的机械可靠性设计方法和步骤,明确地提出了"把可靠度直接设计到零件中去并进而设计到系统中去"的方法。这一方法在工程中得到了广泛应用。

② 通过实验,指出了通常用对数正态分布或威布尔分布能很好地表示零件失效循环次数的分布,阐明了把不同应力水平下的失效循环次数分布转化为规定寿命下强度分布的方法和步骤;已知疲劳应力幅、失效循环次数分布和寿命要求,求疲劳应力下可靠度的计算方法;已知强度分布和最大疲劳应力幅,求规定寿命下可靠度的计算方法。

③ 对于长期寿命下的强度分布,通过对几种曲线(Goodman、von-Mises-Hencky 椭圆和 Gerber 抛物线)的比较,提出了对疲劳强度均值的实验数据的最佳拟合曲线,在有的"机械设计"教科书上被称为 Kececioglu 曲线。

E. B. Haugen 是 Kececioglu 在亚利桑那大学的同事,也是概率机械设计领域的先驱者之一,其代表作有 1968 年 Wiley 出版的《设计的概率方法》和 1980 年 Wiley 出版的《概率机械设计》。

此外,K. C. Kapur 的 *Reliability in Engineering Design*(1977)和 W. Nelson 的代表作 *Applied Life Data Analysis*(1982)等都是常被引用的名著。另一位代表人物 P. O. Connor 活跃在美国,其代表作为 *Practical Reliability Engineering*(1981、1986、1991、2002)。

在 20 世纪 80 年代后期,机械产品可靠性设计需求促进了与其相关的以下系列研究:

● 完善并推广了有限元分析法(确定应力);

● 完善并推广了疲劳力学(材料疲劳性能和破坏);

● 完善并推广了断裂力学(裂纹扩展和破坏);

● 完善并推广了概率设计法(机械零件预测的工作性能与实际工作性能更加符合);

● 完善并推广了最优化设计(提高研制效率和经济性)。

1.3　机械可靠性设计分析

"设计就是为了满足人类的某种需要而制订的一项计划",设计是个"做出决策的过程"。从系统控制论看,在给定系统的输入变量、输出响应和控制变量及噪声水平的条件下,通过系统结构组成设计、能量流和信息流实现产品规定的功能和性能规格。从技术上,设计就是从给出产品设计任务书到设计出产品样机的一系列技术工作。机械可靠性设计中要用到数学、物理、语文、材料力学、动力学、制图学、制造工艺、流体力学、传热学、概率论和统计学等知识,工程师需要综合应用以上各学科的基础知识。机械可靠性设计过程就是在各种基本设计变量

（例如载荷、材料性能和几何参数）不确定性的条件下，估算和预测所设计的机械产品各性能的不确定性和机械产品的可靠性。

1.3.1　机械设计

　　机械设计就是根据产品的使用要求，对机械的工作原理、结构、运动方式、力和能量的传递方式，各个零件的材料和形状尺寸、润滑方式，组件的连接和装配关系等进行构思、分析和计算，并将其转化为具体的对零部件、组件和系统的描述。设计输出有图纸和技术文件，以作为后续制造的工作依据。

　　比如减速器的设计过程有：传动方案的设计，选择动力源与运动参数计算，传动零件的设计计算，轴系零件的设计计算，键连接的选择和校核，选择滚动轴承，联轴器的选择与校核，润滑和密封的选择，箱体的设置等。

　　机械设计各种常用机构有：连杆机构、凸轮机构、齿轮机构、螺旋机构和间歇运动机构（如棘轮机构、槽轮机构等）以及组合机构等。

　　设计师要用到以下知识和技能：

　　（1）数学、物理、化学、语文、外语等基础知识；

　　（2）制图学：计算机辅助设计 CAD/三维造型工具 UG/ProE/Solidworks；

　　（3）机构运动学分析/机构动力学分析：ADAMS（Automatic Dynamic Analysis of Mechanical Systems）等；

　　（4）力学和有限元分析：结构的材料力学、流体力学、疲劳力学、传热学、力学，有限元常用分析软件有 Ansys/ ABAQUS/MSC；

　　（5）系统最优化设计分析；

　　（6）金属材料和加工工艺、组合件装配中的公差与配合、设备安装调试等；

　　（7）标准/技术规范/机械设计手册/专业技术指南等。

　　① 常用标准包括：

　　● 国际 ISO；

　　● 中国 GB、JB；

　　● 德国 DIN；

　　● 日本 JIS；

　　● ASTM STD：美国材料与试验协会标准；

　　● ANSI STD：美国标准协会标准；

　　● ASME STD：美国机械工程师协会标准；

　　● AWS STD：美国焊接协会标准。

　　② 使用要求包括：

　　● 功能合理；

　　● 操作方便；

　　● 保证安全；

　　● 易于维修等。

　　③ 性能包括：

　　● 动力性能：包括功率大小，机械效率高低，载荷的种类、大小及性质；

- 运动性能：包括速度大小、启动性、加速性、制动性、运动平稳性等；
- 机械性能：其中包括强度/刚度、热稳定性/振动稳定性、耐久性寿命；
- 其他要求：比如重量要求、精度要求、噪声限定、环保要求等。

在以上的常规设计中，设计主要为满足产品使用要求及保证机械产品性能。在常规设计中，人们只初步定性考虑产品的可靠性，不能够定量给出所设计产品的可靠性特征量大小，如产品的可靠度 $R(t)$、失效率 $\lambda(t)$、平均首次故障时间（MTTFF）、平均无故障工作时间（MT-BF）等。

1.3.2　机械可靠性和耐久性

产品可靠性的经典定义是"产品在规定条件下和规定的时间 t 内完成规定功能的能力"，用概率表征该"能力"大小的数量值，该数量值就是产品到 t 时刻的存活概率（Survival Probability），即可靠度 $R(t)$。

1. 机械可靠性定义

机械产品可靠性定义为"在规定条件（使用工况条件和服役环境）下，在规定时间（给定的任务时间和寿命期）内，机械产品零部件、组件和系统能安全地承受载荷和环境影响，有效地传递运动和转换能量，实现产品设计规定的各项功能，达到各项性能指标而正常工作的能力"。

可靠性定义要点如下：

（1）规定条件

规定条件主要指工况和服役环境，如压力、温度、湿度、盐雾、腐蚀、辐射、冲击、振动和噪声环境等，还包括使用和维修条件、动力和载荷条件、操作员工的技术水平等。因此，机械产品使用说明规格书中应对产品的使用条件加以规定，以免产品遭到误用和滥用而引起产品损坏或失效。

（2）规定时间和寿命

可靠性是考虑时间效应的产品质量参数，产品可靠度通常随时间的累积而下降。因此，在给定产品可靠度时，一定要明确相应的时间范围或时刻，对时间的规定一定要清晰明确。日历时间一般是以日、月、年等为单位；但根据产品类型和性质的不同，也可以是与时间成比例的循环次数、迭代次数、距离等工作时间，比如车辆行驶的里程、回转零件的转数、工作循环次数、机械装置（起重机、机械手、柱塞泵等）的动作次数等。

（3）规定功能

产品功能是指其总体的功用或用途，是产品所能提供的基本效用，即指产品能够做什么或能够提供什么功能。产品的基本功能是产品的核心功能，一般包括产品性能、寿命、可靠性、安全性、经济性等。机械产品功能通常采用产品相应的一系列性能参数来描述，但是可靠性工程师的工作重点不是产品的功能，而是与产品失效或故障密切相关的规定功能。

机器设备的动作不稳、性能下降或响应迟缓可构成产品的故障，产品丧失了规定的功能称为失效；对可修复产品，失效和故障均可导致产品丧失规定功能。因此，规定功能与产品失效和故障密切相关，合理地确定失效和故障判据对产品可靠性分析非常重要。

机械产品的规定功能受产品使用要求和性能的影响。一般地，机械产品使用要求包括：功能全面有效，操作方便，可靠安全，易于维修等；机械产品性能要求包括以下几个方面：

① 动力性能，其中包括功率大小，机械效率高低，载荷的种类、大小及性质等；

② 运动性能,其中包括速度大小、启动性、加速性、制动性、运动平稳性等;

③ 机械性能,其中包括强度、刚度、耐磨性、耐蚀性、热稳定性、振动稳定性等;

④ 其他方面性能,比如重量要求、精度要求、噪声限定等职业健康和环保要求。

（4）完成规定功能的"能力"

产品能够完成规定功能的"能力"大小通常表示为可靠度。产品从 0 时刻开始工作到 t 时刻时,将可靠度函数表示为关于时间 t 的概率函数 $R(t)$,且对任意 t 都满足 $0 \leqslant R(t) \leqslant 1$。

产品可靠性参数可分为固有可靠性和使用可靠性。固有可靠性是指通过设计和制造赋予产品的属性,并在规定的使用和保障条件下所具有的完成规定功能的能力。使用可靠性是产品在实际的环境中使用时所呈现的可靠性,它反映产品设计、制造、使用、维修、环境等因素对产品完成规定功能的综合影响。一般使用可靠性低于固有可靠性。

为分别度量产品的可用性、效能和任务成功性,产品可靠性参数相应地分为基本可靠性参数和任务可靠性参数。基本可靠性表示产品在规定的使用、维护和保障条件下无故障工作的平均持续时间（MTBF）,反映产品对维修人力费用和后勤保障资源的需求,直接影响产品的可用性。产品任务可靠性表示产品在规定的任务剖面中完成规定功能的概率,反映产品任务成功的能力。评估产品基本可靠性指标时,应统计产品在寿命期内的所有故障;评估产品任务可靠性指标时,仅考虑在任务期间影响任务完成的故障（即致命性故障）。

2. 可靠性和耐久性

可靠性工程关注两类故障:产品功能故障（失效）和广义性能退化故障。故障是由于设计、加工制造、生产和管理等的错误导致的产品健壮性不足;可靠性工程就是避免产品发生故障。

耐久性是在考虑产品广义性能退化基础上可正常使用的寿命,是产品可靠性的特殊情况。结合产品可靠性,耐久寿命可定义为由于耗损失效机理导致的产品失效率上升前的产品有效工作时间,可用产品在正常情况下有效正常工作的使用寿命度量。

如图 1.3 所示,由于性能退化的影响,机械产品设计寿命 Y 是其使用寿命 X 的 2～3 倍。

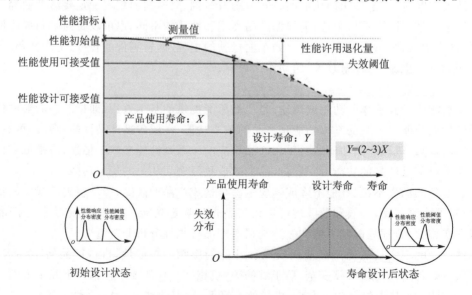

图 1.3　产品使用寿命和设计寿命

通过选取材料的耐久特性、刚度、表面硬度,可有效预防由于疲劳、腐蚀、磨损等导致的性能退化。耐久性专门研究与时间相关的失效,如疲劳、磨损、腐蚀、广义性能退化等。

可靠性和耐久性的比较如表 1.1 所列。

表 1.1　可靠性和耐久性的比较

序 号	比较项目	耐久性	可靠性
1	定义	产品耐受疲劳、磨损、腐蚀等耗损失效机理作用,而不失效的最短时间	存活概率
2	度量参数	用由于耗损失效机理导致的产品首次失效时间度量 MTTF;单一寿命参数 L,比如刹车盘寿命 80 000 km	给定时间下的产品存活概率 $R(t)$;有 B_X 寿命,失效率 $\lambda(t)$
3	检测有效参数	检测退化量	一致性检查
4	数学方法	确定性数学方法	寿命分布、概率和数理统计
5	设计验证方法	输入寿命和任务剖面,用计算机进行耐久性分析;有耐久性试验、疲劳试验等	威布尔统计分析、潜在失效模式分析、应力-强度分析
6	原因和机理	① 强度;② 刚度;③ 耐久极限;④ 材料耗损特性	① 产品和工艺设计的不一致;② 针对环境、载荷和周期循环问题的设计不当 ③ 装配调试和生产质量控制
7	适用的设计方法	针对退化机理的加固设计,如针对疲劳的减小应力集中;针对磨损的表面硬化强化处理等	概率设计、性能可靠性设计、健壮设计等
8	用户关注	产品使用寿命 L	故障时间和故障率,如 MTBF、$\lambda(t)$

1.3.3　机械可靠性设计

在产品可靠性设计时,既要考虑产品常规设计的使用要求、性能要求,同时又要考虑可靠性要求。应保证设计出的产品既满足使用要求和性能要求,又满足可靠性指标要求,而且产品的综合经济性又好,寿命长和寿命周期费用低。

如图 1.4 所示,前期产品故障已纳入公司技术规范,可靠性工作更多是通过测试发现产品

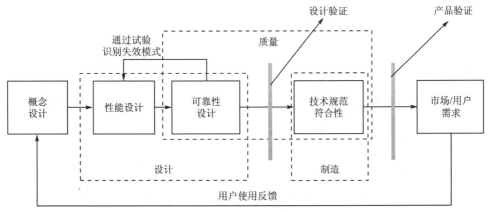

图 1.4　性能设计和可靠性设计

的故障模式和原因,制造决定了生产过程是否满足技术规范和质量水平。

　　机械产品可靠性设计就是应用可靠性理论方法,在零件/部件、组件和设备或系统常规设计的基础上,利用设计参数随机分布的统计数据,在给定的可靠性参数和指标下,对零件/部件进行定量概率设计,对组件、设备或系统进行可靠性定量分析和随机优化设计。

　　可靠性设计的目标是提高机械产品的质量,其中包括同时提高机械产品的性能指标和可靠性指标。产品在规定的使用条件、使用时间内完成规定功能时,失效率保持最小,同时做到易维修,可用性高,经济效益好,寿命期长。通过采用可靠性设计理论及技术,在一定约束条件(如成本、重量、体积、某些参数及能耗等)下,实现产品高可靠性设计目标,或在给定的可靠性指标下,某些约束值达到最小。

1.3.4　概率设计与安全系数

　　传统的机械强度设计是采用安全系数的确定性设计(见图1.5),而用图1.6中所示的基本随机变量 $[x_i, y_i]$ $(i=1,\cdots,n)$ 分布特性,估算载荷应力(s)和许用应力(δ)的分布参数更接近实际情况。图中 s 表示由作用载荷引起的零件/部件单值应力,δ 表示与零件/部件应力对应强度的许用应力。

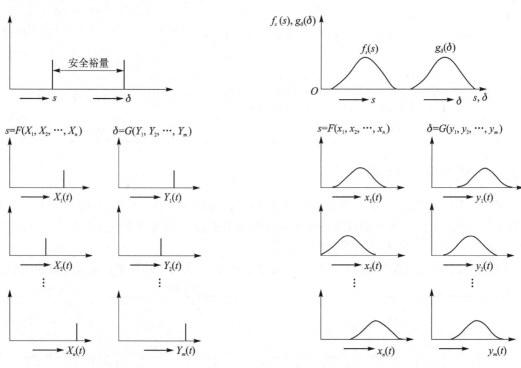

图1.5　强度的确定性设计法　　　　　　图1.6　强度的概率设计法

　　概率设计的基本变量假设如下:

　　① 在实际工程中,外载荷、温度、振动冲击等都具有一定的随机性,因而零件应力是受多种随机因素影响的分布变量。

　　② 受材料机械性能、工艺环节波动和加工精度等影响,零件强度也具有随机性,是受多种随机因素影响的分布变量。

③ 机械概率设计将设计变量视为基本随机变量 $x_i (i=1,\cdots,n)$，保证所设计的零部件具有规定的可靠性指标(性能可靠度 R_p)。

概率设计不仅能定量保证系统设计的可靠性，而且还可以同时减小尺寸、减轻重量等。

机械可靠性设计指系统的可靠性设计和零部件的概率法设计。以一简单受拉杆件为例，比较常规设计与概率设计。受拉杆强度条件为

$$\left(s=\frac{Q}{A}\right) \leqslant \left(\delta=\frac{\sigma_b}{n}\right) \tag{1.1}$$

常规设计时，拉力 Q、截面积 A、工作应力 s、许用应力 δ 都视为确定量，这并不符合实际情况，试验统计表明，它们是符合某种统计规律的随机变量。在常规设计中引入安全系数 n 保证结构安全，并依据计算准确性、材料可靠性、检查周密性和使用重要性，推荐选取 n 的具体取值范围。

假设取 $n=1.5$ 设计杆件结构尺寸，理论上能承受 50% 的超载，载荷有 50% 的裕量；实际情况在同一批杆件中，有的超载 100% 未破坏，也有的仅承受额定载荷 90% 就破坏。为了保证这种不确定情况下的安全，往往采用过大的安全系数，因此导致产品的尺寸和重量都过大。这样做不仅浪费材料，而且在很多情况下(例如受重量和空间限制的航空航天飞行器等)是不能接受的。

机械结构静强度安全系数法的基本思想是：构件在承受外载荷后，计算得到的应力需小于该结构材料的许用应力，即

$$\sigma_{计算} \leqslant \sigma_{许用}, \quad \sigma_{许用}=\frac{\sigma_{极限}}{n} \tag{1.2}$$

式中，n 为安全系数，$\sigma_{极限}$ 为构件材料的静强度极限应力。

在具体零部件设计时，安全系数的大小往往取决于设计者的经验。安全系数法不能回答所设计的零部件在多大程度上是安全的，以及在使用中发生故障的概率有多大。

机械概率设计法将设计变量视为随机变量，保证所设计的零部件具有规定的可靠性指标(可靠性指标主要是性能可靠度 R_p)。机械概率设计将产品失效或故障概括为"应力"和"强度"的关系，当"应力"大于"强度"时发生失效或故障。"应力"不仅仅指外力产生的构件内力，"广义应力"包括各种环境因素，例如温度、振动冲击、腐蚀、粒子辐射等引起产品失效或故障的各种"负荷"。"强度"是指机械结构承受应力的能力，因此，凡是能抵抗结构或零部件的"应力"或"负荷"保持正常工作而不失效或发生故障的"抗力"，统称为"广义强度"，如材料机械性能、动力学响应和运动性能限定值等。在实际工程中，外载荷、温度、振动冲击等都具有一定分布特性的，因而构件应力是一个受多种随机因素影响的随机变量，具有一定的分布规律。同样，受材料的机械性能、工艺环节的波动和加工精度等的影响，构件强度也具有一定分布特性、服从一定分布规律的随机变量。据此情况开展机械设计，就是机械概率可靠性设计。

为了便于说明概率设计法比安全系数法更科学、更符合实际，现假设强度分布和应力分布都是正态分布，对于强度均值和应力均值相同的两个零部件其均值安全系数 $\bar{n}$ 也都是一样的，可靠性要取决于强度分布和应力分布的离散程度(即分布标准差 σ_δ 和 σ_s 的大小)。也就是说零部件是否会发生破坏取决于应力分布函数 $s=f(x)$ 和强度分布函数 $\delta=g(y)$ 这两个函数的相对位置关系。图 1.7(a)中两个分布函数的尾部不发生干涉或重叠，这时零部件不至于损坏。

　　但如果是图1.7(b)所示的情况,即两分布的尾部发生了干涉,则表示有可能出现应力大于强度的情况。应力分布和强度分布的干涉部分(重叠部分)称为干涉区,在性质上表示零部件可能失效的区域,但阴影部分的面积不能作为失效概率的定量表示。因为即使应力分布和强度分布完全重合,失效概率也仅为0.5。

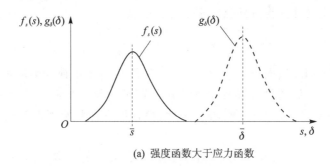

(a) 强度函数大于应力函数

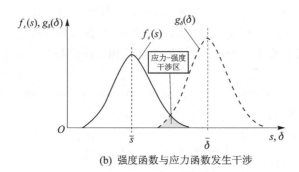

(b) 强度函数与应力函数发生干涉

图1.7　应力和强度分布函数的尾部干涉

　　在强度和应力均值都不变的情况下,均值安全系数不变;强度和应力的离散性对可靠度的影响见表1.2和图1.8。

表1.2　标准差的变化对可靠度的影响

序　号	强度均值 $\bar{\delta}$	应力均值 $\bar{s}$	强度标准差 σ_δ	应力标准差 σ_s	均值安全系数 $\bar{n}$	可靠度 R_p	失效概率 F_p
1	2 500	1 000	100	150	2.5	0.916 6	0.4×10^{-16}
2	2 500	1 000	500	300	2.5	0.994 9	0.51×10^{-2}
3	2 500	1 000	800	300	2.5	0.960 4	0.396×10^{-1}
4	2 500	1 000	500	750	2.5	0.951 9	0.481×10^{-1}
5	2 500	1 000	800	750	2.5	0.914 6	0.854×10^{-1}
6	2 500	1 000	1 000	600	2.5	0.899 7	$0.100\ 3 \times 10^{-1}$
7	2 500	1 000	500	2 550	2.5	0.718 1	0.281 9

　　由此可见,以概率论和数理统计为理论基础的可靠性设计法比常规的安全系数法要合理;可靠性设计能得到所要求的恰如其分的设计,而安全系数法则往往为了保险而导致过分保守的设计。因此,可靠性概率设计能得到较小的零件尺寸、体积和重量,从而节省原材料、加工时间,带来较好的经济效益;可靠性设计法可使所设计的零部件具有可预测的寿命和失效概率,

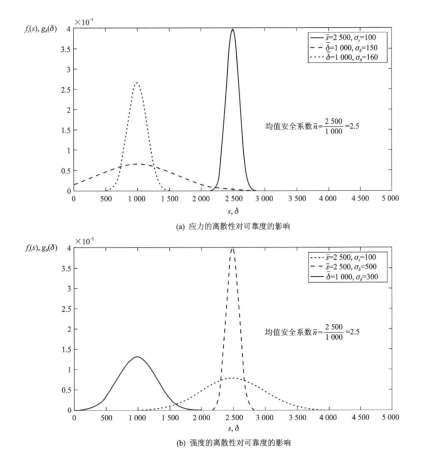

(a) 应力的离散性对可靠度的影响

(b) 强度的离散性对可靠度的影响

图 1.8　应力和强度的离散性对可靠度的影响

而安全系数法则不能。

1.3.5　可靠性分析与设计优化

　　机械可靠性分析与优化的研究始于结构可靠性分析优化问题,主要是研究解决随机参数下的以可靠度为约束条件之一的各种优化数学模型的求解方法。结构可靠性分析理论方法的里程碑和代表人物如表 1.3 所列。

表 1.3　结构可靠性研究早期发展概要

阶　段	主要标志	年　份	内　容
初期	20 世纪初把概率论及数理统计学应用于结构安全度分析,标志着结构可靠性理论研究的初步开始	1911	匈牙利布达佩斯的卡钦奇提出用统计数学的方法研究荷载及材料强度问题
		1926	德国的 Mayer 提出基于随机变量均值和方差的设计方法
		1927	苏联的哈奇诺夫和马耶罗夫提出了概率设计的方法

续表 1.3

阶　段	主要标志	年　份	内　容
发展时期	20 世纪中期是结构可靠性理论发展的主要时期，随着结构可靠性理论研究工作的深入，经典的结构可靠性理论得到了全面的发展。可靠性的研究开始从电子、宇航、航空、核能等工业部门向动力、冶金、化工、电力系统、机械设备、土木建筑等部门扩展，同时也在人工智能、信息处理、生物和医学等领域得到广泛应用	1939	英国航空委员会出版了《适航性统计学注释》一书，首次提出飞机故障率不应超过某一值，这是最早提出安全性和可靠性的定量指标，就此揭开了以量化指标衡量产品可靠性的历史
		1942—1945	德国的火箭专家 Lusser 提出用概率乘积法则，将系统的可靠度看成是各子系统可靠度的乘积，从而算得 V-Ⅱ型火箭诱导装置的可靠度为 75%，这是首次对产品的可靠性作出定量表达
		1947	Freudenthal 教授在《结构的安全度》中提出将可靠性理论用于结构工程领域，基于传统设计法中的安全系数和结构破坏概率之间的内在关系建立了结构可靠性分析的理想数学模型，即应力-强度干涉模型，这标志着概率可靠性模型的初步建立
		1969	美国的 Cornell 在苏联的尔然尼钦工作的基础上，提出并建立了结构安全度的二阶矩模式，即一次二阶矩方法，打破了传统可靠性分析方式
成熟期	自 20 世纪 70 年代中期以来，结构随机可靠性分析已有较为成熟的理论和应用，这是结构可靠性理论完善并被各国规范、标准相继采用的时期。这些理论的提出使可靠性研究达到了前所未有的高度，各行各业都渗透着可靠性技术，甚至应用于信用风险	80 年代末	Lind 根据 Cornell 的可靠指标，推证出一整套荷载和抗力安全系数，这次研究使可靠度分析与实际可接受的设计方法联系起来；随后德国的拉克维茨和菲斯勒对基本变量为非正态分布的情况提出了一种等价正态变量求法，这种方法经过系统改进之后，作为结构安全度联合委员会的文件附录推荐给土木工程界，并在随后的发展中成为机械工程中处理不确定性因素的重要工具

1. 可靠性分析

1947 年，Freudenthal 教授在《结构的安全度》中提出将可靠性理论用于结构工程领域，基于传统设计法中的安全系数和结构破坏概率之间的内在关系建立了结构可靠性分析的理想数学模型，即应力-强度干涉模型，这标志着机械结构概率可靠性模型的初步建立。

自 20 世纪 70 年代中期以来，结构随机可靠性分析已有较为成熟的理论和应用，这是结构可靠性理论完善并被各国规范、标准相继采用的时期。1969 年，美国的 Cornell 在苏联的尔然尼钦工作的基础上，提出并建立了结构安全度的二阶矩模式，即一次二阶矩方法，打破了传统可靠性分析方式。80 年代，Lind 根据 Cornell 的可靠指标，推证出一整套荷载和抗力安全系数，这次研究使可靠度分析与实际可接受的设计方法联系起来；随后德国的拉克维茨和菲斯勒对基本变量为非正态分布的情况提出了一种等价正态变量求法，这种方法经过系统改进之后，作为结构安全度联合委员会的文件附录推荐给土木工程界，并在随后的发展中成为结构工程中处理不确定性因素的重要工具。

2. 基于可靠性的设计优化

可靠性优化设计方法是在常规优化设计方法的基础上发展起来的一种全新的优化设计方法。可靠性优化设计开始于 20 世纪 60 年代初期,Hilton 和 Feigen 最早提出基于可靠性约束求重量最小的优化公式,指明了可靠性优化设计的方向。可靠性约束的处理是可靠性优化设计不可回避的问题,但由于可靠性约束多为设计变量的随机函数,相对常规优化设计困难得多。

在常规优化设计中往往把设计参数和物理参数看作是确定的设计变量,忽略了它们的随机统计特性,因此这种设计方法没有反映出产品系统的随机性对优化结果的影响,系统的安全性无法得到保障。既要考虑机械结构材料、外载荷和几何尺寸的随机性,又要能进行多参数的设计,就必须把可靠性设计方法和可靠性优化技术有机结合在一起,进行可靠性设计优化研究。

基于可靠性的概率设计优化得到的最优解往往落在约束边界上,当设计变量由于不确定性发生波动时,最优解将会在约束边界附近变化,有可能落入失效区域,因此,为了保证设计结果的可靠性,需要在设计时考虑基于可靠性的优化设计方法。

基于可靠性的设计优化(Reliability Based Design Optimization,RBDO)是用于改进或提高设计可靠性,或将失效概率降低到一个设定的上限以下。RBDO 搜寻不仅性能达到最优(一个或多个目标达到最小或最大),而且满足最低可靠性要求(或允许的最大失效概率)的设计方案。

因此,通过在确定性优化问题中增加和定义随机变量,并把确定性约束条件修改为随机性约束条件,即构成了一个基于可靠性的优化问题。

RBDO 的基本思想是:要求设计产品在满足一定性能的条件下,使其可靠度达到最大;或者使设计产品达到最佳性能指标时,要求它的工作可靠度不低于某一规定水平。一般来说,后者更为实用,其优化模型如下:

$$\begin{cases} \min & f(\boldsymbol{x}) \\ \text{s. t.} & g^{\text{det}}(\boldsymbol{x}) \leqslant 0 \\ & P\{g^{\text{relia}}(\boldsymbol{x}) \leqslant 0\} \geqslant R \end{cases} \tag{1.3}$$

式中,g^{det} 是约束函数,g^{relia} 是可靠性约束,R 是预定的可靠度。

参数的不确定性与设计失效如图 1.9 所示。基于可靠性的优化如图 1.10 所示。

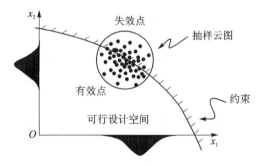

图 1.9　参数的不确定性与设计失效

机械系统设计优化往往是多学科的设计优化问题(Multidisplinary Design Optimization,MDO),当输入变量发生波动、仿真模型产生相应的不确定性时,系统的输出和学科间的耦合

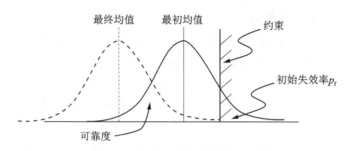

图 1.10　基于可靠性的优化

变量也随之改变,成为随机变量,这就产生了如何取得 MDO 的可行解的问题,解决这样的问题的方法称为基于可靠性的多学科设计优化(Reliability Based Multidisplinary Design Optimization,RBMDO),即在系统可能工作的条件范围内,允许所作决策在一定概率上不满足约束条件,只要求约束条件得到满足的机会不小于预先给定的可靠水平。RBMDO 的总体思想是最大化期望的系统性能,满足保证可靠性的约束,目标函数是基于设计性能最优,其随机变量必须模拟工作情况中的变化,可靠性是约束之一,其随机变量模拟极限情况下的不确定性。

传统的 RBDO 是双循环的迭代过程,外部循环是优化,内部循环是可靠性分析,使含有可靠性约束的问题得到最优解。可靠性分析嵌套在优化循环中,每次优化迭代需执行多次可靠性分析以计算每个概率约束和灵敏度。众所周知,当相关的函数计算需要的计算成本很高时,这种方法变得不可行。因此,研究人员提出了 RBDO 的近似方法,主要思路是将双循环的搜索形式转换成单循环的搜索形式。单循环方法中,可靠性分析和优化分级执行。在用常用方法 FORM/SORM 进行可靠性分析时,通常为两级优化,上一级为设计变量的优化,下一级为可靠性分析,在标准正态变量空间求可靠指数(Reliability Index)β。在进行可靠性分析时,上一级优化得到的最优解作为固定值进行计算,将可靠性分析得到的概率约束值返回到优化中,作为优化的决策条件,优化计算次数和可靠性分析次数相等,减少了可靠性分析的次数。双循环和单循环的优化流程框架分别如图 1.11 和图 1.12 所示。

目前,机械可靠性设计分析和优化问题在数学上可归入不确定性量化(Uncertainty Quantification,UQ)的研究范畴。不确定性量化是近年来国际上热门的研究方向,其应用领域包括物理学、水文学、流体力学、结构力学、数据同化和天气预测等。实质上,现实世界中许多实际问题的数学模型背后存在很大的不确定性,这些不确定性可能来自于问题中的参数、实验测量值和几何区域的复杂性等。那么,如何通过量化这些不确定因素以减少不确定性带来的风险,即是不确定性量化研究的主要目的。UQ 方法概率框架通过使用概率论的工具,可以将大部分的问题归结为不确定性建模,以及如何求解所得到的随机问题。

UQ 研究在欧美得到了很大的重视和发展,吸引了大量的应用数学家的关注,UQ 数值方法也得到了很快的发展。至今,UQ 已经在美国成为最重要的应用数学研究方向之一。美国能源部、空军和国家实验室都设立专项经费,支持 UQ 方法的研究。2012 年,美国工业与应用数学学会(SIAM)开始组织 UQ 年会(SIAM Conference on UQ),两年举办一次,前两届会议都有 500 余人参会。2013 年,SIAM 和美国数理统计协会(ASA)创立联合期刊(*SIAM/ASA Journal on UQ*),专门发表 UQ 领域的前沿研究成果。随着 UQ 研究的深入,对于随机数学模型的计算方法研究有了跨越性的发展,其涉及的主要方法包含以下 5 类:

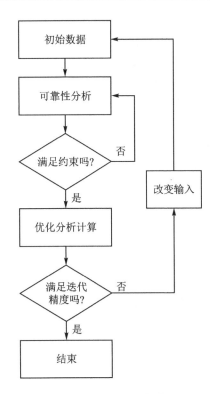

图 1.11　双循环的可靠性优化

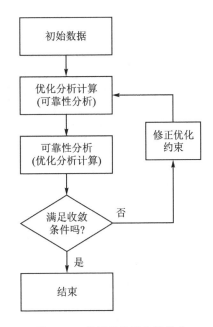

图 1.12　单循环的可靠性优化

① Monte Carlo 方法。

② 摄动方法(perturbation methods)。

③ 矩方程方法(moment equation methods)。

④ 多项式逼近方法(generalized polynomial chaos methods)。

⑤ 随机配置法(stochastic collocation methods)。

1.4　机械产品全寿命可靠性保证计划

1.4.1　概　述

现代机械产品是典型的机电液控和电子信息一体化产品(比如汽车),可靠性受到诸多因素的影响(见图 1.13)。产品全寿命周期的可靠性保证越来越复杂,越来越困难。可靠性是用户满意度必须解决的问题,同时也是各企业的核心技术。

在产品设计、生产和使用阶段,如果发现同样的故障需要归零,则其费用随着产品寿命周期的进展呈现"十倍规则"的关系(见图 1.14)。这也同样意味着随着产品寿命周期的进展,其故障归零的机会也在逐渐丧失。因此,必须在产品设计早期阶段就尽可能地找出其后期可能发生的潜在故障,采取设计改进措施提高产品可靠性,保证各种潜在故障的发生概率处于设计规范的可接受水平范围。

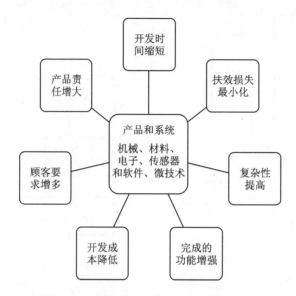

图 1.13　现代机械产品可靠性的影响因素

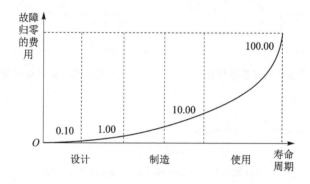

图 1.14　产品故障费用和寿命周期的关系

　　产品的全寿命周期的可靠性保证工作必须采用系统工程的方法,是为了达到产品可靠性要求而进行的有关设计、管理、试验和生产一系列工作的总和,它关系到产品全寿命周期内的各项可靠性工作(见图 1.15),包括为达到产品可靠性要求而进行的有关设计、试验和生产等一系列工作。可靠性工程包括对零件、部件、装备和系统等产品的可靠性数据的收集、分析,可靠性设计、预测、试验、管理、控制和评价,是系统工程的重要分支。

　　设计和制造阶段的可靠性设计分析工作是产品工程化的重要组成部分(见图 1.16),同时也是实现产品工程化的有力工具。特别是设计早期阶段的可靠性设计分析工作,可以利用可靠性的设计分析技术手段来快速、准确地确定产品的潜在故障和可靠性薄弱环节,并给出设计改进措施,以及改进后提高系统可靠性的效果。

　　一个完整的系统工程闭环流程包括:目标→工作项目→计划→行动→分析→评估,共6 个步骤(见图 1.17)。

　　从方案论证阶段的产品可靠性经验数据搜集,到产品可靠性使用验证,一个完整的全寿命周期流程包括:1. 生产厂家的经验数据→2. 确定可靠性参数和要求→3. 确定可靠性目标

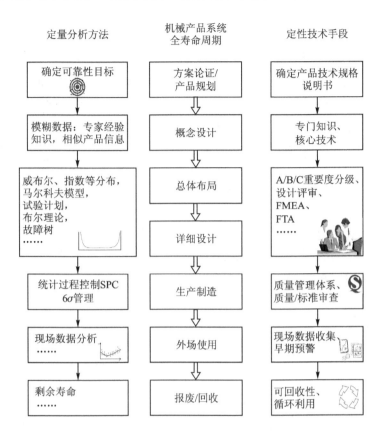

图 1.15　现代机械产品全寿命周期各阶段可靠性保证工作项目和方法

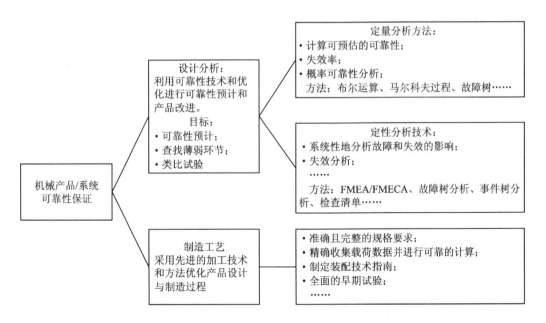

图 1.16　产品设计和制造阶段的可靠性保证措施

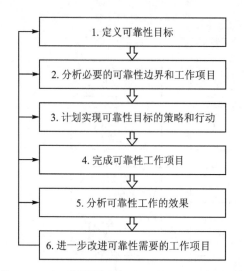

値→4. 研究可靠性工程的系统实施方案→5. 制定可靠性技术规范→6. 可靠性预测与评估→7. 产品初样的可靠性验证→8. 生产技术规范→9. 可靠性技术评审→10. 可靠性实测水平→11. 未来产品的可靠性要求,共 11 个步骤,每一步对应开展的可靠性设计分析和试验、数据收集分析、故障归零和相应技术管理工作如图 1.18 所示。

同时制订相应的全生命周期的可靠性试验计划,包括:1. 设计试验;2. 原型试验;3. 研制试验;4. 生产试验;5. 外场试验。可靠性设计和可靠性试验验证的关系如图 1.19 所示。

图 1.17　产品可靠性保证的系统工程流程和步骤

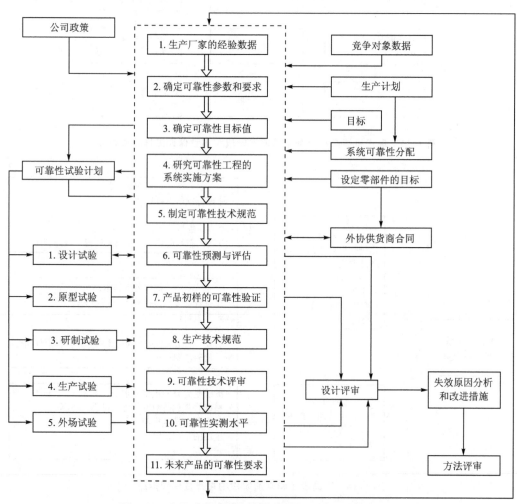

图 1.18　产品全寿命周期的可靠性保证大纲要点和流程

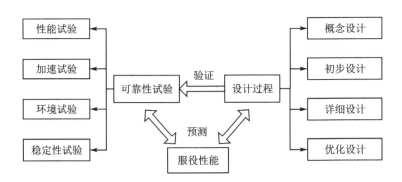

图 1.19　设计流程及可靠性试验

1.4.2　全寿命周期各阶段的可靠性工作项目

产品全生命周期一般分为：方案论证阶段、产品设计阶段、产品生产阶段及产品使用阶段。

1. 方案论证(产品定义)阶段

产品定义和方案论证阶段的可靠性工作要点如图 1.20 所示,其中包括:

① 确定顾客期望、产品功能、技术条件、研制费用、研制时间等条件和边界约束;

② 结合市场分析和定位策略,参考前期产品可靠性数据,确定有竞争力的产品可靠性指标;

③ 定义产品全面的可靠性参数和目标;

④ 给系统和组件分配相应的可靠性指标;

⑤ 在组件和系统的技术规范中明确各自的可靠性指标。

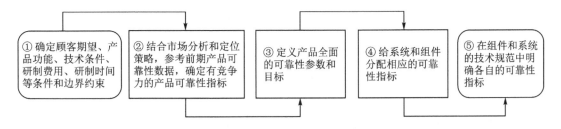

图 1.20　产品定义和方案论证阶段的可靠性工作要点

确定组件和系统具体的可靠性技术规范要求(见图 1.21),包括:

① 产品功能和环境条件;

② 定义故障和失效判据、故障模式和对系统的影响等;

③ 可靠性参数指标,比如故障率、B_{10} 寿命等;

④ 可靠性验证,包括台架试验验证计划、试验条件和试验时间等。

2. 产品设计阶段

对产品进行规划和设计,并考虑所有的设计细节。产品设计阶段的可靠性工作要点(见图 1.22)应包括:

图 1.21　组件和系统的可靠性技术规范条款

① 可靠性分析：通过定量计算预先确定可靠性，对系统进行定量研究，分析故障和失效；

② 定义试验规范，实施试验计划；

③ 对系统、零部件、系统和产品进行可靠性验证。

图 1.22　产品设计阶段的可靠性工作要点

可靠性预计及设计分析方法包括定量和定性分析，如图 1.23 所示。

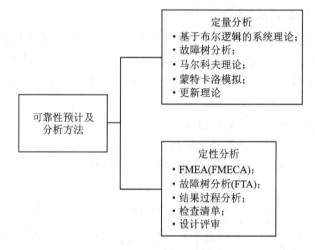

图 1.23　定量和定性分析

定量分析包括：

● 基于布尔逻辑的系统理论；

● 故障树分析（FTA）；

● 马尔科夫理论；

● 蒙特卡洛模拟；

● 更新理论。

定性分析包括：

● FMEA(FMECA)；

● 故障树分析（FTA）；

● 结果过程分析；

● 检查清单；

● 设计评审。

对产品进行定量分析时,需考虑零部件各自的失效行为和零部件之间的相互关系,并正确使用系统理论进行计算,如表 1.4 所列。

表 1.4 确定系统可靠性的量化模型

$R_{\text{System}} = f(R_{\text{Systemelement1}}, R_{\text{Systemelement2}}, \cdots)$	
系统模型/系统理论	失效行为-系统单元/零部件的分布
布尔模型 $R_S(t) = \sum_{j=1}^{m} \varphi_s^{(j)} \cdot (x^{(j)}) \cdot \prod_{j=1}^{n} [R_i(t)]^{x_i^{(j)}} \cdot (1-R_i)^{1-x_i^{(j)}}$	威布尔分布 $R(t) = e^{-\left(\frac{t-t_0}{T-t_0}\right)^b}$
马尔科夫过程 $\dfrac{dP_i(t)}{dt} = -\sum_{j=1}^{n} \alpha_{ij} \cdot P_i(t) + \sum_{j=1}^{n} \alpha_{ij} \cdot P_j(t)$	指数分布 $R(t) = e^{-\lambda t}$
蒙特卡洛模拟 $A(t) = \sum_{B \in \Gamma_S} \int_0^1 \Psi(B, \tau) \cdot R_S(B, t-\tau) \cdot d\tau$	正态分布 $R(t) = \dfrac{1}{\sigma\sqrt{2\pi}} \int_t^{\infty} e^{-\frac{(\tau-\mu)^2}{2\sigma^2}} \cdot d\tau$
更新理论 $h(t) = f(t) + \int_0^1 h(\tau) \cdot f(t-\tau) \cdot d\tau$	对数正态分布 $R(t) = \dfrac{1}{\sigma\sqrt{2\pi}} \int_t^{\infty} \dfrac{1}{\tau-t_0} \cdot e^{-\frac{1}{2}\left[\frac{\ln(\tau-t_0)-\mu}{\sigma}\right]^2} \cdot d\tau$
......	......

下面以某型机械变速器为例进行说明。图 1.24 为变速器的结构简图,描述了变速器产品的结构组成及零部件的相互关系,包含液压耦合装置(H1、H2);连续传动比 $ig_{\max} = 14$,驱动力矩 $T_{\max} = 900\ \text{N} \cdot \text{m}$。

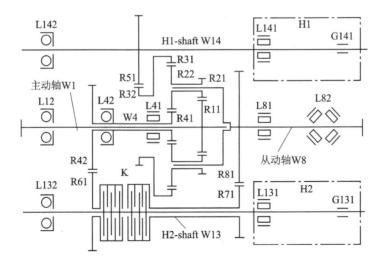

图 1.24 机械变速器的传动原理示意图

图 1.25 所示为变速器系统及组成零部件的失效行为和寿命的关系图。相应分析结果一方面可用于改进变速器产品可靠性的薄弱环节,也可对产品可靠性要求相对较低的零部件进行成本优化。

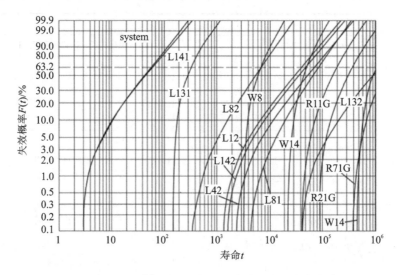

图 1.25　变速器系统及组成零部件的失效行为和寿命的关系图

3. 产品生产阶段

产品生产阶段,需保证工艺的可靠性并在加工过程中开展相应的零部件和整机测试。生产阶段的可靠性工作要点如图 1.26 所示,要点包括:

① 统计过程控制;

② 6σ 质量管理;

③ 可靠性审查。

图 1.26　生产阶段的可靠性工作要点

生产阶段的产品质量缺陷和设计阶段的产品失效的区别如表 1.5 所列。

表 1.5　产品质量缺陷和失效的区别

类　别	质量缺陷	失　效
定义	超出既定规格要求	物理失效/机械性能出现故障
参数	缺陷率	失效率/寿命
单位	百分比、10^{-6}	百分比/小时、年
适用阶段	生产制造过程	设计阶段

续表 1.5

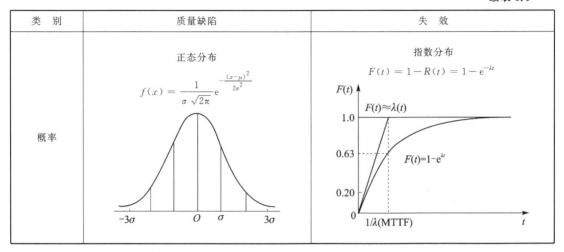

类　别	质量缺陷	失　效
概率	正态分布 $$f(x) = \frac{1}{\sigma\sqrt{2\pi}}\mathrm{e}^{-\frac{(x-\mu)^2}{2\sigma^2}}$$	指数分布 $$F(t) = 1 - R(t) = 1 - \mathrm{e}^{-\lambda t}$$

4. 产品使用阶段

对产品使用阶段发生的失效进行分析,可与设计阶段的可靠性预测结果进行对比,并对未来产品的可靠性水平进行改进,如图 1.27 所示。

图 1.27　使用阶段的可靠性工作要点

使用阶段工作要点包括:

① 确定外场数据;

② 测试值与外场数据的目标值对比分析;

③ 确定零部件的分布参数;

④ 确定试验与外场使用的对应关系和相关性;

⑤ 可靠性的最终验证。

5. 产品研制周期内的其他措施

作为产品寿命周期的补充内容,应包括以下工作要点:

① 建立全面的可靠性数据系统,作为可靠性预计和闭环反馈系统的基础,比如 FRACAS (Failure Reporting, Analysis, and Corrective Action System)故障报告、分析和纠正措施系统;

② 对员工开展深入的可靠性专题培训;

③ 为管理层和员工建立可靠性工作的信息系统,比如企业 ERP 系统(通讯、报告、总结等);

④ 对可靠性方法进行深入研究,并在应用过程中提供咨询;

⑤ 计算机的使用,包括介绍和分析程序的使用、CAD(计算机辅助设计)、CAE(计算机辅

助工程)和产品寿命周期系统。

习题 1

1. 机械产品性能要求可分为哪几个方面？

2. 什么是可靠性设计？它与常规设计有什么关系及区别？

3. 机械设备(系统)可靠性设计应包括哪些方面的工作？能否结合具体产品开展可靠性设计工作？

4. 在机械设计的各个阶段,应具体进行哪些可靠性设计工作？

5. 可靠性设计主要有哪些原则？为什么要考虑这些问题？

6. 举例说明为什么均值安全系数不能保证设计的安全可靠？

7. 列表说明产品质量缺陷和失效的不同。

8. 画图说明产品全生命周期可靠性保证工作的 11 步设计分析及试验工作。

第 2 章　可靠性相关数学基础

本章简要介绍机械可靠性相关的数学基础知识。首先介绍集合论和概率论的基本概念；然后介绍机械产品常用寿命分布，给出机械可靠性常用参数；以及失效数据的统计量、失效数据的参数和非参数分析方法。

2.1　经典集合论及布尔代数

集合是指具有某种特定性质的具体的或抽象的对象汇总而成的集体，是原始的数学概念。其中，构成集合的这些对象则称为该集合的**元素**。一般地，如果一个集合包含所研究问题中涉及的所有元素，那么就称这个集合为**全集**，通常记作 Ω。例如，用集合 Ω 代表某公司的全体员工，则该公司中的所有女性员工所组成的集合 A 就是 Ω 的一个**子集**。在进行集合的运算过程中，通常可采用维恩图（Venn Diagram）对集合的关系进行图形化表征。图 2.1 中的维恩图显示了全集 Ω 与子集 A 的关系。集合 A（相对于 Ω）的**补集**（用 $\bar{A}$ 表示）是由全集 Ω 中不属于 A 的元素组成的集合。

2.1.1　集合的运算

设 A 和 B 是全集 Ω 的两个子集，则 A 和 B 的**并集**是 Ω 中属于两个集合 A 和 B 中至少一个的所有元素组成的集合。A 和 B 的并集用"$A \cup B$"表示，读作"A 并（或）B"。因此 $A \cup B$ 是一个集合，它包含 A、B 或 A 和 B 中的所有元素。$A \cup B$ 的维恩图如图 2.2 所示。

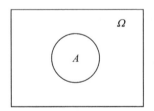　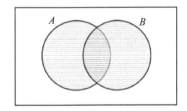

图 2.1　子集与全集关系的维恩图　　　图 2.2　$A \cup B$ 的维恩图

集合 A 和 B 的**交集**是同时属于这两个集合的元素所组成的集合。交集用"$A \cap B$"表示，读作"A 交（和）B"。$A \cap B$ 的维恩图如图 2.3 所示。

当 A 和 B 没有共同元素时，记为"$A \cap B = \varnothing$"，其中 $\varnothing$ 表示"空集"，为不包含任何元素的集合。一般规定空集为任何集合的子集。当 $A \cap B = \varnothing$ 时，称 A 和 B"互斥"，如图 2.4 所示。

表 2.1 列举了有关集合运算的一些基本定律。集合论是现代数学的基石，有关集合论的详细内容，读者可参阅相关的书籍。

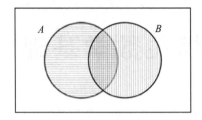

图 2.3　$A \bigcap B$ 的维恩图

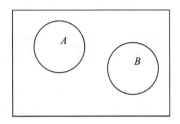

图 2.4　互斥集的维恩图

表 2.1　集合运算定律

定　律	公式描述	定　律	公式描述
恒同律	$A \bigcup \varnothing = A$；$A \bigcup \Omega = \Omega$	结合律	$A \bigcup (B \bigcup C) = (A \bigcup B) \bigcup C$
	$A \bigcap \varnothing = \varnothing$；$A \bigcap \Omega = A$		$A \bigcap (B \bigcap C) = (A \bigcap B) \bigcap C$
幂等律	$A \bigcup A = A$	分配律	$A \bigcap (B \bigcup C) = (A \bigcap B) \bigcup (A \bigcap C)$
	$A \bigcap A = A$		$A \bigcup (B \bigcap C) = (A \bigcup B) \bigcap (A \bigcup C)$
交换律	$A \bigcup B = B \bigcup A$	互补律	$A \bigcup \bar{A} = \Omega$
	$A \bigcap B = B \bigcap A$		$A \bigcap \bar{A} = \varnothing$
De Morgan 律	$\overline{(A \bigcup B)} = \bar{A} \bigcap \bar{B}$　$\overline{(A \bigcap B)} = \bar{A} \bigcup \bar{B}$		$\bar{\bar{A}} = A$

2.1.2　布尔代数

布尔代数(或逻辑代数)起源于数学领域,是一个用于集合运算和逻辑运算的公式:⟨Θ,＋,·,¬⟩。其中 Θ 为一个非空集合,称为"布尔变量集",Θ 中布尔变量的取值只能为"0"或"1";"＋""·"为定义在 Θ 上的两个二元运算,"¬"为定义在 Θ 上的一元运算。关于布尔代数的运算将在本节后续内容加以阐述。

可靠性工程所关注的核心问题是产品的失效,这意味着可采用布尔变量表示产品的状态("完好"或"失效(故障)")。假设用变量"G"表示产品的状态,则"$G=1$"可表示产品处于完好或功能正常状态;"$G=0$"则表示产品处于故障或不可用状态。此时,"$G=1$"状态的概率即为产品的可靠度。

如前所述,布尔代数包含三种运算,即"＋"、"·"和"¬或-(变量上方的横杠)",分别读作"或","与"和"非"。表 2.2 列出了布尔运算中的若干定律,其中 X 表示布尔变量集合,x、x_1、x_2、x_3 表示 X 中的元素。

表 2.2　布尔运算定律

定　律	公式描述	定　律	公式描述
恒同律	$x + 0 = x$,　$x \cdot 1 = x$	结合律	$x_1 + (x_2 + x_3) = (x_1 + x_2) + x_3$
			$x_1 \cdot (x_2 \cdot x_3) = (x_1 \cdot x_2) \cdot x_3$
幂等律	$x + x = x$,　$x \cdot x = x$	对合律	$\neg(\neg x) = x$
吸收律	$x_1 + x_1 \cdot x_2 = x_1$,　$x_1 \cdot (x_1 + x_2) = x_1$	De Morgan 律	$\neg(x_1 + x_2) = (\neg x_1) \cdot (\neg x_2)$
互补律	$\neg 0 = 1$,　$\neg 1 = 0$		$\neg(x_1 \cdot x_2) = (\neg x_1) + (\neg x_2)$

假设 $f=f(x_1,x_2,x_3,\cdots,x_n)$ 为由 n 个布尔变量通过一定的布尔运算形成的函数,则根据布尔运算的规则,f 亦为一布尔变量,其取值为"0"或"1"。由于每个自变量 $x_1,x_2,x_3,\cdots,x_n$ 均有两个可能的值,因此函数 f 的值需通过 2^n 个变量的组合来确定。大多数情况下,可以通过真值表枚举出自变量 $x_1,x_2,x_3,\cdots,x_n$ 的所有组合来确定函数 f 的值。表 2.3 给出了布尔函数 $f(x_1,x_2x_3)=x_1x_2+x_2x_3+x_1x_3$ 的真值表。

表 2.3　布尔函数 $f=f(x_1,x_2x_3)$ 的真值表

x_1	x_2	x_3	f
0	0	0	0
0	0	1	0
0	1	0	0
0	1	1	1
1	0	0	0
1	0	1	1
1	1	0	1
1	1	1	1

2.1.3　概率论基础

概率论是可靠性工程的基础,是研究随机现象的模型。在一定的条件下,在个别试验或观察中呈现不确定性,但在大量重复试验或观察中其结果又具有一定规律性的现象,称为**随机现象**。例如抛一枚硬币与掷一颗骰子。对在相同条件下可以重复的随机现象的观察、记录、实验称为**随机试验**。

随机现象的一切可能基本结果组成的集合称为**样本空间**,其中的元素称为**样本点**。例如,投掷一颗骰子的样本空间 $\Omega=\{\omega_1,\omega_2,\cdots,\omega_6\}$,其中 $\omega_i(i=1,2,\cdots,6)$ 表示"出现了 i 点"。

随机现象的某些样本点组成的集合称为**事件**,常用大写字母 A、B、C 等表示。由定义可知,事件实质上是样本空间的一个子集。若随机试验出现的结果包含于样本空间的某个子集中,则称该子集对应的事件发生。由样本空间的单个元素组成的集合称为**基本事件**,样本空间本身称为**必然事件**,空集对应的事件称为**不可能事件**。

随机变量是表示随机试验各种结果的实值单值函数,定义在由事件组成的空间(事件域)之上。随机变量是根据研究和需要设置出来的,若将其用等号或不等号与某些实数联系起来,就可以表示出许多事件。随机变量通常用字母 x 表示。

概率理论的最基本问题之一是给出概率的定义及确定方法。在概率理论的发展过程中,曾有过概率的古典定义、几何定义、频率定义以及主观定义,这些定义各适用于某一类的随机现象,例如在可靠性工程中,产品的各类试验结果统计采用了如下的频率定义。

概率的统计学定义(von Mises,1931):设在 n 次重复试验中,事件 A 出现了 n_A 次,则称 n_A 为事件 A 在 n 次试验中出现的**频数**,比值 $f_n(A)=\dfrac{n_A}{n}$ 称为事件 A 在 n 次试验中出现的**频率**。当试验次数 n 无限增大时,频率 $f_n(A)$ 将收敛于事件 A 的概率 $P(A)$,即 $P(A)=\lim\limits_{n\to\infty}f_n(A)$。

概率的上述各类定义均具有不同程度的局限性,那么如何给出适合一切随机现象的概率的最一般定义成为了现代概率理论发展所需要解决的最基本问题。1933年苏联数学家柯尔莫哥洛夫(Андрéй Николáевич Колмогóров,1903—1987)首次提出了概率的公理化定义,该定义概括了历史上几种概率定义的共性,且避免了各自的局限性及含混之处。无论任何随机现象,只有满足该定义中的三条公理,方能完成概率的确定。

1. 概率的公理化定义

事件 A 的概率 $P(A)$ 是对该事件指定的一个实数,服从下列三条公理:

① 非负性公理:$P(A)$ 具有非负性,即 $P(A) \geqslant 0$;

② 正则性公理:必然事件 Ω 的概率 $P(\Omega) = 1$;

③ 可列可加性公理:若事件 $A_1, A_2, \cdots, A_n, \cdots$ 互斥,则有

$$P(\bigcup_{i=1}^{\infty} A_i) = \sum_{i=1}^{\infty} P(A_i)$$

由集合论的基本定律以及上述公理的前两条可得出,对于任何事件 A_i,其概率应满足 $0 \leqslant P(A_i) \leqslant 1$。

概率的公理化定义刻画了概率的本质,概率是事件的函数,当该函数能够满足上述三条公理时,即可称为概率。

2. 概率论的基本概念及运算

(1) 独立事件与互斥事件

如果一个事件的发生不影响另一个事件发生的概率且反之亦然,则这两个事件称为相互**独立事件**。假设 A 和 B 是两个事件,如果 A 的发生没有提供关于 B 发生的任何信息(反之亦然),那么 A 和 B 在统计上是相互独立的。例如,两台汽车上发动机的故障即为相互独立事件。

在试验过程中,如果两个事件不可能同时发生,则两个事件称为**互斥事件**。如果 A 的出现保证了 B 不会发生,那么 A 和 B 是互斥的。如果两个事件互斥,则二者不具有独立性。可靠性工程中,任何产品的完好和失效事件均为互斥事件。例如,在给定的时间内,如果电机正常运行,则意味其未发生故障。

(2) 条件概率

条件概率是概率论中最重要的概念之一。所谓**条件概率**,是指在已知某事件 B 发生的条件下,事件 A 发生的概率,记为 $P(A|B)$。设 A 和 B 是样本空间 Ω 中的两个事件,若 $P(B) > 0$,则称

$$P(A \mid B) = \frac{P(A \bigcap B)}{P(B)} \quad (2.1)$$

为"事件 B 发生条件下事件 A 发生的概率",简称为"条件概率"。

如果事件 B 发生,那么为了使 A 发生,实际出现的样本点必为 $A \bigcap B$ 中的一个点(见图 2.5),此时意味着 B 成为了新的样本空间,因此事件 A 发生的条件概率等于 A 相对于 B 的概率。类似地,可以得出

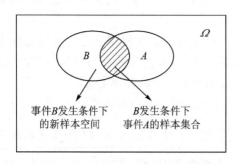

图 2.5　条件概率 $P(A|B)$ 的样本空间

$$P(A \mid B) = \frac{P(A \bigcap B)}{P(B)} \qquad (2.2)$$

（3）乘法公式

根据式(2.2)，可以得出

$$P(A \bigcap B) = P(A) \times P(B \mid A) \qquad (2.3)$$

若事件 A 与 B 相互独立，则条件概率 $P(B \mid A)$ 与 $P(B)$ 相等，此时式(2.3)可写为

$$P(A \bigcap B) = P(A) \times P(B) \qquad (2.4)$$

上式表明，当 A 和 B 独立时，A 和 B 同时发生的概率（称为"联合概率"）仅仅是 A 和 B 单独发生的概率的乘积。一般来说，n 个事件 $E_1, E_2, \cdots, E_n$ 的联合概率可表示为

$$P(E_1 \bigcap E_2 \bigcap \cdots \bigcap E_n) = P(E_1) \times P(E_2 \mid E_1) \times$$
$$P(E_3 \mid E_1 \bigcap E_2) \times \cdots \times P(E_n \mid E_1 \bigcap E_2 \bigcap \cdots \bigcap E_{n-1})$$
$$(2.5)$$

如果所有事件都是独立的，那么联合概率即为各事件单独发生概率的乘积

$$P(E_1 \bigcap E_2 \bigcap \cdots \bigcap E_n) = P(E_1) \times P(E_2) \times P(E_3) \times \cdots \times P(E_n) \qquad (2.6)$$

（4）并事件的概率

假设 A 和 B 是两个事件。从维恩图（见图 2.6）可以看出，由于三个区域 1、2 和 3 互斥，因此

$$\begin{cases} P(A \bigcup B) = P(1) + P(2) + P(3) \\ P(A) = P(1) + P(2) \\ P(B) = P(2) + P(3) \end{cases} \qquad (2.7)$$

从而有

$$\begin{cases} P(A \bigcup B) = P(A) + P(B) - P(2) \\ P(2) = P(A \bigcap B) \\ P(A \bigcup B) = P(A) + P(B) - P(A \bigcap B) \end{cases} \qquad (2.8)$$

上述表达式可通过以下等式扩展到 n 个事件 $E_1, E_2, \cdots, E_n$

$$P(E_1 \bigcup E_2 \bigcup \cdots \bigcup E_n) = P(E_1) + P(E_2) + \cdots + P(E_n) -$$
$$[P(E_1 \bigcap E_2) + P(E_2 \bigcap E_3) + \cdots + P(E_{n-1} \bigcap E_n)] +$$
$$[P(E_1 \bigcap E_2 \bigcap E_3) + P(E_2 \bigcap E_3 \bigcap E_4) + \cdots +$$
$$P(E_{n-2} \bigcap E_{n-1} \bigcap E_n)] - \cdots$$
$$\vdots$$
$$(-1)^{n+1} P(E_1 \bigcap E_2 \bigcap \cdots \bigcap E_n) \qquad (2.9)$$

（5）全概率公式

设 $A_1, A_2, \cdots, A_n$ 为 n 个互斥事件，构成样本空间 Ω，且有 $P(A_i) > 0, i = 1, 2, \cdots, n$（见图 2.7）。对于任意事件 B，有

$$B = B \bigcap \Omega = B \bigcap (A_1 \bigcup A_2 \bigcup \cdots \bigcup A_n)$$
$$= (B \bigcap A_1) \bigcup (B \bigcap A_2) \bigcup \cdots \bigcup (B \bigcap A_n) \qquad (2.10)$$

易见，$B \bigcap A_1, B \bigcap A_2, \cdots, B \bigcap A_n$ 事件互斥。因此可以得出

$$P(B) = \sum_i P(B \bigcap A_i) = \sum_i P(A_1) P(B \mid A_i) \qquad (2.11)$$

上式称为**全概率公式**。

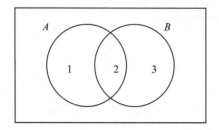

图 2.6　$A \bigcup B$ 的维恩图

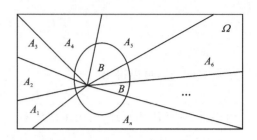

图 2.7　互斥事件对样本空间的分割

(6) 贝叶斯公式

根据条件概率的定义

$$P(A \mid B) = \frac{P(A \bigcap B)}{P(B)} \Rightarrow P(A \bigcap B) = P(B) \times P(A \mid B) \tag{2.12}$$

$$P(B \mid A) = \frac{P(A \bigcap B)}{P(A)} \Rightarrow P(A \bigcap B) = P(A) \times P(B \mid A) \tag{2.13}$$

令上述式(2.12)与式(2.13)相等,则有 $P(B) \times P(A \mid B) = P(A) \times P(B \mid A)$,进一步可得出

$$P(A \mid B) = \frac{P(A) \times P(B \mid A)}{P(B)} \tag{2.14}$$

上述结果应用于实际问题中,能够用 $P(B \mid A)$ 来求解 $P(A \mid B)$。一般来说,如果 $P(B)$ 采用全概率公式表示,则可得出如式(2.15)的一般性结果,即贝叶斯公式

$$P(A_i \mid B) = \frac{P(A_i) \times P(B \mid A_i)}{\sum_i P(A_i) P(B \mid A_i)} \tag{2.15}$$

贝叶斯公式给出了一种用先验概率 $P(A_i)$ 和条件概率 $P(B \mid A_i)$ 来计算后验概率 $P(A_i \mid B)$ 的方法,在可靠性工程中,贝叶斯公式对于故障数据的更新非常有用。

3. 随机变量的概率分布

随机变量是定义在样本空间上的实值函数,常用小写字母 x 表示。如果一个随机变量仅能够取得有限个或可列个数值,则称其为**离散随机变量**;反之,若一个随机变量的可能取值充满数轴上的某个区间,则称其为**连续随机变量**。

与微积分中的变量不同,概率论中的随机变量 x 是一种"随机取值的变量,且取不同值的概率不同,即变量取值的概率呈现分布状态"。以离散随机变量为例,不仅要给定变量可能的取值,而且要给出变量取每个可能值的概率,变量的分布呈现不同的概率。变量是否依概率具有分布特征,是一般变量和随机变量的区别。

设随机变量 x 是样本点 ω 的一个实值函数,集合 $B \subset \mathbb{R}$,其中 $\mathbb{R}$ 表示全体实数,则 $\{x \in B\}$ 表示随机事件

$$\{\omega : x(\omega) \in B\} \subset \Omega \tag{2.16}$$

特别地,用等号或不等号将随机变量与某些实数联系起来,用来表示事件。例如,$\{x \leqslant a\}$、$\{x > b\}$、$\{a \leqslant x \leqslant b\}$ 等均为随机事件。具体有

● 记 x 表示投掷一颗骰子可能出现的点数,则 x 的可能取值为 $\{1,2,3,4,5,6\}$,可知 x

为一个离散随机变量。事件 $A=$ "点数小于或等于 3",可以表示为 $A=\{x\leqslant3\}$。

● 记 t 表示某种产品的使用寿命,则 t 的可能取值充满区间 $[0,+\infty)$,可知 t 为一连续随机变量。事件 $B=$ "产品使用寿命在 40 000~50 000 h 之间",可以表示为 $B=\{40\ 000\ \text{h}\leqslant t\leqslant50\ 000\ \text{h}\}$。

为掌握随机变量的统计规律性,需要掌握其取各种数值的概率,由于

$$\{a<x\leqslant b\}=\{x\leqslant b\}-\{x\leqslant a\}$$
$$\{x>c\}=S-\{x\leqslant c\}$$

因此,对任意实数 x_i,只要知道事件 $\{x\leqslant x_i\}$ 的概率即可。此概率具有累积特性,常用 F 表示。此外,F 与 x_i 有关,不同的 x_i 对应于不同的 F 值,为此记

$$F(x_i)=P(x\leqslant x_i) \tag{2.17}$$

上述 $F(x)$ 即为随机变量 x 的**分布函数**。此时,称随机变量 x 服从分布 F,记为 $x\sim F(x)$

任何随机变量均有其分布函数,得出随机变量 x 的分布函数后,即可计算与随机变量 x 有关的随机事件的概率。分布函数 $F(x)$ 需满足如下三条性质:

① 单调性:$F(x)$ 是 $\mathbb{R}$ 上的单调非减函数;

② 有界性:对任意 $x_i\in\mathbb{R}$,有 $0\leqslant F(x_i)\leqslant1$;

③ 右连续性:$F(x)$ 是 x 的右连续函数。

上述三条性质是判别函数能否称为分布函数的充分必要条件。

对于离散随机变量,分布函数通常仅由一系列可能值以及每个值的概率来指定。设 x 是在样本空间 $\Omega=\{x_1,x_2,\cdots,x_n\}$ 上定义的离散随机变量,则可对样本空间 Ω 中的每个值定义相应的概率,通常用 $f(x_i)$ 表示。对于离散随机变量 x,$f(x_i)$ 满足如下性质:

① $f(x_i)=P(x=x_i)$;

② $f(x_i)\geqslant0$;

③ $\sum_{i=1}^{n}f(x_i)=1$。

对于离散随机变量,$f(x)$ 也称为概率质量函数,离散概率质量函数图通常用柱形图表示。本章后续章节所述的二项分布、泊松分布均为离散分布函数。

例如,对一枚硬币进行 5 次抛掷,令 x 代表正面向上的次数,则 x 的概率质量函数如图 2.8 所示。

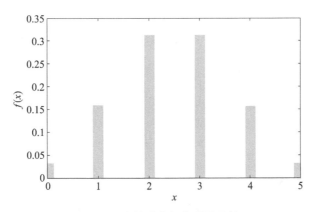

图 2.8　离散分布概率质量函数

基于概率质量函数,离散随机变量 x 的分布函数 $F(x_i)$ 可表示为

$$F(x_i) = P(x \leqslant x_i) = \sum_i f(x_i) \tag{2.18}$$

图 2.9 给出了抛硬币示例的累积分布。

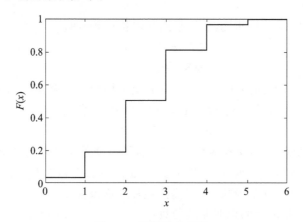

图 2.9　离散分布函数

连续随机变量在实数区间 (a,b) 内连续取值,在该区间内有不可列个实数。因此,描述连续随机变量的概率分布需要用概率密度函数表示。一个连续随机变量 x 在样本空间的取值个数是无限的,所以假设取它的任何一个具体数值的概率都是零。连续随机变量的概率密度函数定义如下:

设随机变量 x 的分布函数为 $F(x)$,如果存在实数轴上的一个非负可积函数 $f(x)$,使得对任意实数 x,有

$$F(x) = \int_{-\infty}^{x} f(t)\,\mathrm{d}t \tag{2.19}$$

则称 $f(x)$ 为随机变量 x 的概率密度函数。

对于连续随机变量 x,概率密度函数 $f(x)$ 满足如下性质:

① $f(x) \geqslant 0$;

② $\int_{-\infty}^{+\infty} f(x) = 1$;

③ $P(a \leqslant x \leqslant b) = \int_a^b f(x)\,\mathrm{d}x$。

由定义可知,连续随机变量的概率密度函数可由分布函数微分而定。由微积分基本定理,有

$$\frac{\mathrm{d}}{\mathrm{d}x}\left[\int_{-\infty}^{x} f(t)\,\mathrm{d}t\right] = f(x) \tag{2.20}$$

即

$$f(x) = \frac{\mathrm{d}F(x)}{\mathrm{d}x} \tag{2.21}$$

4. 随机变量的数字特征

在可靠性工程中,为更有效地进行分析和计算以及表示随机变量的分布,因而期望、方差等随机变量的数字特征得以广泛应用。期望代表分布函数的中心趋势。它在数学上表示为

$$\text{Mean} = E(x) = \begin{cases} \sum_i x_i f(x_i), & \text{对于离散随机变量} \\ \int_{-\infty}^{+\infty} x f(x) \, \mathrm{d}x, & \text{对于连续随机变量} \end{cases} \tag{2.22}$$

期望的物理意义是重心,具有深刻的理论与实际价值,是消除随机性的主要手段。期望 $E(x)$ 是随机变量概率分布的一种位置特征数,它表明随机变量 x 的取值总在期望周围波动。然而,期望值 $E(x)$ 无法反映出随机变量在期望周围波动的"大小",因此需要引入方差的概念。

随机变量 x 的方差在数学上定义为

$$\text{Variance} = E\left[(x - \text{Mean})^2\right] = \begin{cases} \sum_i (x_i - \text{Mean})^2 f(x_i), & \text{对于离散随机变量} \\ \int_{-\infty}^{+\infty} \left[(x - \text{Mean})^2 f(x)\right] \mathrm{d}x, & \text{对于连续随机变量} \end{cases} \tag{2.23}$$

随机变量方差的算数平方根称为其**标准差**。

有关于随机变量的其他数字特征以及各类数字特征的性质,本书在此不做赘述,读者可参考概率理论方面的相关著作。

2.2　机械产品常用寿命分布

本节简要介绍机械产品常用的寿命分布,分为离散概率分布和连续概率分布。

2.2.1　离散概率分布

1. 二项(Binomial)分布

首先给出**独立试验**的定义:设有两个试验 E_1、E_2,假如试验 E_1 的任一结果与试验 E_2 的任一结果相互独立,则称这两个试验相互独立。

类似地,可以定义 n 个试验 $E_1, E_2, \cdots, E_n$ 的相互独立性:假如试验 E_1 的任一结果、试验 E_2 的任一结果、$\cdots\cdots$、试验 E_n 的任一结果均为相互独立事件,则称试验 $E_1, E_2, \cdots, E_n$ 相互独立。进一步,若试验 $E_1, E_2, \cdots, E_n$ 相同,则称试验 $E_1, E_2, \cdots, E_n$ 为 n **重独立试验**。若在 n 重独立试验中,每个试验的可能结果仅有两个:A 和 $\bar{A}$,则称此类试验为 n **重伯努利试验** (Bernoulli Experiment)。

若记 x 为 n 重伯努利试验中成功(记为事件 A)的次数,则 x 的可能取值为 $0, 1, 2, \cdots, n$。记 p 为每次试验中 A 发生的概率,即 $P(A) = p$,则 $P(\bar{A}) = 1 - p$。

n 重伯努利试验的基本结果可记作 $\omega = (\omega_1, \omega_2, \cdots, \omega_n)$,其中 ω_i 仅可为 A 或者 $\bar{A}$。这样的 ω 共有 2^n 个,这 2^n 个样本点组成了样本空间 S。

下面求 x 的概率质量(分布列),即求 $\{x = k\}$ 的概率。若某个样本点 $\omega = (\omega_1, \omega_2, \cdots, \omega_n) \in \{x = k\}$,这意味着 $\omega_1, \omega_2, \cdots, \omega_n$ 有 k 个 A 以及 $n - k$ 个 $\bar{A}$,则由独立性可知 $P(\omega) = p^k (1-p)^{n-k}$,而这样的 ω 共有 $\binom{n}{k}$ 个,故 x 的概率质量为

$$P(x=k)=\binom{n}{k}p^{k}(1-p)^{n-k},\quad k=0,1,\cdots,n \qquad (2.24)$$

该分布称为二项分布,记为 $x \sim b(n,p)$。

若随机变量 $x \sim b(10,0.4)$,则其概率质量如图 2.10 所示。

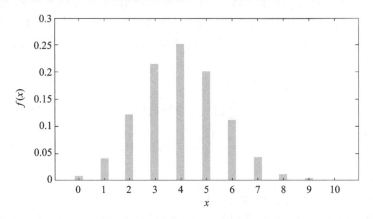

图 2.10　二项分布概率质量

二项分布的分布函数为

$$P(x\leqslant i)=\sum_{j=0}^{i}\binom{n}{j}p^{j}(1-p)^{n-j} \qquad (2.25)$$

二项分布的平均值计算如下:

$$E(x)=\sum xf(x)=\sum_{i=0}^{n}i\times\binom{n}{i}p^{i}(1-p)^{n-i}$$

$$=np\sum_{i=1}^{n}\binom{n-1}{i-1}p^{i-1}(1-p)^{n-i}=np\sum_{j=0}^{m}\binom{m}{j}p^{j}(1-p)^{n-j}$$

$$=np \qquad (2.26)$$

类似地,二项分布的方差可表示为

$$\mathrm{Var}(x)=npq \qquad (2.27)$$

式中,$q=1-p$。

例 2-1　一位工程师想从一批零件中选出 4 个零件,若已知该批次零件的次品占 10%,试求如下各类情况的概率:

① 所选零件无次品;

② 所选零件中有 1 个次品;

③ 所选零件中恰有 2 个次品;

④ 所选零件中次品数不多于 2 个。

解:令 x 为所选零件中包含的次品数,则 x 的可能取值为 $1,2,3,4$。已知 $p=0.1$,则根据式(2.24)及式(2.25),可以得出:

① $P(x=0)=\binom{4}{0}(0.1)^{0}(0.9)^{4}=0.656\ 1$;

② $P(x=1)=\binom{4}{1}(0.1)^{1}(0.9)^{3}=0.291\ 6$;

③ $P(x=2)=\dbinom{4}{2}(0.1)^2(0.9)^2=0.048\ 6$；

④ $P(x\leqslant 2)=P(x=0)+P(x=1)+P(x=2)=0.996\ 3$。

2. 泊松(Poisson)分布

泊松分布是 1837 年由法国数学家泊松(Poisson,1781—1840)首次提出的。泊松分布的概率质量为

$$P(x=k)=\frac{\lambda^k}{k!}\mathrm{e}^{-\lambda},\quad k=0,1,2,\cdots \tag{2.28}$$

式中,参数 $\lambda>0$,记为 $x\sim P(\lambda)$。在可靠性工程中,λ 可定义为平均失效率。

对于泊松分布而言,很容易验证其和为 1。

$$\sum_{k=0}^{\infty}\frac{\lambda^k}{k!}\mathrm{e}^{-\lambda}=\mathrm{e}^{-\lambda}\sum_{k=0}^{\infty}\frac{\lambda^k}{k!}=\mathrm{e}^{-\lambda}\mathrm{e}^{\lambda}=1 \tag{2.29}$$

泊松分布是一种常用的离散分布,它常与单位时间(或单位面积、单位产品等)内的计数过程相联系,例如:

① 在一天内,来到某商场的顾客数;

② 在单位时间内,一电路受到外界电磁波的冲击次数;

③ 1 m^2 玻璃上的气泡数;

④ 一铸件上的砂眼数;

⑤ 在一定时期内,某种放射性物质放射出的 α 粒子数。

上述情况均服从泊松分布,可见泊松分布的应用范围十分广泛。

设随机变量 $x\sim P(\lambda)$,则

$$E(x)=\sum_{k=0}^{\infty}k\frac{\lambda^k}{k!}\mathrm{e}^{-\lambda}=\lambda\mathrm{e}^{-\lambda}\sum_{k=1}^{\infty}\frac{\lambda^{k-1}}{(k-1)!}=\lambda\mathrm{e}^{-\lambda}\mathrm{e}^{\lambda}=\lambda \tag{2.30}$$

又因为

$$\begin{aligned}
E(x^2)&=\sum_{k=0}^{\infty}k^2\frac{\lambda^k}{k!}\mathrm{e}^{-\lambda}=\sum_{k=1}^{\infty}k\frac{\lambda^k}{(k-1)!}\mathrm{e}^{-\lambda}\\
&=\lambda^2\mathrm{e}^{-\lambda}\sum_{k=2}^{\infty}\frac{\lambda^{k-2}}{(k-2)!}+\lambda\mathrm{e}^{-\lambda}\sum_{k=1}^{\infty}\frac{\lambda^{k-1}}{(k-1)!}\\
&=\lambda^2+\lambda
\end{aligned} \tag{2.31}$$

由此得随机变量 x 的方差为

$$\mathrm{Var}(x)=E(x^2)-[E(x)]^2=\lambda^2+\lambda-\lambda^2=\lambda \tag{2.32}$$

$\lambda=2$ 时的泊松分布概率质量和分布函数如图 2.11 及图 2.12 所示。当发生概率接近于零且样本量很大时,可以用泊松分布来近似二项分布。

例 2-2　一铸件的砂眼数服从参数为 $\lambda=0.5$ 的泊松分布,试求此铸件上至多有 1 个砂眼的概率和至少有 2 个砂眼的概率。

解:以 x 表示该种铸件的砂眼数,由于 $x\sim P(0.5)$,所以此种铸件上至多有 1 个砂眼的概率为

$$P(x\leqslant 1)=\frac{0.5^0}{0!}\mathrm{e}^{-0.5}+\frac{0.5^1}{1!}\mathrm{e}^{-0.5}=0.91$$

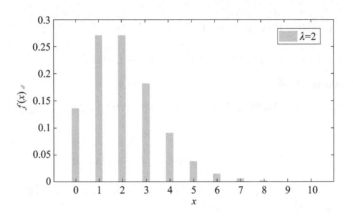

图 2.11　泊松分布概率质量

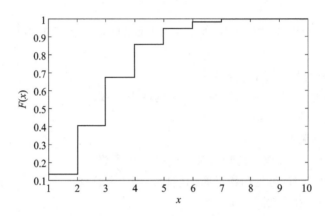

图 2.12　泊松分布的分布函数

至少有 2 个砂眼的概率为

$$P(x \geqslant 2) = 1 - P(x \leqslant 1) = 0.09$$

2.2.2　连续概率分布

1. 指数分布

指数分布是可靠性工程中应用最广泛的分布类型之一,它是唯一一个具有恒定失效率的分布,用以模拟许多工程系统的"使用寿命"。指数分布与泊松分布密切相关。如果产品单位时间内的故障次数服从泊松分布,则其故障间隔时间服从指数分布。指数分布的概率密度函数为

$$f(t) = \begin{cases} \lambda \mathrm{e}^{-\lambda t}, & 0 \leqslant t \leqslant \infty \\ 0, & t < 0 \end{cases} \tag{2.33}$$

不同 λ 值的指数分布概率密度函数如图 2.13 所示。

根据概率密度函数与分布函数的关系,可推导出指数分布的分布函数为

$$F(t) = \int_0^t f(t)\,\mathrm{d}t = \int_0^t \lambda \mathrm{e}^{-\lambda t}\,\mathrm{d}t = \lambda \left[\frac{\mathrm{e}^{-\lambda t}}{-\lambda}\right]_0^t = 1 - \mathrm{e}^{-\lambda t} \tag{2.34}$$

依据式(2.84),可以得出

$$R(t) = 1 - F(t) = e^{-\lambda t} \tag{2.35}$$

不同 λ 值的指数分布可靠度函数及失效概率函数分别如图 2.14 及图 2.15 所示。

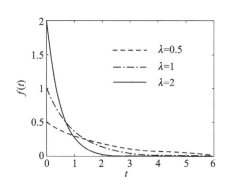

图 2.13　不同 λ 值的指数分布概率密度函数　　　　图 2.14　不同 λ 值的指数分布可靠度函数

失效率是概率密度函数与其可靠度函数的比值,对于指数分布,则有

$$h(t) = \frac{f(t)}{R(t)} = \frac{\lambda e^{-\lambda t}}{e^{-\lambda t}} = \lambda \tag{2.36}$$

不同 λ 值的指数分布失效率函数如图 2.16 所示。由于指数分布的失效率为常数 λ,基于此性质称指数分布具有"无记忆性"。若随机变量 t 服从指数分布,则对 $s, t \in \mathbb{R}$ 且 $s, t > 0$,有

$$P(t > s + t_i \mid t > t_i) = P(t > s) \tag{2.37}$$

即,如果 t 是某一产品的寿命,已知产品使用了 t_i 时间,则它总共使用至少 $s + t_i$ 时间的条件概率,与从开始使用时算起它使用至少 s 时间的概率相等。

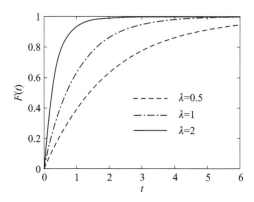
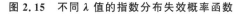

图 2.15　不同 λ 值的指数分布失效概率函数　　　　图 2.16　不同 λ 值的指数分布失效率函数

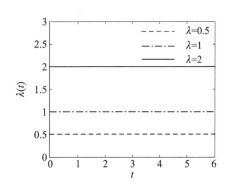

指数分布的均值为

$$E(t) = \mathrm{MTTF} = \int_0^\infty t f(t)\,\mathrm{d}t$$

$$= \int_0^\infty t \lambda e^{-\lambda t}\,\mathrm{d}t$$

$$= \lambda \left(t \cdot \frac{e^{-\lambda t}}{-\lambda} \bigg|_0^\infty - \int_0^\infty \frac{e^{-\lambda t}}{-\lambda}\,\mathrm{d}t \right)$$

$$= \lambda \left[0 + \frac{1}{\lambda} \left(\left. \frac{e^{-\lambda t}}{-\lambda} \right|_0^\infty \right) \right]$$

$$= \frac{1}{\lambda} \tag{2.38}$$

因此，指数分布的 MTTF 是失效率的倒数。

$$E(t^2) = \int_0^\infty t^2 f(t)\,\mathrm{d}t$$

$$= \int_0^\infty t^2 \lambda e^{-\lambda t}\,\mathrm{d}t$$

$$= \lambda \left[\left. t^2 \cdot \frac{e^{-\lambda t}}{-\lambda} \right|_0^\infty - \int_0^\infty \frac{e^{-\lambda t}}{-\lambda}(2t)\,\mathrm{d}t \right]$$

$$= \lambda \left(0 + \frac{2}{\lambda^2} \int_0^\infty t\lambda e^{-\lambda t}\,\mathrm{d}t \right)$$

$$= \frac{2}{\lambda^2} \tag{2.39}$$

因此，指数分布的方差为

$$\sigma^2 = \frac{2}{\lambda^2} - \left(\frac{1}{\lambda} \right)^2 = \frac{1}{\lambda^2} \tag{2.40}$$

例 2-3　某产品的故障时间 t 服从指数分布，故障率 $\lambda = 10^{-4}/\mathrm{h}$，试求：① 产品在工作 1 000 h 前发生故障的概率；② 产品至少能无故障使用 10 000 h 的概率；③ 产品在 1 000～10 000 h 之间发生故障的概率；④ 产品的平均故障时间。

解：

① $P(t < 1\,000) = F(t = 1\,000)$，由于产品故障时间服从 $\lambda = 10^{-4}/\mathrm{h}$ 的指数分布，则有

$$P(t < 1\,000) = 1 - e^{-\lambda t} = 0.095\,16$$

② $P(t > 10\,000) = R(t = 10\,000)$，因此有

$$P(t > 10\,000) = e^{-\lambda t} = 0.367\,8$$

③ $P(1\,000 < t < 10\,000) = F(10\,000) - F(1\,000) = [1 - R(10\,000)] - F(1\,000)$，则由 ①、②中的结果，可以得出

$$P(1\,000 < t < 10\,000) = (1 - 0.367\,8) - 0.095\,16 = 0.537$$

④ 由式(2.38)可知，$\mathrm{MTTF} = 1/\lambda = (1/10^{-4})\mathrm{h} = 10\,000\ \mathrm{h}$。

2. 正态分布

正态分布是统计学和概率论领域最重要、应用最广泛的分布。它也被称为高斯分布，它是 1733 年引入的第一个分布。正态分布在实际应用中经常出现，因为大量统计上独立的随机变量之和收敛到正态分布(称为中心极限定理)。正态分布广泛用于模拟系统的各种物理、机械、电气或化学现象，例如气体分子速度、磨损、噪声、发射弹药的膛压、铝合金钢的抗拉强度、电冷凝器的容量变化、给定区域的电功率消耗、发电机输出电压和电阻等，也用于可靠性研究中的应力-强度干涉模型。

正态分布的概率密度函数为

$$f(t) = \frac{1}{\sigma\sqrt{2\pi}} e^{-\frac{1}{2}\left(\frac{t-\mu}{\sigma}\right)^2}, \quad -\infty \leqslant t \leqslant \infty \tag{2.41}$$

式中，μ（期望）和 σ（标准差）为分布参数。正态分布的图线呈钟形，且以 $t=\mu$ 为对称轴，分布的广度由参数 σ 决定，如图 2.17 所示。

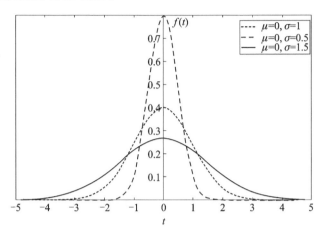

图 2.17　不同参数的正态分布概率密度图线

称 $\mu=0$ 且 $\sigma=1$ 的正态分布为标准正态分布。令随机变量 $z=\dfrac{t-\mu}{\sigma}$，则根据式（2.41）可知

$$\phi(z)=f(z)=\frac{1}{\sqrt{2\pi}}\mathrm{e}^{-z^2/2} \tag{2.42}$$

易见随机变量 z 服从标准正态分布，其中 $\phi(z)$ 为标准正态分布的概率密度函数。标准正态分布的分布函数可表示为

$$\Phi(z)=\int_{-\infty}^{z}\frac{1}{\sqrt{2\pi}}\mathrm{e}^{-\frac{t^2}{2}}\mathrm{d}t \tag{2.43}$$

$\Phi(z)$ 的值可通过查询标准正态分布表得出，读者可参见本书末附表 1。

由于随机变量的范围为 $(-\infty,+\infty)$，因此理论上正态分布并不能真正用于可靠性工程研究。然而，如果期望 μ 为正且大于 σ 数倍，则随机变量取负值的概率可以忽略不计，此时正态分布可以作为失效过程的合理近似。

正态分布可靠度函数和失效概率函数分别为

$$R(t)=\int_{t}^{\infty}\frac{1}{\sigma\sqrt{2\pi}}\mathrm{e}^{-\frac{1}{2}\left(\frac{t-\mu}{\sigma}\right)^2}\mathrm{d}t \tag{2.44}$$

$$F(t)=\int_{-\infty}^{t}\frac{1}{\sigma\sqrt{2\pi}}\mathrm{e}^{-\frac{1}{2}\left(\frac{t-\mu}{\sigma}\right)^2}\mathrm{d}t \tag{2.45}$$

由于上述积分没有封闭解，失效概率和可靠度可通过标准正态分布函数得出：

$$F(t)=\Phi(z)=\Phi\left(\frac{t-\mu}{\sigma}\right) \tag{2.46}$$

$$R(t)=1-\Phi\left(\frac{t-\mu}{\sigma}\right) \tag{2.47}$$

不同参数条件下的正态分布失效概率及可靠度曲线分别如图 2.18 及图 2.19 所示。

正态分布的失效率函数可以表示为

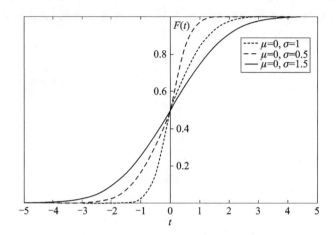

图 2.18　正态分布的失效概率曲线

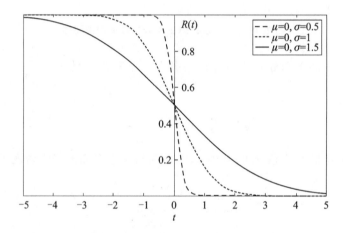

图 2.19　正态分布的可靠度曲线

$$h(t) = \frac{f(t)}{R(t)} = \frac{f(t)}{1 - \Phi(z)} \tag{2.48}$$

正态分布失效率函数具有单调递增的性质,如图 2.20 所示,这使得正态分布可用于对具有性能退化特性的产品进行模拟。

例 2 - 4　对一批机械部件进行的寿命试验,记录的故障时间(单位:h)为 850、890、921、955、980、1 025、1 036、1 047、1 065 和 1 120。假设故障时间服从正态分布,计算 1 000 h 的瞬时失效率。

解: 基于所给出的数据,利用样本均值和标准差近似总体期望值和标准差,可得出正态分布总体的近似期望及标准差分别为(其中 $n = 10$ 为样本数)

$$\mu = E(t) \approx \bar{t} = \frac{\sum t_i}{n} = \frac{9\ 889}{10}\text{h} = 988.9\ \text{h}$$

$$\sigma \approx \sqrt{\frac{n \sum_{i=1}^{n} t_i^2 - \left(\sum_{i=1}^{n} t_i\right)^2}{n(n-1)}} \approx 84.845\ 5\ \text{h}$$

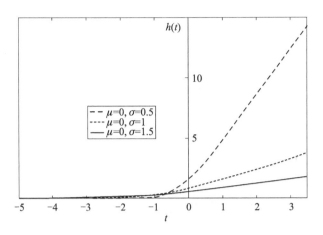

图 2.20　正态分布的失效率曲线

由瞬时故障率的定义及式(2.48)可知

$$h(t)=\frac{f(t)}{R(t)}=\frac{f(1\ 000)}{R(1\ 000)}=\frac{\phi(z)}{1-\Phi(z)}=\frac{0.004\ 661\ 9}{1-0.552}\ \mathrm{h^{-1}}=0.010\ 4\ \mathrm{h^{-1}}$$

3. 对数正态分布

对于一个连续的正随机变量 t，如果其自然对数服从正态分布，则称 t 服从对数正态分布。对数正态分布可以用来模拟金属的失效周期、晶体管和轴承的寿命以及修复时间；同时，对数正态分布也常用于产品的加速寿命试验评估过程中。对数正态分布的概率密度函数为

$$f(t)=\frac{1}{\sigma t\sqrt{2\pi}}\mathrm{e}^{-\frac{1}{2}\left(\frac{\ln t-\mu}{\sigma}\right)^2},\quad t>0 \tag{2.49}$$

式中，μ 和 σ 分别称为位置参数和形状参数。对数正态分布概率密度函数的形状随 σ 值的不同而变化，如图 2.21 所示。

对数正态分布的可靠度函数和失效概率函数分别为

$$R(t)=1-\Phi\left(\frac{\ln t-\mu}{\sigma}\right) \tag{2.50}$$

$$F(t)=\Phi\left(\frac{\ln t-\mu}{\sigma}\right) \tag{2.51}$$

对数正态分布的可靠度函数如图 2.22 所示；对数正态分布的失效概率函数和失效率函数分别如图 2.23、图 2.24 所示。对数正态分布的均值和方差分别为

$$E(t)=\mathrm{e}^{\mu+\frac{\sigma^2}{2}} \tag{2.52}$$

$$V(t)=\mathrm{e}^{(2\mu+\sigma^2)}(\mathrm{e}^{\sigma^2}-1) \tag{2.53}$$

例 2-5　某种产品的故障时间服从参数 $\mu=3$、$\sigma=1.8$ 的对数正态分布，试求：① 产品的 MTTF；② 此种产品连续使用超过 30 年的可靠度。

解：① 依据式(2.52)，此种产品的 MTTF 为

$$\mathrm{MTTF}=\exp[3+0.5\times(1.8)^2]=101.5$$

② 根据式(2.50)，产品运行超过 30 年的可靠度为

$$R(30)=[1-\Phi(z)]=\left[1-\Phi\left(\frac{\ln 30-3}{1.8}\right)\right]=[1-0.588]=0.412$$

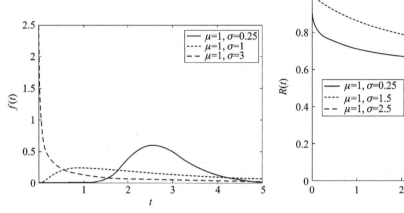

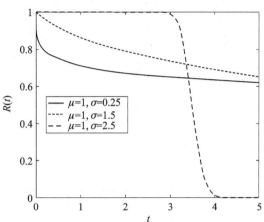

图 2.21 不同形状参数条件下的对数正态分布曲线　　　　图 2.22 对数正态分布的可靠度曲线

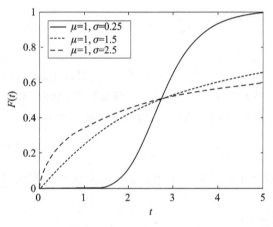

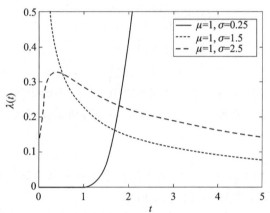

图 2.23 对数正态分布的失效概率曲线　　　　图 2.24 对数正态分布的失效率曲线

4. 威布尔分布

威布尔分布是 Waloddi Weibull 于 1939 年提出的一种连续分布,并在 1951 年由 Weibull 对该分布进行了详细描述。威布尔分布用于模拟各种不同的失效率曲线,因此在可靠性工程中得到了广泛的应用。在某些条件下,采用威布尔分布也可对其他类型的分布进行近似。威布尔分布已应用于许多工程产品的寿命分布及可靠性测试等。

威布尔分布可分为双参数及三参数威布尔分布。对于双参数威布尔分布,其概率密度函数为

$$f(t) = \frac{b}{T}\left(\frac{t}{T}\right)^{b-1} \mathrm{e}^{-\left(\frac{t}{T}\right)^{b}}, \quad t > 0 \tag{2.54}$$

式中,T 和 b 分别称为尺度参数(或特征寿命)和形状参数。特征寿命 T 决定了威布尔分布的位置,而形状参数 b 则决定了威布尔分布的变化。当 b 值较小($b<1$)时,威布尔分布近似于指数分布;当 $b=1$ 时,威布尔分布则恰为指数分布;当 $b>1$ 时,威布尔分布的概率密度总是从 $f(t)=0$ 开始;当 $b=3.5$ 时,威布尔分布近似于正态分布。双参数威布尔分布的概率密度函

数随形状参数的变化如图 2.25 所示,威布尔分布对其他类型概率分布的近似情况如表 2.4 所列。

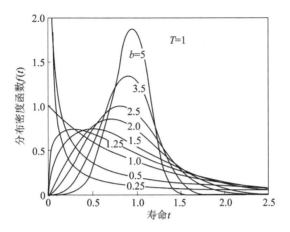

图 2.25　威布尔分布概率密度函数随形状参数的变化

表 2.4　形状参数不同的威布尔分布对其他类型分布的近似

b	等效分布类型
$b=1$	等于指数分布
$b=2$	等于瑞利分布
$b=2.5$	近似等于对数正态分布
$b=3.5$	近似等于正态分布

双参数威布尔分布的可靠度函数、失效概率函数(分布函数)和失效率函数分别为

$$R(t)=\mathrm{e}^{-\left(\frac{t}{T}\right)^{b}} \tag{2.55}$$

$$F(t)=1-\mathrm{e}^{-\left(\frac{t}{T}\right)^{b}} \tag{2.56}$$

$$\lambda(t)=\frac{bt^{b-1}}{T^{b}} \tag{2.57}$$

双参数威布尔分布的可靠度函数、失效概率函数(分布函数)和失效率函数的图像如图 2.26~图 2.28 所示。

根据图 2.28,威布尔分布的失效率的变化范围可分为三个区域:

① $b<1$:失效率随时间减小,对应早期失效(磨合期);

② $b=1$:失效率不随时间变化,对应随机失效(使用寿命期);

③ $b>1$:失效率随时间急剧增大,对应磨损期。

除双参数威布尔分布外,还有三参数威布尔分布,其概率密度函数、可靠度函数、失效概率函数(分布函数)及失效率函数分别为

$$f(t)=\frac{\mathrm{d}F(t)}{\mathrm{d}t}=\frac{b}{T-t_{0}}\cdot\left(\frac{t-t_{0}}{T-t_{0}}\right)^{b-1}\cdot\mathrm{e}^{-\left(\frac{t-t_{0}}{T-t_{0}}\right)^{b}} \tag{2.58}$$

$$R(t)=\mathrm{e}^{-\left(\frac{t-t_{0}}{T-t_{0}}\right)^{b}} \tag{2.59}$$

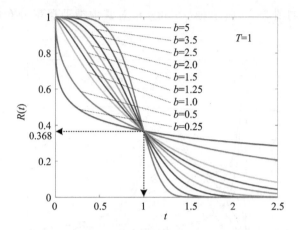

图 2.26　威布尔分布可靠度函数随形状参数的变化

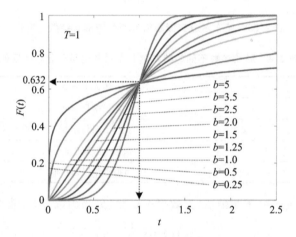

图 2.27　威布尔分布失效概率函数随形状参数的变化

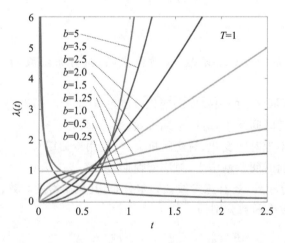

图 2.28　威布尔分布失效率函数随形状参数的变化

$$F(t) = 1 - e^{-\left(\frac{t-t_0}{T-t_0}\right)^b} \tag{2.60}$$

$$\lambda(t) = \frac{f(t)}{R(t)} = \frac{b}{T-t_0} \cdot \left(\frac{t-t_0}{T-t_0}\right)^{b-1} \tag{2.61}$$

对于三参数威布尔分布,除尺度参数 T 和形状参数 b 之外,另增加了一个新参数 t_0,此参数用来表达未失效时间,也称为位置参数,该参数表明失效从 t_0 时刻开始出现。

对于威布尔分布,不论其为二参数还是三参数,当令 $t = T$ 时,都可以得出此时的失效概率为 $F(T) = 1 - e^{-1} = 0.632$,这说明威布尔分布的特征寿命具有其特殊性,可以看作为一个特殊的平均值,如图 2.29 所示。

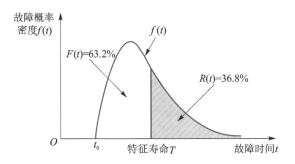

图 2.29　威布尔分布的特征寿命 T

威布尔分布的均值可作如下推导:

$$t_m = \text{Mean} = \int_0^\infty t f(t) \, dt = \int_0^\infty t \cdot \frac{b}{T}\left(\frac{t}{T}\right)^{b-1} e^{-\left(\frac{t}{T}\right)^b} dt \tag{2.62}$$

令 $x = \left(\frac{t}{T}\right)^b$,则 $dx = \frac{b}{T}\left(\frac{t}{T}\right)^{b-1} dt$,此时有

$$t_m = \int_0^\infty t e^{-x} \, dx \tag{2.63}$$

由于 $t = T x^{\frac{1}{b}}$,可得出

$$t_m = T \int_0^\infty x^{\frac{1}{b}} e^{-x} \, dx = T \cdot \Gamma\left(1 + \frac{1}{b}\right) \tag{2.64}$$

式中,$\Gamma(x)$ 为 Gamma 函数:

$$\Gamma(x) = \int_0^\infty y^{x-1} e^{-y} \, dy \tag{2.65}$$

类似地,威布尔分布的方差为

$$\sigma^2 = T^2\left[\Gamma\left(1 + \frac{2}{b}\right) - \Gamma^2\left(1 + \frac{1}{b}\right)\right] \tag{2.66}$$

由图 2.27 可以看出,威布尔分布的失效概率 $F(t)$ 的图线为一"S"形曲线,在实际工程应用中存在不便。倘若采用一种特殊的"概率纸",通过相应的变换将威布尔分布的失效概率 $F(t)$ 的图像变为一条直线,则产品的失效行为能够用简单的图形进行表示,清晰直观,便于工程应用。如图 2.30 所示为威布尔概率纸上 $T = 1$ 时,不同 b 值的威布尔直线。

将原本为"S"形的失效概率函数曲线转变为威布尔概率纸中的直线,可通过特定的方法调整横坐标和纵坐标的分度得以实现。对于双参数威布尔分布,对其失效概率函数即式(2.56)

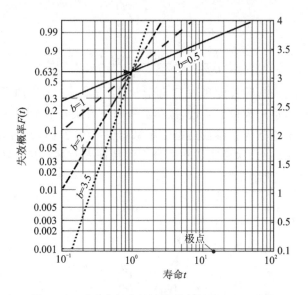

图 2.30　威布尔概率纸中的失效概率 $F(t)$ 图线

等号两端取自然对数,可得出

$$\ln\left[\ln\frac{1}{1-F(t)}\right]=b\ln\left(\frac{t}{T}\right) \tag{2.67}$$

$$\ln\{-\ln[1-F(t)]\}=b\ln t-b\ln T \tag{2.68}$$

上式对应线性方程:

$$y=ax+c \tag{2.69}$$

式中,$a=b$(斜率);$c=-b\ln T$(截距);$x=\ln t$(横坐标分度);$y=\ln\{-\ln[1-F(t)]\}$(纵坐标分度)。此时,每个双参数威布尔分布在威布尔概率纸上表现为一条直线,如图 2.31 所示,直线的斜率即为威布尔分布的形状参数,将直线移至威布尔概率纸上的极点 P,形状参数 b 即可从威布尔概率值右边的纵轴上读出。极点 P 及右侧纵轴的分度值可由下式确定,即

$$b=\frac{\Delta y}{\Delta x}=\frac{\ln\{-\ln[1-F_2(t_2)]\}-\ln\{-\ln[1-F_1(t_1)]\}}{\ln t_2-\ln t_1} \tag{2.70}$$

完整的威布尔概率纸如图 2.31 所示。

例 2-6　双参数威布尔分布的形状参数 $b=1.7$,特征寿命 $T=80\,000$ 循环,试将该威布尔分布绘制于威布尔概率纸上。

解:该威布尔分布失效概率函数为

$$F(t)=1-e^{-\left(\frac{t}{80\,000}\right)^{1.7}}$$

由前述内容可知,威布尔概率纸上失效概率为一条直线,其斜率为 $b=1.7$。为此,首先需要在概率纸上做一条斜率为 $b=1.7$ 的辅助线,如图 2.32 所示,辅助线从极点出发直到右侧纵轴 $b=1.7$ 的位置,此时即确定了威布尔分布在概率纸上的斜率。然后将此条辅助线平行移动到 $(T,F(T))$ 点处,即得到了本例中威布尔分布在概率纸上的直线。

5. Gamma 分布

顾名思义,Gamma 分布源于众所周知的 Gamma 函数。Gamma 分布类似于威布尔分布,通过改变分布的参数,可以得到其他不同类型的概率分布。Gamma 分布的概率密度函数为

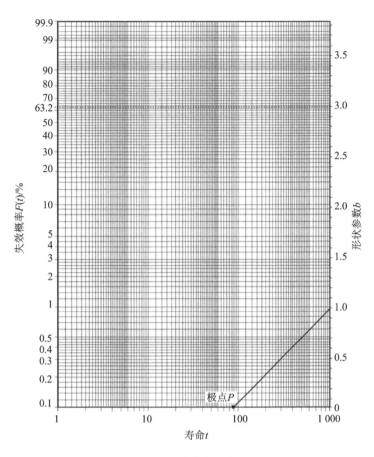

图 2.31　威布尔概率纸

$$f(t)=\Gamma(t;\alpha,\beta)=\frac{\beta^{\alpha}}{\Gamma(\alpha)}t^{\alpha-1}\mathrm{e}^{-\beta t},\quad t\geqslant 0 \tag{2.71}$$

式中，$\Gamma(\alpha)=\displaystyle\int_{0}^{\infty}x^{\alpha-1}\mathrm{e}^{-x}\mathrm{d}x$ 称为 Gamma 函数，其值可通过查阅书后附表 6 获得；α 和 β 是分布参数。参数 $\beta=1$ 的 Gamma 密度函数称为标准 Gamma 概率密度函数。通过改变参数 α，可以生成不同的已知分布，如图 2.33 所示和表 2.5 所列。

表 2.5　不同形状参数 Gamma 分布对应的其他分布类型

α	分布类型
$\alpha=1$	指数分布
$\alpha=$ 整数	Erlangian 分布
$\alpha=2$	χ^{2} 分布
$\alpha>2$	正态分布

具有参数 α 和 β 的 Gamma 分布的失效概率函数为

$$F(t)=P(T<t)=\int_{0}^{t}\frac{\beta^{\alpha}}{\Gamma(\alpha)}t^{\alpha-1}\mathrm{e}^{-\beta t}\mathrm{d}t \tag{2.72}$$

Gamma 分布的均值和方差分别为

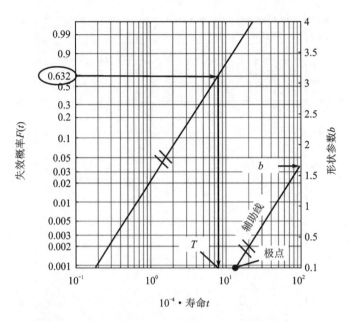

图 2.32　例 2 - 6 中威布尔分布在概率纸上的图线

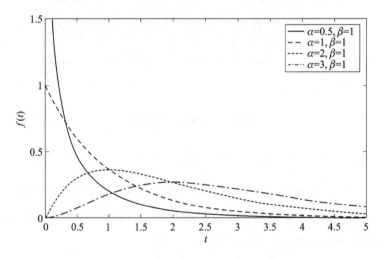

图 2.33　不同形状参数 Gamma 分布的概率密度函数

$$E(T) = \frac{\alpha}{\beta} \tag{2.73}$$

$$V(T) = \frac{\alpha}{\beta^2} \tag{2.74}$$

6. 其他类型的连续分布

（1）χ^2 分布

如果 $X_1, X_2, \cdots, X_\nu$ 是独立的标准正态分布随机变量，那么随机变量的平方和，即 $X_1^2 + X_2^2 + \cdots + X_\nu^2$ 是具有 ν 自由度的 χ^2 分布。χ^2 分布的概率密度函数为

$$\chi^2(x,\nu) = f(x) = \frac{1}{2^{\nu/2}\Gamma(\nu/2)} x^{(\nu/2-1)} \mathrm{e}^{-x/2}, \quad x > 0 \tag{2.75}$$

χ^2 分布的形状如图 2.34 所示,其均值和方差分别为 $E(x) = \nu$ 及 $V(x) = 2\nu$。

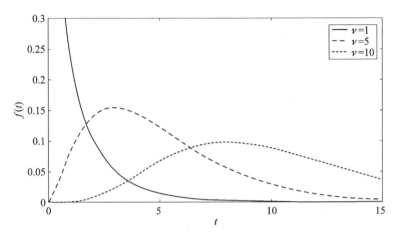

图 2.34　χ^2 分布概率密度函数

值得注意的是,两个或多个独立的 χ^2 变量之和也是一个 χ^2 变量,其自由度等于单个变量的自由度之和。当 ν 变大时,χ^2 分布接近正态分布,均值为 ν,方差为 2ν。χ^2 分布的值可查阅书后附表 4。

(2) F 分布

如果 χ_1^2 和 χ_2^2 是独立的 χ^2 随机变量,具有 ν_1 和 ν_2 自由度,则称下述随机变量 F 服从自由度为 (ν_1, ν_2) 的 F 分布。

$$F = \frac{\chi_1^2/\nu_1}{\chi_2^2/\nu_2} \tag{2.76}$$

F 分布的概率密度函数为

$$f(F) = \left[\frac{\Gamma\left(\dfrac{\nu_1+\nu_2}{2}\right)\left(\dfrac{\nu_1}{\nu_2}\right)^{\nu_1/2}}{\Gamma\left(\dfrac{\nu_1}{2}\right)\Gamma\left(\dfrac{\nu_2}{2}\right)}\right]\left[\frac{F^{\frac{\nu_1}{2}-1}}{\left(1+\nu_1\dfrac{F}{\nu_2}\right)^{\frac{\nu_1+\nu_2}{2}}}\right] \tag{2.77}$$

图 2.35 显示了不同 ν_1 和 ν_2 条件下的 F 分布概率密度函数。

F 分布的值可从书后附表 5 中获得。如果 $F_a(\nu_1, \nu_2)$ 代表自由度为 (ν_1, ν_2) 的 F 分布概率密度图线下的面积,则

$$F_{1-a}(\nu_1, \nu_2) = \frac{1}{F_a(\nu_2, \nu_1)} \tag{2.78}$$

如果 s_1^2 和 s_2^2 是从正态总体中抽取的大小为 n_1 和 n_2 的独立随机样本的方差,而总体方差分别为 σ_1^2 和 σ_2^2,则

$$F = \frac{s_1^2/\sigma_1^2}{s_2^2/\sigma_2^2} = \frac{\sigma_2^2 \cdot s_1^2}{\sigma_1^2 \cdot s_2^2} \tag{2.79}$$

服从自由度 $\nu_1 = n_1 - 1$ 和 $\nu_2 = n_2 - 1$ 的 F 分布。

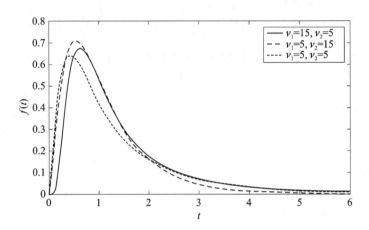

图 2.35　不同分布参数的 F 分布概率密度图线

（3）t 分布

如果 Z 为服从正态分布的随机变量，且独立随机变量 χ^2 服从自由度为 ν 的 χ^2 分布，则称随机变量 $T = \dfrac{Z}{\sqrt{\chi^2/\nu}}$ 服从具有自由度 ν 的 t 分布。

t 分布的概率密度函数为

$$f(t) = \frac{\Gamma\left(\dfrac{\nu+1}{2}\right)}{\Gamma(\nu/2)\sqrt{\pi\nu}} \left(1 + \frac{t^2}{\nu}\right)^{-\frac{\nu+1}{2}}, \quad -\infty < t < \infty \tag{2.80}$$

与标准正态分布的概率密度函数类似，t 分布的概率密度近似关于纵轴对称。此外，随着自由度 ν 的增大，t 分布逐渐逼近标准正态分布。t 分布的均值和方差分别为 $E(T)=0$ 及 $V(T)=\dfrac{\nu}{\nu-2}$，$\nu>2$。

2.3　机械可靠性常用参数

2.3.1　可靠性与失效概率

为叙述简便，本节假设机械产品自投入使用，直至出现故障而无法使用前，不进行预防性维修。事实上，任何产品的使用寿命均为一有限实数。同时，由于受到制造工艺、使用条件、人为因素、环境因素等随机性影响，产品的寿命可表示为一个随机变量 T。根据定义，采用"产品寿命 t 大于或等于规定值 t_0 的概率"就是产品在 t 时刻的存活概率，即可靠性

$$R(t) = P(t \geqslant t_0) \tag{2.81}$$

式中，t_0 为规定的正实数，通常具有时间单位；$R(t)$ 称为产品的存活概率（Survival Probability），或**可靠性**（Reliability）。相应地，产品在规定的时间 t 之前发生故障的概率称为**失效概率**，可表示为

$$\bar{R}(t) = P(t < t_0) \tag{2.82}$$

根据概率理论，失效概率 $\bar{R}(t)$ 与随机变量 t 的分布函数相同，即

$$F(t) = \bar{R}(t) = P(t < t_0) \tag{2.83}$$

根据概率公理可以得到如下关系：

$$F(t) + R(t) = 1 \tag{2.84}$$

假设产品寿命 t 为一个连续的随机变量,则根据概率密度函数的定义有

$$f(t) = \lim_{\Delta t \to 0} \left[\frac{P(t < u < t + \Delta t)}{\Delta t} \right] = \lim_{\Delta t \to 0} \left[\frac{F(t + \Delta t) - F(t)}{\Delta t} \right]$$

$$= \frac{\mathrm{d}F(t)}{\mathrm{d}t} = -\frac{\mathrm{d}R(t)}{\mathrm{d}t} \tag{2.85}$$

根据上述推导,可得出可靠度 $R(t)$、失效概率 $F(t)$ 和概率密度函数 $f(t)$ 之间的一个重要关系：

$$f(t) = \frac{\mathrm{d}F(t)}{\mathrm{d}t} = -\frac{\mathrm{d}R(t)}{\mathrm{d}t} \tag{2.86}$$

给定概率密度函数 $f(t)$,可以得出

$$F(t) = \int_0^t f(u)\,\mathrm{d}u \tag{2.87}$$

$$R(t) = \int_t^\infty f(u)\,\mathrm{d}u \tag{2.88}$$

可靠度 $R(t)$、失效概率 $F(t)$ 和概率密度函数 $f(t)$ 之间的关系如图 2.36 所示。

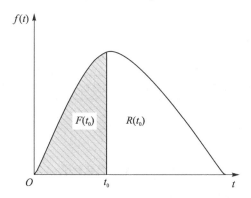

图 2.36　可靠度、失效概率与概率密度函数的关系

2.3.2　失效率与浴盆曲线

假设产品在 t 时刻完好运行,则从 t 到 $t + \Delta t$ 的时间间隔内,产品失效的条件概率为

$$P(t \leqslant u \leqslant t + \Delta t \mid u \geqslant t) = \frac{R(t) - R(t + \Delta t)}{R(t)} \tag{2.89}$$

可见,$\dfrac{R(t) - R(t + \Delta t)}{R(t)}$ 是产品在单位时间内发生失效的条件概率,称为失效率。现令

$$\lambda(t) = \lim_{\Delta t \to 0} \frac{R(t) - R(t + \Delta t)}{R(t)\Delta t} = \lim_{\Delta t \to 0} \frac{-[R(t + \Delta t) - R(t)]}{\Delta t} \frac{1}{R(t)}$$

$$= \frac{-\mathrm{d}R(t)}{\mathrm{d}t} \frac{1}{R(t)} = \frac{f(t)}{R(t)} \tag{2.90}$$

称 $\lambda(t)$ 为**瞬时失效率**或**危险率**（Hazard Rate）。图 2.37 表示了失效率 $\lambda(t)$、可靠度 $R(t)$ 与

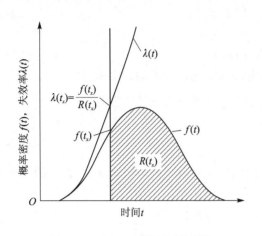

图 2.37 式(2.33)的图形化表征

概率密度 $f(t)$ 之间的关系。

可靠度 $R(t)$ 与失效率 $\lambda(t)$ 的关系采用下式描述:

$$\begin{cases} \lambda(t) = \dfrac{-\mathrm{d}R(t)}{\mathrm{d}t}\,\dfrac{1}{R(t)} \\ \lambda(t)\,\mathrm{d}t = \dfrac{-\mathrm{d}R(t)}{\mathrm{d}t} \end{cases} \quad (2.91)$$

根据微积分基本定理,可以得出

$$R(t) = \exp\left[-\int_0^t \lambda(u)\,\mathrm{d}u\right] \quad (2.92)$$

从定义可以看出,机械设备的故障率 $\lambda(t)$ 为时间的函数。实践表明,大部分机械产品的故障率随时间表现为典型的"浴盆曲线",如图 2.38 所示。

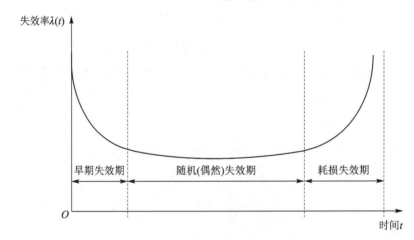

图 2.38 浴盆曲线示意图

浴盆曲线通常由如下三个阶段组成。

① 早期失效期:

表明产品在开始使用时,失效率较高,但随着产品工作时间的增加,失效率迅速降低。这一阶段发生失效的原因主要在于设计、原材料和制造过程中的缺陷等。为缩短早期失效时间,产品应在投入运行前进行试运转,以便及早发现、修正和排除故障;或通过试验进行筛选,剔除不合格产品。

② 随机(偶然)失效期:

这一阶段的特点是失效率较低且较为稳定,通常可近似看作常数;且工程中一般在该时期进行产品可靠性评估。随机失效期是产品的良好使用阶段,偶然失效的主要原因是产品质量缺陷、环境因素和操作不当等。

③ 耗损失效期:

该阶段的失效率随时间的延长而急剧增大,且失效的主要原因在于产品中的磨损、疲劳、老化及其他形式的耗损等。

　　然而,并非所有机械产品的失效率均遵循浴盆曲线所显示的规律,如图 2.39 所示汽车变速器的失效率并不具有典型的浴盆曲线特征。因此,对于复杂机械/机电产品,其失效行为不能单纯用浴盆曲线进行描述,而是应该针对产品寿命周期的不同阶段分别研究相应的失效率变化规律。表 2.6 列出了一些典型产品的失效率曲线。

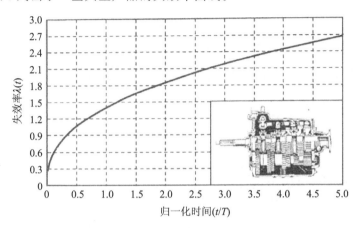

图 2.39　某汽车变速器失效率变化规律

表 2.6　典型产品失效率(Studies done by civil aviation,1968)

类　别	失效行为		统计占比/%	特　征	典型产品实例
耗损失效	A		4	非正常曲线	老式蒸汽机
	B		2	简单设备; 某单一失效模式主导下的复杂机器	车用水泵; V 型发动机
	C		5	结构件; 耗损件	汽车车身; 飞机与汽车轮胎
偶发失效	D		7	初期高应力下使用的复杂机器	高压溢流阀
	E		14	设计良好的复杂机器; (恒定失效率是可靠性设计追求的目标)	陀螺罗盘; 多道密封的高压离心泵
	F		68	电气元件; 复杂组件修复性维修后的失效率	计算机主板; 可编程控制器

2.3.3 平均失效前时间

MTTF(Mean Time to Failure,MTTF)是产品基本可靠性(寿命)指标,用于确定不可修复产品("一次性")的寿命,如失效的机械零部件。MTTF 是产品开始发生失效前的统计平均时间。

$$\mathrm{MTTF} = \frac{t_1 + t_2 + \cdots + t_n}{n} \tag{2.93}$$

如图 2.40 所示,据式(2.93),产品的 MTTF 为 23 000 km。

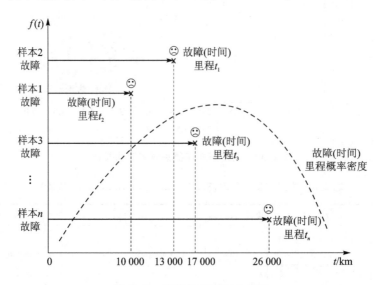

图 2.40　产品的 MTTF 示意图

若已知产品寿命的概率密度函数 $f(t)$,则 MTTF 可以表示为

$$\mathrm{MTTF} = E(T) = \int_0^\infty t f(t)\,\mathrm{d}t = -\int_0^\infty t\,\frac{\mathrm{d}R(t)}{\mathrm{d}t}\mathrm{d}t = \int_0^\infty R(t)\,\mathrm{d}t \tag{2.94}$$

例 2 – 7　已知产品的可靠度函数,试推导产品的寿命概率密度函数、故障率函数及其 MTTF。

解: 已知 $R(t) = \dfrac{1}{(0.2t+1)^2}$, $t > 0$,则有

$$f(t) = -\frac{\mathrm{d}}{\mathrm{d}t}R(t) = \frac{0.4}{(0.2t+1)^3}$$

$$\lambda(t) = \frac{f(t)}{R(t)} = \frac{0.4}{0.2t+1}$$

$$\mathrm{MTTF} = \int_0^\infty R(t)\,\mathrm{d}t = 5$$

2.3.4 平均故障间隔时间

MTBF(Mean Time Between Failure,MTBF)是指产品或系统在两相邻故障间隔期内正常工作的平均时间,也称平均无故障工作时间。它是标志产品平均工作时间的量。平均无故

障工作时间是可修复产品在相邻两次故障之间工作时间的数学期望值,即在每两次相邻故障之间的正常工作时间的平均值,它相当于产品的正常工作时间与这段时间内产品发生故障数之比,即

$$\text{MTBF} = \frac{T}{n} \tag{2.95}$$

式中,T 为产品的工作总时间;n 为 T 时间内出现的故障数。MTBF 的示意图如图 2.41所示。

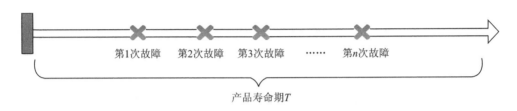

第1次故障　　第2次故障　　第3次故障　　……　　第n次故障

产品寿命期T

图 2.41　某机械产品的 MTBF 示意图

对于可修复产品,可以采用首次故障时间 MTTFF(Mean Time to First Failure)来描述其第一次出现故障前的平均时间。可以看出,MTTFF 对应的是可修复系统的 MTTF。

事实上,"平均无故障工作时间"就是可修产品的平均寿命,这个平均寿命与不可修产品的平均寿命是有区别的,它不表示产品的到寿和报废的平均时间,而只表示可修产品在维修间隔期能正常工作的平均时间。

平均无故障工作时间是可修产品可靠性的一个重要的定量指标,复杂机械产品设计时都要提出明确的无故障工作时间指标要求。根据此要求,在设计和生产时,就可利用数学方法计算和预测产品的可靠性;产品生产出来后,则可根据外场的统计数据分析产品在使用过程中的可靠性。

2.3.5　平均修复时间

MTTR(Mean Time to Repair,MTTR)是描述产品由故障状态转为可正常工作状态需要的修理时间的平均值。可修产品的复杂特性决定了 MTTR 的长短,例如:硬盘错误的自动修复机制,或整个机场的计算机系统发生故障。在可靠性工程领域,MTTR 通常用于衡量产品的维修性。

MTTR 的度量方法为在规定的条件下和规定的时间内,产品在任一规定的维修级别上,修复性维修总时间与在该级别上被修复产品的故障总数之比。假设 t_i 为产品第 i 次修复用时,N 为产品寿命周期内的修复次数,则 MTTR 可由下式计算:

$$\text{MTTR} = \frac{\sum_{i=1}^{N} t_i}{N} \tag{2.96}$$

MTTF、MTBF 和 MTTR 之间的关系如图 2.42 所示。

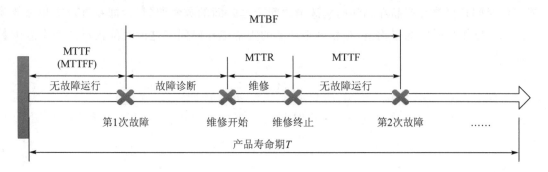

图 2.42　产品的 MTTF、MTBF 及 MTTR 之间的关系

2.3.6　B_X 寿命

B_X 寿命指标起源于滚珠轴承和滚柱轴承行业,现已成为广泛应用于各种行业的产品寿命指标。对于可修复产品,B_X 寿命是指一个总体中 $X\%$ 的产品需要大修时所对应的产品使用时间。对于不可修复产品,B_X 寿命是指一个总体中 $X\%$ 的产品寿命终结时所对应的产品使用时间。

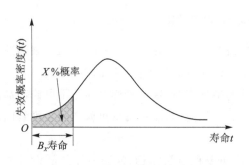

图 2.43　产品 B_X 寿命示意图

以柴油机为例,当一批柴油机驱动车辆平均累计行驶里程达到 50 万 km 时,5% 的柴油机需要更换活塞环等内部零件,则该批次柴油机的 B_5 寿命为 50 万 km。B_X 寿命的示意图如图 2.43 所示。

2.4　失效数据分析

实际工程中,对产品可靠性分析和评估的可信度取决于所采用的产品失效数据的质量及其处理方法的合理性。本节主要基于统计学方法,讨论产品失效数据分析处理的相应方法。失效数据分析的主要目的是获得可靠度和失效率函数。本节主要讨论两种方法:第一种方法是直接从失效数据中导出经验可靠度和失效率函数,此类方法称为非参数方法或经验方法;第二种方法是依据失效数据识别近似的理论分布,估计分布参数,并进行拟合优度检验,这种方法称为参数化方法。

2.4.1　常用统计量

理想情况下,当失效数据足以用于确定产品寿命的概率分布时,利用前述 2.2 节中的概率分布可准确给出产品的寿命分布。然而,工程实际中,求出上述概率分布的表达式却耗时且费力。在多数情况下,只需知道这些失效行为大约的"中间"值以及失效时间与这个数值"偏离"多少,就可以"找出中心趋势和分布范围"。

现引入统计量的概念：

设 $x_1,x_2,\cdots,x_n$ 是来自总体 x 的一个样本，$y(x_1,x_2,\cdots,x_n)$ 是 $x_1,x_2,\cdots,x_n$ 的函数，若 y 中不含未知参数，则称 $y(x_1,x_2,\cdots,x_n)$ 为一个统计量。

因为 $x_1,x_2,\cdots,x_n$ 均为随机变量，而统计量 $y(x_1,x_2,\cdots,x_n)$ 是随机变量的函数，因此统计量也是一个随机变量。下面结合机械产品寿命指标对常用的统计量进行说明。

1. 均　值

样本的平均值通常简称为样本均值，由各个失效时间 $t_1,t_2,\cdots,t_n$ 得到

$$t_m = \frac{t_1+t_2+\cdots+t_n}{n} = \frac{1}{n}\sum_{i=1}^{n} t_i \tag{2.97}$$

样本均值表示失效时间的平均趋势，若把失效时间看成有质量的点，样本均值就是这些点的质心。

2. 方　差

样本方差 s^2 是样本值偏离样本均值程度平均化的度量，表示为

$$s^2 = \frac{1}{n-1}\sum_{i=1}^{n}(t_i-t_m)^2 \tag{2.98}$$

为了计算方差，先要把失效时间与平均值的差取平方后再相加，取平方值则是避免正偏差和负偏差彼此抵消。

3. 标准差

样本标准差 s 定义为样本方差的平方根：

$$s = \sqrt{s^2} \tag{2.99}$$

可以看出，样本标准差的量纲与样本值 t_i 的量纲一致。

4. 中位数

中位数是事件在高于或低于此值发生的可能性相同的点。因此，中位数很容易通过失效概率 $F(t)$ 来得到，即

$$F(t_{median}) = 0.5 \tag{2.100}$$

在失效密度函数 $f(t)$ 图中，中位数把曲线 $f(t)$ 下的面积等分为两部分。相较于样本均值 t_m，中位数的优势在于其不受异常值的影响。某个很短或很长的失效时间不会使中位数发生变化。

5. 众　数

众数指的是最经常出现的失效时间。因此，众数 t_{mode} 可以使用概率密度函数 $f(t)$ 计算得出。t_{mode} 对应的是概率密度函数极大值处的失效时间。

$$f'(t_{mode}) = 0 \tag{2.101}$$

如图 2.44 所示，均值、中位数和众数这三种对中心度量的不同统计量在不对称的分布中并不相同。这三个统计量仅在具有完美对称性的概率密度函数中才相等，例如正态分布。

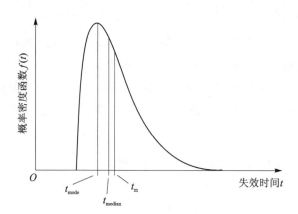

图 2.44　非对称分布均值、中位数和众数的位置

2.4.2　非参数统计分析方法

在非参数方法中,经验可靠度分布直接从失效数据中导出。故障数据的来源通常包括:

① 运行或现场使用经验;

② 产品可靠性测试中出现的故障。

非参数方法属于初步数据分析,可用于后续选择合适的理论分布。当失效数据不足以拟合理论分布时,非参数方法也适用。

考虑在完全相同的条件下对随机抽取的某批次 N 个产品进行寿命测试,测试过程中需保证各产品故障相互独立。在预先给定的时间间隔 Δt 内,观察故障产品数量 $n_f(\Delta t)$。试验进行到所有产品失效后,再分析收集到的失效数据。

随机抽取某批次 N 个产品进行寿命测试,假设经过 t 时间测试后,$n_s(t)$ 个产品仍完好运行,并且 $n_f(t)$ 在 t 时间内失效,根据概率的频率定理,产品的可靠度可表示为

$$R(t) = \frac{n_s(t)}{N} = \frac{n_s(t)}{n_s(t) + n_f(t)} \tag{2.102}$$

事实上,可靠度的上述估算方法需要假定受试产品的数量 N 充分大。

根据上述表达式,可知产品的失效概率为

$$F(t) = \frac{n_f(t)}{N} \tag{2.103}$$

由概率论可知,连续随机变量的概率密度函数 $f(t)$ 可表示为

$$f(t) \equiv \frac{\mathrm{d}F(t)}{\mathrm{d}t} = \frac{1}{N} \frac{\mathrm{d}n_f(t)}{\mathrm{d}t} = \frac{1}{N} \lim_{\Delta t \to 0} \left[\frac{n_f(t + \Delta t) - n_f(t)}{\Delta t} \right] \tag{2.104}$$

因此,根据失效率公式,将 $f(t)$ 和 $R(t)$ 代入下式,可得产品失效率 $\lambda(t)$ 为

$$\lambda(t) = \frac{1}{n_s(t)} \lim_{\Delta t \to 0} \left[\frac{n_f(t + \Delta t) - n_f(t)}{\Delta t} \right] \tag{2.105}$$

由式(2.102)、式(2.104)和式(2.105)可计算给定失效数据下产品的可靠度、失效概率密度和失效率。

通过绘制失效概率密度、故障率和可靠度随时间变化的函数曲线,可以初步获知产品的失效行为规律。进一步,可以通过选择一个较小时间间隔 Δt 获得上述三个函数的分段连续近

似函数(也称为"经验函数"),当 $\Delta t \to 0$ 或数据量较大时,分段连续近似函数将接近于相应的解析连续函数。时间间隔 Δt 可以根据所需的数据范围和精度来决定,细分的区间数越大,所得结果的准确性越好。然而,时间间隔太短,会极大增加计算量和试验成本。设 n 是最佳细分时间间隔数,N 为总失效数,可通过下式近似确定 n 的值

$$n = 1 + 3.3\lg N \qquad (2.106)$$

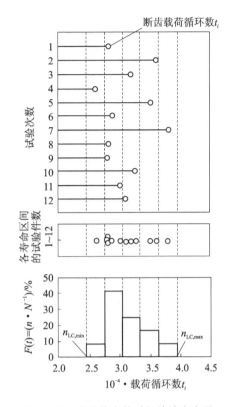

图 2.45　试验件失效时间统计直方图

例 2 - 8　某汽车变速器,做齿轮断齿疲劳寿命统计试验,试验件个数 $N = 12$ 件;试验交变应力水平 $\sigma_{-1} = 640$ MPa。记录 $N = 12$ 个试验件失效寿命 t_i,具体数值如图 2.45 所示;最短寿命 $t_{\min} = 2.45 \times 10^4$ 循环,最长寿命 $t_{\max} = 3.95 \times 10^4$ 循环。

① 绘制直方图,统计分析分布密度函数 $f(t)$;

② 用样本统计分析累计失效概率 $F(t)$;

③ 统计分析存活概率或可靠度 $R(t)$;

④ 统计分析失效率和浴盆曲线。

解:① 数据分组如下:

$$n = 1 + 3.3\lg N = 1 + 3.3\lg 12 = 4.56 \approx 5$$

$$\Delta t = \frac{t_{\max} - t_{\min}}{1 + 3.32\lg N} = \frac{3.95 - 2.45}{5} \times 10^4 \text{ 循环} = 3.0 \times 10^3 \text{ 循环}$$

按寿命区间统计失效零件数据,结果如表 2.7 所列;绘制直方图如图 2.45 所示。

表 2.7　试验件失效寿命 t_i 直方图统计

组　序	1	2	3	4	5
$10^{-4} \cdot$ 分组区间 Δt_i/循环	2.45~2.75	2.75~3.05	3.05~3.35	3.35~3.65	3.65~3.95
组中值	2.60	2.90	3.20	3.50	3.80
区间失效数 n_i	1	5	3	2	1
区间失效频率 $h(i) = n_i/N$	1/12	5/12	3/12	2/12	1/12
失效频率密度 $f(i) = h(i)/\Delta t$	(1/12)/30	(5/12)/30	(3/12)/30	(2/12)/30	(1/12)/30

样本失效频率 $h(i) = n_i/N$ 的直方图如图 2.46 所示;样本失效频率的直方图和经验概率密度函数 $f(i) = h(i)/\Delta t$ 如图 2.47 所示。

② 统计样本累计失效概率 $F(t_i)$ 如图 2.48 所示。

③ 统计存活概率或可靠性 $R(t_i)$ 如图 2.49 所示。

④ 统计失效率和浴盆曲线如图 2.50 所示。

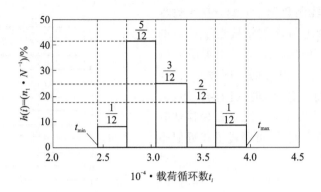

图 2.46　样本失效频率直方图

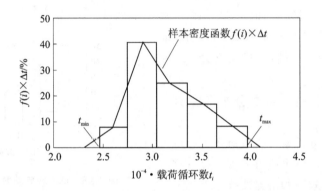

图 2.47　样本失效频率直方图和经验概率密度函数

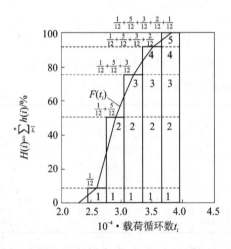

图 2.48　累计失效频率直方图和经验累计失效概率

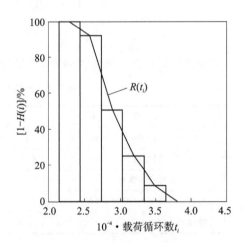

图 2.49　完好率直方图和存活概率

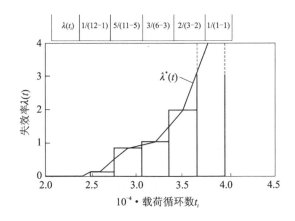

图 2.50 失效率直方图和经验累计失效率(浴盆曲线)

2.4.3 参数化统计分析方法

1. 推断统计对象的分布类型

采用参数化方法进行失效数据分析时,首先应依据所掌握的数据推断总体分布的类型,以便进一步估计相关的参数、估计产品寿命等。一般而言,从已知的理论概率分布模型中选出能够合理地拟合既有数据的难度较大。在进行理论分布拟合时,需要满足如下条件:

① 所研究的对象(随机事件)必须具有独立性;

② 所研究的随机事件必须为简单事件,即具有不可再分性。

分布类型的推断方法主要包括经验法和统计法两种。

(1) 经验法

经验法主要根据随机事件的发展过程、物理模型,或者以往对同类随机事件已使用证明正确的理论分布来推断现有数据的分布类型,例如,当产品的失效率为常数时,其寿命分布可用指数分布进行描述;当产品的寿命受很多独立随机因素的影响时,则可采用正态分布。虽然有时选用一种理论分布来模拟样本总体的依据并不充分,但由于其概率密度函数具有明确的函数形式,应用方便,因而在工程中的应用较为广泛。当一种理论分布与随机变量总体十分吻合时,只需确定少数几个参数(一般为 $1\sim3$ 个)就能得知其概率密度函数,这就为计算机数值计算提供了较大的方便。另外,当推断有两种以上的理论分布可用时,需要通过计算和检验进行理论模型的筛选。

(2) 统计法

统计法所推断的理论分布一般依据以往大量的同类性质的试验(或观测)而确定。例如,尺寸误差、测量误差、材料强度限、硬度等服从正态分布,金属疲劳寿命服从对数正态分布或威布尔分布等。

表 2.8 给出了一些理论分布的应用示例,可供推断时参考。

表 2.8　几种理论分布的应用示例

理论概率分布	应用示例
三角分布	零件尺寸偏差、光洁度
正态分布	测量误差、制造的尺寸偏差、硬度、材料强度限、弹性模量、系统误差、随机误差、断裂韧性、金属磨损、作用载荷、空气湿度、膨胀系数、间隙误差
对数正态分布	合金材料强度限、材料的疲劳寿命、降雨强度、工程完工时间、弹簧疲劳强度、腐蚀量、腐蚀系数、容器内压力、金属切削刀具的耐久性、系统无故障工作时间、齿轮弯曲强度和接触疲劳强度
威布尔分布	机械中的疲劳强度、疲劳寿命、磨损寿命、轴的径向跳动量、系统寿命
瑞利分布	威布尔分布的一种特殊情形、形状和位置(如锥度、垂直度、平行度、椭圆度、偏心距)的公差
极值分布	各类载荷、负荷的极值量(最大值或最小值)
指数分布	失效率为常数的寿命分布、电子元件可靠性分布、机械系统或整机可靠性分布
贝塔分布	适用于某些有界$(a<x<b)$随机变量的一种分布,不同α_1、α_2值,其概率密度函数曲线有不同的形状
二项分布	台风袭击分布、河流污染情况分布、成品率分布
泊松分布	土壤中的硬石块分布、统计质量检验、公共服务、故障率

2. 矩估计法

矩估计法是将样本的矩量和理论分布的矩量进行比较,从而求出最佳分布。实际工程中常用的矩量包括平均值、标准差或方差,以及偏度、峰度等。通常情况下,单一的统计值难以对分布作出全面的说明,例如平均值只能表示分布大概的中间位置。因此,需要综合考虑多种矩量,从而较为准确地描述样本的分布。另一方面,采用矩估计法时,只能对样本的全体进行评估,通过样本的矩量与理论分布的矩量进行比较从而进行参数估计。

前文已经对样本的平均值、方差和标准差进行了介绍,本节介绍另一种矩量,即偏度系数γ。给定n个样本值$t_1,t_2,\cdots,t_n$,偏度系数γ用于描述样本分布的不对称性:

$$\gamma = \frac{n}{(n-1)(n-2)}\frac{1}{s^3}\sum_{i=1}^{n}(t_i-t_{\mathrm{m}})^3 \qquad (2.107)$$

式中,s为样本的标准差,t_{m}为样本的平均值。

对于理论分布(或总体分布),偏度系数S_k可表示为

$$S_k(t) = \frac{m_{3z}}{(m_{2z})^{3/2}} \qquad (2.108)$$

式中,m_{2z}和m_{3z}分别为理论分布的二阶及三阶中心矩。

令样本与理论分布的矩量相等,可得下面的方程组,据此方程组可求得相应的分布参数:

$$\begin{cases} E(t)=t_{\mathrm{m}} \\ \mathrm{Var}(t)=s^2 \\ S_k(t)=\gamma \end{cases} \qquad (2.109)$$

综上所述,矩估计法就是将由样本计算得到的各阶矩作为随机变量总体各阶矩的估计值。在表 2.9 中系统总结了计算样本矩的公式。对某些分布(如正态分布)而言,一阶原点矩和二阶中心距(均值和方差)就是该分布的实际参数;而在其他类型的分布中,矩和分布参数存在着一定的解析式,所以可以通过各阶矩来计算分布的参数。一般而言,参数估计的精确度与样本

容量成正比,这一点从直观上十分容易理解。

表 2.9　样本特征值与总体数字特征对照表

名　称	样本特征值	总体数字特征
样本均值	$\bar{x}=\dfrac{1}{N}\sum\limits_{i=1}^{N}x_i$	$\mu=E\{x\}$
样本方差	$s^2=\dfrac{1}{N-1}\sum\limits_{i=1}^{N}(x_i-\bar{x})^2$	$\sigma^2=\mathrm{Var}\{x\}$
样本离差系数	$\delta_x=\dfrac{s}{\bar{x}}$	$\delta_x=\dfrac{\sigma_x}{\mu_x}$
样本极差	$R=\max\limits_{1\leqslant i\leqslant N}\{x_i\}-\min\limits_{1\leqslant i\leqslant N}\{x_i\}$	$R=x_{\max}-x_{\min}$
样本中位数	$x_{0.5}=x_{\frac{N-1}{2}+1}\quad(N\text{ 为奇数})$	$x_{0.5}=F^{-1}(0.5)$
样本第 i 阶原点矩	$m^i=\dfrac{1}{N}\sum\limits_{k=1}^{N}x_k^i$	$m^i=E\{x^i\}=\displaystyle\int_R x^i f(x)\,\mathrm{d}x$
样本第 i 阶中心矩	$c^i=\dfrac{1}{N}\sum\limits_{k=1}^{N}(x_k-\bar{x})^i$	$c^i=E\{(x-\mu_x)^i\}$ $=\displaystyle\int_R (x-\mu_x)^i f(x)\,\mathrm{d}x$
样本偏度系数	$\alpha_1=\dfrac{N}{(N-1)(N-2)}\cdot\dfrac{\sum\limits_{k=1}^{N}(x_k-\bar{x})^3}{S^3}$	$\alpha_1=\dfrac{c^3}{\sigma_x^3}$
样本峰度系数	$\alpha_2=\dfrac{N^2-2N+3}{(N-1)(N-2)(N-3)}\cdot\dfrac{\sum\limits_{k=1}^{N}(x_k-\bar{x})^4}{S^2}-$ $\dfrac{3(2N-3)}{(N-1)(N-2)(N-3)}\cdot\dfrac{\left[\sum\limits_{k=1}^{N}(x_k-\bar{x})^2\right]^2}{S^4}$	$\alpha_2=\dfrac{c^4}{\sigma_x^4}-3$

举例而言,对于三参数威布尔分布,其数学期望 $E(t)$、方差 $\mathrm{Var}(t)$ 和偏度系数 $S_k(t)$ 可表示为

$$E(t)=(T-t_0)\cdot\Gamma\left(1+\frac{1}{b}\right)+t_0 \tag{2.110}$$

$$\mathrm{Var}(t)=(T-t_0)^2\cdot\left[\Gamma\left(1+\frac{2}{b}\right)-\Gamma^2\left(1+\frac{1}{b}\right)\right] \tag{2.111}$$

$$S_k(t)=\frac{\Gamma\left(1+\frac{2}{b}\right)-\Gamma^2\left(1+\frac{1}{b}\right)}{3\sqrt{\Gamma\left(1+\frac{3}{b}\right)-3\Gamma\left(1+\frac{2}{b}\right)\Gamma\left(1+\frac{1}{b}\right)+2\Gamma^3\left(1+\frac{1}{b}\right)}} \tag{2.112}$$

借助方程组(2.109)及式(2.110)~式(2.112),首先依据由式(2.107)求得的样本偏度系数,并设定 $S_k(t)=\gamma$,采用迭代法求出参数 b;进而,由式(2.110)和式(2.111)求得参数 t_0:

$$t_0 = t_m - \frac{\Gamma\left(1+\dfrac{1}{b}\right)}{\sqrt{\Gamma\left(1+\dfrac{2}{b}\right)-\Gamma^2\left(1+\dfrac{1}{b}\right)}}s \tag{2.113}$$

最后根据式(2.110)求得参数 T：

$$T = \frac{t_m - t_0}{\Gamma\left(1+\dfrac{1}{b}\right)} + t_0 \tag{2.114}$$

3. 参数化方法拟合步骤

直接从失效数据推导产品失效经验分布是非参数化的方法；非参数方法基于样本数据，无法提供超出数据范围的信息。实际工程中，由失效数据拟合理论概率分布(如指数分布、威布尔分布或正态分布)的方法便于分析结果的推广和更新，因此更实用有效。该方法用于拟合理论概率分布模型中的未知特征参数，因此称为参数化方法。通过参数化方法拟合的理论分布，可以对截尾数据进行外推，确定概率分布的尾部特征，对可靠性工程有重要价值，可提供工程人员更为关注的尾部特征信息；同时，理论模型将使复杂问题的分析过程大为简化。

在参数化方法中，理论分布的拟合包括三个步骤：

① 确定候选分布；

② 估计分布参数；

③ 进行拟合优度检验。

(1) 基于线性化的方法确定候选分布

非参数方法可从基本失效数据获得经验分布或直方图，借助于直观化的直方图及经验分布，可以初步推断或猜测出拟合故障数据的理论概率分布，以及如何进一步选择最为合理的理论分布，对失效数据进行最优化拟合。

概率纸(Probability Plot)提供了一种评估失效数据与理论分布拟合程度的途径，关于威布尔概率纸已经在前文中进行了详细说明，本节进一步讨论概率纸的线性化方法及其应用。

线性化方法是顺序统计量与秩的一种应用，从充分利用已获得的统计信息来看，要比用参数估计法更为有效。

对于理论分布的第 i 阶顺序统计量和秩 $[x_i, F'(x_i)]$，在直角坐标系内为非线性关系。为便于应用，变换为线性关系 $Y = A + BZ$，其中 A、B 为常数。这个过程称为线性化，此法因此而得名。常用理论分布的线性化变换关系如表2.10所列。

表2.10　常用理论分布的线性化变换关系

分布类型	$F^i(x_i) \approx \dfrac{i}{N+1}$	Y	Z	A	B
$X \sim W(b, a_0, T)$	$F(x) = 1 - \exp\left[-\left(\dfrac{x-a_0}{T}\right)^b\right]$	$\ln\ln\dfrac{1}{1-F(x)}$	$\ln(x-a_0)$	$-b\ln T$	b
$X \sim N(\mu, \sigma)$	$F(x) = \displaystyle\int_{-\infty}^{x} \dfrac{1}{\sqrt{2\pi}\sigma}\exp\left[-\dfrac{1}{2}\left(\dfrac{x-\mu}{\sigma}\right)^2\right]dx$	$\dfrac{x-\mu}{\sigma} = \phi^{-1}[F(x)]$	x	$-\dfrac{\mu}{\sigma}$	$\dfrac{1}{\sigma}$
$X \sim LN(\mu, \sigma)$	$F(x) = \displaystyle\int_{-\infty}^{x} \dfrac{1}{\sqrt{2\pi}x\xi}\left[-\dfrac{1}{2}\left(\dfrac{\ln x-\lambda}{\xi}\right)^2\right]dx$	$\dfrac{\ln x-\lambda}{\xi} = \phi^{-1}[F(x)]$	$\ln x$	$-\dfrac{\lambda}{\xi}$	$\dfrac{1}{\xi}$

分布类型	$F^i(x_i) \approx \dfrac{i}{N+1}$	Y	Z	A	B
$X \sim E(\lambda)$	$F(x) = 1 - \exp[-\lambda x]$	$\ln\dfrac{1}{1-F(x)}$	x	0	λ
I 型极小值分布	$F(x) = 1 - \exp\left(-\exp\dfrac{x-\mu}{a}\right)$	$\ln\ln\dfrac{1}{1-F(x)}$	x	$-\dfrac{\mu}{a}$	$\dfrac{1}{a}$
I 型极大值分布	$F(x) = \exp\left[-\exp\left(-\dfrac{x-\mu}{a}\right)\right]$	$\ln\ln\dfrac{1}{F(x)}$	x	$\dfrac{\mu}{a}$	$-\dfrac{1}{a}$

概率纸是一种特殊刻度的坐标纸,它的横轴和纵轴上的特殊刻度是根据某一特定的概率分布函数制定的,使得与给定概率分布函数的 Y 与 Z 在该图上表示为一条直线。**可用于检验数据的分布类型,进行参数估计、假设检验,制定抽样方案等**。不同分布类型相应的概率纸,如正态概率纸、对数正态概率纸、二项概率纸等。

概率纸是一种图算法,不可避免地带有作图误差,对于某些问题而言精度可能有所降低。其作图步骤简单,一般不需计算或只要少量的计算。尽管有缺点,但具有方便性和快捷性。当样本量太小而无法构造直方图时也可使用,概率纸得到了工程技术人员的广泛使用。

利用概率纸方法的实质是,将已经进行过变换的失效数据进行如下形式的线性回归:

$$y = mx + c \tag{2.115}$$

失效数据的变换方法取决于待选的概率分布类型。如果失效数据符合假定的该分布,则转换后的数据在概率纸上将近似分布于一条直线附近。以指数分布为例,其分布函数为 $F(t) = 1 - e^{-\lambda t}$,对等号两边取自然对数,可得出

$$\begin{cases} \ln[1-F(t)] = \ln(e^{-\lambda t}) \\ -\ln[1-F(t)] = \lambda t \\ \ln\left[\dfrac{1}{1-F(t)}\right] = \lambda t \end{cases} \tag{2.116}$$

将式(2.116)中的第三式与式(2.115)相比较,可得出

$$y = \ln\left[\frac{1}{1-F(t)}\right]$$

$$m = \lambda, \quad x = t, \quad c = 0$$

此时,如果将 y 作为概率纸的纵坐标,则上述曲线即为一条斜率为 λ 的直线。

例 2-9　表 2.11 给出样本数为 17 的某机械零部件疲劳寿命试验的记录结果,试利用概率纸方法确定数据可能服从的分布。

表 2.11　故障间隔时间值(对应于威布尔概率纸)

序号 i	$10^{-2} \cdot$ 载荷循环次数 t_i	经验累积概率分布 $F(t_i) = \dfrac{i-0.3}{n+0.4}$	$y_i = \ln\left[\ln\dfrac{1}{R(t_i)}\right]$	$x_i = \ln(t_i)$
1	14	0.040 23	$-3.192\ 68$	2.639 057
2	16	0.097 701	$-2.274\ 88$	2.772 589
3	37	0.155 172	$-1.780\ 09$	3.610 918

序号 i	$10^{-2} \cdot$ 载荷循环次数 t_i	经验累积概率分布 $F(t_i) = \dfrac{i-0.3}{n+0.4}$	$y_i = \ln\left[\ln\dfrac{1}{R(t_i)}\right]$	$x_i = \ln(t_i)$
4	42	0.212 644	$-1.430\ 98$	3.737 67
5	50	0.270 115	$-1.155\ 6$	3.912 023
6	67	0.327 586	$-0.924\ 12$	4.204 693
7	101	0.385 057	$-0.721\ 08$	4.615 121
8	117	0.442 529	$-0.537\ 26$	4.762 174
9	119	0.5	$-0.366\ 51$	4.779 123
10	125	0.557 471	$-0.204\ 26$	4.828 314
11	179	0.614 943	$-0.046\ 71$	5.187 386
12	190	0.672 414	0.109 754	5.247 024
13	301	0.729 885	0.269 193	5.707 11
14	374	0.787 356	0.437 053	5.924 256
15	380	0.844 828	0.622 305	5.940 171
16	385	0.902 299	0.844 082	5.953 243
17	964	0.959 77	1.167 25	6.871 091

解： 由于威布尔分布可通过参数的不同取值与多种其他分布等效,故此处选择威布尔概率纸进行概率分布的拟合。表 2.11 给出了 x 和 y 坐标的计算汇总(进行了数据的重新排序),图 2.51 给出了相应的图线。该图线在威布尔概率纸中可近似表示为

$$y = 0.996x - 5.274\ 8$$

上述图线对应的威布尔分布的形状参数 $b = 0.966$,尺度参数 $T = \mathrm{e}^{5.247\ 8} = 194.4$ 天。由于形状参数近似为 1,因此本例中的分布近似为指数分布。

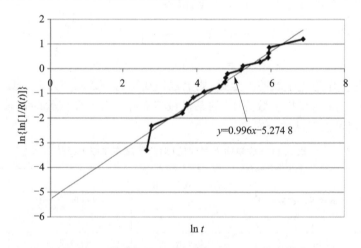

图 2.51　故障数据在威布尔概率纸上的拟合图线

（2）分布参数估计

基于概率纸方法初步确定了失效数据所服从的分布类型，下一步需要对分布中的未知参数进行估计。由于概率纸方法属于作图法，因此所得出的分布参数通常不是最优值。工程中常用的分布参数估计方法包括多种，例如最小二乘估计方法和极大似然估计方法，极大似然估计方法灵活性较大，工程中应用广泛。

假设失效时间 $t_1, t_2, \cdots, t_n$ 为一组从总体分布中得到的观测数据，其概率密度函数为 $f(t \mid \theta_1, \cdots, \theta_k)$，其中 θ_i 是未知参数。极大似然估计的估计目标是确定各参数 θ_i，使得如下似然函数取得极大值：

$$L(\theta_1, \cdots, \theta_k) = \prod_{i=1}^{n} f(t_i \mid \theta_1, \cdots, \theta_k) \tag{2.117}$$

上述似然函数的乘积形式为分析问题带来了困难，因此，对似然函数表达式两端取对数可简化问题的求解过程，所得的结果与原问题等效。进一步，通过对函数 $\ln L(\theta_1, \cdots, \theta_k)$ 取关于 $\theta_1, \cdots, \theta_k$ 的偏导数，并令这些偏导数为零，可以得到极大似然估计的必要条件。

$$\frac{\partial \ln L(\theta_1, \cdots, \theta_k)}{\partial \theta_i} = 0, \quad i = 1, 2, \cdots, k \tag{2.118}$$

下面以指数分布的参数估计说明极大似然估计过程。对于概率密度函数为 $f(t) = \lambda e^{-\lambda t}$ 的指数分布，其参数估计的极大似然函数为

$$L(t_1, \cdots, t_n \mid \lambda) = (\lambda e^{-\lambda t_1})(\lambda e^{-\lambda t_2}) \cdots (\lambda e^{-\lambda t_n}) = \lambda^n e^{-\lambda \sum_{j=1}^{n} t_j} \tag{2.119}$$

等式两端取对数，有

$$\ln L(t_1, t_2, \cdots, t_n \mid \lambda) = n \ln \lambda - \lambda \sum_{j=1}^{n} t_j \tag{2.120}$$

将上式对 λ 求导并令导数为零，可以得出

$$\hat{\lambda} = \frac{n}{\sum_{j=1}^{n} t_j} \tag{2.121}$$

称 $\hat{\lambda}$ 为 λ 的极大似然估计值。

下面以三参数威布尔分布的参数估计说明极大似然法的实现过程。相应的概率密度函数为

$$f(t) = \frac{b}{\eta} \left(\frac{t - t_0}{\eta} \right)^{b-1} e^{-\left(\frac{t - t_0}{\eta} \right)^b} \tag{2.122}$$

式中，参数 $\eta = T - t_0$。

对式（2.122）两端同时取对数，可得出似然函数为

$$\ln [L(t_1, t_2, \cdots, t_n; b, \eta, t_0)]$$
$$= n \ln \left(\frac{b}{\eta^b} \right) + \sum_{i=1}^{n} \left[(b-1) \ln(t_i - t_0) - \left(\frac{t_i - t_0}{\eta} \right)^b \right] \tag{2.123}$$

似然函数对各未知参数取偏导数，可得出

$$\frac{\partial \ln L}{\partial b} = \frac{n}{b} + \sum_{i=1}^{n} \left\{ \ln \left(\frac{t_i - t_0}{\eta} \right) \left[1 - \left(\frac{t_i - t_0}{\eta} \right)^b \right] \right\} = 0 \tag{2.124}$$

$$\frac{\partial \ln L}{\partial \eta} = -n + \frac{1}{\eta} \sum_{i=1}^{n} (t_i - t_0)^b = 0 \tag{2.125}$$

$$\frac{\partial \ln L}{\partial t_0} = \sum_{i=1}^{n} \left[\frac{1-b}{t_i - t_0} + \frac{b}{\eta} (t_i - t_0)^{b-1} \right] = 0 \tag{2.126}$$

偏微分方程(2.124)～方程(2.126)具有非线性特征,因此需采用迭代方法求解。首先由下式解得参数 η:

$$\eta = \frac{\sum_{i=1}^{n} (t_i - t_0)^b}{n} \tag{2.127}$$

将式(2.127)代入式(2.126),可得

$$\sum_{i=1}^{n} \left[\frac{1-b}{t_i - t_0} + nb \frac{(t_i - t_0)^{b-1}}{\sum_{i=1}^{n} (t_i - t_0)^b} \right] = 0 \tag{2.128}$$

最后,通过如下流程估算各未知参数:

① 在 $0 < t_0 < t_1$ 范围内选取 t_0 值;

② 在 t_0 时刻,利用迭代方法求解方程(2.128),从而得出形状参数 b;

③ 将求得的参数 b 及 t_0 代入式(2.127),计算得出参数 η;

④ 根据式(2.123)计算似然函数的值;

⑤ 改变 t_0,并重复步骤②～④直至似然函数取得极大值。

极大似然估计属于点估计方法,即仅给出待估计参数的具体数值。点估计方法便于计算和应用,但其精度如何,点估计本身无法回答,需要由其分布来反映。实际中,度量一个点估计的精度的最直观方法就是给出未知参数所属的一个区间,由此产生了区间估计的概念。

设 θ 为待估计概率分布中的一个未知参数,$x_1, \cdots, x_n$ 是样本,所谓区间估计就是要找到两个统计量 $\hat{\theta}_L = \hat{\theta}_L(x_1, \cdots, x_n)$ 和 $\hat{\theta}_U = \hat{\theta}_U(x_1, \cdots, x_n)$,使得 $\hat{\theta}_L < \hat{\theta}_U$,在得到样本的观测值后,就把 θ 估计在区间 $[\hat{\theta}_L, \hat{\theta}_U]$ 内。由于样本的随机性,区间 $[\hat{\theta}_L, \hat{\theta}_U]$ 包含未知参数 θ 的可能性并不确定,因此通常要求区间 $[\hat{\theta}_L, \hat{\theta}_U]$ 包含 θ 的概率尽可能大,然而此时必然导致区间长度增大。为解决此矛盾,把区间 $[\hat{\theta}_L, \hat{\theta}_U]$ 包含 θ 的概率(称为"置信水平")事先给定,由此引入如下置信区间的概念。

设 θ 为总体的一个参数,其参数空间为 Θ,$x_1, \cdots, x_n$ 是来自该总体的样本,对给定的一个 $\alpha (0 < \alpha < 1)$,假设有两个统计量 $\hat{\theta}_L = \hat{\theta}_L(x_1, \cdots, x_n)$ 和 $\hat{\theta}_U = \hat{\theta}_U(x_1, \cdots, x_n)$,若对任意 $\theta \in \Theta$,有

$$P_\theta(\hat{\theta}_L \leqslant \theta \leqslant \hat{\theta}_U) \geqslant 1 - \alpha$$

则称随机区间 $[\hat{\theta}_L, \hat{\theta}_U]$ 是 θ 的置信水平为 $1-\alpha$ 的置信区间,或简称 $[\hat{\theta}_L, \hat{\theta}_U]$ 为 θ 的 $1-\alpha$ 置信区间,$\hat{\theta}_L$ 和 $\hat{\theta}_U$ 分别称为 θ 的(双侧)置信下限和置信上限,称 α 为显著性水平,称 $1-\alpha$ 为置信水平。

工程中可以利用 χ^2 分布求出 MTTF 的置信下限和置信上限,如下所示:

$$\theta_{LC} \equiv \frac{2T}{\chi^2_{2r, \alpha/2}} \tag{2.129}$$

$$\theta_{\mathrm{UC}} \equiv \frac{2T}{\chi^2_{2r,1-\alpha/2}} \qquad (2.130)$$

式中，θ_{LC} 和 θ_{UC} 分别为 MTTF 的置信下限和置信上限；r 为故障（失效）次数；T 为产品工作时间；α 为显著性水平。

当失效模型服从指数分布时，失效率可以表示为

$$\lambda = \frac{1}{\theta}$$

此时，θ_{LC} 和 θ_{UC} 的倒数将表示失效率的最大和最小可能值，即失效率的置信上限和置信下限。

（3）拟合优度检验

参数化方法的最后一步是进行拟合优度检验。拟合优度检验的目的是验证观测数据与假设概率分布模型的一致性。一个典型的例子如下：

给定随机变量（失效时间）T 的 n 个独立观测值 $t_1, t_2, \cdots, t_n$，并给出如下两个对立假设：

H_0：随机变量 T 服从给定的概率分布；

H_1：随机变量 T 不服从给定的概率分布。

拟合优度检验首先需要根据失效时间样本计算一个统计量，然后将该统计量与某种临界值进行比较。一般来说，如果检验统计量小于临界值，则接受零假设（H_0），否则接受备择假设（H_1）。临界值取决于检验的显著性水平和样本量。显著性水平是错误地拒绝零假设而接受备择假设的概率。

拟合优度检验的方法多种多样，对于可靠性工程中常用的一些分布函数，χ^2 拟合优度检验是解决拟合优度问题的最常用方法之一。

在观测数据量充足的条件下，χ^2 拟合优度检验适用于任何类型的假设分布。在进行 χ^2 拟合优度检验时，首先将观测数据分为 n 组，则相应的 χ^2 分布的自由度 $\nu = n - 1$。如果假定分布是正确的（即零假设成立），则每组内数据的值均关于期望值服从正态分布。具体而言，如果 x_i 和 E_i 是第 i 组的观测值和相应的期望值，则有

$$\chi^2 = \sum_{i=1}^{n} \frac{(x_i - E_i)^2}{E_i} \qquad (2.131)$$

如果计算得出的 χ^2 值较小（例如小于 10% 分位数），则表明观测数据与假设分布较为接近；反之，当得到较高的 χ^2 值时，则对零假设产生怀疑；当 χ^2 值大于 90% 分位数时，通常会拒绝零假设；当 χ^2 值低于 90% 分位数时，则表明没有足够的信息否定零假设。

2.4.4　工程近似法

由于概率密度函数最能直接反映随机变量的概率统计特征，所以当样本量极少而不能采用前面所讲的任一种方法来推断总体分布时，在工程上可以采用一种主观分布来近似拟合样本数据的方法。

工程近似法对实施者要求如下：

① 比较熟悉各种不同分布类型的概率密度函数曲线形状、特征值以及分布特性。

② 具有一定的数据统计处理的经验。

③ 要能充分利用各种可能的信息源，如询问包括设计、生产、销售、市场和供应方面比较熟悉概率方法的有关工程技术和科学研究人员、专家等。

在工程近似法中一般常用的是类比法和特征点法。用这两种方法确定的概率密度函数曲线,其坐标的比例尺可以在概率密度函数归一化后再进行确定。归一化方法是利用数值积分求出所有函数曲线下的面积,然后将所有函数值都除以该面积。

(1) 类比法

这是一种借用已知相同随机特性变量的概率分布的方法。例如,在设计中某个参数从性质上是随机的,但只有极少的具体数据,而且其分布类型或物理模型与另一个参数随机特性相似,但在数值方面,如在上界值、下界值或众数等上有差别。对于这种情况,可以这样假定:概率密度函数的形式不变,仅仅是尺寸比例不同。

设已知变量的取值范围 $x \in [x^{\mathrm{L}}, x^{\mathrm{U}}]$,概率密度函数为 $f(x)$,而待求的变量为 $x' \in [x'^{\mathrm{L}}, x'^{\mathrm{U}}]$ 和 $f(x')$。引入横轴和纵轴的两个尺寸比例因子:

$$k_x = \frac{x'^{\mathrm{U}} - x'^{\mathrm{L}}}{x^{\mathrm{U}} - x^{\mathrm{L}}} \quad \text{和} \quad k_y = \frac{f(x'_{\mathrm{m}})}{f(x_{\mathrm{m}})} \tag{2.132}$$

式中,x'_{m} 和 x_{m} 为新旧变量的众数,只能按估计来确定。因此对于新变量:

$$x' = x^{\mathrm{L}} + k_x (x^{\mathrm{U}} - x^{\mathrm{L}}) \tag{2.133}$$

其概率密度函数为

$$f(x') = k_y f(x) = k_y f \left[x^{\mathrm{L}} + \frac{1}{k_x} (x'^{\mathrm{U}} - x'^{\mathrm{L}}) \right] \tag{2.134}$$

在图 2.52 中给出了当 $k_x > 1$ 和 $k_y < 1$ 时类比出的概率密度函数。

(2) 特征点法

这是利用概率密度分布函数上的一些直观的特征点来确定主观分布的一种方法。最简单的是利用变量的上、下届值 x^{U} 和 x^{L}、众数 x_{m}、均值 μ_x 和百分位点 $x_{0.5}$ 等。从概率密度函数的性质,有

$$f(x^{\mathrm{L}}) = f(x^{\mathrm{U}}) = 0$$

$$\max\{f(x)\} = f(x_{\mathrm{m}})$$

$$\int_{x^{\mathrm{L}}}^{x^{\mathrm{U}}} x f(x) \, \mathrm{d}x = \mu_x, \quad \text{几何中心到纵轴的距离}$$

$$\int_{x^{\mathrm{L}}}^{x_{0.5}} x f(x) \, \mathrm{d}x = \int_{x_{0.5}}^{x^{\mathrm{U}}} f(x) \, \mathrm{d}x, \quad \text{对 } x_{0.5} \text{ 坐标曲线下面积相等}$$

由此作近似概率密度函数曲线,如图 2.53 所示。

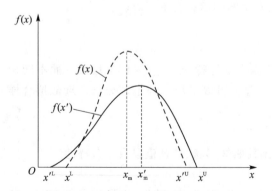

图 2.52　类比出的概率密度函数曲线

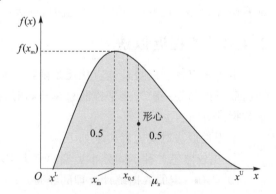

图 2.53　用特征点作的近似概率密度函数曲线

也可以利用一些百分位点来估计概率分布函数曲线,例如 $x_{0.5}$、$x_{0.25}$ 及 $x_{0.75}$ 等。通过这些特征点可在坐标系上画出点,拟合成曲线即为概率分布曲线,如图 2.54 所示。进一步,由概率分布函数曲线可作出其概率密度函数曲线。

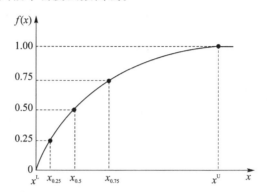

图 2.54　用一系列的百分位点估计概率分布函数

2.4.5　方法选用

上面介绍了几种根据样本数据(统计信息)确定总体分布类型及参数的方法。在实际工作中,统计方法的选用主要取决于已有信息量(样本容量及其附加信息等)。从使用角度看,随机变量的样本容量的大小可以分为 3 种情况:

① 随机变量的观测值少于 5 个;

② 随机变量的观测值为 5~30 个;

③ 随机变量的观测值大于 30 个。

除此之外,还应该注意这些观测数据来源的可信程度,处理时是否有类似材料、零件、设备的同类变量的处理经验和资料可以借鉴。

对于第①种情况,一般只能采用工程近似法。但在一些特殊情况下,如已知总体服从正态、指数、贝塔、三角等一类使用广泛的分布时,利用少量几个样本也可以作出较满意的结果。目前,在工程界中,采用一种既简便又灵活的分布来处理随机问题依然是研究的热点,但在某些场合下计算误差较大,这对于一些精确设计是不可取的。

第②种情况属于小容量样本问题。一般而言,仅利用这些信息也难以准确推断总体概率分布。但如果有以往处理同类随机事件的经验,或在使用中有一种效果较好的理论分布,用其进行拟合也具有可行性。当缺少这类经验时,通常需要试用几种理论分布,并借助于拟合优度检验结果从待选分布中筛选。当发现两种或两种以上的分布类型差别较小时,一般可以任意选用。

第③种情况属大样本拟合问题,一般来说比较容易。这时再用理论分布拟合时,其拟合优度的检验变得更有意义。当样本数较大时,利用直方图可使拟合偏差较小,同时也具有较好的直观性。

有关失效数据分析的进一步阅读,感兴趣的读者可以参考相关的文献。

习题 2

1. 假设某产品故障时间的概率密度函数如下所示,试求该产品工作 1 500 h 后的可靠度。

$$f(t) = \frac{b}{T}\left(\frac{t}{T}\right)^{b-1} e^{-\left(\frac{t}{T}\right)^b}, \quad t > 0$$

式中,$T = 1\ 200$ h,$b = 1.5$。

2. 假设某产品的失效率函数为 $\lambda(t) = 2 \times 10^{-5}$,试求 $t = 500$ h 时产品的可靠度 $R(t)$。

3. 给定如下均匀分布的概率密度函数,计算失效概率、可靠度及失效率,并用图形表示。

$$f(t) = \begin{cases} \dfrac{1}{b-a}, & a \leqslant t \leqslant b \\ 0, & \text{其他} \end{cases}$$

4. 一个零件的寿命服从均值 $\mu = 5\ 850$ h,标准差 $\sigma = 715$ h 的正态分布,试求:

① 绘制出该正态分布的概率密度及分布函数图形;

② 在 $t_1 = 4\ 500$ h 时刻零件仍未失效的概率是多少?

③ 在 $t_2 = 6\ 200$ h 时刻零件的失效概率是多少?

④ 在 $\mu \pm \sigma$ 范围内零件的失效概率是多少?

⑤ 零件在什么时刻具有 90% 的可靠度?

5. 给定如下 20 个产品的失效时间数据:

100.84,580.24,1 210.14,1 630.24,2 410.89,6 310.56,3 832.12,3 340.34,1 420.76,830.24,680.35,195.68,130.72,298.76,756.86,270.39,130.0,30.12,270.38,720.12。

试求相应的可靠度、失效概率、概率密度及失效率。

6. 利用例 2-8 中给出的某汽车变速器齿轮断齿疲劳寿命统计试验的数据,试验件个数 $N = 20$ 件;试验交变应力水平 $\sigma_{-1} = 640$ MPa。用威布尔概率纸方法,评估齿轮疲劳寿命分布参数。

7. 黑鹰直升机成功执行任务的概率是 0.91。如果派出 7 架直升机执行某项任务,规定必须有 5 架完成既定活动方可认为任务成功,试问该项任务成功的概率有多大?

8. 某设备故障时间的概率密度函数由以下公式给出:

$$f(t) = \frac{1}{16} t \cdot e^{-t/4}$$

其中 t 的时间单位为年,$t > 0$。试求:

① 设备工作一年后的故障概率;

② 设备至少能够使用 5 年的概率。

9. 假设某产品的故障时间服从位置参数 $t_0 = 0$,$T = 1\ 000$ h、$b = 2$ 的威布尔分布,试估计产品在运行 100 h 后的可靠度,同时计算其 MTTF。

10. 某产品的故障率(1/年)由以下公式给出:

$$\lambda(t) = 0.003t^2, \quad t \geqslant 0$$

① 试求该产品的可靠度和故障概率密度函数的表达式。

② 试求产品的 MTTF。

第3章 机械产品失效行为
与可靠性分析建模

机械系统主要由执行机构、传动机构和支承结构、润滑密封等辅助组件和电气及控制组件等组成,在完成规定动作的同时,实现载荷和功率、运动和信息的传递,以及支承连接相关部件等功能。建立机械系统的可靠性模型,可以描述从机械零部件故障到机械系统故障的传递特征和规律。针对机械系统不同对象的特点采用不同的数学假设和建模手段,可分别建立可靠性框图模型、故障树模型与事件树模型、马尔科夫链模型等,其中可靠性框图模型在机械系统可靠性设计与评估中应用最为普遍。本章讲述建立系统基本可靠性和任务可靠性的框图模型,系统可靠性分配、预计分析方法,以及相关案例。

3.1 机械产品系统可靠性设计

3.1.1 产品故障率和可靠寿命

机械产品系统的可靠性设计目标往往用可靠寿命或寿命参数 B_X 表示,这就需要在设计过程中同时控制机械系统的失效概率(或可靠性)和寿命,以及系统故障率 λ_s。

机械产品系统可以划分为不同的子系统功能模块。如图 3.1 所示,汽车整车系统由车身、发动机、传动驱动、变速器和电气控制等共 5 个子系统功能模块组成,在设计时需同时确定各个子系统模块的寿命 L_{B_X} 和故障率 λ_i。

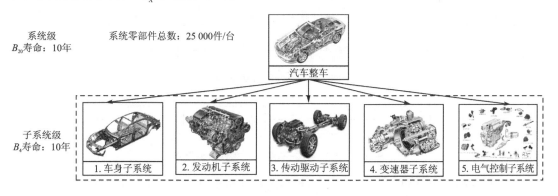

图 3.1 汽车子系统功能模块和可靠寿命

如图 3.2 所示为机械产品系统及其组成模块的产品寿命 L_{B_X} 和故障率 λ 之间的关系,该图假设机械产品系统和子系统没有早期故障且在产品寿命期 L_{B_X} 内寿命服从指数分布,系统故障率 λ_s 为每个子系统模块的故障率 λ_i 之和。考虑整个机械系统,子系统模块 3 虽然故障率最低,但其偶发故障期最短,决定了整个机械产品系统的使用寿命,因此可以用子系统模块 3 的寿命来表示整个机械系统的寿命。如果机械系统寿命用 L_{B_X} 表示,其故障率为 λ_s,则年故障率定义为总故障率 λ_s 除以机械系统寿命 L_{B_X}。

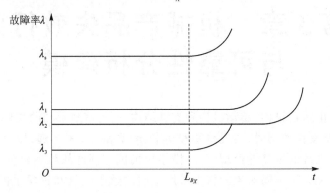

图 3.2　系统故障率和寿命与子系统故障率和寿命的关系

3.1.2　产品系统可靠性建模

依据系统、子系统层和组件层级分解，系统的不同层次可建立相应的不同可靠性框图模型，来描述机械系统主要组成模块的故障如何从下至上逐层传递的逻辑关系。如图 3.3 所示为汽车整车系统层、子系统层和设备层/模块层的层级分解，建立整车-子系统可靠性框图模型，如图 3.4 所示。

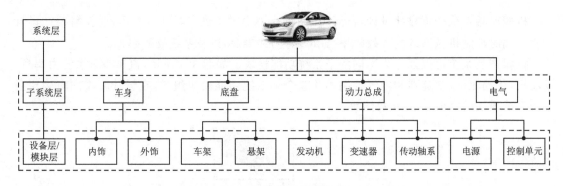

图 3.3　汽车的层级结构

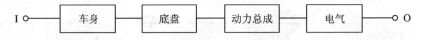

图 3.4　汽车整车-子系统可靠性模型框图

在可靠性框图中，单元用矩形框表示，根据逻辑关系用直线连接矩形框。一个矩形框可以表示底层的零部件，也可以表示子系统和系统，可靠性框图模型是机械系统可靠性评价评估的输入依据。

在构造可靠性框图时，从可靠性的角度来看，串联或并联的物理配置并不表示相同的故障逻辑关系。如果机械系统的一个或多个零部件发生故障，将导致整个机械系统发生故障，这种情况称为故障串联关系。例如，在汽车发动机中，六个气缸结构并联在一起，而故障是串联关系，因为如果一个或多个并联的气缸发生机械故障，一定会导致发动机发生故障。因此，动力传动系统、电气和控制系统、底盘和车身构成汽车整车的可靠性框图模型，故障串联关系如

图 3.4 所示。

　　假设汽车这样的故障串联机械系统由 n 个相互独立的子系统组成。相互独立意味着一个子系统的故障不会影响其他子系统的寿命。根据定义,机械系统的正常工作要求所有组成子系统都能正常工作。根据概率论,机械系统的可靠性为

$$R_s = P(E) = P(E_1 \bigcap E_2 \bigcap \cdots \bigcap E_n) \tag{3.1}$$

式中,E_i 代表事件"子系统 i 运行正常",E 代表事件"机械系统运行正常",R_s 代表系统可靠性。

　　考虑到独立性假设,式(3.1)可化简为

$$R_s = P(E) = P(E_1) \times P(E_2) \times \cdots \times P(E_n) = \prod_{i=1}^{n} R_i \tag{3.2}$$

式中,R_i 代表子系统 i 的可靠性。

　　如果机械系统的 n 个组成子系统的故障时间服从指数分布,则子系统 i 的可靠度函数定义为 $R_i(t) = \exp(-\lambda_i t)$,其中 λ_i 是子系统 i 的故障率。那么根据式(3.2),机械系统可靠性可表示为

$$R_s(t) = \exp(-t \sum_{i=1}^{n} \lambda_i) = \exp(-\lambda_s t)$$

式中,λ_s 为机械系统的故障率。

$$\lambda_s = \sum_{i=1}^{n} \lambda_i \tag{3.3}$$

3.1.3　系统可靠性分配

　　在机械系统的方案论证阶段就必须设定产品可靠性目标值。到产品设计阶段,需将产品可靠性目标值依产品层次分配给各个子系统、组件和零部件。如果每个子系统都可以达到分配的可靠性要求,整个机械系统的可靠性目标就可以实现。系统可靠性分配是产品可靠性设计过程中的明确各层级对象可靠性要求的一个重要环节。可靠性分配的目的和要求主要包括:

　　① 可靠性分配可为每个零部件给定可靠性目标值。若系统包含多个子系统,且各个子系统由供应商或其他部门制造,则承制方必须与所有相关方协调分配可靠性目标值。

　　② 分配给零部件的定量可靠性目标值,能够促进和鼓励责任方主动采用技术措施来提高可靠性。

　　③ 分配的故障率和可靠寿命等可靠性要求,与产品功能性能的设计条件和生产能力相符。

　　④ 可靠性分配可让设计师更深入理解机械系统的功能-结构层次,分配过程可识别出产品设计不足,并加以改进。

　　⑤ 可以参考可靠性分配的结果制定可靠性试验验证要求,可参考零部件的可靠性分配值确定其可靠性验证试验要求。

　　⑥ 随着研制阶段的进展,需要重复优化可靠性分配。在概念设计早期阶段,在可用信息受限的情况下进行初步分配;随着设计过程的进展,需要重新优化分配总体可靠性目标,以降低实现可靠性目标的成本。当一个或多个零部件由于技术条件限制达不到分配的可靠性要求时,可调整优化分配过程。当发生重大设计变更时,可靠性分配作为产品设计工作的一部分,

需要重新开展相关工作。

1. 可靠性分配准则和原则

在开始可靠性分配工作之前,首先需要确定可靠性分配的量化准则和定性原则,否则,就会导致某些部件被分配极高的甚至是无法实现的可靠性指标;另一方面,部分会导致安全、环境或法律后果的关键零部件,可能被分配较低的可靠性指标。

系统可靠性分配的具体量化准则就是,依据系统结构树确定的 n 个被分配对象单元,其可靠性指标 $R_1^*, R_2^*, \cdots, R_n^*$ 须满足下列不等式的要求:

$$g(R_1^*, R_2^*, \cdots, R_n^*) \geqslant R_s^* \tag{3.4}$$

从数学上讲,满足以上条件的 $\{R_1^*, R_2^*, \cdots, R_n^*\}$ 的集合是无限多的。

系统可靠性分配应考虑如下通用定性原则。

(1) 技术成熟度和故障概率(Failure possibility)

提高产品技术成熟度和可靠性需要耗费大量的经济和时间成本,对于以往由统计数据和经验证明故障概率较高的零部件应分配较低的可靠性指标。相反,对于技术成熟度高的零部件,应分配一个合理的高可靠性指标。

(2) 复杂性(Complexity)

可以用子系统中组成零部件的数量度量其复杂性。组成零部件越多,复杂度越高,应分配的可靠性指标越低。

(3) 工作时间

对同一个单元,在一次任务过程中,工作时间越长,可靠性下降得越低。因此,可靠性分配时,相同单元考虑工作时间长短不同,工作时间越长的,应分配的可靠性指标越低;反之亦然。

(4) 运行环境

机械系统的运行环境包括温度、湿度、振动、粉尘腐蚀、污染等。如果机械零部件工作在高温、强振动等恶劣的条件下,从技术上保证其高可靠性很困难,应分配较低的可靠性目标。

(5) 危害性(Criticality)

某些零部件的故障可能会造成严重影响或后果,例如,造成生命损失和永久性环境破坏。当这些零部件发生故障的可能性很高时,情况将非常严重。显然,FMEA 中的故障危害性综合了故障严重性和失效概率。如果设计上不能消除关键的失效模式,则零部件失效概率应控制在最低水平。因此,应为其分配高可靠性指标。

(6) 成本(Cost)

成本最小化是所有商业企业努力达到的一个基本诉求。提高产品可靠性的成本费用大多用于提高关键零部件的可靠性。由于一些零部件可靠性设计、验证和生产保证的困难,其可靠性微小的提高,往往会带来成本费用的大幅增加。因此,在可靠性增长过程中,成本-效益较小的零部件,应分配较高的可靠性指标,才有利于在控制费用成本的前提下整体提高系统可靠性。

(7) 维修性

零部件故障后的维修费用越高或导致的停机时间越长,该零部件的维修性就越差。维修性差的零部件应分配较高的可靠性。

最简单的可靠性分配方法是等分配法,该方法仅适用于串联系统的情况。等分配法计算

公式为

$$R_s^* = \prod_{i=1}^{n} R_i \tag{3.5}$$

式中，R_s^* 表示系统可靠性目标值，分配每个子系统的可靠性为

$$R_i = (R_s^*)^{1/k} \tag{3.6}$$

2. 机械系统可靠性指标的逐级分解

机械系统的常见典型现代化产品有汽车、飞机、机床、农业机械、重型建筑设备和家用电器设备等。这些机械系统可以根据功能和要求分解成子系统模块单元。根据相关的资料数据，在产品寿命期内，系统-子系统-设备模块都可以近似看作指数分布，可参考 $\lambda_s = \sum_{i=1}^{n} \lambda_i$ 即式（3.3）进行系统可靠性目标值的分配。若已知产品的预期产品寿命 L_{B_X} 和故障率 λ，则该产品寿命到期时的可靠性可依据下式计算：

$$R(L_{B_X}) = 1 - F(L_{B_X}) = e^{-\lambda L_{B_X}} \tag{3.7}$$

例 3-1　某制冷系统的可靠性目标值为 B_{20} 寿命 $L_{B_X} = 10$ 年，现用等分配法，计算分配给 5 个子系统的可靠寿命目标值；每个子系统参加分配的零部件各 100 个，计算分配零部件的可靠寿命目标值。

解：依据可靠性分配准则，有

$$R_s(10) \leqslant \prod_{i=1}^{5} R_i(10)$$

用等分配法分配子系统可靠性：

$R_i(10) \geqslant \sqrt[5]{R_s(10)} = \sqrt[5]{0.8} \approx 0.956$，取合理值 $R_i(10) = 0.96$；

$L_{B_X} = 10$ 年时，子系统失效概率 $F_i(10) = 1 - 0.96 = 0.04 = 4\%$。

用等分配法分配零部件可靠性：

$R_{i,p}(10) \geqslant \sqrt[100]{R_i(10)} = \sqrt[100]{0.96} \approx 0.999\,59$，取合理值 $R_{i,p}(10) = 0.999\,6$；

$L_{B_X} = 10$ 年时，零部件失效概率 $F_i(10) = 1 - 0.999\,6 = 0.000\,4 = 0.04\%$。

最终该制冷系统的子系统和零部件的可靠性分配结果如表 3.1 所列。

表 3.1　某制冷系统可靠性指标分配

层级水平	单元数量	分配的目标值	案　　例
系统	1 个系统	B_{20} 寿命 10 年	某制冷系统
子系统	5 个子系统	B_4 寿命 10 年	压缩机
零部件	500 个零部件	$B_{0.04}$ 寿命 10 年	泵轴/滑阀 等

对机械系统开展可靠性试验测试，部分子系统的测试成本可能远远高于系统的试验测试成本，因此分别对每个模块进行可靠性试验测试是合理的。

例 3-2　如图 3.5 所示，汽车从系统、子系统至零部件的树形层次结构，包括车身、发动机、驱动传动系、变速器和电子控制等子系统，每个子系统被进一步分解为多个更低层次的组件。可靠性目标值为 B_{20} 寿命 $L_{B_X} = 10$ 年，现用等分配法，计算分配给 5 个子系统的可靠寿命目标值。

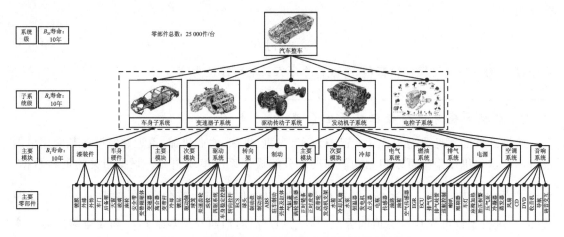

图 3.5　汽车系统-子系统-模块-零部件层次结构

解：用等分配法，分配子系统可靠性，有

$$R_i(10) \geqslant \sqrt[5]{R_s(10)} = \sqrt[5]{0.8} \approx 0.956，取合理值 R_i(10) = 0.96；$$

$$L_{B_X} = 10 年时，子系统失效概率 F_i(10) = 1 - 0.96 = 0.04 = 4\%。$$

从可靠性的角度看，汽车整车和子系统是一个故障串联系统，一个或多个子系统（或模块）发生故障，将导致汽车整车发生故障。典型汽车的可靠性框图包含 25 000 多个零部件。汽车的可靠性设计主要集中在子系统模块上。根据故障串联关系，可以方便地计算整车的可靠性。

3.2　某减速器失效行为可靠性建模分析

可靠性预计可实现在机械系统研发早期阶段预计产品的可靠性，并明确产品生命周期中的潜在故障模式。机械零部件的可靠性预计难点主要体现在：

① 机械零部件通常执行多种功能，比如齿轮箱、起落架锁、燃油喷射泵、活塞等，很难获取每个机械零部件在每个故障模式的故障数据。

② 因零部件的磨损、疲劳、腐蚀等累积损伤机理，导致零部件的故障率不再是时间 t 的常数，寿命不服从指数分布。

③ 机械零部件故障率因应力、使用模式和工作模式不同而变化，须对预计数据进行修正。

④ 对于机械零部件，同一故障在系统的不同层级有不同的解释，准确定义零部件故障判据更关键。例如，由于噪声过大而导致的故障，或因泄漏而导致的故障，可以在产品级、子系统级或零部件级定义不同的故障判据。

可靠性预计前，首先通过开展 FMEA 工作，简化零部件可靠性预计工作。识别零部件失效模式及其部件级故障影响、子系统级故障影响和系统级故障影响，针对可能的关键安全问题做好监控和采取维修措施等。每个故障模式都可以有多个故障原因，可靠性工程师需要估计每个故障原因的故障率。

在设计阶段可靠性工作的主要目标是尽早识别或预测产品的预期失效行为。通过建模预计，可以在设计的早期阶段确定并消除设计中的可靠性薄弱环节。为了避免大量和耗时的试验，人们努力寻求基于统计和概率基础的计算方法（如失效率预计模型）。只有当零部件的失效行为相对已知时,才能实现无误的预测。

本节以一级减速器为例说明机械产品可靠性建模预计分析的步骤。一级减速器结构组成如图 3.6 所示。在减速器的输入轴上有一个小输入齿轮,动力由较大的齿轮传输到减速器的输出轴。减速器零部件载荷情况示意如图 3.7 所示。除了传动轴上的轴承外,减速器还包括减速器箱体和轴承端盖等组成零部件,其中轴承端盖采用密封结构或径向密封圈密封。

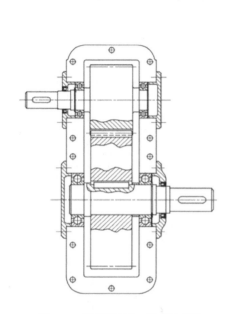

图 3.6 示例系统"一级减速器"

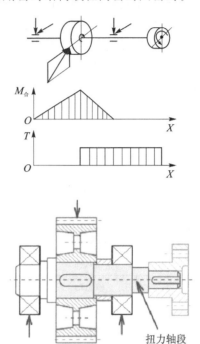

图 3.7 "一级减速器"载荷示意图

为了确定产品系统可靠性,可参考图 3.8 所示的流程图。首先确定产品零部件的可靠性,然后依据建立的系统可靠性模型,进行整个产品系统的可靠性分析计算。

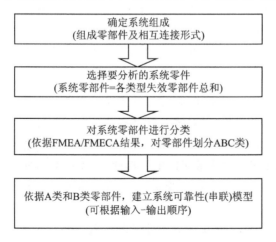

图 3.8 系统可靠性建模流程

3.2.1 产品分析

1. 确定产品零部件清单

分析开始时首先确定组成产品的所有零部件,需要特别关注零部件相互之间的连接关系。表 3.2 列出了减速器的所有组成零部件。系统已包含 27 个零部件,主要承力传力件的载荷示意如图 3.7 所示。相邻零部件连接接口关系类型同样是系统可靠性的关键要素。图 3.9 所示减速器零部件连接关系图,详细说明了所有组成零部件之间的连接关系,包括齿面接触连接、螺栓连接、轴向摩擦连接、外形定位连接、轴-毂连接、周向连接等,但是简化了零部件的热缩配合连接、焊接等。

表 3.2 减速器产品的零部件

序 号	零部件名称	序 号	零部件名称	序 号	零部件名称
1	箱体	10	滚子轴承 1	19	轴承盖 3
2	箱盖	11	滚子轴承 2	20	轴承盖 4
3	箱体螺栓	12	滚子轴承 3	21	轴承端盖密封 1
4	箱盖密封	13	滚子轴承 4	22	轴承端盖密封 2
5	输入轴	14	锁止垫圈 1	23	轴承端盖密封 3
6	输出轴	15	锁止垫圈 2	24	轴承端盖密封 4
7	齿轮 1	16	隔套	25	轴密封 1
8	齿轮 2	17	轴承盖 1	26	轴密封 2
9	键连接	18	轴承盖 2	27	六角螺栓 1～12

2. 确定零部件的失效模式

同一个机械零部件可能会因多种原因而失效。例如,齿轮可能会因轮齿断裂、点蚀或磨损而失效。考虑到后续计算,需要考虑特定零部件的潜在损伤。因此,完成了系统零部件的定义后,应根据其损伤类型对零部件进行分组。对于减速器所包含的 27 个零部件,齿轮 1 和齿轮 2 的两个零部件进一步细分为两种失效模式:"齿轮破损"和"点蚀"。

3. 产品零部件分类

产品不同的零部件实现完全不同的功能,对产品可靠性的贡献也不相同。因此不能将产品的所有组成零部件平等地考虑,需对零部件进行分类。零部件可分为可靠性相关部分和可靠性不相关部分。此外,有必要区分零部件是否处于规定的载荷之下,或者它们的应力只能不精确地收集。表 3.3 显示了考虑失效风险的零部件 A/B/C 类别分析。其中 A 类零部件可直接计算出其失效行为,而通过经验和试验确定 B 类零部件的失效行为。与可靠性不相关的C 类零部件在后续计算不考虑。

A/B/C 分类适用于小型的简单系统。对于全新系统和复杂系统,需通过完整的 FMEA 分析(参见第 5 章)确定对可靠性产生关键影响的零部件。通过预先的计算分析、参考相似减速器的经验和技术讨论,确定减速器的零部件分类如表 3.4 所列。

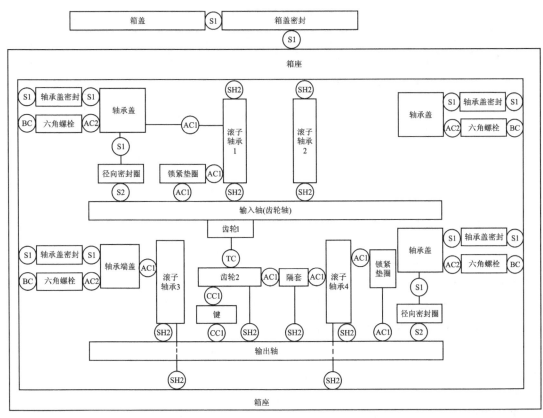

缩写说明：
TC：齿面接触
BC：螺栓连接

AC：轴向连接
AC1：外形定位连接
AC2：摩擦连接
AC3：材料连接

S：密封
S1：静态
S2：动态

SH：轴-毂连接
SH1：中心定位
SH2：轴承座

CC：周向连接
CC1：正向连接
CC2：摩擦连接

图 3.9　减速器零部件连接关系图

表 3.3　减速器产品零部件的 A/B/C 分类

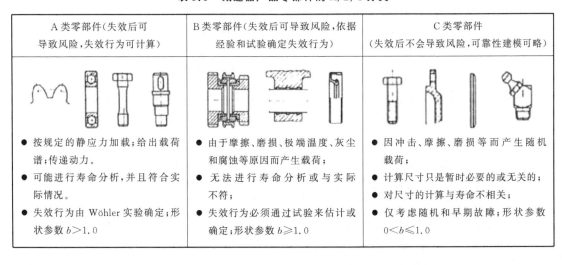

A 类零部件（失效后可导致风险，失效行为可计算）	B 类零部件（失效后可导致风险，依据经验和试验确定失效行为）	C 类零部件（失效后不会导致风险，可靠性建模可略）
● 按规定的静应力加载；给出载荷谱；传递动力。 ● 可能进行寿命分析，并且符合实际情况。 ● 失效行为由 Wöhler 实验确定；形状参数 $b>1.0$	● 由于摩擦、磨损、极端温度、灰尘和腐蚀等原因而产生载荷； ● 无法进行寿命分析或与实际不符； ● 失效行为必须通过试验来估计或确定；形状参数 $b \geqslant 1.0$	● 因冲击、摩擦、磨损等而产生随机载荷； ● 计算尺寸只是暂时必要的或无关的； ● 对尺寸的计算与寿命不相关； ● 仅考虑随机和早期故障；形状参数 $0<b \leqslant 1.0$

表 3.4　减速器产品零部件的 A/B/C 分类

A 类零部件		B 类零部件		C 类零部件		C 类零部件	
A1	输入轴 IS	B1	轴密封 1	C1	箱体	C11	轴承端盖 4
A2	输出轴 OS	B2	轴密封 2	C2	箱盖	C12	轴承端盖密封 1
A3	齿轮 1 破损	—	—	C3	箱体螺栓	C13	轴承端盖密封 2
A4	齿轮 2 破损	—	—	C4	箱盖密封	C14	轴承端盖密封 3
A5	齿轮 1—2 点蚀	—	—	C5	锁止垫圈 1	C15	轴承端盖密封 4
A6	键连接	—	—	C6	锁止垫圈 2	C16	六角螺栓 1~12
A7	滚子轴承 1	—	—	C7	隔套	—	—
A8	滚子轴承 2	—	—	C8	轴承端盖 1	—	—
A9	滚子轴承 3	—	—	C9	轴承端盖 2	—	—
A10	滚子轴承 4	—	—	C10	轴承端盖 3	—	—

简化后,可靠性建模只需考虑整个系统包括 28 个系统零部件中的 12 个零部件。相关零部件除径向密封圈外,还有传动部件:输入轴、输出轴、齿轮、键连接和轴承。

4. 建立产品失效行为可靠性框图模型

依据以上分类,建立产品失效行为可靠性框图。首先建立产品功能框图或动力传递图,这两种类型的图都能够表示零部件的受力情况,以及零部件的失效将如何影响产品的其余零部件。

参见图 3.9 所示的减速器零部件连接关系图,可以看出,所有零部件对产品正常工作都是必需的。因此,失效行为可靠性框图为串联结构,如图 3.10 所示。

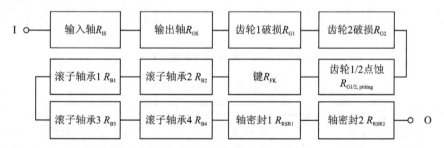

图 3.10　减速器的失效行为可靠性框图模型

计算减速器串联模型的可靠度 R_S,通过将产品各个零部件 R_P 的可靠度乘积获得:

$$R_S = R_{IS} \cdot R_{OS} \cdot R_{G1} \cdot R_{G2} \cdot R_{G1/2,pittings} \cdot R_{FK} \cdot$$
$$R_{B1} \cdot R_{B2} \cdot R_{B3} \cdot R_{B4} \cdot R_{RSR1} \cdot R_{RSR2} \tag{3.8}$$

方程(3.8)描述了产品系统失效行为可靠性与相关零部件失效行为可靠性的函数关系。

3.2.2　零部件失效行为分析

对于 A 类系统零部件,已经明确了精确的载荷谱和沃勒曲线($S-N$ 曲线)。利用这些数据,可以进行疲劳强度计算,从而确定零部件的寿命。在大多数情况下,计算的寿命对应于 B_{10} 或 B_1 寿命,因此与相应的失效概率有关。式(3.9)和式(3.10)给出了 B_{10} 和/或 B_1 寿命与特征寿命 T 的转换。可以确定威布尔分布的尺度参数 T:

$$T = \frac{B_1 - f_{tB} \cdot B_{10}}{\sqrt[b]{-\ln 0.99}} + f_{tB} \cdot B_{10} \tag{3.9}$$

式中，$B_{10} = \dfrac{B_1}{(1 - f_{tB}) \sqrt[b]{\dfrac{\ln 0.99}{\ln 0.9}} + f_{tB}}$，因此

$$T = \frac{B_{10} - f_{tB} \cdot B_{10}}{\sqrt[b]{-\ln 0.9}} + f_{tB} \cdot B_{10} \tag{3.10}$$

式中，$f_{tB} = \dfrac{t_0}{B_{10}}$；对于任意 B_x，有

$$T = \frac{B_x - f_{tB} \cdot B_{10}}{\sqrt[b]{-\ln(1-x)}} + f_{tB} \cdot B_{10} \tag{3.11}$$

式中，$B_{10} = \dfrac{B_x}{(1 - f_{tB}) \sqrt[b]{\dfrac{\ln(1-x)}{\ln 0.9}} + f_{tB}}$。

　　B 类系统零部件的失效行为的确定是通过经验获得的，因此对 B 系统零部件进行试验，可以有效地确定可靠性。

　　例如，在减速器系统中，除轴密封外的所有零部件都可以计算出其失效行为。在假定的输入载荷谱下，可计算 A 类系统零部件的重要的应力值，如齿根弯曲应力、接触应力、支承应力等。

　　根据应力，沃勒曲线（S-N 曲线）和轴承数据，可计算得到使用寿命。

　　由于 B_1 和 B_{10} 寿命与失效概率 $F(t) = 1\%$ 和 $F(t) = 10\%$ 有关，故 B_1 和 B_{10} 寿命可通过式（3.9）和式（3.10）转换为特征寿命 T。分布的另外两个参数即形状参数 b 和无故障时间 t_0（如有必要）已进行了选择。可计算给出 A 类零部件的疲劳寿命，结果如表 3.5 所列。

表 3.5　计算得到 A 类零部件的 B_1 和 B_{10} 寿命

序　号	零部件名称	疲劳寿命（单位：r）
1	输入轴	持久疲劳（无限寿命）
2	输出轴	持久疲劳（无限寿命）
3	齿轮 1，破损	70 000 IS（B_1）
4	齿轮 2，破损	120 000 IS（B_1）
5	齿轮 1/2，点蚀	500 000 IS（B_1）
6	键连接	持久疲劳（无限寿命）
7	滚子轴承 1	1 500 000 IS（B_{10}）
8	滚子轴承 2	持久疲劳（无限寿命）
9	滚子轴承 3	持久疲劳（无限寿命）
10	滚子轴承 4	2 500 000 IS（B_{10}）

　　一般无法从失效统计数据中确定典型随机失效的无故障时间 t_0。如图 3.11 所示，依据不同零部件类型和失效模式，选取 f_{tB} 系数确定无故障时间 t_0（位置参数）。

　　如图 3.12 所示，依据不同零部件类型和失效模式，选取分布的形状参数 b，最终可以得出

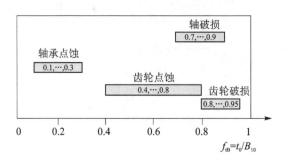

图 3.11　选取 f_{tB} 系数

零部件的完整失效行为,结果如表 3.6 所列。

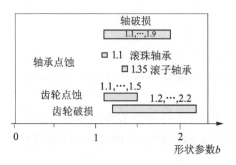

图 3.12　确定三参数威布尔分布的形状参数

表 3.6　A 类系统零部件的威布尔参数

序 号	零部件名称	b	T/r	t_0/h	f_{tB}
A3	齿轮 1,轮齿失效	1.4	106 600	68 600	0.9
A4	齿轮 2,轮齿失效	1.8	185 000	114 500	0.85
A5	齿轮 1/2,点蚀	1.3	2 147 300	450 700	0.6
A7	滚子轴承 1	1.11	9 400 000	300 000	0.2
A10	滚子轴承 4	1.11	15 700 000	500 000	0.2

　　对于轴密封 1 和 2 两个 B 类系统零部件,无法计算其失效行为。但可通过其他相似减速器的失效统计数据获得,并且这些密封件的失效完全是随机的。因此,两个零部件的形状参数 $b=1$。通过相似产品的统计数据获取特征寿命,结果如表 3.7 所列。

表 3.7　B 类系统零部件的威布尔参数

序 号	名 称	b	T/r	t_0/h	f_{tB}
B1	RSR1	1.0	66 000 000	0	0
B2	RSR2	1.0	66 000 000	0	0

　　如图 3.13 所示为确定产品系统和零部件失效行为可靠性流程图。

　　零部件和系统失效行为可靠性的最终结果如图 3.14 所示。

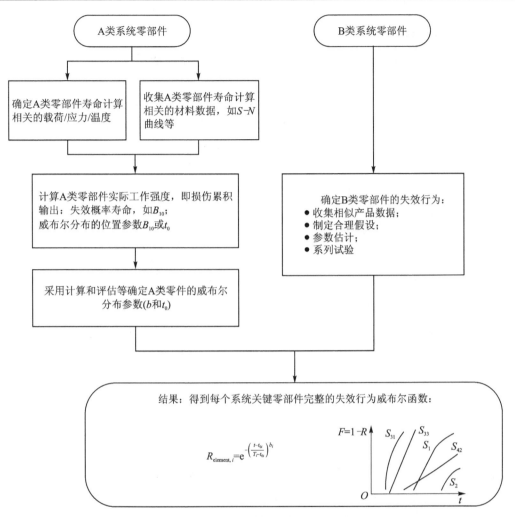

图 3.13 确定产品系统和零部件失效行为可靠性的流程图

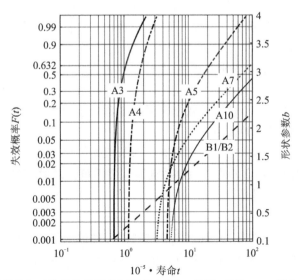

图 3.14 零部件和系统的失效行为可靠性(系统:虚线;系统 B_{10} = 输入轴 76 000 r)

3.2.3　产品系统失效行为分析

计算系统可靠性是流程的最后一步,将零部件的可靠性值代入式(3.8)中,如图 3.15
所示。

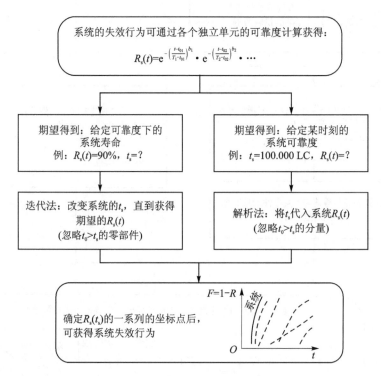

图 3.15　系统可靠性计算示意图

如果采用曲线描述一系列的 $R_s(t_s)$ 样本点,则可以图形化地显示整个系统的失效行为。
系统失效曲线位于零部件失效曲线的左侧,如图 3.15 所示。许多情况下除了关注系统的失效
行为,更需要关注某一可靠性水平下系统可以达到的寿命,或者在给定的系统寿命期内达到的
可靠性水平。这些值可以从系统可靠性方程,通过迭代和解析解来确定,如图 3.15 所示。

为了计算系统可靠性,必须区分两参数威布尔分布和三参数威布尔分布的系统零部件。
采用双参数威布尔分布描述的系统零部件,在计算系统可靠性时必须考虑。这是因为在寿命
$t=0$ 时,它们的可靠度已经达到小于 1 的值。因此,每增加一个双参数威布尔分布的系统零部
件,都会直接降低系统的可靠性。在双参数系统零部件范围内证明了"额外的零部件不可避
免地降低了系统的可靠性"这种说法。

在计算系统可靠性时,不一定要考虑具有三参数威布尔分布的系统零部件,只需要考虑无
故障时间 t_0 小于所考虑的寿命 t 的三参数系统零部件即可。因此,三参数系统零部件对系统
寿命 t_{xs}(或 B_{xs})有影响,前提是:

$$t_0 < t_{xs} \qquad (3.12)$$

如果某个系统加入了三参数的零部件,且这些零部件的未失效时间 t 比 B_{10s} 寿命要长,那
么这些零部件对系统的 B_{10s} 寿命没有影响。在这些情况下,零部件数量和系统可靠性之间没
有直接关系。

需要注意的是,对于同时含有两参数和三参数零部件的系统,该系统将服从两参数分布。这意味着在 $t=0$ 时,可能会发生两参数零部件的失效。

对于减速器系统,主要的零部件服从三参数分布。只有两个轴密封 RSR1 和 RSR2 服从两参数威布尔分布。为了计算减速器的系统可靠性,失效行为由四个系统零部件"齿轮 1 失效"、"齿轮 2 失效"、"RSR1"和"RSR2"确定。在这种情况下,系统方程为

$$R_s = R_{G1} \cdot R_{G2} \cdot R_{RSR1} \cdot R_{RSR2} \tag{3.13}$$

采用迭代法,得到按输入轴转动计数的 B_{10s} 系统寿命为

$$B_{10s} = 76\ 000\ r$$

大多数故障是由零部件"齿轮 1 失效"引起的。该零部件的失效模式是系统可靠性的一个薄弱点。同时,对"齿轮 2 失效"、"RSR1"和"RSR2"故障进行分析,就可确定减速器的所有薄弱环节及可靠性。其余零部件的失效都发生在输入轴 76 000 r 后的某个时间点,如图 3.16 所示。

产品系统可靠性与以上四个零部件直接相关,是典型的所谓系统可靠性薄弱环节。有了对零部件三参数威布尔分布的失效行为部分或完整的描述,产品系统的可靠性分析需要多次迭代分析,具体流程如图 3.16 所示。

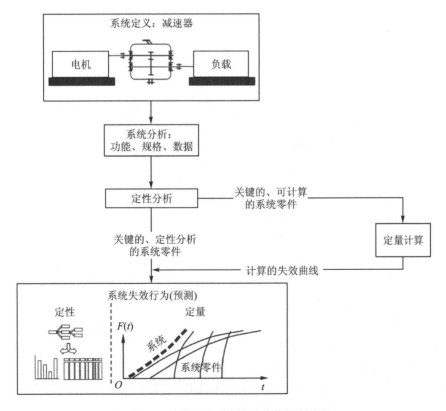

图 3.16 计算系统可靠性的迭代更新流程

3.3　系统任务可靠性分析建模

首先依据任务剖面进行机械系统的任务可靠性分析。在两态性、故障独立性和不可修假设下，基于第 2 章所述的经典集合理论和布尔代数及概率论，可建立机械系统任务可靠性方框图（Reliability Block Diagram，RBD）和数学模型。为满足布尔代数要求，需做如下简化假设。

（1）状态两态性假设

假设系统和单元在任意时刻只有"正常工作"或"失效或故障"两种状态，即单元和系统状态取值只能为 0 或 1。

（2）故障独立性假设

假设系统和单元失效相互独立，即任一单元发生故障，不会对其他单元是否发生故障产生影响。

（3）不可修系统假设

假设系统和单元失效后不可修复，不考虑系统和单元的故障修复。

本节介绍如下常用的基于布尔逻辑的机械系统任务可靠性框图模型：

① 串联模型；

② 并联模型；

③ r/n 表决模型；

④ 备用冗余模型；

⑤ 混联模型。

系统的可靠度 $R_s(t)$ 是指系统在给定条件下，在给定时间间隔 $(0,t)$ 内成功完成所规定功能的概率，一般由以下关系式定义：

$$R_s(t) = \exp\left[-\int_0^t \lambda(u)\mathrm{d}u\right] \tag{3.14}$$

式中，$\lambda(u)$ 表示 $t=u$ 时的系统故障率；u 为哑变量。

为了简单起见，下文将 $R_s(t)$ 写成 R_s。系统的不可靠度（失效概率）$F_s(t) = 1 - R_s(t)$。

3.3.1　建模注意事项

系统的任务可靠性分析建模，首先需要定义系统的任务功能，分析单元功能与系统任务功能的逻辑关系，这是建立系统任务可靠性模型的前提。

假如某自由轮离合器结构组成和原理如图 3.17 所示，"自由轮离合器"示例由三个轴（S1、S2、S3）和两个自由轮离合器（F1、F2）连接组成。其中输入轴为 S3，输入顺时针扭矩 T；如图 3.17(a) 所示，输入轴 S3 顺时针旋转时，通过自由轮离合器（F2）将轴 S3 和轴 S2 连接锁定，同时自由轮离合器（F1）将轴 S2 和轴 S1 连接锁定，扭矩 T 从输入轴 S3 传递给输出轴 S1；反之，当输入轴 S3 逆时针旋转时，自由轮离合器（F2）将 S2 和 S3 断开，（F1）将 S1 和 S2 断开，输入轴扭矩传递中断。显然该系统只能从输入端至输出端传递顺时针扭矩。

两个自由轮离合器（F1、F2）在结构上串联，现要求分析该系统，并建立连接锁定成功的任务可靠性模型。

该系统连接锁定成功，并将输入轴扭矩 T 从输入轴 S3 传递给输出轴 S1，需要 F1 和 F2

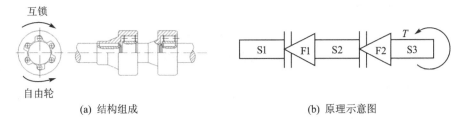

(a) 结构组成　　　　　　　　　　　　(b) 原理示意图

图 3.17　某自由轮离合器结构组成和原理示意图

同时锁定成功,因此该任务成功可靠性模型为串联模型,如图 3.18(a)所示。

如果建立成功断开连接的任务可靠性模型,则当输入轴 S3 逆时针旋转时,自由轮离合器 F2 需要将 S2 和 S3 断开,或者 F1 将 S1 和 S2 断开;只要其中一个成功断开,则系统断开连接任务成功。因此,该任务成功可靠性模型为并联模型,如图 3.18(b)所示。

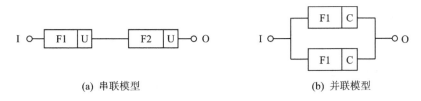

(a) 串联模型　　　　　　　　　　　　(b) 并联模型

图 3.18　某自由轮离合器任务可靠性框图

3.3.2　串联模型

对于如图 3.19 所示的系统,只有在所有单元都正常工作的条件下,系统才能正常工作。系统可靠度 $R_s(t)$ 是所有单元都正常工作的概率,由下式给出:

$$R_s(t) = P(A) = P(A_1 \cap A_2 \cap A_3 \cap \cdots \cap A_n) \tag{3.15}$$

A 和 A_i 分别表示到 t 时刻系统和第 i 单元正常工作的事件;假设 $A_1, \cdots, A_n$ 各事件之间相互独立,则

$$R_s(t) = \prod_{i=1}^{n} P(A_i) = \prod_{i=1}^{n} R_i(t) \tag{3.16}$$

通过将组成系统的所有单元的可靠度相乘,得到系统的可靠度。

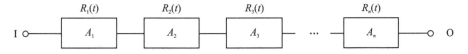

图 3.19　串联可靠性框图模型

例 3 - 3　某机械系统由四个分系统模块 A_1、A_2、A_3、A_4 组成,其可靠性框图如图 3.20 所示。现假设四个分系统模块服从指数分布,其失效率分别为 $\lambda_1 = (2.02 \times 10^{-5})/\text{h}$, $\lambda_2 = (5.13 \times 10^{-5})/\text{h}$, $\lambda_3 = (9.43 \times 10^{-5})/\text{h}$, $\lambda_4 = (1.01 \times 10^{-5})/\text{h}$,计算工作 1 000 h 系统的可靠度。

解一：

$$R_1(t = 1\,000) = \mathrm{e}^{-\lambda_1 \times t} = \mathrm{e}^{-2.02 \times 10^{-2}} = 0.98, \quad R_2(t = 1\,000) = \mathrm{e}^{-\lambda_2 \times t} = \mathrm{e}^{-5.13 \times 10^{-2}} = 0.95$$

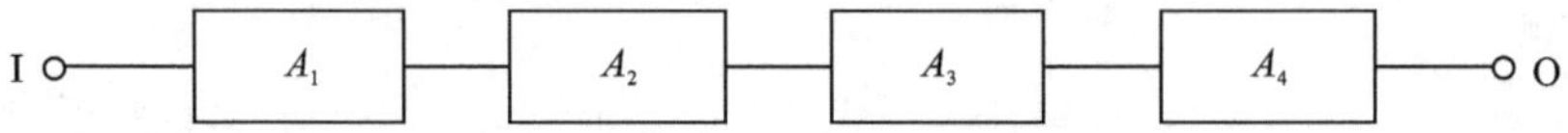

I O——[A_1]——[A_2]——[A_3]——[A_4]——O O

图 3.20 某机械系统的 RBD

$$R_3(t=1\,000)=e^{-\lambda_3 \times t}=e^{-9.43 \times 10^{-2}}=0.91, \quad R_4(t=1\,000)=e^{-\lambda_4 \times t}=e^{-1.01 \times 10^{-2}}=0.99$$

$$R_s(t=1\,000)=\prod_{i=1}^{4}R_i(t)=0.98 \times 0.95 \times 0.91 \times 0.99=0.838\,7$$

解二：

$$R_s(t)=\prod_{i=1}^{4}R_i(t)=\prod_{i=1}^{4}(e^{-\lambda_i t})=e^{-(\sum_1^4 \lambda_i) \times t}=e^{-0.175\,9}=0.838\,7$$

从以上算例分析看出，对于单元指数分布的串联模型，当单元工作时间相同时，系统的故障率等于单元故障率的和，且系统亦服从指数分布。

$$R_s(t)=\prod_{i=1}^{n}e^{-\lambda_i t}=e^{-(\sum_{i=1}^{n} \lambda_i) t}$$

$$\lambda_s=-\frac{\ln[R_s(t)]}{t}=-\sum_{i=1}^{n}\frac{\ln[R_i(t)]}{t}=\sum_{i=1}^{n}\lambda_i \tag{3.17}$$

$$T_{BF_s}=1/\lambda_s=1\Big/\sum_{i=1}^{n}\lambda_i \tag{3.18}$$

由串联模型可靠度公式可知，机械系统的可靠度是 n 个失效独立单元可靠度的乘积；同等单元情况下，串联的单元数量越多，系统的可靠度越小。为提高串联机械系统的可靠性，可从三方面考虑：

① 尽可能减少串联单元的数量；

② 提高机械系统单元的可靠性，降低单元的故障率；

③ 缩短各机械系统单元的工作时间。

3.3.3 并联模型

对于图 3.21 所示的系统，当且仅当所有并联单元都发生故障时，系统才发生故障。系统故障概率 F_s 是所有零部件失效概率的乘积：

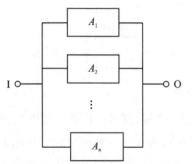

$$F_s(t)=P(\bar{A})=P(\bar{A}_1 \cap \bar{A}_2 \cap \cdots \cap \bar{A}_n) \tag{3.19}$$

式中，$\bar{A}$ 和 $\bar{A}_i$ 分别表示系统故障事件和第 i 单元故障事件；假设各故障事件之间相互独立，则有

$$F_s(t)=\prod_{i=1}^{n}P(\bar{A}_i)=\prod_{i=1}^{n}F_i(t)=\prod_{i=1}^{n}[1-R_i(t)] \tag{3.20}$$

图 3.21 并联可靠性框图模型

对于 A 和 B 两单元并联模型，系统可靠性 R_s 为

$$R_s=R_A+R_B-R_A R_B \tag{3.21}$$

现有一个如图 3.22 所示的串并联系统，但每个分支中只有三个项目，则系统可靠性为

$$R_s = R_{11} \times R_{12} \times R_{13} + R_{21} \times R_{22} \times R_{23} - R_{11} \times R_{12} \times R_{13} \times R_{21} \times R_{22} \times R_{23}$$

同样,对于如图 3.23 所示的并串联模型,有

$$R_s = (R_{11} + R_{21} - R_{11} \times R_{21}) \times (R_{12} + R_{22} - R_{12} \times R_{22}) \times (R_{13} + R_{23} - R_{13}R_{23})$$

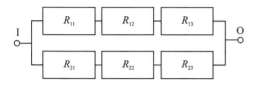

图 3.22　串并联模型 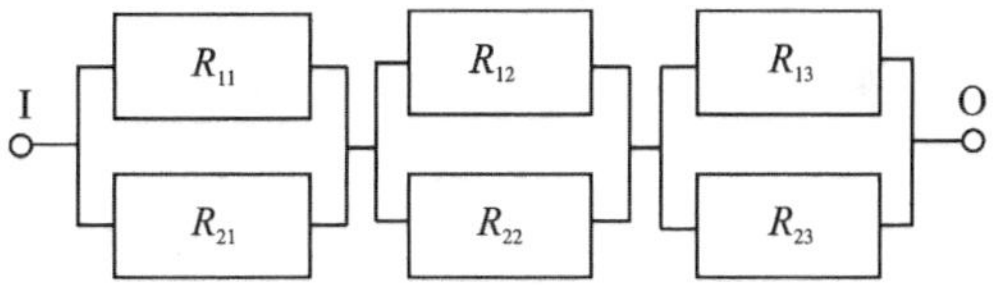　　　　　　　　　　图 3.23　并串联模型

并联模型通常也称为主动冗余模型或 n 取 $1(1,n)$ 系统,这意味着只有 n 个子系统中的一个(或多个)单元必须正常运行,才能使系统正常运行。

例 3-4　某机械系统的设计时,设计师甲采用系统级余度设计方案 A,如图 3.24 所示;设计师乙采用子系统级余度设计方案 B,如图 3.25 所示。现比较甲乙设计方案 A 和 B 哪个可靠性更高。

解:设计师甲采用系统级余度,其设计方案的可靠性框图 RBD 如图 3.24 所示。

$$R_{sys1} = R_1 \times R_2 \times R_3 \times R_4 = 0.838\ 7$$
$$R_{sys2} = R_1 \times R_2 \times R_3 \times R_4 = 0.838\ 7$$
$$R_{sys}^A = R_{sys1} + R_{sys2} - R_{sys1} \times R_{sys2} = 0.974\ 0$$

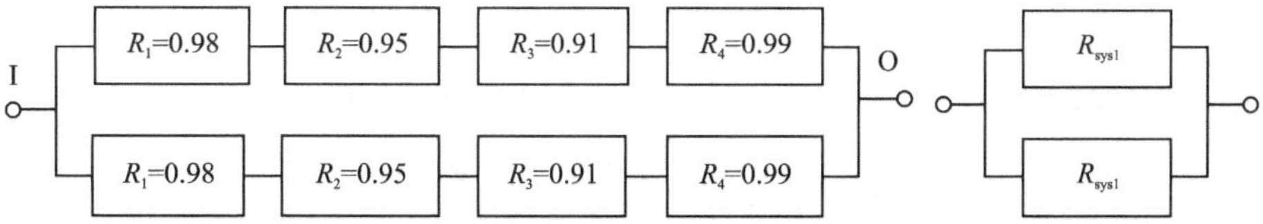

图 3.24　设计师甲的余度设计方案 A

设计师乙采用子系统级余度设计方案,可靠性框图 RBD 如图 3.25 所示。

$$R_{11} = R_1 + R_1 - R_1 \times R_1 = 0.999\ 6$$
$$R_{22} = R_2 + R_2 - R_2 \times R_2 = 0.997\ 5$$
$$R_{33} = R_3 + R_3 - R_3 \times R_3 = 0.991\ 9$$
$$R_{44} = R_4 + R_4 - R_4 \times R_4 = 0.999\ 9$$

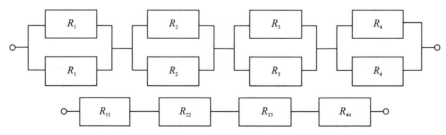

图 3.25　设计师乙的余度设计方案 B

现在有

$$R_{\text{sys}}^B = R_{1'} \times R_{2'} \times R_{3'} \times R_{4'} = 0.988\,9$$

因此乙提出的 B 设计方案比甲提出的 A 设计方案更优。

例 3 - 5　常用的两个指数分布单元构成的并联系统，已知单元故障率为 λ_1 和 λ_2，推导系统可靠度 $R_s(t)$、故障率 $\lambda_s(t)$ 和平均寿命 MTTF_s。

解：
$$R_s(t) = \text{e}^{-\lambda_1 t} + \text{e}^{-\lambda_2 t} - \text{e}^{-(\lambda_1+\lambda_2)t}$$

$$\lambda_s(t) = \frac{1}{R(t)} \times \frac{-\text{d}R(t)}{\text{d}t} = \frac{\lambda_1 \text{e}^{-\lambda_1 t} + \lambda_2 \text{e}^{-\lambda_2 t} - (\lambda_1+\lambda_2)\text{e}^{-(\lambda_1+\lambda_2)t}}{\text{e}^{-\lambda_1 t} + \text{e}^{-\lambda_2 t} - \text{e}^{-(\lambda_1+\lambda_2)t}}$$

$$\text{MTTF}_s = \int_0^\infty R_s(t)\text{d}t = \frac{1}{\lambda_1} + \frac{1}{\lambda_2} - \frac{1}{\lambda_1+\lambda_2}$$

因此，指数分布单元故障率是常数，但其构成并联系统的故障率不再是常数。对于 n 个相同指数分布单元 $R_i(t) = \text{e}^{-\lambda t}$ 构成的并联系统，有

$$R_s(t) = 1 - (1 - \text{e}^{-\lambda t})^n$$

$$\text{MTTF}_s = \int_0^\infty R_s(t)\text{d}t = \frac{1}{\lambda} + \frac{1}{2\lambda} + \cdots + \frac{1}{n\lambda}$$

3.3.4　n 中取 r 模型

如果 n 个相同指数分布单元构成的一个系统，只有当正常单元的个数 $\geqslant r$ 个，系统才正常，如图 3.26 所示，则系统可靠度 R_s 为

$$R_s(t) = \sum_{r=0}^{n-m} C_n^r R(t)^{n-r} [1 - R(t)]^r \tag{3.22}$$

单元指数分布的故障率为 λ，构成 n 中取 r 表决系统的可靠度计算公式如下：

$$R_s(t) = \sum_{i=r}^{n} [C_n^i \text{e}^{-i\lambda t} \times (1 - \text{e}^{-\lambda t})^{n-i}]$$

例 3 - 6　如图 3.27 所示，系统有三个相同的子系统 A、B 和 C，如果只有在一个以上的子系统发生故障时系统才发生故障，计算系统可靠度。

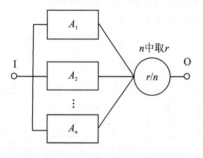

图 3.26　n 取 r 模型

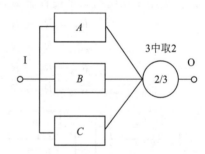

图 3.27　3 中取 2 模型

解：
$$R_{\text{sys}} = 1 - F_A \times F_B - F_A \times F_C - F_B \times F_C + 2F_A \times F_B \times F_C$$
$$= 1 - (1-R_A) \times (1-R_B) - (1-R_A) \times (1-R_C) - (1-R_B) \times (1-R_C) +$$
$$2(1-R_A) \times (1-R_B) \times (1-R_C)$$
$$= 1 - 1 + R_A + R_B - R_A \cdot R_B - 1 + R_A + R_C - R_A \cdot R_C - 1 + R_B + R_C -$$

$$R_B \cdot R_C + 2 - 2R_A - 2R_B - 2R_C + 2R_A \cdot R_B + 2R_A \cdot R_C + 2R_B \cdot R_C -$$
$$2R_A \cdot R_B \cdot R_C$$
$$= R_A \cdot R_B + R_A \cdot R_C + R_B \cdot R_C - 2R_A \cdot R_B \cdot R_C$$

因此,当相同单元可靠度用 R 表示,构成 3 中取 2 系统时,系统的可靠度由下式给出:

$$R_s = R^3 + 3R^2(1-R) = 3R^2 - 2R^3 \tag{3.23}$$

如果单元指数分布,单元的故障率为 λ,则构成 3 中取 2 系统的可靠度为

$$R_s(t) = \binom{3}{2} \times e^{-2\lambda t} \times (1 - e^{-\lambda t}) + \binom{3}{3} \times e^{-3\lambda t}$$
$$= 3e^{-2\lambda t} - 2e^{-3\lambda t}$$
$$\mathrm{MTTF}_s = \int_0^\infty R_s(t)\,\mathrm{d}t = \frac{1}{2\lambda} + \frac{1}{3\lambda} = \frac{5}{6\lambda}$$

进一步,用归纳法可得

$$\mathrm{MTTF}_s = \int_0^\infty R_s(t)\,\mathrm{d}t = \sum_{i=r}^{n} \frac{1}{i\lambda}$$

例 3 - 7　假设某机械子系统的失效概率为 q,请比较 2 中取 1 成功和 3 中取 2 成功两个设计方案。

解:(方案一)2 中取 1。两个子系统中的一个子系统的成功运行导致系统成功。

可靠性由下式给出:

$$R_1^1 = \sum_{r=0}^{1} (\mathrm{C}_2^r)(1-q)^{2-r} q^r$$
$$= \mathrm{C}_2^0 \times [(1-q)^{2-0} \times q^0] + \mathrm{C}_2^1 \times [(1-q)^1 \times q^1]$$
$$= (1-q)^2 + 2q \times (1-q)$$
$$= 1 + q^2 - 2q + 2q - 2q^2$$
$$= 1 - q^2$$

任何子系统故障都会导致系统故障,使之成为 2 中取 2,系统为串联系统。

可靠性由下式给出:

$$R_1^2 = (1-q) \times (1-q)$$
$$= (1-q)^2$$

(方案二)3 中取 2。3 中取 2 系统的可靠性为

$$R_2 = \sum_{r=0}^{1} (\mathrm{C}_3^r)(1-q)^{3-r} q^r$$
$$= \mathrm{C}_3^0 (1-q)^3 q^0 + \mathrm{C}_3^1 (1-q)^2 q^1$$
$$= (1-q)^3 + 3q \times (1-q)^2$$
$$= 1 - 3q^2 + 2q^3$$

对于非常小的 q 值(高可靠性系统),有

$$(1-q^2) > (1 - 3q^2 + 2q^3)$$
$$R_1^1 > R_2$$

以及

$$R_1^2 \ll R_2$$

因此,2 中取 1 方案优于 3 中取 2 方案。

3.3.5 备用冗余模型

在备用冗余系统模型中,组成系统的所有单元只有一个单元工作,当工作单元发生故障时,通过转换装置接到另一个备用单元继续工作,直到所有单元都发生故障时系统才出现故障,如图 3.28 所示。前面介绍的并联系统模型和 n 中取 r 系统模型是工作储备模型,而备用冗余系统模型是一种非工作储备系统。

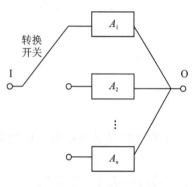

图 3.28 备用冗余模型

两个指数分布的单元构成备份冗余模型,假设不考虑转换开关的可靠度为 1,依据备用储备模型的定义,则系统 MTTF_s 等于各单元 MTTF_i 的和。

$$\text{MTTF}_s = \sum_{i=1}^{n} \text{MTTF}_i \qquad (3.24)$$

现假设如下:

① 单元运行工作时,故障率 λ 随时间不变,服从指数分布,待机状态下故障率为零;

② 开关完全可靠;

③ 切换时间可忽略不计;

④ 备用装置在待机状态下不会发生故障。

需要注意的是,一个实际的旁联冗余系统应考虑开关和故障传感器的可靠性,这可能是系统中的"薄弱环节"。此外,如果储备单元(单元 B)的生存概率与工作单元(单元 A)的故障无关,则 A 单元和 B 单元被视为故障独立。

常见的非工作储备模型有以下三类。

(1) 冷储备或被动冗余系统

冷储备的特点是,当工作单元工作时,备用单元处于停机不工作状态;储备期间的故障率为零,储备期不影响使用寿命。

(2) 热储备或主动冗余

热储备的特点是,当工作单元工作时,备用单元不是处于完全停机状态(比如电机已通电启动,但是不加负载;汽车变速器处于空挡状态等);储备期间零部件可能发生故障。

(3) 温储备

温储备介于冷储备与热储备之间,指单元在储备状态时是在温和的环境下工作,当正常工作单元失效时立刻转换到正常环境下工作。温储备系统具有平衡能源损耗的作用。

冷储备系统是指储备的单元部件不失效也不劣化,储备期的长短对以后使用时的工作寿命没有影响;而温储备系统中储备部件在储备期内也可能失效,部件储备寿命和工作寿命分布不同。

1. 冷储备模型

n 个单元($n-1$ 个单元备用)的系统,单元指数分布,可靠度相同,$R = e^{-\lambda t}$;依据冷储备的定义,有

$$R_{\mathrm{s}} = \mathrm{e}^{-\lambda t} \left[1 + \lambda t + \frac{(\lambda t)^2}{2!} + \frac{(\lambda t)^3}{3!} + \cdots + \frac{(\lambda t)^{n-1}}{(n-1)!} \right] \tag{3.25}$$

$$\mathrm{MTTF}_{\mathrm{s}} = \sum_{i=1}^{n} \frac{1}{\lambda_i} = \frac{n}{\lambda_i} \tag{3.26}$$

例 3-8　两个指数分布单元构成冷储备模型,工作单元 $R_1 = \mathrm{e}^{-\lambda_1 t}$,储备单元 $R_2 = \mathrm{e}^{-\lambda_2 t}$,不考虑故障监测转换装置的可靠性,推导其系统可靠性。

解: 设 A 为系统正常工作事件, A_1 单元 1 工作正常, A_2 单元 2 工作正常,则有

$$A = A_1 \bigcup (\bar{A}_1 \bigcap A_2)$$

因 A_1 单元和 A_2 单元不同时工作,则有

$$P(A) = P(A_1) + P(\bar{A}_1 \bigcap A_2)$$

现假设 A_1 单元工作至 $t_1 (0 \leqslant t_1 \leqslant t)$ 时刻发生故障,该事件 $\bar{A}_1$ 发生的概率为

$$\mathrm{d}F_1(t_1) = f_1(t_1)\,\mathrm{d}t_1 = \lambda_1 \mathrm{e}^{-\lambda_1 t_1}\,\mathrm{d}t_1$$

A_2 单元接续工作至时刻 t,则有

$$R_2(t-t_1) = \mathrm{e}^{-\lambda_2(t-t_1)}$$

$\bar{A}_1$ 和 A_2 不同时工作,则有

$$P(\bar{A}_1 \bigcap A_2) = \int_0^t R_2(t-t_1) \times \mathrm{d}F_1(t_1) = \int_0^t \mathrm{e}^{-\lambda_2(t-t_1)} \times \lambda_1 \mathrm{e}^{-\lambda_1 t_1}\,\mathrm{d}t_1$$

$$= \frac{\lambda_1}{\lambda_1 - \lambda_2}(\mathrm{e}^{-\lambda_2 t} - \mathrm{e}^{-\lambda_1 t})$$

依据冷储备的定义,有

$$R_{\mathrm{s}} = \mathrm{e}^{-\lambda_1 t} + \frac{\lambda_1}{\lambda_1 - \lambda_2}(\mathrm{e}^{-\lambda_2 t} - \mathrm{e}^{-\lambda_1 t})$$

$$\mathrm{MTTF}_{\mathrm{s}} = \int_0^{\infty} R_s(t)\,\mathrm{d}t = \frac{1}{\lambda_1} + \frac{1}{\lambda_2}$$

2. 考虑故障监测和开关可靠性的储备模型

故障检测器和开关也有错误动作或不动作和接触不良等问题,所以不可能百分之百地可靠。如用 R_{a} 表示故障检测器和开关的可靠度,同时认为在系统设计中,故障检测器和开关只与备用单元有关而不影响工作单元的性能。这样,两个相同单元的非工作冷储备系统的可靠度为

$$R_{\mathrm{s}} = \mathrm{e}^{-\lambda t}(1 + R_{\mathrm{a}}\lambda t) \tag{3.27}$$

两个不同单元的非工作冷储备系统的可靠度为

$$R_{\mathrm{s}} = \mathrm{e}^{-\lambda_1 t} + R_{\mathrm{a}} \frac{\lambda_1}{\lambda_2 - \lambda_1}(\mathrm{e}^{-\lambda_2 t} - \mathrm{e}^{-\lambda_1 t}) \tag{3.28}$$

平均寿命仍可用公式 $\mathrm{MTTF}_{\mathrm{s}} = \int_0^{\infty} R(t)\,\mathrm{d}t$ 求出。

3. 热储备系统

热储备系统与冷储备系统的不同在于热储备系统中备用单元的故障率不能忽略。备用单元的故障率与工作单元的故障率是不同的,一般来说备用单元的故障率低于工作单元的故

障率。

热储备系统在工程实际中应用比较多,例如,飞机上的备用发动机,在飞机正常飞行时备用发动机已经启动但处于空载状态。一旦工作发动机产生故障时,备用发动机马上可以投入工作而不需要经过启动阶段,这是飞机空中飞行时的工作需要,必须采用热储备而不能采用冷储备。

热储备系统的可靠度计算要比冷储备系统更加复杂一些,在这里我们只讨论最简单的情况。

(1) 两单元(一个单元备用)系统

由于考虑到备用单元在储备期间也有故障的情况存在,假设 λ_1 为工作单元的故障率;λ_2 为备用单元的故障率;λ_3 为备用单元在储备期间的故障率,则

$$R_s = e^{-\lambda_1 t} + \lambda_1 e^{-\lambda_2 t} \int_0^t e^{-\lambda_3 t} \cdot e^{-(\lambda_1 - \lambda_2)t} \, dt$$

$$= e^{-\lambda_1 t} + \frac{\lambda_1}{\lambda_1 + \lambda_3 - \lambda_2} \left[e^{-\lambda_1 t} - e^{-(\lambda_1 - \lambda_2)t} \right] \tag{3.29}$$

$$\text{MTTF}_s = \frac{1}{\lambda_1} + \frac{\lambda_1}{\lambda_2(\lambda_1 + \lambda_3)} \tag{3.30}$$

两个特殊情况:

① 当 $\lambda_3 = 0$ 时,即为两单元冷储备系统;

② 当 $\lambda_3 = \lambda_2$ 时,即为两单元并联系统。

(2) 考虑检测器和开关可靠性的系统

设故障检测器和开关的可靠度为 R_a,则

$$R_s = e^{-\lambda_1 t} + R_a \frac{\lambda_1}{\lambda_1 + \lambda_3 - \lambda_2} \left[e^{-\lambda_2 t} - e^{-(\lambda_1 + \lambda_3)t} \right] \tag{3.31}$$

$$\text{MTTF}_s = \frac{1}{\lambda_1} + R_a \frac{\lambda_1}{\lambda_2(\lambda_1 + \lambda_3)} \tag{3.32}$$

串联系统、并联系统及储备系统在生产实际中经常用到,也是系统可靠性的基础,因为可以把复杂的可靠性模型分解成简单的串并联形式或储备系统模型,然后按照上述的计算方法去计算系统的可靠度。

备用冗余模型的优点是能大大提高机械系统的可靠度,其缺点是:

① 由于增加了故障监测与转换装置而加大了机械系统的复杂度;

② 要求故障监测与转换装置的可靠度非常高,否则储备带来的好处会被严重削弱。

3.4 可靠性模型求解

除了上一节讨论的标准模型外,还可以有非串并联或复杂关系模型。求解此类可靠性框图模型(RBD)的方法一般有真值表法、路集法和割集法、上下限(边界)法。

3.4.1　真值表法

真值表法也称为事件状态枚举法。这种方法需要一一枚举事件的所有状态组合,并识别给定组合下的系统状态。例如,如果系统中有 n 个单元组件 $A_i(i=1,\cdots,n)$,现假设单元组件只有成功(用 A_i 表示)或失败(用 $\bar{A}_i$ 表示)两种状态,则系统状态有 $\prod\limits_{i=1}^{n}2=2^n$ 个组合。分析系统的成功概率,需计算系统状态的所有组合,因此这种方法计算量较大。

例 3 - 9　某流体装置系统,物理上由一个泵 C 和两个串联的止回阀 A 和 B 组成。该装置的功能是:在泵不工作,且下游压力超过上游压力的情况下,用 A 和 B 两个止回阀,实现截止流体逆向流动的功能冗余。

解:系统结构组成如图 3.29 所示;建立系统可靠性框图如图 3.30 所示。

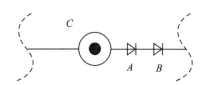

图 3.29　某流体装置系统结构组成

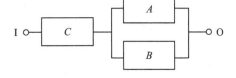

图 3.30　某流体装置系统可靠性框图

用 S 表示系统正常工作事件,则系统正常工作的布尔表达式为

$$S = C \bigcap (A \bigcup B)$$

依据两态性假设,现分别给"故障"状态赋值"0",给"正常"状态赋值"1",制作系统所有状态的真值表(见表 3.8)。其中:

- 泵不工作时 $C=0$;
- 泵正常工作时 $C=1$;
- 止回阀反向截流(正常)A(或 B)$=1$;
- 止回阀未反向截流(故障)A(或 B)$=0$;
- 当泵不工作,而阀门反向截流时,系统成功,则 $S=1$;
- 当泵工作时,系统故障,则 $S=0$。

表 3.8　系统所有状态的真值表

系统状态	A	B	C	S	P(事件概率)
1	0	0	0	0	—
2	0	0	1	0	—
3	0	1	0	0	—
4	0	1	1	1	$(1-P_A)\cdot P_B\cdot P_C$
5	1	0	0	0	—
6	1	0	1	1	$P_A\cdot(1-P_B)\cdot P_C$
7	1	1	0	0	—
8	1	1	1	1	$P_A\cdot P_B\cdot P_C$

从这个真值表中,系统可靠度是 S 等于 1 的概率和,即

$$R_s = (1 - P_A)P_B P_C + P_A(1 - P_B)P_C + P_A P_B P_C$$
$$= P_C(P_A + P_B - P_A P_B)$$

如果可以写出系统状态的布尔表达式,就不再需要制作系统状态真值表。对系统状态的布尔表达式简化,可直接计算系统状态概率。

3.4.2 路集法和割集法

路集法和割集法是计算给定系统可靠性的一种通用的有效方法。

1. 割集和最小割集

(1) 割　集

它是构成系统的单元的集合,当集合内的所有单元都发生故障时,系统必然发生故障。

(2) 最小割集

若去掉某割集中任一单元,余下单元不再构成系统的割集,则该割集是系统的最小割集。

如果 $C_1, C_2, \cdots, C_k$ 是系统所有最小割集,则系统可靠性为

$$R_s(t) = 1 - P(C_1 \cup C_2 \cup C_3 \cup \cdots \cup C_n) \tag{3.33}$$

式中,$P(C_1), P(C_2), \cdots, P(C_k)$ 是与割集 $C_1, C_2, \cdots, C_k$ 相关的失效概率。

2. 路集和最小路集

(1) 路　集

它是构成系统的单元的集合,当集合内的所有单元都正常时,系统必然正常。

(2) 最小路集

若去掉某路集中的任一单元,余下单元不再构成系统的路集,则该路集是系统的最小路集。

在可靠性计算中,需要求系统的最小割集和最小路集。

假设 $T_1, T_2, \cdots, T_n$ 是系统所有的最小路集,则系统可靠性由下式给出:

$$R_s(t) = P(T_1 \cup T_2 \cup T_3 \cup \cdots \cup T_n) \tag{3.34}$$

式中,$P(T_1), P(T_2), \cdots, P(T_n)$ 表示与路集 $T_1, T_2, \cdots, T_n$ 相关的成功概率。

例 3-10　考虑图 3.31 所示的某桥连网络模型,用最小路集计算系统的可靠性。

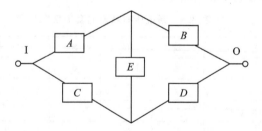

图 3.31　某桥连网络模型

解:该系统全部最小路集有

$$T_1 = (A, B), \quad T_2 = (C, D), \quad T_3 = (A, E, D), \quad T_4 = (C, E, B)$$

全部最小割集有

$$C_1 = (\bar{A}, \bar{C}), \quad C_2 = (\bar{B}, \bar{D}), \quad C_3 = (\bar{A}, \bar{E}, \bar{D}), \quad C_4 = (\bar{C}, \bar{E}, \bar{B})$$

各路集的成功概率是

$$P(T_1) = P_A \times P_B$$
$$P(T_2) = P_C \times P_D$$
$$P(T_3) = P_A \times P_E \times P_D$$
$$P(T_4) = P_C \times P_E \times P_B$$

系统可靠度为

$$
\begin{aligned}
R &= P(T_1 \cup T_2 \cup T_3 \cup T_4) \\
&= [P(T_1) + P(T_2) + P(T_3) + P(T_4)] - \\
&\quad [P(T_1)P(T_2) + P(T_2)P(T_3) + P(T_4)P(T_3) + P(T_4)P(T_1) + \\
&\quad P(T_3)P(T_1) + P(T_2)P(T_4)] + [P(T_1)P(T_2)P(T_3) + P(T_2)P(T_3)P(T_4) + \\
&\quad P(T_3)P(T_4)P(T_1) + P(T_1)P(T_2)P(T_4)] - [P(T_1)P(T_2)P(T_3)P(T_4)]
\end{aligned}
$$

同样,割集法也可用于计算系统的可靠性。

3.4.3　上下限(边界)法

当系统有大量布尔技术和割集时,路集方法变得繁琐。但是如果我们使用带有割集和路集的计算机程序,则采用边界方法,这是割集和路集方法的一种变化方法。

如果 T_1, T_2, $\cdots$, T_n 是最小路集,那么系统可靠度的上限是

$$R_U < P(T_1) + P(T_2) + \cdots + P(T_n) \tag{3.35}$$

该公式在低可靠性区域可以很好地近似可靠度。

如果 C_1, C_2, $\cdots$, C_k 是最小割集,那么系统可靠度的下界是

$$R_L > 1 - [P(C_1) + P(C_2) + \cdots + P(C_n)] \tag{3.36}$$

该公式在高可靠性区域可以很好地近似可靠度。因此,系统的可靠度可以近似计算为

$$R = 1 - \sqrt{(1 - R_U)(1 - R_L)} \tag{3.37}$$

3.5　某卫星任务可靠性分析建模

3.5.1　概　述

某卫星从发射至进入轨道工作的过程共经历了六个工作阶段,如图 3.32 所示。在每个工作阶段中,卫星的各个分系统均处于不同的工作状态,在某些阶段,某些分系统可能不工作。由于复杂的功能及时序关系,在可靠性建模中对产品定义时,必须对其进行深入的功能分析。

图 3.32　某卫星六个工作阶段

准同步及同步轨道段的功能可细分为两个工作阶段:二次分离段、卫星定点段。其中二

次分离段的任务如图 3.33 所示,可描述为:卫星进入准同步轨道状态后,将远地点发动机抛离卫星本体。卫星定点段的任务为:二次分离后,卫星从准同步轨道上开始十余天的漂移,然后定点在同步轨道上。定点后至两周内,只向地面转发部分信息。本节将建立某卫星在准同步及同步轨道段的二次分离及定点的任务可靠性模型。

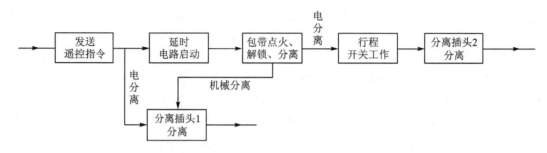

图 3.33　某卫星二次分离段所涉及装置的功能流程图

远地点发动机工作阶段的任务是:遥控指令启动远地点发动机点火,发动机推进数十秒后,把卫星送入准同步轨道。

3.5.2　准同步及同步轨道段时序及任务剖面

在任务进行过程中,各事件的时间基准如图 3.34 所示。

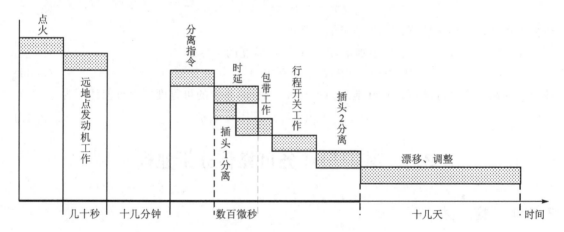

图 3.34　准同步及同步轨道段时序及任务示意

故障定义:当一次分离(弹星分离)成功后,凡影响二次分离及定点成功的事件都可定义为故障事件。

3.5.3　远地点发动机及二次分离系统

某卫星的组成可根据功能定义分解为数据转发、天线、控制、测控、电源、远地点发动机、热控、结构等分系统。

远地点发动机的组成如图 3.35 所示,其功能流程图如图 3.36 所示。为确保任务的成功实施,安全点火机构中采用了双点火头的形式。

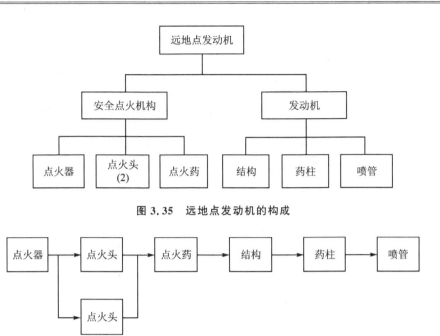

图 3.35　远地点发动机的构成

图 3.36　远地点发动机功能流程图

某卫星在准同步及同步轨道阶段的二次分离流程系统结构组成如图 3.37 所示,二次分离系统由遥控指令接收装置、延时电路、包带装置、分离插头 1、分离插头 2、行程开关等构成。其中行程开关由四只开关串联构成,在短路故障模式下(四只开关都提前闭合)将丧失二次分离点火电源,使分离后包带火工品无法工作,导致分离任务失败。在开路故障模式下(任一开关开启),将使分离插头 2 电分离失败,但还可以采用机械分离的方式实现。

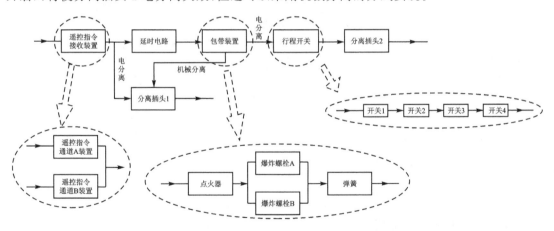

图 3.37　二次分离流程及分离系统的基本组成示意图

3.5.4　建立任务可靠性模型

二次分离及定点任务可靠性框图如图 3.38 所示。图中代号的含义注释如表 3.9 所列。

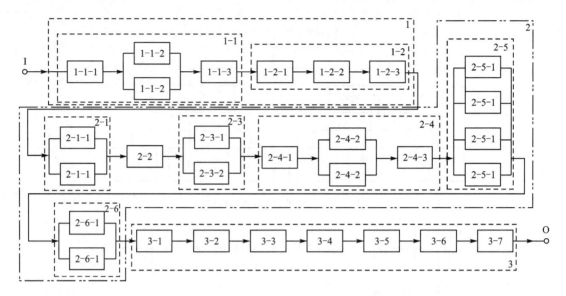

图 3.38　二次分离及定点任务可靠性框图

表 3.9　图 3.38 中代号的含义注释

编　码	含　义		编　码	含　义
1	远地点发动机		2	二次分离系统
1-1	安全点火机构	1-1-1 点火器	2-1	遥控指令接收装置
		1-1-2 点火头 1		
		1-1-2 点火头 2		
		1-1-3 点火药	2-2	延时电路
1-2	发动机本体	1-2-1 发动机结构		分离插头 1
		1-2-2 发动机药柱		
		1-2-3 发动机喷管		
			2-4	包带装置
			2-5	行程开关
			2-6	分离插头 2

其中,远地点发动机任务可靠度为

$$R_1 = R_{1-1} R_{1-2}, \quad \begin{cases} R_{1-1} = R_{1-1-1} \left[1-(1-R_{1-1-2})^2\right] R_{1-1-3} \\ R_{1-2} = R_{1-2-1} R_{1-2-2} R_{1-2-3} \end{cases}$$

二次分离系统任务可靠度为

$$R_2 = R_{2-1} R_{2-2} R_{2-3} R_{2-4} R_{2-5} R_{2-6}, \quad \begin{cases} R_{2-1} = 1-(1-R_{2-1-1})^2 \\ R_{2-3} = 1-(1-R_{2-3-1})(1-R_{2-3-2}) \\ R_{2-4} = R_{2-4-1}\left[1-(1-R_{2-4-2})^2\right]R_{2-4-3} \\ R_{2-5} = 1-(1-R_{2-5-1})^4 \\ R_{2-6} = 1-(1-R_{2-6-1})(1-R_{2-6-2}) \end{cases}$$

漂移调整至定点的任务可靠度为

$$R_s = R_1 R_2 R_3$$

$$= R_{1-1} R_{1-2} R_{2-1} R_{2-2} R_{2-3} R_{2-4} R_{2-5} R_{2-6} R_{3-1} R_{3-2} R_{3-3} R_{3-4} R_{3-5} R_{3-6} R_{3-7}$$

$$= R_{1-1-1} [1-(1-R_{1-1-2})^2] R_{1-1-3} R_{1-2-1} R_{1-2-2} R_{1-2-3} [1-(1-R_{2-1-1})^2] R_{2-2} \cdot$$

$$[1-(1-R_{2-3-1})(1-R_{2-3-2})] R_{2-4-1} [1-(1-R_{2-4-2})^2] R_{2-4-3} [1-(1-R_{2-5-1})^4] \cdot$$

$$[1-(1-R_{2-6-1})(1-R_{2-6-2})] R_{3-1} R_{3-2} R_{3-3} R_{3-4} R_{3-5} R_{3-6} R_{3-7}$$

习题 3

1. 什么是可靠性模型？为什么要建立可靠性模型？

2. 针对您所熟悉的产品（如自行车、汽车等）建立其基本可靠性模型和任务可靠性模型。

3. 已知威布尔分布的 B_x、B_{10} 和 $f_{tB} = t_0/B_{10}$，推导威布尔分布的尺度参数 T 的公式（参见本章式(3.9)、式(3.10)和式(3.11)）。

4. 某系统的可靠性模型如图 3.39 所示，所有零件的失效行为都可以用指数分布来表达。失效率如下：$\lambda_1 = 2.2 \times 10^{-3}/h$，$\lambda_2 = \lambda_3 = 4 \times 10^{-3}/h$，$\lambda_4 = 3.6 \times 10^{-3}/h$。

① 系统工作 100 h 后的可靠性是多少？

② 现有 250 个系统，在 100 h 之后会有多少失效？

③ 系统的 MTBF 值是多少？

④ 求出迭代计算系统 B_{10} 寿命的方程。估计一个合理的初始值。

5. 图 3.40 所示为某系统的任务可靠性模型，其中 $R_A = R_B = 0.8$，$R_C = R_D = 0.7$，$R_E = 0.64$，试预计其系统的任务可靠性。

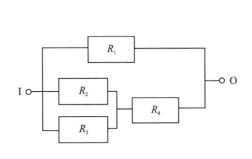

图 3.39　题 4 的可靠性模型

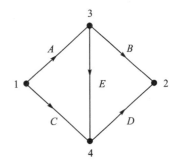

图 3.40　题 5 的可靠性框图

6. 某机械设备的可靠度为 0.90，为提高系统的可靠性，增加了一个备份设备，构成备份储备模型。现考虑备份储备模型的故障监测和功能转换装置的可靠性，其可靠度均为 0.95，分析备份储备模型是否提高了原系统的可靠度。

7. 某直流电源系统由直流发电机、应急储备电池和故障监测及转换装置组成，发电机的工作故障率为 $2 \times 10^{-4}/h$，储备电池的工作故障率为 $1 \times 10^{-3}/h$，故障监测及转换装置的可靠度为 0.99，试求该系统工作 10 h 的可靠度。

8. 对 $n=9$ 只同样的齿轮串联起来形成的齿轮系统进行寿命计算。每只齿轮的失效行为符合三参数威布尔分布。

① 系统的 B_{10} 寿命为 100 000 载荷循环。假设每只齿轮的形状参数 $b=1.8$，系数 $f_{tB}=0.85$（轮齿出现失效）。每个齿轮的寿命特征参数 T 是多少？

② 推导系统的可靠性表达式。

第4章 机械失效机理及分析

本章介绍的机械失效机理是指导致产品或零部件出现失效时,金属材料零部件在宏观尺度(10^{-2} m 即 cm 尺度)的力学行为原因,在金属材料制备冶金学的金相学尺度(10^{-5} m 即 10 μm 尺度)、金属物理学的晶体尺度(10^{-9} m 即 nm 尺度),以及金属原子(10^{-10} m)尺度出现的物理、化学微观特性变化等的内在原因。本章主要介绍机械常见失效模式、塑性弹性和变形机理、断裂失效机理、磨损失效机理和腐蚀失效机理,并简要介绍疲劳断裂失效分析相关内容。

4.1 引 言

韧性金属材料的简单力学行为可用拉伸应力-应变曲线描述,如图 4.1 所示。应力 σ 表示材料单位面积(A)上所受的外力或内力(F):

$$\sigma = \frac{F}{A} \tag{4.1}$$

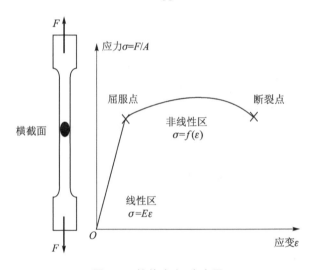

图 4.1 拉伸应力-应变图

应力-应变曲线的线性部分为弹性区域,斜率为弹性模量 E。弹性加载结束后,继续加载提高应力材料抵达屈服强度。在屈服点后,典型的单轴受拉曲线会轻微下降并且发生塑性变形。当曲线达到极限拉应力后,应变强化和塑性变形开始。

变形指的是被施加外力的物体在形状上发生变化的现象,这里施加的外力包含拉力、压力、剪力和扭矩(见图 4.2)。弹性变形是材料在外力作用下产生变形,当外力去除后变形完全消失的现象。线弹性变形服从胡克定律,表示为

$$\sigma = E\varepsilon \tag{4.2}$$

式中,σ 是施加的应力;E 是弹性模量;ε 是应变。

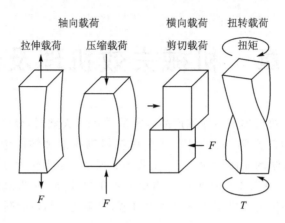

图 4.2　四类静态载荷示意图

机械零部件的力学行为的直接外因就是承受的外载荷,其类型分为轴向载荷、弯曲载荷、扭转载荷、剪切载荷、接触载荷,如图 4.3～图 4.6 所示。

轴向载荷(拉力/压力):指拉力或压力(外力)作用引起的结构或构件在某一正截面上的反向拉力或压力(内力),如图 4.3 示。轴向载荷 F 产生的拉应力 σ 是材料在拉力作用下产生的应力,作用在材料上的拉力使材料产生拉伸变形。压应力是材料在压力作用下产生的应力,作用在材料上的压力使材料产生压缩变形。

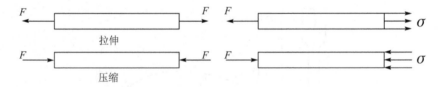

图 4.3　轴向载荷及应力分布示意图

横向载荷(剪力):沿着构件纵轴的垂直方向施加作用力,横向力导致构件的弯曲和错位。构件内部的拉应变和压应变随构件曲率的变化而变化,如图 4.4 所示。横向加载导致产生剪切应力,引起材料的剪切变形并增大构件的横向挠度。剪切载荷及应力分布如图 4.5 所示。

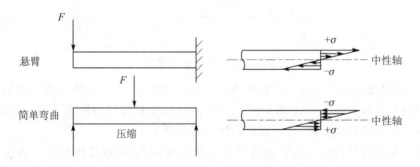

图 4.4　弯曲载荷及应力分布示意图

扭转载荷:由一对大小相等、方向相反的外力矩作用在平行平面,或一个外力矩作用在一端固定的构件上导致的扭转现象。扭转载荷及应力分布如图 4.6 所示。

线接触载荷如图 4.7 所示。

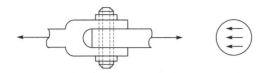

图 4.5　剪切载荷及应力分布示意图

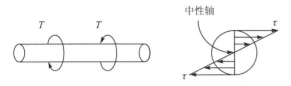

图 4.6　扭转载荷及应力分布示意图

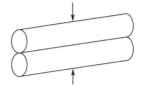

图 4.7　线接触载荷示意图

1. 机械失效

机械零件的失效是机件在机械载荷及环境(包括振动、热、腐蚀等综合环境)综合作用下,致使零部件异常变形甚至断裂,或过度磨损腐蚀、表面损伤而丧失设计规定的功能。零部件失效往往会导致机械设备出现故障而停机。

因零部件的疲劳、磨损、腐蚀以及材料性能退化等发展可形成渐变失效。渐变失效发展缓慢,一般在设备有效寿命的后期出现,其发生的概率与使用时间有关,能够通过早期试验或测试进行预测。

2. 失效机理

在工况和环境综合作用下,引起零部件失效(塑形变形、断裂、表面损伤、磨损、腐蚀)的传力和传热等能量传输过程,或在金属材料金相学尺度、晶体和原子尺度上发生的微观特性物理、化学变化,或以上多尺度过程的耦合作用导致零部件内部不可逆的损伤,该损伤最终导致零部件丧失设计要求的功能而失效;描述以上"作用—损伤—失效"力学和理化过程的模型称为该零部件失效的机理。金属材料失效机理是在原子和晶体组织尺度发生的物理或化学变化,且导致构件材料的力学特性、表面特性等发生变化,该变化过程可用微观的理化特性和宏观的力学特性模型描述。需利用金属材料相关的物理学和冶金学的基础知识,从金属原子键和晶胞的纳米晶粒和金相的微米尺度,描述金属材料失效相关的行为和机理。

常见机械零部件失效机理有变形、断裂、表面损伤、磨损、腐蚀,相应的失效机理如表 4.1 所列。

表 4.1　机械零部件失效机理

变　形	断裂和疲劳	表面损伤	磨　损	腐　蚀
① 弹性变形	① 脆性断裂	① 表层疲劳(点蚀)	① 磨料磨损(腐蚀性/研磨/刨削)	① 腐蚀疲劳
② 塑性变形	② 塑性断裂	② 层下源疲劳	② 粘着磨损(咬住/擦伤)	② 应力腐蚀
③ 屈服变形	③ 疲劳断裂	③ 气穴	③ 接触(摩擦)磨损	③ 电偶腐蚀/电化学腐蚀
④ 扭曲	④ 高周疲劳	④ 磨痕、划痕	④ 微动磨损	④ 缝隙腐蚀
⑤ 翘曲	⑤ 低周疲劳			⑤ 局部点蚀
⑥ 蠕变	⑥ 热疲劳断裂			⑥ 生物腐蚀
⑦ 蠕变翘曲	⑦ 腐蚀疲劳			⑦ 化学侵蚀
⑧ 热松弛	⑧ 残余应力断裂			⑧ 摩擦腐蚀

4.2 材料的晶体结构和键

晶体的最小单元称为晶胞,立方晶胞的晶体结构有四种,分别为简单立方(PC)、体心立方(Body Centered Cubic,BCC)、面心立方(Face-Centered Cubic,FCC)及密排六方(HCP),如图 4.8 所示。简单立方结构只在立方体角上有原子,实际金属材料的晶体结构很少有;体心立方结构在立方体的中心有一个原子,金属材料很常见,如铬、铁、钼、钠和钨等;同样,很多常见金属材料是面心立方结构,如银、铝、铅、铜和镍等。

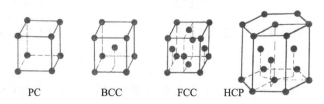

注:简单立方(PC)、体心立方(BCC)、面心立方(FCC)及密排六方(HCP)结构。

图 4.8 四种晶体结构

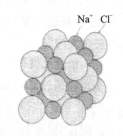

注:由两个相互贯穿的 FCC (面心立方)结构组成。

图 4.9 NaCl 的三维晶体结构

在晶胞中的原子通过三种主价键结合成一个稳定的电中性的晶胞结构。如图 4.9 所示为 NaCl 的面心立方结构。氯和钠经过化学反应,钠原子的电子转移给氯原子,各自达到原子的稳定结构,同时原子变成了带电离子 Na^+ 和 Cl^-,电荷极性相反,相互吸引,形成化学键,如图 4.10 所示。

水分子中的两个氢原子都与一个氧原子共用一个电子形成水分子(H_2O),这样,通过共用电子将两个原子连接在一起,而使每个原子具有稳定的 8 个(或 2 个)电子而各自达到稳定结构,原子间形成共价键。

离子键　　　　　共价键　　　　　金属键

注:在离子键中电子发生转移,如 NaCl;在共价键中电子共享,如 H_2O;在金属键中金属原子将电子贡献出来组成一个共用的"电子云",如 Mg。

图 4.10 三种主价键

每个 Mg 金属原子贡献 2 个外层电子给由所有金属原子共用的电子"云",镁金属离子 Mg^{2+} 通过与电子"云"的引力结合在一起,形成金属键。金属键连接固态金属和合金。

1. 滑移面

如图 4.11 所示,优先发生滑移的晶面为原子排列相对密集的晶面,称为密排晶面。密排晶面也就是指单位面积上的原子数最大的晶面,再通俗点讲就是这个面与其他面相比,这个面上的原子数密度是最大的。

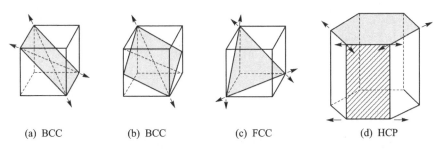

(a) BCC　　　(b) BCC　　　(c) FCC　　　(d) HCP

图 4.11　体心立方(BCC)、面心立方(FCC)和密排六方(HCP)晶体结构中常见的一些滑移面和滑移方向

体心立方(BCC)的滑移面如图 4.12(a)所示,BCC 密排面是{110}(指平行于 z 晶轴,在 x、y 轴截长相等的晶面)。面心立方(FCC)的滑移面如图 4.12(b)所示,FCC 密排面是{111}。HCP 晶体的基面就是密排晶面。

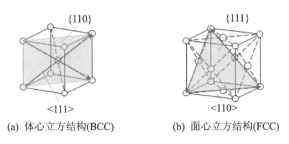

(a) 体心立方结构(BCC)　　　(b) 面心立方结构(FCC)

图 4.12　体心立方(BCC)和面心立方(FCC)的滑移面

2. 晶体缺陷对力学特性的影响

晶粒的尺寸可以为 1 μm～10 mm,晶粒内部和晶粒间的缺陷对材料的力学性能影响很大,也是造成材料力学性能离散性的主要原因之一。如图 4.13 所示,缺陷有三类:点缺陷、线缺陷和面缺陷。

晶体内的四种点缺陷如图 4.13(a)所示。置换杂质原子占据正常晶格结点位置;空位是正常结点位置少了一个原子;间隙原子是一个原子占据了正常晶格结点之间的位置。通过主动利用相对较小的杂质原子渗入晶体内间隙,比如碳在铁中的固溶体和将 Cr 和 Ni 加入铁中制成不锈钢。

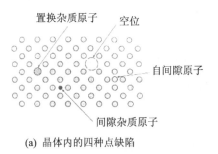

(a) 晶体内的四种点缺陷

图 4.13　典型的点缺陷、线缺陷和面缺陷

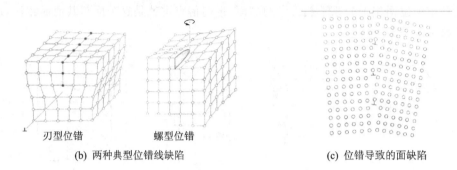

刃型位错　　　　　　螺型位错

(b) 两种典型位错线缺陷　　　　　　　　(c) 位错导致的面缺陷

图 4.13　典型的点缺陷、线缺陷和面缺陷(续)

晶体排列的位错导致线缺陷,如图 4.13(b)所示为刃型位错和螺型位错。晶界就是一种晶体面缺陷,在晶界处的晶面方向改变很大;刃型位错可在晶体内部形成小角度晶界,如图 4.13(c)所示。孪晶晶界将晶体分成互为镜像的两部分,也是一种典型的面缺陷。

4.3　晶体的弹性及塑性变形

4.3.1　弹性变形

弹性变形是由固体中晶粒内部原子间的化学键拉伸引起的,但化学键并不发生断裂。如图 4.14 所示,当一个外力 P 作用在材料上时,原子间的距离 x 会发生很小的改变,这个变化量的大小取决于材料及其结构和键的具体情况。当这些距离变化量累积到超过一定材料的宏观尺寸时,则称为弹性变形。当 $x=x_e$ 时,原子间的引力和斥力平衡,合力为零。该点也称为平衡原子间距,也是最低势能点。

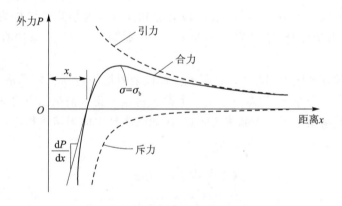

图 4.14　原子间的力和距离的关系

现定义外力 P 作用下的材料内部应力和应变如下:

$$\sigma = \frac{P}{A}, \quad \varepsilon = \frac{x - x_e}{x_e} \tag{4.3}$$

弹性模量 E 为应力-应变关系曲线的斜率:

$$E = \frac{\mathrm{d}\sigma}{\mathrm{d}\varepsilon}\bigg|_{x=x_e} = \frac{x_e}{A}\frac{\mathrm{d}P}{\mathrm{d}x}\bigg|_{x=x_e} \tag{4.4}$$

通过计算合力处的斜率 $\mathrm{d}P/\mathrm{d}x$ 得到的弹性模量 E 是不变的;对于单晶材料,E 值随晶体结构方向变化,多晶体材料的晶粒取向随机,E 值在各向同性。

如图 4.14 所示,通过应用固态物理学估算破坏晶体原子间的主化学键所需的拉应力,可得到晶体间理论结合强度 $\sigma_b = \dfrac{E}{10}$,一般金属单晶 $\sigma_b \approx 10\ \mathrm{GPa}$。

理论剪切强度的估算如图 4.15 所示,在剪切应力 τ 作用下原子间相对错动,所需的剪切应力 τ 与原子间距 b 的关系符合正弦规律:

$$\tau = \tau_b \sin\frac{2\pi x}{b} \tag{4.5}$$

式中,τ_b 为理论剪切强度;剪切应变 $\gamma = x/h$,则有

$$G = \frac{\mathrm{d}\tau}{\mathrm{d}\gamma}\bigg|_{x=0} = h\frac{\mathrm{d}\tau}{\mathrm{d}x}\bigg|_{x=0} \tag{4.6}$$

综合以上两式,有

$$\tau_b = \frac{Gb}{2\pi h} \tag{4.7}$$

在拉伸试验中,最大剪切应力发生在与单向应力成 45° 角的方向上,且大小为该应力的一半。因此,拉伸试验中发生剪切失效的理论应力估算值为

$$\sigma_b = 2\tau_b = \frac{Gb}{\pi h} \tag{4.8}$$

由于金属晶体内部的缺陷,实际抗拉强度一般为理论强度的 $1/10 \sim 1/100$。

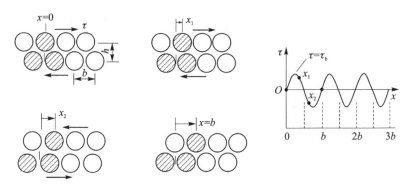

图 4.15 理论剪切强度估算

4.3.2 塑性变形

塑性变形是指金属材料受载荷作用后产生的不可恢复的变形。金属材料的断裂起始于变形。金属的塑性变形方式主要有滑移、孪生、晶界滑动和扩散性蠕变四种。在低温下,金属的塑性变形以孪生为主;在高温下,以晶界滑动和扩散性蠕变为主;在常温下,则以滑移为主。

单晶体产生塑性变形的原因是原子的滑移错位。多晶体(实际使用的金属大多是多晶体)的塑性变形中,除了各晶粒内部的变形(晶内变形)外,各晶粒之间也存着变形(称为晶间变

形）。多晶体的塑性变形是晶内变形和晶间变形的总和。

许多金属材料由第二相粒子（第二相粒子一般指的是钢的合金元素在热处理过程中形成的合金化合物粒子,常见的有碳化物、硫化物、氧化物等;第二相粒子在钢中有很大的作用,可以与基体呈共格或者非共格关系,往往会阻碍位错的运动,使钢的强度增大,这就是第二相强化。第二相强化使钢强度增大,但对塑性是有害的)和有晶界的颗粒构成。研究单晶颗粒中的塑性变形,可忽略金属材料的晶界和第二相粒子的影响。

如果金属单晶在拉力中受到的应力超过了它的弹性极限,它就会缓慢伸长,这个过程称为塑性变形(见图 4.16)。塑性变形微观上表现为原子键的断裂和重新形成。

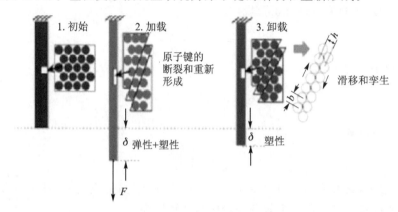

图 4.16　轴向力下的塑性变形(金属)

塑性变形通过滑移、孪生或两种方法的组合产生。形变孪生是指晶体受力后以产生孪晶的方法而进行的切变过程。孪晶是指两个晶体(或一个晶体的两部分)沿一个公共晶面(即特定取向关系)构成镜面对称的位向关系,这两个晶体就称为"孪晶",此公共晶面就称孪晶面。以镁合金为例,孪生是镁合金中除滑移外最重要的一种变形机制。跟滑移一样,镁合金发生孪生时也需要有切应力的作用,也是位错运动的结果。与滑移不一样的是,孪生是不全位错(或称部分位错)运动的结果,而滑移则是全位错运动的结果。更多滑移的知识见 4.4.3 节相关内容。

塑性变形不能采取措施消除,表现为不可逆过程。在拉应力下,塑性变形具有应变强化区、颈缩区和断裂区(破裂区)的特征,如图 4.17 所示。

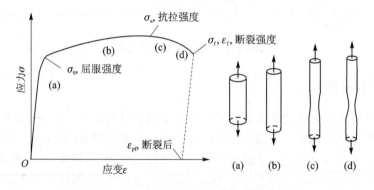

图 4.17　塑性金属材料的拉伸试验

在应变强化期间,通过原子间错位的移动,材料强度变强。颈缩阶段是指材料的横截面积减小,在极限强度达到后颈缩开始。在颈缩期间,材料不再能够承受最大应力,应变也快速增长,最后以材料的断裂结束。

4.3.3 蠕 变

与温度和时间相关的材料变形行为称为蠕变,晶体材料中的蠕变行为一般发生在 $0.3\sim 0.6T$ 温度范围内(T 为绝对熔点温度)。

如图 4.18 所示,在恒定应力下,金属晶体材料开始时存在一个弹性变形 ε_e,之后,只要应力保持不变,应变随着时间 t 而缓慢增大。一部分蠕变可以随着时间缓慢恢复,而其余应变则当应力去除后,保留下来成为永久变形。

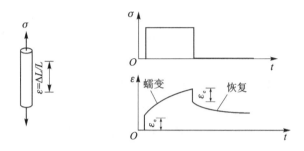

图 4.18 恒定应力下的蠕变-时间关系

如图 4.19 所示,对于金属晶体材料,主要的蠕变机理就是"空位"的扩散流动。空位容易在与所受应力方向垂直的晶界附近自发形成,而在与所受应力方向平行的晶界附近则不易形成。导致空位分布不均匀,促使空位从高浓度区向低浓度区进行扩散,其整体效应是晶粒形状发生了变化,累积后就会发生宏观蠕变应变。

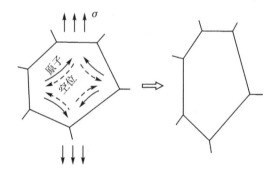

图 4.19 晶粒内部空位扩散的蠕变机理

4.4 合金材料及加工强化

机械用金属材料及金属合金通常是由两种或两种以上化学元素熔合到一起组成的,最常用的钢就是铁基合金,其他还有铝、铜、钛、镁、镍和钴。合金材料的基体内包含一种或多种金属元素,这些元素有硼、碳、镁、硅、钒、铬、锰、镍、铜、锌、钼和锡。各种金属材料所用合金元素的数量和组合形式对其强度、塑性、耐热性、耐蚀性及其他性能都有很大的影响。如在纯铁中加入少量的碳,可以明显强化;再通过调质处理(淬火加回火),则强化效应更明显。如果再加入镍、钒、铜等元素,通过细晶、沉淀、固溶效应,则得到强化,如图 4.20 所示。

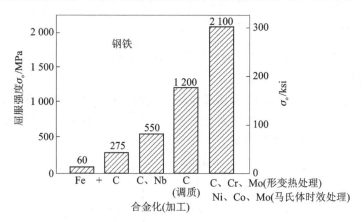

图 4.20 合金元素和加工对钢屈服强度的影响

加工条件包括热处理、变形和铸造,对于给定的合金成分的性能会进一步施加影响。

① 材料热处理,即加热、保温和冷却,该过程能使材料获得所需的物理或化学变化。

② 变形,即通过施加压力使一块材料改变厚度或形状的过程。变形的方法有锻造、轧制、挤压和拉拔,如图 4.21 所示。

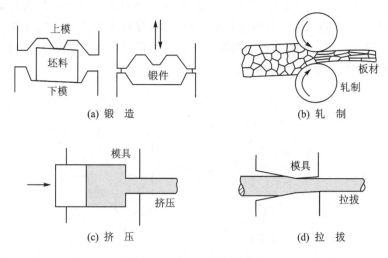

图 4.21 常用金属成形方法

③ 铸造,即将熔化的金属倒入铸型,然后使其凝固后的形状与铸型的形状相符合。

热处理可以与变形或铸造结合起来使用,通过加入一些特殊合金元素,详细具体地选择合金化和加工成型方法,可达到使材料具有合适的耐热性、耐蚀性、强度、塑性及其他所需特性的目的,以满足使用要求。金属材料塑性变形是由位错运动引起的,通过引入位错"运动障碍"提高金属或合金的屈服强度,如表 4.3 所列。其中"运动障碍"包括位错缠结、晶界、杂质原子引起的晶体结构畸变,或者弥散在晶体中的小颗粒。

表 4.3　金属合金强化方法和强化特征

序　号	强化方法	强化特征(阻碍位错)
1	冷加工	高温位错密度导致缠结
2	晶粒细化	晶体取向改变及境界处的其他不规则性
3	固溶强化	间隙杂质或置换杂质原子,导致晶格畸变
4	沉淀强化	固溶后冷却过程中沉淀析出细小硬质颗粒
5	多相强化	相界处晶体结构不连续
6	调质处理	BCC 铁中马氏体和 Fe_3C 沉淀析出相,组成多相结构

4.5　断裂失效机理

断裂是构件在应力作用下形成裂纹并扩展最终分裂成两部分(或几部分)的过程。当施加的载荷(或应力)超过物体的抵抗强度时,断裂发生。断裂过程包括裂纹萌生、扩展和最终瞬间断裂三个阶段。在机械工程中由于过应力引起的断裂是最普遍的失效机理。

4.5.1　断裂分类

(1) 按断裂性质分类

根据零件断裂前所产生的宏观塑性变形量的大小分为:

① 塑性(韧性)断裂,断裂前发生较明显的塑性变形。延伸率大于 5% 的材料通常称为塑性材料。韧性断裂发生在可观塑性变形后。除非施加更大的应力,否则裂纹不会扩展。在拉伸试样中,大多数多晶韧性材料的破裂都是杯状和锥状断裂,与颈部的形成有关。

② 脆性断裂,断裂前几乎不产生明显的塑性变形。延伸率小于 3% 的材料通常称为脆性材料。

③ 塑性-脆性混合型断裂,又称为准脆性断裂。

塑性断裂对装备与环境造成的危害远较脆性断裂小,因为它在断裂之前出现明显的塑性变形,易引起人们的注意。与此相反,脆性断裂往往会引起危险的突发事故。

脆性断裂有穿晶脆断(如解理断裂、疲劳断裂)和沿晶脆断(如回火脆、氢脆)之分。

(2) 按断裂路径分类

断裂路径走向可分为穿晶断裂和沿晶断裂。

① 穿晶断裂。裂纹穿过晶体内部,如图 4.22(a)所示。穿晶断裂可以是塑性的,也可以是脆性的。前者断口具有明显的韧窝花样,后者断口的主要特征为解理花样。

② 沿晶断裂。断裂沿着晶粒边界扩展,可分为沿晶脆断和沿晶韧断(在晶界面上有浅而小的韧窝),如图 4.22(b)所示。

在实际断裂失效断口上,多数情况是既有沿晶断裂,又有穿晶断裂的混合型断裂。

(3) 按断面相对位移形式分类

如图 4.23 所示,按两断面在断裂过程中相对运动的方向可分为:

① 张开型(Ⅰ型);

② 前后滑移型(Ⅱ型);

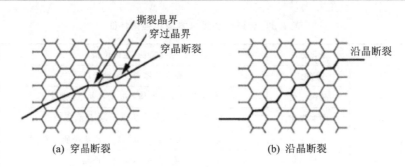

撕裂晶界
穿过晶界
穿晶断裂
沿晶断裂
(a) 穿晶断裂
(b) 沿晶断裂

图 4.22 断裂路径走向示意图

Ⅰ 型
Ⅱ 型
Ⅲ 型

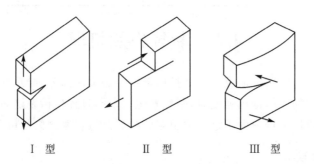

图 4.23 根据断面相对运动方向划分断裂类型

③ 剪切型(Ⅲ型)。

(4) 按断裂方式分类

按断面所受的外力类型的不同分为正断断裂、切断断裂及混合断裂三种。不同加载方式下出现正断或切断的情况如图 4.24 所示。

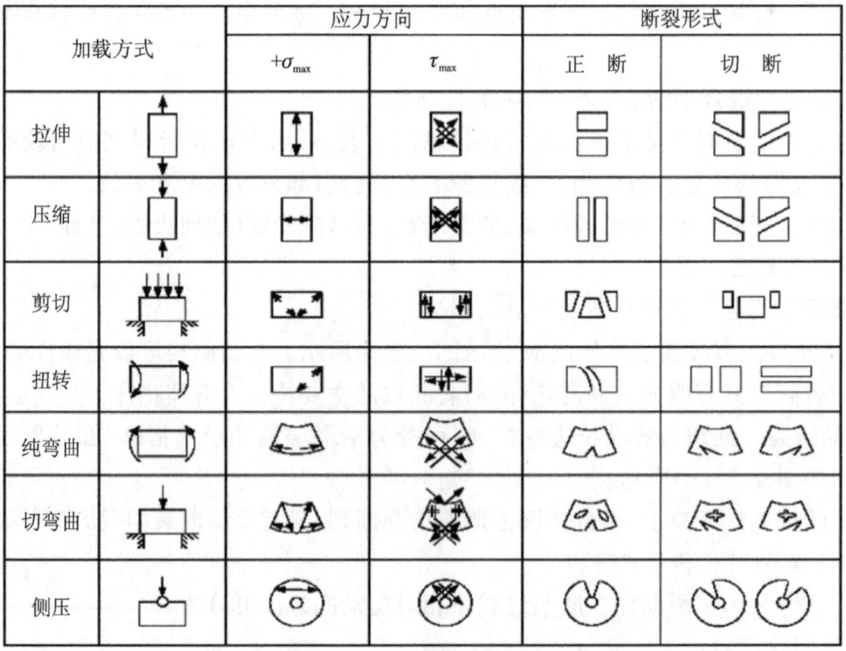

加载方式
应力方向
$+\sigma_{max}$
τ_{max}
断裂形式
正 断
切 断
拉伸
压缩
剪切
扭转
纯弯曲
切弯曲
侧压

图 4.24 不同加载方式下出现正断或切断的情况

①　正断断裂,受正应力引起的断裂,其断口表面与最大正应力方向相垂直。断口宏观形貌较平整,微观形貌有韧窝、解理花样等。

②　切断断裂,是在切应力作用下引起的断裂。断面与最大正应力方向成45°角,断口的宏观形貌较平滑,微观形貌为抛物线状的韧窝花样。

③　混合断裂,正断与切断相混合的断裂方式,断口呈锥杯状,混合断裂是最常见的断裂类型。

(5) 按断裂机理分类

按断裂机理分类可分为解理、准解理、韧窝、滑移分离、沿晶及疲劳等多种断裂。后面详细介绍各种断裂机理及断口的形貌特征。

(6) 其他分类

①　按应力状态分类,有静载断裂(拉伸、剪切、扭转)、动载断裂(冲击断裂、疲劳断裂)等。

②　按断裂环境分类,可分为低温断裂、中温断裂、高温断裂、腐蚀断裂、氢脆及液态金属致脆断裂等。

③　按断裂所需能量分类,可分为高能、中能及低能断裂等三类。

④　按断裂速度分类,可分为快速、慢速以及延迟断裂三类。如拉伸、冲击、爆破等为快速断裂,疲劳、蠕变等为慢速断裂,氢脆、应力腐蚀等为延迟断裂。

⑤　按断裂形成过程分类,可分为工艺性断裂和服役性断裂。如在铸造、锻造、焊接、热处理等过程形成的断裂为工艺性断裂。

4.5.2　脆性断裂机理

工程构件在很少或不出现宏观塑性变形(一般按光滑拉伸试样的延伸率 $\psi < 5\%$)情况下发生的断裂称作脆性断裂,因其断裂应力低于材料的屈服强度,故又称作低应力断裂。由于脆性断裂大都没有事先预兆,具有突发性,对工程构件与设备以及人身安全常常造成极其严重的后果,因此,脆性断裂是人们力图予以避免的一种断裂失效模式。尽管各国工程界对脆性断裂的分析与预防研究极为重视,从工程构件的设计、用材、制造到使用维护的全过程中采取了种种措施,然而,由于脆性断裂的复杂性,至今由脆性断裂失效导致的灾难性事故仍时有发生。

金属构件脆性断裂失效的主要表现形式如下:

①　由材料性质改变而引起的脆性断裂,如兰脆、回火脆、过热与过烧致脆、不锈钢的475 ℃脆和 σ 相脆性等。

②　由环境温度与介质引起的脆性断裂,如冷脆、氢脆、应力腐蚀致脆、液体金属致脆以及辐照致脆等。

③　由加载速率与缺口效应引起的脆性断裂,如高速致脆、应力集中与三应力状态致脆等。

如图 4.25 所示,脆性断裂是具有最小塑性变形的材料失效形式。脆性断裂吸收能量最小,塑性变形最小,裂纹快速扩展。

脆性断裂机理:由于原子键断裂引起的沿晶面分离(V 字形、解理、晶间),脆性断裂沿着称为解理面的特征晶体面发生。

脆性断裂的机理可以用 Griffith 理论解释。Griffith 假定在脆性材料中有微裂纹,这些裂纹作用于其尖端的集中应力。裂纹可能来自许多源头,如流动期间发生固化或表面划伤。在力的作用下,这些裂纹的周围将产生应力集中现象,材料的破坏从裂纹尖端开始扩展,最后导

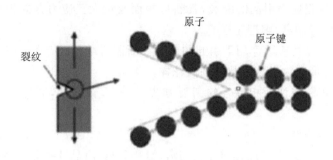

图 4.25　脆性断裂机理示意图

致材料的完全破坏。

　　常见的脆性材料有玻璃、陶瓷、聚合物和金属。其特点表现如下：

① 无明显塑性变形；

② 裂纹扩展非常快；

③ 裂纹几乎垂直于施加应力的方向扩展；

④ 裂纹经常沿特定晶体面（解理面）通过原子间断裂扩展。

1. 解理断裂

　　解理断裂是在正应力作用下产生的一种穿晶断裂，即断裂面沿一定的晶面（即解理面）分离。解理断裂常见于体心立方和密排六方金属及合金中，低温、冲击载荷和应力集中常促使解理断裂的发生。

　　解理断裂通常是宏观脆性断裂，它的裂纹发展十分迅速，常常造成零件或构件灾难性的总崩溃。

　　断口特征如下：

　　解理断裂断口的轮廓垂直于最大拉应力方向。新鲜的断口都是晶粒状的，有许多强烈反光的小平面（称为解理刻面）。解理断口电子图像的主要特征是"河流花样"，如图 4.26（a）所示，河流花样中的每条支流都对应着一个不同高度的相互平行的解理面之间的台阶。解理裂纹扩展过程中，众多的台阶相互汇合，便形成了河流花样。在河流的"上游"，许多较小的台阶汇合成较大的台阶；到"下游"，较大的台阶又汇合成更大的台阶。河流的流向恰好与裂纹扩展方向一致。所以可以根据河流花样的流向，判断解理裂纹在微观区域内的扩展方向。图 4.26（a）为某微型电动机主轴发生解理断裂的电子显微镜示意图，部分具有河流花样，河流花样变化处为小角度倾斜晶界。部分解理断裂的电子显微镜示意图表现为羽毛状花样，如图 4.26（b）所示，在羽毛状花样上可观察到小的舌状花样。

2. 沿晶断裂

　　沿晶断裂是指金属材料中的裂纹沿晶界扩展而产生的一种断裂。当沿晶断裂断口形貌呈粒状时又称晶间颗粒断裂。多数情况下沿晶断裂属于脆性断裂，但也可能出现韧性断裂，如高温蠕变断裂。当金属或合金沿晶界析出连续或不连续的网状脆性相时，在外力的作用下，这些网状脆性相将直接承受载荷，易于破碎形成裂纹并使裂纹沿晶界扩展，造成试样沿晶界断裂，它是完全脆性的正断。

　　沿晶脆性断裂断口宏观形貌一般有两类：

(a) 具有河流花样的解理断裂
电子显微镜示意图

(b) 具有羽毛状花样的解理断裂
电子显微镜示意图

图 4.26　解理断裂电子显微镜示意图

① 晶粒特别粗大时形成石块或冰糖状断口,如图 4.27(a)所示;

② 晶粒较细时形成结晶状断口,如图 4.27(b)所示。

(a) 沿晶脆性断裂冰糖状断口

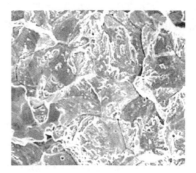

(b) 沿晶脆性断裂结晶状断口

图 4.27　沿晶脆性断裂的断口

沿晶断裂的结晶状断口比解理断裂的结晶状断口反光能力稍差,颜色黯淡。将金属进行提纯、净化晶界、防止杂质原子在晶界偏聚或脱溶、防止第二相在晶界上析出、改善环境因素等,均可减少金属发生沿晶脆性断裂的倾向。

产生沿晶断裂一般有三种原因:

① 晶界上有脆性沉淀相。如果脆性相在晶界面上覆盖得不连续,例如 AIN 粒子在钢的晶界面上的分布,将产生微孔聚合型沿晶断裂;如果晶界上的脆性沉淀相是连续分布的,例如奥氏体 Ni-Cr 钢中形成的连续网状碳化物,则将产生脆性薄层分裂型断裂。

② 晶界有使其弱化的夹杂物,如钢中晶界上存在磷(P)、硫(S)、砷(As)、锑(Sb)、锡(Sn)等元素。

③ 环境因素与晶界相互作用造成的晶界弱化或脆化,例如高温蠕变条件下的晶界弱化,应力腐蚀条件下晶界易于优先腐蚀等,均促使沿晶断裂产生。

预防沿晶断裂的措施主要有:

① 提高材料的纯净度,减少有害杂质元素的含量,降低其发生沿晶分布的可能性;

② 严格控制热加工质量和环境温度,防止过热、过烧及高温氧化;

③ 减少晶界与环境因素间的交互作用;

④ 降低金属表面的残余拉应力,以防止局部三向拉应力状态的产生。

3. 准解理断裂

准解理断裂也是一种穿晶断裂。蚀坑技术分析表明,多晶体金属的准解理断裂也是沿着原子键合力最薄弱的晶面(即解理面)进行。例如:对于体心立方金属(如钢等),准解理断裂也基本上是{100}晶面,但由于断裂面上存在较大程度的塑性变形,故断裂面不是一个严格准确的解理面。

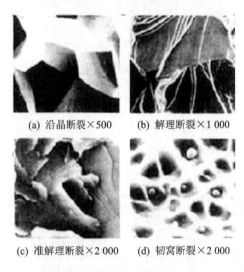

(a) 沿晶断裂×500　　(b) 解理断裂×1 000

(c) 准解理断裂×2 000　　(d) 韧窝断裂×2 000

图 4.28　四种典型断裂的微观形貌

准解理断裂首先在回火马氏体等复杂组织的钢中发现。对于大多数合金钢(如 Ni - Cr 钢和 Ni - Cr - Mo 钢等),如果发生断裂的温度刚好在延性—脆性转变温度的范围内,也常出现准解理断裂。从断口的微观形貌特征来看(见图 4.28(c)),在准解理断裂中每个小断裂面的微观形态颇类似于晶体的解理断裂,也存在一些类似的河流花样,但在各小断裂面间的连接方式上又具有某些不同于解理断裂的特征,如存在一些所谓的撕裂岭等。撕裂岭是准解理断裂的一种最基本的断口形貌特征。准解理断裂的微观形貌的特征,在某种程度上反映了解理裂纹与已发生塑性变形的晶粒间相互作用的关系。因此,对准解理断裂面上的塑性应变进行定量测量,有可能把它同断裂有关的一些力学参数,如屈服应力、解理应力和应变硬化参数等联系起来。

4.5.3　韧性断裂机理

工程材料的显微结构复杂,特定显微结构在特定的外界条件(如载荷类型与大小、环境温度与介质)下有特定的断裂机理和微观形貌特征。金属零件韧性断裂机理主要是滑移分离和韧窝断裂。

1. 滑移分离

韧性断裂最显著的特征是伴有大量的塑性变形,而塑性变形的普遍机理是滑移,即在韧性断裂前晶体产生大量的滑移。过量的滑移变形会出现滑移分离,其微观形貌有滑移台阶、蛇形花样和涟波等。

(1) 滑移带

晶体材料的滑移面与晶体表面的交线称为滑移线,滑移部分的晶体与晶体表面形成的台阶称为滑移台阶。由这些数目不等的滑移线或滑移台阶组成的条带称为滑移带。确切地说,目前人们将在电镜下分辨出来的滑移痕迹称为滑移带。滑移带中各滑移线之间的区域为滑移层,滑移层宽度在 5~50 nm 之间。随着外力的增大,一方面滑移带不断加宽,另一方面在原有的滑移之间还会出现新的滑移带。

金属材料滑移的一般规则是:

① 滑移方向总是原子的最密排方向；

② 滑移通常在最密排的晶面上发生；

③ 滑移首先沿具有最大切应力的滑移面发生。

（2）滑移的形式

晶体材料产生滑移的形式是多种多样的，主要有一次滑移、二次滑移、多系滑移、交滑移、波状滑移、滑移碎化和滑移扭折等。

（3）滑移分离断口形貌

滑移分离的基本特征是：断面呈 45°角倾斜；断口附近有明显的塑性变形；滑移分离是在平面应力状态下进行的。

滑移发生在原子密度最高的平面且在该面上向原子线密度最大的方向行进（见图 4.29）。可见，滑移发生在原子最紧密排列的方向上。滑移依赖于晶体的重复结构，允许原子从原来的相邻处剪切开来，沿着表面滑动且与新晶体的原子结合。

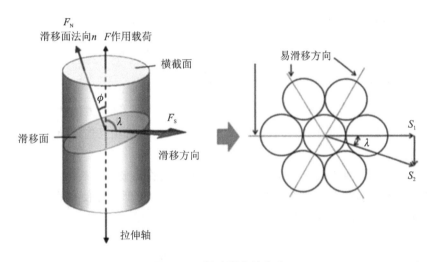

图 4.29　滑动面上的分力

滑移的发生是剪应力作用的结果。如图 4.29 所示，轴向拉力分解为两个力。F_S 是沿着滑移面的剪力，F_N 是垂直于平面的法向力。通过分析和实验，最大剪应力发生在 45°处。图中显示了滑移面上原子的堆积，有三个原子紧密堆积的方向，是容易发生滑移的方向。

特定滑移平面两侧部分晶体反向移动并在接近平衡位置停下来，所以在晶格方向位移变化很小。因此，其可以在不破坏晶体的情况下改变晶体的外部形状。理论上，滑移可以用面心立方晶格来解释。如图 4.30(a)所示，[111]面是拥有最大原子数（原子紧密排列的平面）的滑移面，与[001]平面相交于 AC 线，[110]方向在该线上拥有最大原子数。滑移可以看作沿密集排列方向[110]上的[111]平面的移动。

从面心立方晶体滑移示意图，可以假定原子发生连续滑动，在滑移面上的一个位置或几个位置开始，然后在剩余的平面上向外移动。例如，如果一个人试图滑动整块地毯，但阻力太大。他能做的是在地毯上弄出一条皱纹，然后通过推动皱纹沿着地毯一次滑一点。与地毯上的皱纹类似的是蚯蚓的运动，通过一次移动身体的一部分来朝一个方向前进。

通过施加剪力，首先一个额外的原子平面（称为位错）在滑移面上形成。当进一步施加力时,原子间的键断裂并在原子和位错间形成新键。当进一步施加力时,位错会通过断裂旧键和形成新键来前进。在接下来的移动中,原子间的键断裂并且形成新键,产生位错。因此,当位错从晶体表面移动出来时,它在移动的滑移面上留下一个台阶。每次位错沿滑移面移动,晶体就移动一个原子的间距(见图 4.30(b))。

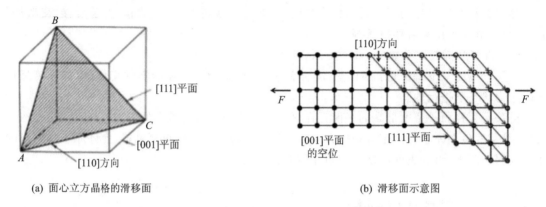

(a) 面心立方晶格的滑移面　　　　　　　　(b) 滑移面示意图

图 4.30　面心立方晶格的滑移面示意图

2. 韧窝断裂

韧窝是金属韧性断裂的主要特征。韧窝又称作迭波、孔坑、微孔或微坑等。韧窝是材料在微区范围内塑性变形产生的显微空洞,经形核、长大、聚集,最后相互连接导致断裂后在断口表面留下的痕迹。

虽然韧窝是韧性断裂的微观特征,但不能仅仅据此就作出韧性断裂的结论,因为韧性断裂与脆性断裂的主要区别在于断裂前是否发生可察觉的塑性变形。即使在脆性断裂的断口上,个别区域也可能由于微区塑变而形成韧窝。

(1) 韧窝的形成

韧窝形成的机理比较复杂,大致可分为显微空洞的形核、显微空洞的长大和空洞的聚集三个阶段。D. Broek 根据实验结果,建立了韧窝形核及生长模型。这个韧窝模型,可以同时解释在拉应力作用下形成等轴韧、窝或抛物线韧窝和夹杂物或第二相粒子在切应力作用下破碎而形成韧窝的现象。

(2) 韧窝的形状

韧窝的形状主要取决于所受的应力状态,最基本的韧窝形状有等轴韧窝、剪切韧窝和撕裂韧窝三种。

① 等轴韧窝是在正应力作用下形成的。在正应力的作用下,显微空洞周边均匀增长,断裂之后形成近似圆形的等轴韧窝。

② 剪切韧窝是在切应力作用下形成的,通常出现在拉伸或冲击断口的剪切唇上,其形状呈抛物线形,匹配断面上抛物线的凸向相反。

③ 撕裂韧窝是在撕裂应力的作用下形成的,常见于尖锐裂纹的前端及平面应变条件下低能撕裂断口上,也呈抛物线形;但在匹配断口上,撕裂韧窝不但形状相似,而且抛物线的凸向也相同。

在实际断口上往往是等轴韧窝与拉长韧窝共存,或在拉长韧窝的周围有少量的等轴韧窝。

（3）韧窝的大小

韧窝的大小包括平均直径和深度,深度常以断面到韧窝底部的距离来衡量。影响韧窝大小的主要因素有第二相质点的大小与密度、基体塑性变形能力、硬化指数、应力的大小与状态及加载速度等。通常对于同一材料,当断裂条件相同时,韧窝尺寸愈大,表征材料的塑性愈好。

在韧性材料中,断裂开始于颈状区域中心的空洞(见图 4.31 微孔洞)的形成。在大多数金属中,这些内部空洞可能是在非金属夹杂物中形成的。载荷增加,永久塑性伸长增加并且横截面积减小。横截面积减小导致样本颈缩的形成。

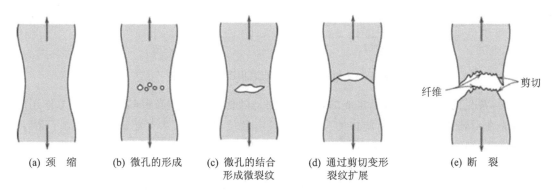

(a) 颈　缩　　(b) 微孔的形成　　(c) 微孔的结合　　(d) 通过剪切变形　　(e) 断　裂
　　　　　　　　　　　　　　　形成微裂纹　　　裂纹扩展

图 4.31　韧性断裂失效机理

韧窝断裂的微观形貌如图 4.32 所示。

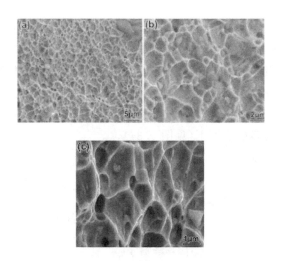

图 4.32　韧窝断裂的微观形貌

颈缩区是一个高位错密度区域并且材料受到复杂应力的作用。由于原子间的排斥力,位错彼此分离。随着滑移面上的分解,剪应力增大,位错会紧密地靠近。裂纹形成是由于高剪应力和存在低角度晶界。一旦裂纹形成,将通过位错扩展伸长。裂纹的持续扩展导致最终失效。失效器件的一半外观呈浅杯状,另一半则类似一个顶部扁平的圆锥体(见图 4.33)。

① 脆性断裂:由于原子键断裂而沿晶面分离(V 字形、解理、晶间);

② 韧性断裂：微孔的萌生、发展和结合（杯锥形、凹形）。

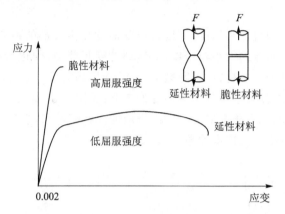

图 4.33　材料中与韧性断裂相反的脆性断裂

　　然而，常见的材料是由多晶组成的，它的晶轴是随机定向的。当多晶材料受应力作用时，滑移首先在滑移体系相对于所施加的应力处于最有利位置的晶粒中开始。由于保持了晶界的接触，可能需要多个滑移系统运行。旋转使得原本不会变形的位置成为可以发生变形的位置。随着变形和旋转的进行，单个晶粒在流动方向上有伸长的趋势。

　　当晶体变形时，晶格结构就会发生某种变形。这种变形在滑移面和晶界上最大，并随变形而增大。材料会经历应变硬化和加工硬化，由于位错堆积在晶界，金属可以通过减小晶界的尺寸而变硬。

3. 韧脆转变温度

　　韧脆转变温度在金属中广泛存在，这取决于金属的成分。对于一些钢，转变温度可以在 0 ℃左右，在冬天世界上一些地方的温度可能低于这个温度。因此，一些钢结构在冬季很容易发生失效。尽管做了大量的实验和理论研究工作，但这种转变的控制机制尚不清楚。所有的亚铁材料(奥氏体除外)在一定温度以上和以下的测试中都表现出从韧性到脆性的转变，称为韧脆转变温度。面心立方金属，如铜、镍，在极低的温度下仍然具有延展性。对于陶瓷来说，这种转变发生在比金属高得多的温度下(见图 4.34)。

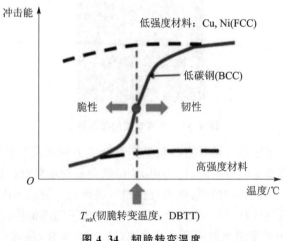

图 4.34　韧脆转变温度

在第二次世界大战期间,自从研究过一些美国陆军舰艇(自由舰、油轮)的著名焊缝断裂以来,材料的韧脆转变温度可以通过冲击试验进行测量,如 Charpy V 形缺口试验(见图 4.35)。

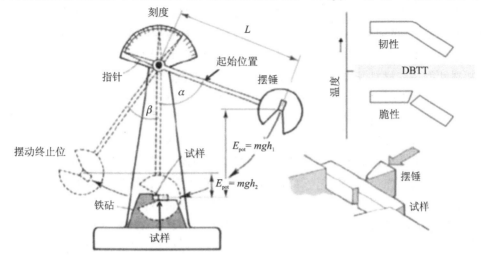

图 4.35　传统 Charpy V 形缺口试验示意图

在较窄的韧脆转变温度范围内,断裂所需的冲击能突然下降。Charpy V 形缺口试验的主要作用是确定材料是否会随着温度的降低而经历韧脆转变。在绘制不同温度下的一系列试验结果时,可以得到塑性—脆性转变曲线。

钢的韧脆转变温度刚好低于室温。低温会严重地使钢变脆。在较高温度下,冲击能较大,对应于韧性断裂模式。随着温度的降低,冲击能在较窄的温度范围内突然下降,对应脆性断裂模式。疲劳裂纹在方舱口的四角成核,并通过脆性断裂迅速扩展。

4.5.4　疲劳断裂机理

1842 年 5 月法国凡尔赛的铁路事故,是铁路客运史上已知的第一例因结构疲劳导致的灾难事故;至 19 世纪中期当铁路轮轴疲劳失效成为普遍存在的问题后,引起了工程师对循环加载效应的关注。对疲劳的研究一般可以追溯到 19 世纪中期一个铁路系统的德国工程师沃勒的著作。沃勒研究了火车车轴长时间使用后断裂的原因。轨道车轴本质上是一个四点弯曲的圆梁,它产生沿顶部表面的压应力和沿底部的拉应力。当轴旋转半圈后,底部变成顶部,反之亦然,所以在表面材料的特定区域上的应力反复变化,拉应力成压应力,压应力成拉应力。1954 年 1 月英国的彗星号飞机发生了灾难性事故,人们开始对飞机结构"疲劳"进行了大量的研究。这些研究表明,金属和非金属材料在交变载荷作用下都会发生疲劳失效,是造成80%～90%的结构失效的原因。在工程结构中疲劳问题普遍存在,例如飞机、船舶、桥梁、起重机、龙门吊、机械部件、涡轮机、反应堆、运河闸门、海上平台、输电塔、桅杆和烟囱等。

1. 引　言

在载荷作用下,结构不规则处(如孔、缺口或圆角等)会出现局部应力集中,结构设计工程师往往会忽视这些可能导致灾难的不规则的结构设计缺陷。设计缺陷导致局部应力集中,外力作用于结构时在局部就会产生塑性变形。局部塑性变形反复作用至一定循环数后,局部应力集中处开始出现裂纹。材料的疲劳裂纹可以在一定范围内改变局部应力分布,虽然结构的材料、形状和变形弹性极限不同,但是当局部塑性变形反复作用至一定循环数后,都会最终导致结构疲劳破坏。结构在交变循环荷载作用下,由于损伤累积而导致的破坏,称为疲劳断裂。

结构承受交变载荷作用时,用最大的静应力进行结构强度设计校核,并不能确保其足够长的设计寿命。此时,必须采用断裂力学方法,进行结构的抗疲劳断裂设计和疲劳寿命分析。疲劳断裂力学采用固体力学的理论方法来计算裂纹扩展,同时利用实验力学方法来测定结构材料的抗断裂性能——材料或构件的 $S-N$(应力-寿命)曲线。材料抗疲劳设计的核心难点是,当裂纹接近临界长度时,即使总应力水平比材料屈服或破坏应力小得多,结构还是可以发生灾难性的疲劳失效。结构或构件可以在较低应力水平下因反复循环加载而疲劳破坏,最终导致结构解体。例如,在长时间飞行过程中,飞机机翼振动载荷循环会累计数万次,这种情况下飞机结构的设计缺陷就会因应力集中而导致疲劳断裂。因此,必须消除这些设计缺陷。

在交变载荷反复作用下,结构失效前能够承受的最大应力循环数定义为结构在该交变应力水平下的疲劳寿命。交变载荷对材料的物理影响效果与静载荷不同,无论材料是脆性还是韧性,在交变载荷作用下,结构疲劳失效都是脆性断裂,而且大多数疲劳失效发生在交变应力水平远低于材料的弹性静强度极限时。结构或构件的具体形状、加工制造或材料的热处理等,都会影响金属构件的疲劳强度,具体影响因素可分为四个方面:

① 交变应力幅,或通常称为应力范围;

② 构件或结构的几何形状;

③ 构件或结构的材料种类;

④ 构件或结构所处的工作环境。

2. 疲劳交变循环载荷

结构的重力的反复作用引起的循环加载是一种最常见的疲劳载荷类型。所有的结构部件在产品使用期间,基本上都会因承受某种类型的交变循环载荷而产生疲劳应力。交变应力分三种情况,分别是零平均应力对称、非零平均应力非对称和随机应力循环。常见的交变应力循环,应力幅在平均应力水平上下对称,且在 σ_{max} 和 σ_{min} 之间交替变化;相对于零平均应力水平,σ_{max} 和 σ_{min} 的应力循环是不对称的。随机应力循环是指应力水平在振幅和频率上随时间进行随机波动。

对于非零平均应力非对称的情况,引起疲劳的循环应力参数包括(见图 4.36):

① 平均应力 σ_m;

② 交变应力范围 $\Delta\sigma$;

③ 交变载荷幅值 σ_a;

④ 幅值可变系数 A;

⑤ 应力循环特征 R。

如图 4.37 所示,产生疲劳的其他循环应力有:

① 零平均应力周期对称波动;

② 随机应力波动。

在力学/土木系统,如桥梁、飞机、机器部件和汽车中,在交变循环应力下的疲劳失效需满足的条件如下:

① 最大拉应力 σ_{max} 水平足够高;

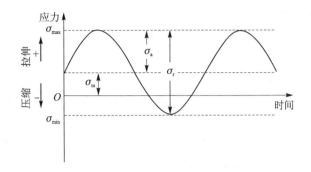

图 4.36　非零平均应力下非对称波动

② 波动应力变化幅值 σ_a 足够大；

③ 施加的应力循环数 N 足够大。

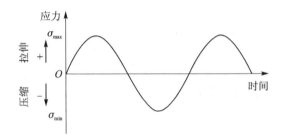

(a) 零平均应力下周期对称波动

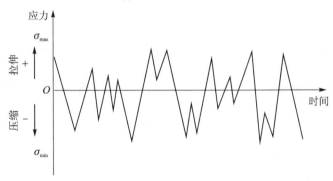

(b) 随机应力波动

图 4.37　循环应力波动下的疲劳失效

即使交变载荷水平低于屈服应力，由于损伤累积效应，经历足够多的载荷循环后，还是会发生疲劳失效。因此，疲劳是机械产品设计中必须考虑的一个主要失效机理。疲劳裂纹开始时很微小，而且在裂纹长度接近临界长度前，裂纹增长都始终非常缓慢。即使在通常的韧性材料中，疲劳也表现为脆性断裂。因为在裂纹扩展到接近临界长度之前，肉眼很难探测到累积疲劳损伤，因此疲劳断裂很危险。

疲劳破坏有三个不同的阶段：

① 在应力集中（靠近应力集中）区域的裂纹萌生阶段；

② 裂纹稳定扩展阶段；

③ 最终的突变破坏。

3. 裂纹尖端的应力集中

材料的断裂强度与原子间的内聚力有关,材料的理论内聚强度(临界抗拉强度)估计值是弹性模量(E)的十分之一($E/10$),而脆性材料的实验断裂强度一般为 $E/100 \sim E/10\,000$,远远低于该理论值。这种较低的断裂强度是由于在材料表面或内部存在的微观缺陷或裂纹导致的应力集中造成的。如图 4.38 所示,沿 x 轴的应力集中分布在一个内部的椭圆形裂纹上。

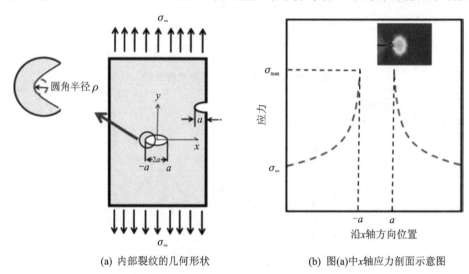

(a) 内部裂纹的几何形状　　　　　(b) 图(a)中x轴应力剖面示意图

图 4.38　裂纹尖端位置的应力集中

应力在裂纹尖端有一个最大值,并随着与裂纹距离 $2a$ 的增加而最终减小到施加的名义应力 σ_∞。这样的裂纹缺陷通过尖端点的应力集中而放大应力,放大的幅度取决于裂纹的几何形状和方向。

如果裂纹类似于无限宽板的椭圆形通孔,且方向垂直于外加应力,则最大应力 $\sigma_{\max}$ 发生在裂纹尖端点,公式为

$$\sigma_{\max} = \sigma_\infty \left(1 + 2\sqrt{\frac{a}{\rho}} \right) \tag{4.9}$$

式中,ρ 是尖端弧线的曲率半径;σ_∞ 是施加名义应力;$\sigma_{\max}$ 是裂纹尖端最大应力;a 是裂纹缺陷的内部半长。

对相对长的微裂纹,因子 $(a/\rho)^{1/2}$ 可能更大,此时方程修正为

$$\sigma_{\max} \simeq 2\sigma_\infty \left(\frac{a}{\rho} \right)^{1/2} \tag{4.10}$$

最大应力与名义施加拉应力的比值表示为应力集中系数 K_t,应力集中系数可以简单度量小裂纹尖端的应力被放大的程度,表示为

$$K_t = \frac{\sigma_{\max}}{\sigma_\infty} \approx 2\left(\frac{a}{\rho} \right)^{1/2} \tag{4.11}$$

因为应力在裂纹尖端被放大了,故方程(4.11)可以重新写成

$$\sigma_{\max} = 2\sigma_\infty \left(\frac{a}{\rho} \right)^{1/2} = K_t \sigma_\infty \tag{4.12}$$

应力放大不仅可以发生在微观层面的小裂纹或缺陷上,还可以发生在宏观层面的尖角、

孔、圆角和刻痕上。尖端锋利的裂纹比尖端钝的裂纹更容易传播,在结构的微观缺陷、内部不连续性处(空隙/夹杂物)、尖角、刮痕和凹槽处等产生应力集中,对外加应力产生放大效应。应力集中在脆性材料中具有典型的破坏性,韧性材料能够通过在应力集中的区域内产生塑性变形,而后应力又均匀地分布在裂纹周围,最大应力集中系数的值小于理论值;由于脆性材料不能产生塑性变形,应力集中系数接近理论应力集中系数。应力集中系数的大小,还取决于微裂纹的方向、几何形状和尺寸。例如,尖角处的应力集中取决于圆角曲率半径(见图 4.39)。

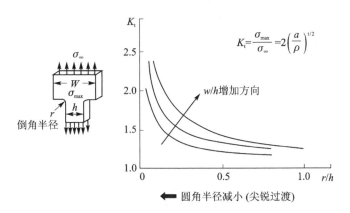

$$K_t = \frac{\sigma_{max}}{\sigma_{\infty}} = 2\left(\frac{a}{\rho}\right)^{t/2}$$

图 4.39 与圆角半径一致的尖端应力集中

4. 裂纹扩展和断裂韧性

尖端锋利的裂纹比尖端钝的裂纹更容易传播。在韧性材料中,裂纹尖端的塑性变形会使裂纹"钝化"。弹性应变能储存在材料的弹性变形中,在裂纹扩展过程,新表面的产生需要能量,通过被释放出来的能量,裂纹扩展所需的临界应力描述为

$$\sigma_c = \left(\frac{2E\gamma_s}{\pi a}\right)^{1/2} \tag{4.13}$$

式中,γ_s 是比表面能。

当裂纹尖端的拉应力超过临界应力值时,裂纹扩展并导致断裂。大多数金属和聚合物会产生塑性变形。对于延性材料,比表面能 γ_s 应改为 $\gamma_s + \gamma_p$,其中 γ_p 是塑性变形能。方程(4.13)可表示为

$$\sigma_c = \left[\frac{2E(\gamma_s + \gamma_p)}{\pi a}\right]^{1/2} \tag{4.14}$$

对高度脆性材料,γ_s 是有效的。所以方程(4.14)可以修正为

$$\sigma_c = \left(\frac{2E\gamma_s}{\pi a}\right)^{1/2} \tag{4.15}$$

脆性材料有大量小缺陷,当裂纹尖端的拉应力超过临界应力时,裂纹扩展并导致断裂。

例 4-1 有一个受拉应力为 30 MPa 的长玻璃板。如果这个玻璃的弹性模量和比表面能是 70 GPa 和 0.4 J/m^2,找出不产生断裂的表面缺陷的临界长度。

解:由式(4.13)可知,$E = 70$ GPa,$\gamma_s = 0.4$ J/m^2,$\sigma = 30$ MPa。所以临界长度为

$$a_c = \frac{2E\gamma_s}{\pi\sigma^2} = \frac{2 \times 70 \text{ GPa} \times 0.4 \text{ J/m}^2}{\pi \times (30 \text{ MPa})^2} = 2.0 \times 10^{-5} \text{ m}$$

断裂韧性 K_c 是裂纹存在时材料的抗断裂能力。因此应力值满足裂纹的扩展条件。它可以表示为

$$K_c = \sigma_c \sqrt{\pi a} \tag{4.16}$$

断裂韧性还取决于温度、应变速率和微观结构,其大小随应变速率的增大和温度的降低而减小。如果由于合金化和应变硬化而导致屈服强度提高,则断裂韧性会随着晶粒尺寸的减小而增大。

5. 裂纹扩展速度

金属疲劳始于内部(或表面)应力集中处的裂纹,沿滑移面发生剪切流动。如图 4.40 所示为裂纹发生发展的三个阶段,Ⅰ 为裂纹萌生和稳定扩展阶段;Ⅱ 为亚稳定扩展阶段;Ⅲ 为失稳态扩展阶段,瞬断。

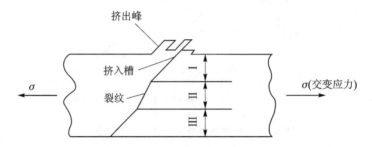

图 4.40　裂纹发生发展的三个阶段

滑移可以在面心立方晶格平面上发生。经过不断地使用随机加载循环,通过滑移机理产生类似于裂纹的侵入和挤出,真正的裂纹从侵入区向内延伸,最初可能沿其中一个原始滑移面扩展,但最终向主法向应力横向扩展。

在反复荷载作用下,疲劳裂纹是通过剪切应变能的释放而产生的,剪应力导致沿滑移面局部塑性变形,随着正弦加载的循环,滑移面像一副卡片一样来回移动,在晶体表面产生细小的挤压和侵入,通常挤压和侵入是一个非常局部的不连续过程,在滑移带内发生了孔隙成核和聚结的过程,如图 4.41 所示,滑移带发展为剪切驱动的微裂纹。

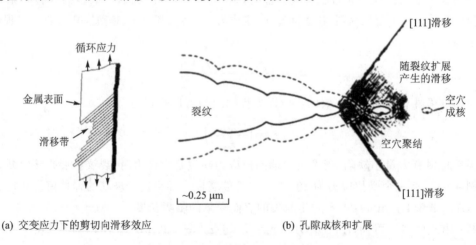

(a) 交变应力下的剪切向滑移效应　　　(b) 孔隙成核和扩展

图 4.41　剪切向滑移效应下孔隙成核和裂纹横向扩展示意图

表面扰动高度为 $1\sim10~\mu m$,构成初始裂纹。裂纹扩展,直到到达晶界结束。邻近晶粒的初始裂纹形成和扩展机理相同,当裂纹扩展到大约 3 个晶粒时,它的扩展方向发生改变。第一阶段的增长沿最大剪切面方向,即与加载方向呈 45°。

在疲劳第 Ⅱ 阶段,微裂纹连接形成宏观裂纹。现在裂纹已经足够长,剪切应力效应减弱,同时法向应力的效应增强;此时,裂纹不再是在结晶的平面上一个周期又一个周期地持续增长,而是沿外部载荷法向方向增长。在宏观裂纹出现前,应力集中产生两个塑性区。如图 4.42 所示,裂纹垂直于主应力方向扩展,且裂纹尖端的塑性应力急剧增大。

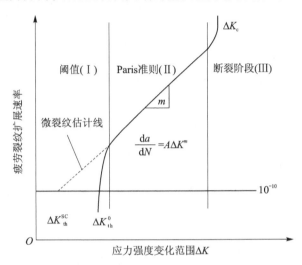

图 4.42　疲劳裂纹扩展速度的 Paris 规律

这一点至关重要,可以帮助工程师预测在载荷循环期间飞机以及其他工程结构中裂纹增长的速度,使问题构件在裂纹达到临界长度之前被更换或修复。大量实验证据证明裂纹扩展速率可以通过应力强度因子的循环变化表示为

$$\frac{\mathrm{d}a}{\mathrm{d}N}=A\,\Delta K^{m} \tag{4.17}$$

式中,$\mathrm{d}a/\mathrm{d}N$ 是每次循环的疲劳裂纹扩展率;$\Delta K=K_{\min}-K_{\max}$ 是循环期间应力强度因子范围;A 和 m 取决于材料、环境、频率、温度和应力比。

4.6　磨损失效机理

4.6.1　概　述

相互接触的一对金属表面相对运动时(构成摩擦副),表面金属不断发生损耗或产生残余塑性变形,使金属表面状态和尺寸改变的现象称为磨损。磨损是摩擦现象的必然结果,而摩擦是两个互相接触的物体相对运动时必然会出现的现象。据统计,75% 的机械零件是由于磨损失效的;而在各类磨损造成的经济损失中,磨粒磨损占 50%,粘着磨损占 15%。汽车发动机和飞机发动机磨损导致的失效如表 4.4 所列。

表 4.4　磨损导致的失效

产　品	零部件名称	失效形式
汽车发动机	连杆衬套	磨损引起松旷
	启动爪	摇把打滑
	凸轮轴凸轮	磨损
	正时齿轮半圆键	间隙过大
飞机发动机	离心活门进油接头	松动脱出
	发动机传动杆花键	花键磨秃
	液压泵传动轴承保持架	磨偏
	液压泵正齿轮	齿面剥落

1. 磨损三阶段

如图 4.43 所示,完整磨损过程可分为三个阶段。

(1) 磨合期

跑合磨损初始速度很快,随后逐渐减慢,跑合磨损使表面微观凸峰降低,使两表面贴合很好,是一种有益磨损。

(2) 稳定磨损期

稳定磨损是摩擦副正常工作阶段,磨损缓慢而稳定。

(3) 剧烈磨损期

磨损条件变化,温度急剧上升,磨损速度加快,机械精度丧失,出现异常噪声和振动导致零件失效。

2. 影响磨损的因素

影响磨损的因素有以下几方面:

① 摩擦副材质的影响;

② 环境介质的影响;

③ 外界机械作用的影响;

④ 温度的影响;

⑤ 接触表面状态的影响。

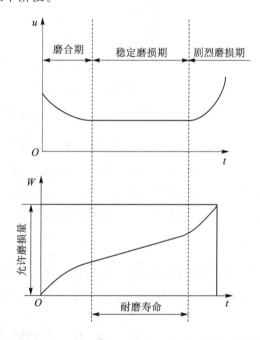

图 4.43　磨损量 W、磨损速度 u 与时间的关系

(1) 材料的耐磨性

材料的耐磨性是指在一定摩擦条件下某种材料抵抗磨损的能力。由于材料的磨损性能不是材料的固有特性,而是与磨损过程相关因素(如载荷、温度、速度等)、材料特性等因素有关的系统特性。

(2) 表面处理技术

其主要目的是利用各种物理、化学或机械工艺过程改变基材表面状态、化学成分、组织结构或形成表面覆层,优化材料表面,以提高表面耐磨性。表面工艺方法主要有下列几类:电化学法、化学法、热加工法、高真空法以及其他物理方法。

（3）润滑剂

在摩擦面间加入润滑剂的主要作用是改善摩擦，减轻磨损；同时，润滑剂还能起减振、防锈等作用，液体润滑剂还能带走摩擦热、污物等。润滑剂有液体润滑剂、气体润滑剂、润滑脂和固体润滑剂。

3．减少磨损的措施

（1）正确匹配摩擦副材料

粘着磨损为主时，应选用互溶性小的材料副；磨粒磨损为主时，应选用硬度高的材料。

（2）进行有效的润滑

润滑是减少磨损的重要措施，摩擦表面尽可能在液体润滑和混合摩擦的状态下工作。

（3）采用适当的表面处理

为了减少磨损，提高摩擦副的耐磨性，可以采用各种表面处理。

（4）改进结构，提高加工精度

合理的结构，有利于面膜的形成，使压力分布均匀，有利于散热和磨屑的排出。

（5）正确处置

做到正确地使用、维护、保养。

4.6.2　磨粒磨损

定义：磨粒磨损也称为磨料磨损或研磨磨损。它是当摩擦偶件一方的硬度比另一方的硬度大得多，或者在接触面之间存在着硬质粒子时，所产生的一种磨损。

磨粒磨损也称为磨料磨损，它是当摩擦副的接触表面之间存在着硬质颗粒，或者当摩擦副材料一方的硬度比另一方的硬度大得多时，所产生一种类似金属切削过程的磨损。它是机械磨损的一种，其显著特征是在磨损表面上有与相对运动方向平行的明显细小沟槽的切削痕迹；同时，磨损产物中有螺旋状、环状或弯曲状的细小切屑及部分粉末。

在各类磨损中，磨料磨损约占 50%，是十分常见且危害性最严重的一种磨损，其磨损速率和磨损强度都很大，致使机械设备的使用寿命大大降低，能源和材料大量消耗。

磨料磨损的过程实质上是零件表面在磨粒作用下发生局部塑性变形，磨粒嵌入（切削）与断裂的过程，磨粒对零件表面的作用力分为平行于接触表面与垂直于接触表面的两个分力。

（1）平行分力

① 塑性材料：以耕犁为主，表面被切下一条切屑，犁沟两侧材料隆起；

② 脆性材料：以微切削为主，表面被切下许多切屑，产生脆性破坏。

（2）垂直分力

① 塑性材料：表面产生密集的压痕，最终疲劳破坏；

② 脆性材料：表面不变形，产生脆性破坏。

影响磨粒磨损的因素有硬度（Hardness）：材料局部抵抗硬物压入其表面的能力称为硬度。固体对外界物体入侵的局部抵抗能力，是比较各种材料软硬的指标。

① 压入硬度，是用一定的载荷将规定的压头压入被测材料，以材料表面局部塑性变形的大小比较被测材料的软硬。由于压头、载荷以及载荷持续时间的不同，压入硬度有多种，主要

分为布氏硬度、洛氏硬度、维氏硬度和显微硬度等几种。

②布氏硬度的测量方法是用规定大小的载荷 P,把直径为 D 的钢球压入被测材料表面,持续规定的时间后卸载,用载荷值和压痕面积之比定义硬度值。布氏硬度 HB 的计算式为

$$HB = \frac{2P}{\pi D (D - \sqrt{D^2 - d^2})} \tag{4.18}$$

③磨粒:粒度、几何尺寸、硬度、临界尺寸。

④压力:磨损速率与摩擦副对偶零件之间的压力成正比。

磨粒平均直径与材料磨损量的关系如图 4.44 所示。金属耐磨性与弹性模量的关系如图 4.45 所示。

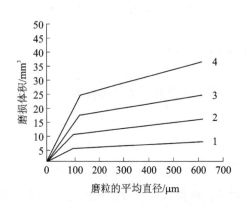

图 4.44　磨粒平均直径与材料磨损量的关系

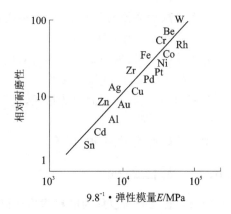

图 4.45　金属耐磨性与弹性模量的关系

4.6.3　粘着磨损

定义:相对运动的物体接触表面发生了固体粘着,使材料从一个表面转移到另一个表面的现象称为粘着磨损。

典型特征:接触点局部的高温使摩擦副材料发生相对转移,因此对整个摩擦副来说,它在一定程度上能够保持摩擦副材料的质量总和不变。

(1)粘着磨损机理

粘着磨损是指在外力作用下,摩擦接触的表面间材料原子键的形成(显微熔接)和分离过程,外力作用下材料原子间的相互作用是主要的。

粘着磨损使摩擦副表面的几何形状发生变化,从光学显微镜下可以看到表面擦伤、划伤、材料转移、咬死焊点和疲劳点蚀等磨损形态。

(2)影响粘着磨损的主要因素

①摩擦副表面材料成分与组织:互溶性;

②摩擦副表面状态:吸附膜。

4.6.4　接触疲劳磨损

接触疲劳磨损是指摩擦副材料表面上局部区域在循环接触应力作用下,产生疲劳裂纹,分离出微片或颗粒的一种磨损形式,根据摩擦副间的接触和相对运动方式可分为以下三种

形式。

（1）滚动接触疲劳磨损

滚动接触过程中，材料表层受到周期性载荷的作用，引起塑性变形，表面硬化，最后在表面出现初始裂纹，并沿与滚动方向呈 45°方向由表向里扩展。

（2）滚滑接触疲劳磨损

两滚动接触物体在亚表层处切应力最大，该处塑性变形最剧烈，在周期性载荷作用下的反复变形使材料局部弱化，并在该处首先出现裂纹，在滑动摩擦力引起的切应力和法向载荷引起的切应力叠加作用下，使最大切应力从亚表层处向表面移动。

（3）滑动接触疲劳磨损

任何固体摩擦表面都存在宏观或微观不平性，因而产生表面接触不连续性。在相对运动中，法向载荷不断产生压入或压平。反复作用下，形成微粒脱落。

疲劳磨损过程示意图如图 4.46 所示。

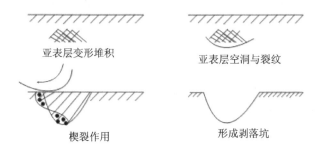

图 4.46　疲劳磨损过程示意图

影响接触疲劳磨损的因素如下：

① 零件材质：包括材料组织状态、所含材料以及材料硬度。

② 接触表面质量：

● 适当降低表面粗糙度可有效提高抗疲劳磨损能力。表面粗糙度（surface roughness）是指加工表面具有的较小间距和微小峰谷的不平度。其两波峰或两波谷之间的距离（波距）很小（在 1 mm 以下），它属于微观几何形状误差。表面粗糙度越小，则表面越光滑。

● 表面粗糙度与机械零件的配合性质、耐磨性、疲劳强度、接触刚度、振动和噪声等有密切关系，对机械产品的使用寿命和可靠性有重要影响。

● 表面粗糙度一般标注采用 Ra。

③ 表面残余内应力：

● 表层在一定深度范围内存在有残余应力，不仅能提高弯曲、扭转疲劳抗力，还能提高接触疲劳抗力，减小疲劳磨损（过大残余应力反而有害）。

● 残余应力（residual stress）：消除外力或不均匀的温度场等作用后仍留在物体内的自相平衡的内应力。机械加工和强化工艺都能引起残余应力。残余应力一般是有害的，如零件在不适当的热处理、焊接或切削加工后，残余应力会引起零件发生翘曲或扭曲变形，甚至开裂。零件的残余应力大部分都可通过适当的热处理消除。残余应力有时也有有益的方面，它可以被控制用来提高零件的疲劳强度和耐磨性能。

④ 其他因素：配合间隙、润滑油粘度、润滑油中的化学添加剂等。

4.6.5　微动磨损

微动磨损是两个接触表面由于受相对低振幅振荡运动而产生的磨损,微动磨损的最大特点是在外界变动载荷作用下,产生振幅很小(一般 $2\sim20\ \mu m$)的相对运动,由此发生摩擦磨损。例如在键连接处、轴与孔的过盈配合处、螺栓连接处、铆钉连接处等结合面上产生的磨损。微动磨损的危害是使配合精度下降,使配合部件紧度下降甚至松动、连接件松动乃至分离,严重者引起事故;此外,也易引起疲劳裂纹的萌生,从而急剧降低零件的疲劳强度。

（1）微动磨损机理

微动磨损是指在相互压紧的金属表面间由于小振幅振动而产生的一种复合形式的磨损。摩擦表面间的法向压力使表面上的微凸体粘着。粘合点被小振幅振动剪断成为磨屑,磨屑继而被氧化。被氧化的磨屑在磨损过程中起着磨粒的作用,使摩擦表面形成麻点或虫纹形伤疤。这些麻点或伤疤是应力集中的根源,因而也是零件受动载失效的根源。微动磨损过程如图 4.47 所示。微动磨损量与载荷的关系如图 4.48 所示。

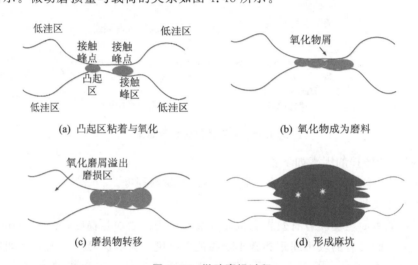

(a) 凸起区粘着与氧化　　　　　　　(b) 氧化物成为磨料

(c) 磨损物转移　　　　　　　　(d) 形成麻坑

图 4.47　微动磨损过程

（2）微动磨损特点

① 在一定范围内磨损率随载荷增加而增大,超过某极大值后又逐渐下降;

② 温度升高则磨损加速;

③ 抗粘着磨损好的材料抗微动磨损也好;

④ 零件金属氧化物的硬度与金属硬度之比较大时,容易剥落成为磨粒,增加磨损。

（3）主要影响因素

① 接触载荷;

② 材料性质。

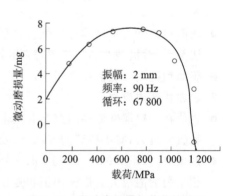

振幅：2 mm
频率：90 Hz
循环：67 800

图 4.48　微动磨损量与载荷的关系

4.6.6　腐蚀磨损

伴随摩擦过程,金属同时与周围介质发生化学反应或电化学反应,使腐蚀和磨损共同作用而导致零件表面物质损失的现象,称为腐蚀磨损。

腐蚀磨损是在腐蚀现象与机械磨损、粘着磨损、磨料磨损等磨损形式相结合时才能形成的一种机械化学磨损,可分为腐蚀介质磨损、氧化磨损。

(1) 腐蚀介质磨损机理

当周围介质中存在着腐蚀物质时,例如润滑油中的酸度过高等,零件的腐蚀速度就会很快。和氧化磨损一样,腐蚀产物在零件表面生成,又在磨损表面磨去,如此反复交替进行而带来比氧化磨损高得多的物质损失,由此称为腐蚀介质磨损。这种化学、机械的复合形式的磨损过程,对一般耐磨材料同样有着很大的破坏作用。

(2) 腐蚀介质常见来源

① 工作介质(例如:水泵中的水);

② 摩擦金属表面受到工作过程中产生的腐蚀性介质作用(例如:排放的废气);

③ 工作介质中的添加剂(例如:极压齿轮油中含有极压添加剂);

④ 润滑油在工作中因氧化而形成有机酸。

4.7　腐蚀失效机理

4.7.1　概　述

在高温或环境介质的作用下,金属材料和介质元素的原子发生化学或电化学反应而引起的损伤称为腐蚀。

1. 腐蚀分类

按照腐蚀机理、腐蚀形态和应力作用,腐蚀分类如表 4.5 所列。

表 4.5　腐蚀分类

腐蚀机理	腐蚀形态	应力作用
化学腐蚀	均匀腐蚀	腐蚀疲劳
电化学腐蚀	局部腐蚀	氢脆和氢致开裂
物理腐蚀	—	磨损腐蚀

2. 影响腐蚀的因素

零件的腐蚀过程非常复杂,可概括为零件材料和零件所处的环境两方面。

① 在一定的腐蚀介质条件下,零件的耐腐蚀性主要取决于材料的特性,如标准电极电位、超电压的大小、钝性、腐蚀产物的性质、合金元素、复相组织、热处理工艺、变形与应力以及材料的表面状态等。

② 环境因素主要有介质的 pH 值、浓度、温度、压力、流速、接触电偶效应、微量氯离子、微量氧及微量高价金属离子等。另外,机械零件所处的环境也是不断变化的。

3. 防腐措施

除了采取必要的防腐蚀措施之外,还必须预测机械设备的最大腐蚀深度和受腐蚀零件的最小寿命,以防止重大事故的发生。

防止腐蚀失效的措施如图 4.49 所示。

① 选用正确的金属材料。

② 添加缓蚀剂和去除介质中的有害成分。

③ 隔离有害物质。使用表面覆盖层可以起到保护作用。

④ 电化学保护。

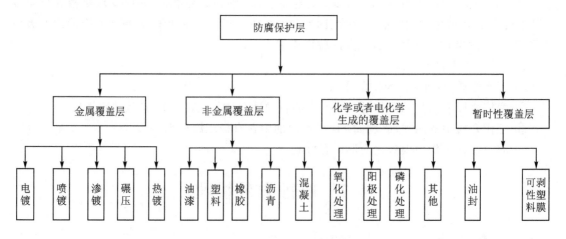

图 4.49　防止腐蚀失效的措施

4.7.2　化学腐蚀和电化学腐蚀

金属与周围接触到的气体或液体发生氧化还原反应而腐蚀损耗的过程,即为金属的腐蚀;其本质是金属失去电子被氧化。金属腐蚀有化学腐蚀和电化学腐蚀两种,如表 4.6 所列。

表 4.6　化学腐蚀和电化学腐蚀比较

类　别	化学腐蚀	电化学腐蚀
条件	金属与氧化剂直接接触	不纯金属与电解质溶液接触(发生原电池反应)
现象	无电流产生	有微弱电流产生
本质	金属被氧化	较活泼金属被氧化
实例	金属与氧气、氯气等物质直接反应	钢铁在潮湿的空气中被腐蚀
联系	两者往往同时发生,电化学腐蚀更普遍	

1. 化学腐蚀

金属化学腐蚀是由单纯化学作用引起的腐蚀。当金属零件表面材料与周围的干燥气(如 O_2、Cl_2、SO_2)或非电解质液体中的有害成分发生化学反应时,金属表面形成腐蚀层,在腐蚀层不断脱落又不断生成的过程中,零件便被腐蚀。

2. 电化学腐蚀

电化学腐蚀是由于不纯的金属与电解质溶液接触时,会发生原电池反应,比较活泼的金属失去电子而被氧化。该腐蚀叫作电化学腐蚀(与化学腐蚀的不同在于腐蚀过程中有电流产生),共有析氢腐蚀和吸氧腐蚀两类,如表 4.7 所列。

表 4.7 析氢腐蚀和吸氧腐蚀比较

类　别		析氢腐蚀	吸氧腐蚀(更普遍)
条件		水膜酸性较强	水膜酸性很弱或中性
电极反应	负极	$Fe-2e^-$ $\Longrightarrow$ Fe^{2+}	
	正极	$2H^+ + 2e^-$ $\Longrightarrow$ $H_2\uparrow$	$O_2 + 2H_2O + 4e^-$ $\Longrightarrow$ $4OH^-$

(1) 析氢腐蚀

在潮湿的空气里,钢铁的表面吸附了一层薄薄的水膜,水膜又溶解来自大气中的 CO_2、SO_2、H_2S,使水膜中含有一定量的 H^+。

(2) 吸氧腐蚀

水膜的酸性很弱或呈中性,但溶有一定量的氧气。

常见的电化学腐蚀形式如下:

① 均匀腐蚀:金属零件表面出现均匀的腐蚀组织,可在液体、大气或土壤中产生。常见的为大气腐蚀。大气中的腐蚀性气体有:SO_2、CO_2、H_2S、NO_2、Cl_2。

② 小孔腐蚀(点蚀):金属零件大部分表面不出现腐蚀,但在局部出现腐蚀小孔并向深处发展,是最危险的腐蚀形态之一。点蚀多发生于表面形成钝化膜金属材料(如不锈钢、铝合金等),当钝化膜的某点被破坏时,点下金属基体形成活化区,与钝化膜"活化-钝化"形成腐蚀电池,腐蚀向深处发展形成腐蚀小孔。

③ 缝隙腐蚀:金属零件缝隙处的局部,例如金属管道的法兰端面、金属铆接件铆合处等的腐蚀。

④ 腐蚀疲劳:承受交变应力的金属机件在腐蚀环境下疲劳乃至断裂破坏的现象。

⑤ 其他腐蚀:晶间腐蚀、接触腐蚀、应力腐蚀开裂。

防止电化学腐蚀的措施如下:

① 防止腐蚀介质形成,如降低溶液中 Cl^{-1} 的浓度;

② 阴极保护;

③ 合金表面钝化处理,提高顿态稳定性;

④ 选用耐点蚀材料,如钛合金。

4.7.3 应力作用下的腐蚀

应力腐蚀失效是指拉应力和一种给定腐蚀介质共存而引起的破坏,应力作用下的腐蚀包括:

① 应力腐蚀断裂(SCC);

② 氢脆和氢致开裂:氢脆和氢致开裂是由于合金与氢气发生化学反应使合金变成粉末状氢化物而失去原有机械性能所产生的断裂现象;

③ 腐蚀疲劳:腐蚀疲劳是零件在交变应力和腐蚀介质共同作用下的一种破坏形式;

④ 磨损腐蚀：磨损腐蚀是由电化学腐蚀反应以及由于电解质和腐蚀表面间的相对运动而造成的力学作用而导致的累积破坏；

⑤ 空泡腐蚀：空泡腐蚀是由溃灭的蒸气泡引起的表面破坏；

⑥ 微振腐蚀：微振腐蚀是在振动条件下发生的腐蚀现象。

4.7.4　均匀腐蚀和局部腐蚀

1. 均匀腐蚀

对于均匀腐蚀，腐蚀引起厚度均匀减小，直到不能保持材料的允许厚度为止的时刻，就是腐蚀寿命，如图 4.50 所示。

腐蚀速度可用如下不同方法来表示：

① 由重量的变化来表示。根据具体情况可用重量的减小或增大来表示（即单位表面积上，单位时间内的重量变化量）。

② 由腐蚀深度来表示。上述方法的缺点是当金属密度不同时，就不能正确说明腐蚀速度，因此用单位时间的腐蚀深度来表示腐蚀速度。

2. 局部腐蚀

在腐蚀损伤事例中最多的是局部腐蚀，包括孔蚀、缝隙腐蚀、晶间腐蚀和应力腐蚀裂纹等。局部腐蚀示意图如图 4.51 所示。

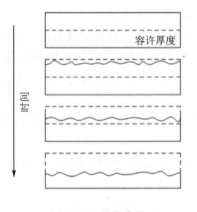

图 4.50　均匀腐蚀

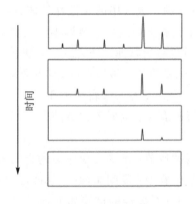

图 4.51　局部腐蚀

表 4.8 为对 306 例腐蚀损伤的统计，从中可以看出应力腐蚀所占的比例最大。

① 当不同金属材料在有电解质存在的条件下相互接触时，会发生电偶腐蚀。

② 点蚀更难以检查、预测，而且难以通过设计防止其发生。

③ 缝隙腐蚀通常与微环境层次的滞留溶液有关。

④ 晶间腐蚀首先在晶粒边界上发生，并沿着晶界向纵深发展，虽然外观没有明显的变化，但零件的机械性能却大为降低。

⑤ 剥蚀是在经挤压或其他重度加工的零件上的材料隆起或分层剥离的现象。

⑥ 选择性腐蚀是由于通过腐蚀过程从合金中选择性地除去一种元素而发生的。

⑦ 局部腐蚀程度表征应根据情况用裂纹扩展速率（da/dt，da/dN）或材料性能降低程度来表示。

表 4.8　石油化工 306 例设备的腐蚀统计

腐蚀现象	百分比/%
空蚀/缝隙腐蚀	11.4
晶间腐蚀	16.3
应力腐蚀	42.2
冲刷腐蚀和干蚀	5.2
全面腐蚀	13.1
腐蚀疲劳	5.2
氢脆化	6.6

4.8　失效分析

　　失效分析是为了找出现场失效部件失效的根源,目的是通过识别失效模式、失效位置和判断失效机理,确定失效的根本原因,并提供预防失效的方法,最终达到提高产品的可靠性的目的。

　　判断失效的模式,查找失效原因和机理,提出预防再失效的对策的技术活动和管理活动称为**失效分析**。其在提高产品质量,技术开发、改进,产品修复及仲裁失效事故等方面具有很大的实际意义。

　　失效分析方法分为有损分析、无损分析、物理分析、化学分析等;机械零件失效分析是机械失效物理的基础。

　　机械零件失效分析阐述机械零件失效的规律与机理和失效分析的理论与实践,系统地研究机械零件的各种失效形式、失效原因及失效分析的思维方法和技术,包括:常见失效形式的规律、失效判据及诊断技术;失效分析的思路和处理问题的程序、方法;裂纹和断口分析技术,各种常见裂纹和断口的宏观与微观形态特征及分析方法;材料冶金因素、设计与选材失误引起的失效,各种加工工艺缺陷的产生与鉴别方法,以及这些缺陷引起的失效及失效分析技术。

4.8.1　失效分析相关工作

1. 事故调查工作

　　事故发生后的认真检查,确定起因,明确责任,并采取措施避免事故的再次发生,这一过程即为"事故调查"(accident investigation)。

　　① 现场调查;

　　② 失效件的收集;

　　③ 走访当事人和目击者。

2. 资料搜集工作

　　① 设计资料:机械设计资料、零件图;

　　② 材料资料:原材料检测记录;

　　③ 工艺资料:加工工艺流程卡、装配图;

④ 使用资料：维修记录、使用记录等。

4.8.2　失效分析步骤

失效分析的步骤如下：

① 确定失效模式(产品失效的方式)；

② 识别故障点(发生产品故障的位置)；

③ 确定失效机理(失效所涉及的物理现象)；

④ 确定问题的根源(设计、缺陷或载荷导致失效)；

⑤ 模拟试验验证；

⑥ 建议预防失效的方法。

1. 失效分析第一阶段——无损分析

(1) 失效机械的结构分析

失效件与相关件的相互关系、载荷形式、受力方向的初步确定。

(2) 失效件的粗视分析

用眼睛或者放大镜观察失效零件，粗略判断失效类型(性质)。

(3) 失效件的微观分析

● 用金相显微镜、电子显微镜观察失效零件的微观形貌，分析失效类型(性质)和原因。

● 用 X 光结构分析仪分析失效件材料的组成相。

2. 失效分析第二阶段——破坏性分析

(1) 失效件材料的成分分析

用光谱仪、能谱仪等现代分析仪器，测定失效件材料的化学成分。

(2) 失效件材料的力学性能检测

● 用拉伸试验机、弯曲试验机、冲击试验机、硬度试验机等，测定材料的抗拉强度、弯曲强度、冲击韧度、硬度等力学性能。

● 用 X 光应力测定仪测试、测定应力。

3. 失效分析第三阶段——模拟试验

● 在同样工况下进行试验，或者在模拟工况下进行试验；

● 验证失效原因、失效机理，提出改进措施等。

4.8.3　失效分析常用设备

常用的产品失效分析设备有光学显微镜、X 光机、SEM(场发射扫描电镜)、SAM(扫描声学显微镜)、FTIR(傅里叶变换红外吸收光谱仪)等(见图 4.52)。

无损检测方法包括 X 光或 SAM 与传统的目测，可获得大量的关于失效地点、失效机理和失效根本原因的故障信息，而且不会破坏失效件或删除有价值的信息。无损检测评估旨在提供尽可能多的故障信息。

X 射线显微镜是一种强大的无损工具，可用于确定产品的失效部位；对于机械或电子设备，X 射线显微镜可评估微电子设备内部的损坏、缺陷和退化。用 X 射线能量照射一个样品可以提供基于材料密度的图像，允许表征焊料空洞、线结合扫描和线结合破坏的组件。

光学显微镜

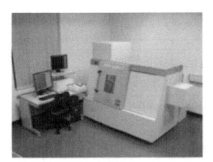
X光机

场发射扫描电镜

扫描声学显微镜

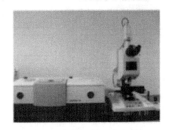
傅里叶变换红外吸收光谱仪

图 4.52　失效分析的典型设备

扫描电子显微镜使用电子而不是光源,可以获得更高的放大倍数(高达 100 000 倍)和更好的景深和独特的成像,进行元素分析和相位识别。其虽然是光学显微镜的延伸,但得到的是破坏性评估。

4.9　疲劳断裂失效分析

疲劳断裂失效分析的内容包括分析判断零件的断裂失效是否属于疲劳断裂,疲劳断裂的类别,引起疲劳断裂的载荷类型与大小,疲劳断裂的起源等。疲劳断裂失效分析的目的在于,找出引起疲劳断裂的确切原因,从而为采取措施防止同类疲劳断裂失效再次出现提供依据。

4.9.1　疲劳断裂的分类

根据零件在服役过程中所受载荷的类型与大小、加载频率的高低及环境条件等的不同,疲劳失效分类如图 4.53 所示。

由于各类疲劳断裂寿命均是以循环周次计算的,故一般分为高周疲劳与低周疲劳。

① 高周疲劳,又称为低应力疲劳或长寿命疲劳,是指零件在较低的交变应力作用下至断裂的循环周次较高(一般 $N_t > 10^4$),它是最常见的疲劳断裂,统称高周疲劳。有时将 N_t 大于 10^4 而小于 10^6 的称为中周疲劳。

② 低周疲劳又称大应力或大应变、短寿命疲劳,是指零件在较高的交变应力作用下至断裂的循环周次较低,一般 $N_t \leqslant 10^4$,称为低周疲劳。

按其他形式分类的疲劳断裂(包括热疲劳、高频疲劳、低频疲劳、腐蚀疲劳、高温疲劳等)均可按断裂循环周次的高低而纳入此两类疲劳范畴。

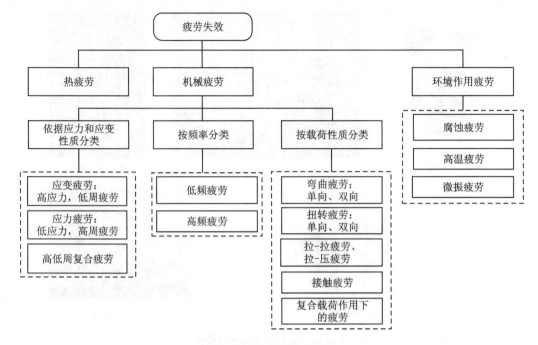

图 4.53　疲劳失效的分类

4.9.2　疲劳断口宏观分析

1. 疲劳断裂源区的宏观特征及位置的判别

宏观上所说的疲劳源区包括裂纹的萌生与第一阶段扩展区。疲劳源区一般位于零件的表面或亚表面的应力集中处,由于疲劳源区暴露于空气、介质中时间最长,裂纹扩展速率较慢,经过反复张开与闭合的磨损,同时在不同高度起始的裂纹在扩展中相遇,汇合形成辐射状台阶或条纹。因此,疲劳源区具有如下宏观特征:

① 氧化或腐蚀较重,颜色较深;

② 断面平坦、光滑、细密,有些断口可见到闪光的小刻面;

③ 有向外辐射的放射台阶和放射状条纹;

④ 在源区虽看不到疲劳弧线,但它看上去像向外发射疲劳弧线的中心。

以上是疲劳断裂源区的一般特征,有时宏观特征并不典型,这时需要通过较高倍率的放大镜观察。有时疲劳源区不止一个,在存在多个源区的情况下,需要找出疲劳断裂的主源区。

2. 疲劳断裂扩展区的宏观特征

宏观特征为扩展区断面较平坦,与主应力相垂直,颜色介于源区与瞬断区之间,疲劳断裂扩展阶段留在断口上最基本的宏观特征是疲劳弧线(又称海滩花样或贝壳花样)。这也是识别和判断疲劳失效的主要依据。但并不是在所有的情况下,疲劳断口都有清晰可见的疲劳弧线,有时看不到疲劳弧线,这是因为疲劳弧线的形成是有条件的。因此,在分析判断时,不能仅仅根据断口上有无宏观疲劳弧线就作出肯定或否定的结论。构件疲劳断口上的疲劳弧线如图 4.54 所示。

一般认为,疲劳弧线是由于外载荷大小、方向发生变化,应力松弛或者材质不均,使得裂纹

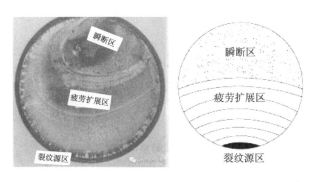

图 4.54　构件疲劳断口上的疲劳弧线

扩展不断改变方向的结果。在低应力高周疲劳断口上,一般能看到典型的疲劳弧线;而在大应力低周疲劳断口上,一般没有典型的疲劳弧线。此外,在某些静应力作用下的应力腐蚀破坏断口上,有时也有类似于疲劳弧线的宏观特征。

另外,疲劳弧线的形状(即绕着疲劳源向外凸起或向外凹下)和疲劳弧线的间距变化等,与受力状态、材质及环境介质等有关,后面将分别介绍。

3. 最终断裂区的宏观特征

疲劳裂纹扩展至临界尺寸(即零件剩余截面不足以承受外载时的尺寸)后发生失稳快速破断,称为瞬时断裂,断口上对应的区域简称瞬断区,其宏观特征与带尖缺口一次性断裂的断口相近。

① 瞬断区面积的大小取决于载荷的大小、材料的性质、环境介质等因素。在通常情况下,瞬断区面积较大,则表示所受载荷较大或者材料较脆;相反,瞬断区面积较小,则表示承受的载荷较小或材料韧性较好。

② 瞬断区的位置越处于断面的中心部位,表示所受的外力越大;瞬断区的位置接近自由表面,则表示受到的外力较小。

③ 在通常情况下,瞬断区具有断口三要素的全部特征。但由于断裂条件的变化,有时只出现一种或两种特征。

当疲劳裂纹扩展到应力处于平面应变状态,以及由平面应变过渡到平面应力状态时,其断口宏观形貌呈现人字纹或放射条纹,当裂纹扩展到使应力处于平面应力状态时,断口呈现剪切唇形态。

断口形态呈"杯锥状",断口三要素如图 4.55 所示。

① 纤维区 F:包含裂纹形成区,杯底中心区表现为纤维状,无金属光泽。原因是三向应力状态下,裂纹首先形成,吸收大量塑性变形能。

② 放射区 R:裂纹快速扩展区,中间层表现为环形,形似山脊。

③ 剪切唇 S:最后破坏区,最外层表现为环形,表面光滑。

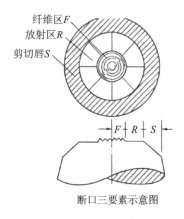

断口三要素示意图

图 4.55　断口三要素

最终断裂时,在与拉力轴线成 45°的最大切应力作用下,大量滑移位移形成。双向弯曲和单向弯曲的断口如图 4.56 所示。

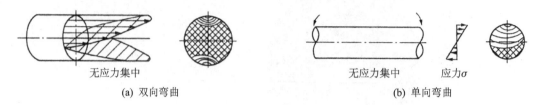

(a) 双向弯曲　　　　　　　　　　　(b) 单向弯曲

图 4.56　双向弯曲和单向弯曲的断口

4.9.3　疲劳断口微观分析

疲劳断裂的微观分析必须建立在宏观分析的基础上,是宏观分析的继续和深化。在很多情况下,通过宏观分析即可判明断裂是否属于疲劳断裂,找出疲劳断裂起始区的位置、裂纹的扩展方向、瞬断区面积的大小等。在有些情况下,仅仅通过宏观分析还难以判明断裂的性质和找出准确的断裂源位置等。无论是前一种情况还是后一种情况,都需要对断口进行深入的微观分析,才能较准确地判明断裂失效的模式与机制。疲劳断裂的微观分析一般包括以下内容:

① 疲劳源区的微观分析。首先要确定疲劳源区的具体位置是表面还是亚表面,对于多源疲劳还需判明主源与次源。其次要分析源区的微观形貌特征,包括裂纹萌生处有无外物损伤痕迹,加工刀痕,磨损痕迹,腐蚀损伤及腐蚀产物,材质缺陷(包括晶界、夹杂物、第二相粒子)等。

② 疲劳源区的微观分析能为判断疲劳断裂的原因提供十分重要的信息与数据,是分析的重点。

③ 疲劳扩展区的微观分析包括对扩展第一阶段与第二阶段的微观形貌特征的分析。由于第一阶段的范围较小,尤其要仔细观察其上有无疲劳条带、韧窝、台阶、二次裂纹以及断裂小刻面的微观形貌。

对第二阶段的微观分析主要是观察有无疲劳条带、疲劳条带的性质(包括区分晶体学延性与脆性条带、非晶体学延性与脆性条带)、条带间距的变化规律等。搞清这些特征,对于分析疲劳断裂机制、裂纹扩展速度、载荷的性质与大小等将起重要作用。

④ 瞬断区微观特征分析。主要是观察韧窝的形态是等轴韧窝、撕裂韧窝还是剪切韧窝。搞清韧窝的形貌特征有利于判断引起疲劳断裂的载荷类型。

疲劳断口微观分析如图 4.57 所示。

4.9.4　疲劳载荷类型的判断

各种类型的疲劳断裂失效均是在交变载荷作用下造成的,因此,在分析疲劳断裂失效时,首要的是要以断口的特征形貌来分析判断所受载荷的类型。

1. 反复弯曲载荷引起的疲劳断裂

构件承受弯曲载荷时,其应力在表面最大,在中心最小。所以疲劳核心总是在表面形成,然后沿着与最大正应力相垂直的方向扩展。当裂纹达到临界尺寸时,构件迅速断裂,因此,弯曲疲劳断口一般与其轴线成 90°。

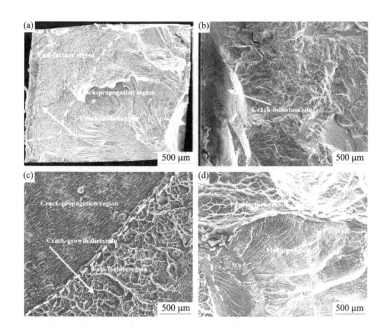

图 4.57 疲劳断口微观分析

（1）单向弯曲疲劳断口

在交变单向平面弯曲载荷作用下，疲劳破坏源是从交变张应力最大的一边的表面开始的，如图 4.58 所示。

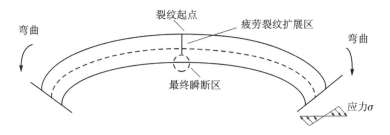

图 4.58 单向弯曲疲劳

当轴为光滑轴时，没有应力集中，裂纹由核心向四周扩展的速度基本相同。当轴上有台阶或缺口时，则由于缺口根部应力集中，故疲劳裂纹在两侧的扩展速度较快，其瞬断区所占面积也较大。

（2）双向弯曲疲劳断口

在交变双向平面弯曲的作用下，疲劳破坏源从相对应的两边开始，几乎是同时向内扩展。对尖缺口或轴截面突然发生变化的尖角处，由于应力集中的作用，疲劳裂纹在缺口的根部扩展较快。

（3）旋转弯曲疲劳断口

旋转弯曲疲劳时，其应力分布是外层大、中心小，故疲劳源在两侧，且裂纹发展的速度较快；中心处裂纹发展得较慢，其疲劳线比较扁平。由于在疲劳裂纹扩展的过程中，轴还在不断地旋转，疲劳裂纹的前沿向旋转的相反方向偏转，因此，最后的破坏区也向旋转的相反方向偏转一个角度。由这种偏转现象,即疲劳断裂源区与最终断裂区的相对位置便能推断出轴的旋转方向。

　　偏转现象随着材料的缺口敏感性的增加而增加,应力愈大,轴的转速愈慢,周围介质的腐蚀性愈大,则偏转现象愈严重。

　　当应力大小、应力集中的程度不同时,旋转弯曲疲劳断口不同,如图4.59所示。情况1是轴的外圆平滑过渡(有比较大的圆弧),应力集中小;情况2是轴的外圆上有尖锐的缺口,或没有圆弧过渡,应力集中大。在情况1时,当名义应力(公称应力,又称平均应力)小(接近于疲劳极限)时,疲劳源只在一处生核,疲劳最后瞬断区发生在外周;而当名义应力大时,疲劳在多处生核,最后瞬断区面积不仅比前者大,而且发生在轴中心附近。在情况2时,当名义应力较小时,大的应力集中使得周界上裂纹扩展速率加大,而且使多处同时生成裂纹,最后使最终瞬断区向轴的中心移动。如果既有大的应力集中,又有很大的名义应力,那么不仅最后瞬断区的面积大,基本上在轴的中心,而且在沿应力集中线上同时产生许多疲劳源点,形成大量的沿径向排列的疲劳台阶。

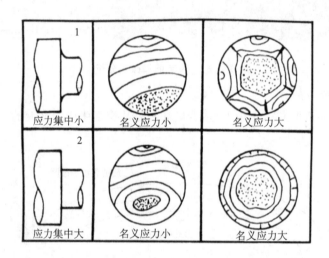

图4.59　应力集中和名义应力对旋转弯曲疲劳断口的影响

　　根据上述分析可知,旋转轴上缺口越尖锐(应力集中越大)、名义应力越大,最后瞬断区越移向中心。因此,可以根据最终瞬断区偏离中心的程度,推测旋转轴上负荷的情况。

　　最后还应指出,由于弯曲疲劳裂纹的扩展方向总是与拉伸正应力相垂直,所以,对于那些轴颈突然发生变化的圆轴,其断面往往不是一个平面,而是像皿一样的曲面,此种断口叫作皿状断口。轴颈处与主应力线相垂直的曲线及裂纹扩展的路线如图4.60所示。

2. 拉-拉载荷引起的疲劳断裂

　　载荷大小及试样的形状对断口形态的影响如图4.61所示。图中的阴影部分为瞬断区,箭头为疲劳裂纹扩展方向,弧线为疲劳弧线。

　　当材料承受拉-拉(拉-压)交变载荷时,其应力分布与轴在旋转弯曲疲劳时的应力分布是不同的,前者是沿着整个零件的横截面均匀分布,而后者是轴的外表面远高于中心。

　　由于应力分布均匀,使疲劳源萌生的位置变化较大。疲劳源可以在零件的外表面,也可以在零件的内部。这主要取决于各种缺陷在零件中的分布状态及环境因素的影响。这些缺陷可

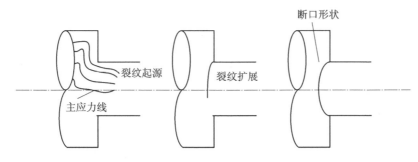

图 4.60 主应力线、裂纹扩展和皿状断口的形成

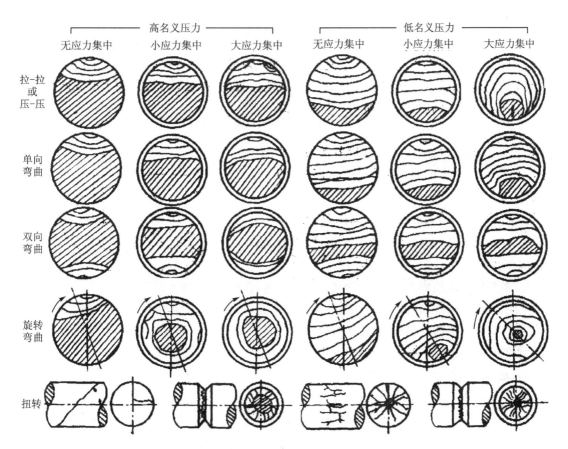

图 4.61 载荷类型和应力集中、应力水平对断口形态的影响

以使材料的强度降低,并产生不同程度的应力集中。因此轴在承受拉-拉(拉-压)疲劳时,裂纹除可在零件的表面萌生并向内部扩展外,还可以在零件内部萌生而后向外部扩展。

3. 扭转载荷引起的疲劳断裂

轴在交变扭转应力作用下,可能产生一种特殊的扭转疲劳断口,即锯齿状断口,如图 4.62 所示。一般在双向交变扭转应力作用下,在相应各个起点上发生的裂纹分别沿着±45°两个侧斜方向(交变张应力最大的方向)扩展,相邻裂纹相交后形成锯齿状断口。而在单向交变扭转应力的作用下,在相应各个起点上发生的裂纹只沿 45°倾斜方向扩展。当裂纹扩展到一定程度时,最后连接部分破断而形成棘轮状断口。

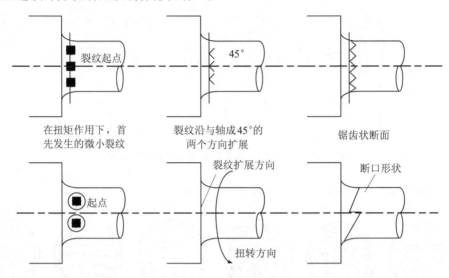

图 4.62　锯齿状和棘轮状断口形成

4.9.5　低周疲劳

1. 宏观特征

低周疲劳断裂宏观断口除具有疲劳断裂宏观断口的一般特征之外,还有如下特点:

① 具有多个疲劳源点,且往往成为线状。源区间的放射状棱线(疲劳一次台阶)多而且台阶的高度差大。

② 瞬断区的面积所占比例大,甚至远大于疲劳裂纹稳定扩展区面积。

③ 疲劳弧线间距加大,稳定扩展区的棱线(疲劳二次台阶)粗且短。

④ 与高周疲劳断口相比,整个断口高低不平。随着断裂循环数的降低,断口形貌愈来愈接近静拉伸断裂断口。

2. 微观特征

低周疲劳断裂微观断口的变化是由于宏观塑性变形较大,静载断裂肌理出现在疲劳断裂过程中,在断口上出现各种静载断裂所产生的断口形态。在一般情况下,当合金钢等疲劳寿命 $N<90$ 次时,断口上为细小的韧窝,没有疲劳条带出现;当 $N \geqslant 300$ 次时,出现轮胎花样;当 $N>10^3$ 时,才出现疲劳条带,此时的条带间距较宽,可达 $1 \sim 3~\mu m$ /周。这一特点对钛合金等则不适用。

如果使用温度超过等强温度,断口形态除上述几种之外,还会出现沿晶断裂。例如GH2136 合金在 550 ℃下施加不同的应变幅,断裂特征明显不同。当应变幅 $\Delta \varepsilon/2<0.8\%$ 时,可观察到清晰的疲劳条带;随着应变幅的增大,沿晶断裂开始出现,并不断增加,在应变幅 $\Delta \varepsilon/2=1.2\%$ 时,沿晶断裂与条带并存;当 $\Delta \varepsilon/2=2.0\%$ 时,以沿晶断裂为主。

低周大应力疲劳断裂往往是由非正常的大应力引致,其断裂特征与高周疲劳明显不同。典型的低周疲劳断裂特征如图 4.63 所示。

　　　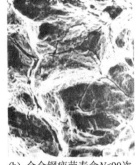

(a) 合金钢疲劳寿命$N \geqslant 300$次　　　　　(b) 合金钢疲劳寿命$N < 90$次

图 4.63　典型的低周疲劳断裂特征

4.10　失效分析案例

1. 簧片阀疲劳断裂失效

　　试样断口表面不同生长区域的疲劳破坏及主要物理特征是：① 裂纹缓慢扩展区域通常以"蛤壳"的形式明显地围绕裂纹初始位置展开；② 蛤壳区域通常包含同心的"海滩标记"，在此，裂纹可能变得足够大，以满足快速扩展的能量或应力强度标准；③ 在最终脆性断裂前产生颗粒状粗糙表面。

　　例如，在进气周期内吸入簧片阀的开启和关闭允许制冷剂流动进入压缩机的活塞。现场使用的国产冷冻机压缩机吸入簧片阀，由于重复应力的作用，出现破裂、裂纹等情况，导致阀门失效。从扫描电子显微镜可以看出，断裂开始于吸气簧片阀的空隙处，并一直延伸到末端（见图 4.64）。

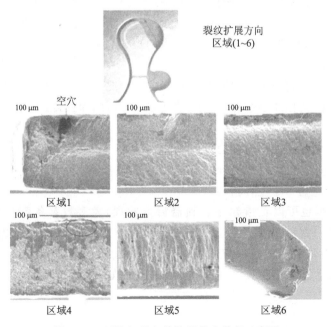

图 4.64　压缩机吸入簧片阀的疲劳断口表面

2. 传动齿轮花键轴的扭转疲劳失效

疲劳破坏的断裂面显示了两种载荷类型（弯曲、拉伸、扭转或组合）和载荷的大小。要理解荷载的类型,需观察裂纹扩展的方向。

图 4.65 描述了差动传动齿轮花键轴的扭转疲劳失效。结合的两部分揭示了两个独立的裂纹是如何在毗邻花键末端的环形凹槽中开始沿着螺旋路径扩展到横截面的。由于扭转力的循环作用在相反的方向,每个裂纹遵循相反的螺旋,可逐步减小有效横截面面积,因此,相同的应用荷载增加了循环应力水平。在轴最终断裂前不久,弯曲力在轴的另一边引发了第三条裂纹,这已经以 90°的断裂平面开始传播,直到有花键的一端最终断裂。

图 4.65　由扭转载荷引起的花键轴疲劳失效

扭转疲劳涉及到 10%～25%的旋转设备故障,扭转疲劳失效可以识别为断裂方向与轴中心线成 45°,断裂面通常有一个或多个起源,是一个有扩展线和瞬时区的疲劳区。大的疲劳区和小的瞬时区意味着疲劳载荷较小,小的疲劳区和大的瞬时区意味着高的疲劳载荷。

扭转疲劳断裂经常发生在轮毂或轮毂内的轴上耦合处,这些裂纹通常开始于键槽底部,并沿着轴的圆周扩展。在图 4.65 中,裂纹绕着轴移动,向表面爬升,因此轴的外部看起来像是被剥离了。断口表面具有疲劳断口的特征:一个或多个起源、棘轮标记,以及一个带扩展线的疲劳区。轴碎片通常由联轴器或轮毂保持在适当的位置,因此通常有一个非常小的或没有瞬时区。

轴断裂可能同时具有扭转和弯曲疲劳力,当这种情况发生时,裂纹面相对于轴中心线的方向可能从 45°～90°不等,由于断裂接近 90°,轴结合明显弯曲和扭转。因此,断裂角度提供了以下关键信息:

① 接近 90°时,它是主要的弯曲力;

② 介于 45°～90°之间时,它是扭转力和弯曲力的组合;

③ 接近 45°时,它是一个主导扭转力。

扭转疲劳的证据也可以在齿轮和联轴器齿上发现,大多数装备都是单向运行的,所以磨损应该在齿轮的一侧和联轴器齿上。向一个方向旋转的齿轮或联轴器齿的两侧磨损表明扭转力的变化,当联轴器良好,所有联轴器齿的两侧磨损均匀时,通常表示扭转振动。校准质量可以通过振动谱和相位读数来验证,当一致性好时,整个耦合没有运行速度谱峰与统一相出现。

3. 齿轮失效分析

齿轮的典型失效分析可以分为表面接触疲劳损伤、磨损、齿轮弯曲断裂、齿面塑性变形四种类型,如表 4.2 所列。

表 4.2 齿轮轮齿失效分析

失效模式	失效原因和机理描述	工况和环境说明	损坏部位示意图
1. 表面接触疲劳损伤	1.1 麻点疲劳剥落 在轮齿节圆附近,由表面产生裂纹,造成深浅不同的点状或豆状凹坑	承受较高的接触应力的软齿面(正火调质状态)和部分硬齿面齿轮	
	1.2 浅层疲劳剥落 在轮子齿节圆附近,由内部或表面产生裂纹,造成深浅不同、面积大小不同的片状剥落	承受高接触应力的重载硬齿面(表面经强化处理)齿轮	
	1.3 硬化层剥落 经表面强化处理的齿轮在很大接触应力作用下,由于应力/强度比值大于 0.55,在强化层过渡区产生平行于表面的疲劳裂纹,造成硬化层压碎,大块剥落	承受高接触应力的重载硬齿面(表面经强化处理)齿轮	硬件层深度
2. 磨损	2.1 磨粒磨损 润滑介质中含有类角硬质颗粒和金属屑粒,犹如刀刃切削轮齿表面,使齿面几何形状发生畸变,严重时会使齿顶变尖,磨得像刀刃一样	在有灰沙环境工作的开式齿轮、矿山机械传动齿轮等	
	2.2 腐蚀磨损 在润滑介质中含有化学腐蚀成分,与材料表面发生化学和电化学反应,产生红褐色腐蚀产物(主要是二氧化铁),受啮合摩擦和润滑剂的冲刷而脱落	在化学腐蚀环境中工作的齿轮	
	2.3 胶合磨损 轮齿表面在相对运动时,由于速度大,齿面接触点局部温度升高(热粘合)或低速重载(冷粘合)使表面油膜破坏,产生金属局部粘合而又撕裂,一般在接近齿顶或齿根部位速度大的地方,造成与轴线垂直的刮伤痕迹和细小密集的粘焊节瘤,齿面被破坏,噪声变大	高速传动齿轮、蜗杆等	

失效模式	失效原因和机理描述	工况和环境说明	损坏部位示意图
2. 磨损	2.4 齿端冲击磨损 变速箱换挡齿轮在换挡时齿端部受到冲击载荷,使齿端部产生磨损、打毛或崩角	变速箱换挡齿轮受多次换挡冲击载荷作用	
3. 齿轮弯曲断裂	3.1 疲劳断齿 表面硬化(渗碳、碳氮共渗、感应淬火等)齿轮,一般在轮齿承受最大交变弯曲应力的齿轮根部产生疲劳断裂。断口呈疲劳特征	承受弯曲应力较大的变速箱齿轮和最终传动齿轮等	裂纹源 裂纹扩展区 最后断裂区
	3.2 过载断齿 一般发生在轮齿承受最大弯曲应力的齿根部位,由于材料脆性过大或突然受到过载和冲击,在齿根处产生脆性折断,断口粗糙	变速箱齿轮等	
4. 齿面塑性变形	4.1 塑性变形 在瞬时过载和摩擦力很大时,软齿面齿轮表面发生塑性变形,呈现凹沟、凸角和飞边,甚至使齿轮扭曲变形造成轮齿塑性变形	软齿面齿轮过载	
	4.2 压痕 当有外界异物或从轮齿上脱落的金属碎片进入啮合部位时,在齿面上压出凹坑,一般凹痕线平,严重时会使轮齿局部变形	齿轮啮合时有异物压入	压痕
	4.3 塑变折皱 硬齿面齿轮(尤其是双曲线齿轮)当短期过载摩擦力很大时,齿面出现塑性变形现象,呈波纹形折皱,严重破坏齿廓	硬齿面齿轮过载	

习题 4

1. 简述滑移的机理。
2. 简述晶体内的四种点缺陷、两种典型位错线缺陷和位错导致的面缺陷。
3. 按断裂肌理,简述断裂的分类并解释相应的机理。

4. 简述脆性断裂和韧性断裂的机理。

5. 简述常见的机械磨损失效的机理,磨损失效的判据是什么?

6. 简述疲劳断裂三阶段、疲劳断口的三要素。

7. 已知循环最大应力 $S_{max}=200$ MPa,最小应力 $S_{min}-50$ MPa,计算循环应力变程 ΔS、应力幅 S_a、平均应力 S_m 和应力比 R。

8. 结合裂纹扩展的 Paris 公式,说明裂纹扩展的三个阶段。

9. 某高强度钢拉杆承受拉应力的作用,接头处有双侧对称孔边角裂纹,$a=1$ mm,$c=2$ mm,孔径 $d=12$ mm,$W=20$ mm,接头耳片厚为 $t=10$ mm。若已知材料的断裂韧性为 $K_{1c}=120$ MPa,试估计当工作应力 $\sigma=700$ MPa 时,是否发生断裂。

第5章 故障模式及影响分析

历史上不断发生的若干重大灾难性事故给国民经济、工业建设、环境及人们的生命安全等带来了重大损失和严重影响。科学家和工程师们面对一系列的灾难事故时,为了人类的生存和发展,必须在装备系统的研制和运行过程中防患于未然,必须在事前就主动运用故障和失效预防分析方法,采取有效的预防措施,以降低事故发生的风险。因此,工程师们从经验、教训和长时间的实践中,总结出一套科学而又行之有效的故障和失效主动预防分析技术,其中FMEA 技术就是至今公认的产品系统可靠性设计与分析中普遍采用的最有效的方法之一。

FMEA 是英文 Failure Mode and Effect Analysis 的缩写,意为失效(故障)模式及影响分析。FMEA 是通过系统分析方法,找出产品系统中每个元件所有可能的潜在失效,确定潜在失效的原因,针对该产品系统产生的影响后果,评估每一个潜在失效模式的风险,并按风险高低排序,采取设计改进措施,达到产品设计的可靠性优化目的。FMEA 是在产品研制周期内主动预防失效和故障的可靠性方法,其总目标是优化产品和工艺设计的可靠性。

5.1 概　述

5.1.1 FMEA 起源和发展

① 1963 年,美国 NASA 的阿波罗计划成功,FMEA 得到成功应用,作为阿波罗计划可靠性工程的核心技术和成功经验之一;

② 1965 年,FMEA 推广应用于美国航天航空领域,并于 1974 年颁布美军标(MIL - STD 1629A),在美军用装备研制中全面应用推广(军用技术);

③ 1975 年,FMEA 开始推广应用于核能技术领域;

④ 1978 年,福特第一个将 FMEA 引入民用汽车行业;

⑤ 1980 年,德国汽车联合会(VDA)将 FMEA 引入德国民用汽车;

⑥ 1986 年,国际汽车行业全面推广 FMEA,纳入 QS 9000 质量体系,成为国际汽车行业标准;

⑦ 1987 年,国内颁布中国国家标准 GB/T 7826《失效模式和影响分析(FMEA)程序标准》;

⑧ 1992 年,颁布中国国家军用标准 GJB/Z 1391《故障模式、影响及危害性分析程序》;

⑨ 1990 年,FMEA 技术进入电子和软件开发领域并得到应用;

⑩ 1996 年后,FMEA 技术不断完善和深入应用。

5.1.2 FMEA 基本思想

FMEA 是一种系统性分析方法,分析目标是识别产品风险和薄弱环节,及时采取改进措施。其基本思想是确定系统/分系统和组件所有可能的潜在失效模式,同时分析给出可能的失效影响和失效原因;通过 FMEA 输出每个失效模式的风险评估值,给出优化改进措施。

通过 FMEA 可以发现组件或系统及零部件的潜在故障(失效)模式、原因及影响,并输出每个潜在失效模式的风险评估值,据此确定相应的设计改进优先顺序和具体措施。

5.1.3　FMEA 的应用对象

从系统顶层起,根据 FMEA 对象,如图 5.1 所示,依次为:

I. 完整系统层(如整车)的 FMEA;

I. I. 分系统层(如传动系统)的 FMEA;

I. I. I. 设备/组件层(如变速器)的 FMEA;

I. I. I. I. 零部件层(如齿轮)的 FMEA;

I. I. I. I. I. 工艺 FMEA。

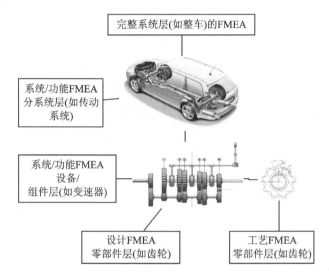

图 5.1　FMEA 的对象和分类

5.1.4　FMEA 工作小组

FMEA 的落实要通过跨部门的 FMEA 团队完成。一个 FMEA 项目通过团队执行较合理,因为只有这样才可能把相关的部门集中起来。在实际工作中,由一个熟悉 FMEA 的专员来负责 FMEA 的执行比较好。一般来说,FMEA 团队由一位负责介绍这种方法的 FMEA 专员及熟悉产品技术和工艺的其他成员组成。专员自己也需要具有一些产品或工艺的实际经验,并且负责对团队成员进行 FMEA 基本知识培训。在 FMEA 项目开始时可以进行一次简短培训。

设计 FMEA 工作小组应该由各个领域的专家组成,如图 5.2 所示,尤其是带有"X"标记的领域,其中应该包括设计和生产规划。把各领域的专业知识和 FMEA 工作方法区分开来的目的是让各领域的专家只需关注自己领域的知识,而不必有任何方法上的顾及。这样,专家组成员只要对 FMEA 有基本的理解即可。

要成功地完成 FMEA 需要注意下面几点:

① FMEA 项目的管理人员需要有足够和明确的支持力度;

② 专员要能在操作方法上提供足够的支持,协调得当;

③ 由与该产品紧密相关的人员组成小而干练的团队。

图 5.2　FMEA 工作小组成员

对 FMEA 人员组织更进一步的责任分工可参照图 5.3。

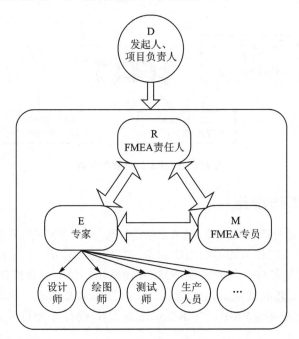

图 5.3　FMEA 小组成员责任分工

FMEA 小组成员责任分工如下：

D：发起人、项目负责人；

R：FMEA 责任人（设计工程师、项目工程师、绘图员、市场部人员）；

E：专家（设计工程师、绘图员、测试工程师、项目工程师、生产人员、实验助理、调度员、测试计划员、主要技术员、机器操作员，以及具有其他相关知识的人员）；

M：FMEA 专员（可能也属于上文提到的专家和负责人）。

5.1.5　系统定义和功能分析

这里定义的系统是广义的装备系统,每件产品(设备、机器、装置、总成)都可以看成是一个系统。

1. 系统及特征

系统具有如下特征:

① 与它的外界有明显的区别,因此有一个明确的系统边界,系统与外界之间通过输入和输出进行物质、能量和信息交换;

② 系统可以再划分为子系统或者系统元件;

③ 系统一般情况下可以再有不同的层级;

④ 根据分析的目的,可以分为不同类型的系统(比如在总成里,在分系里),是一种产品的抽象化描述。

以图 5.4(a)所示汽车离合器为例,解释了"系统"的概念。如图 5.4(b)所示,S 代表整个系统,S_1 为"弹性连接"子系统,S_2 为"离合器分离"子系统,I 代表输入,O 代表输出。其中 a~h 代表系统元件,i~1 代表系统与外界的连接元件。

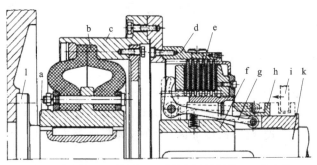

注:l—输入轴;e—摩擦片;f—摩擦片和轴的连接;k—输出轴

(a) 系统结构示意图

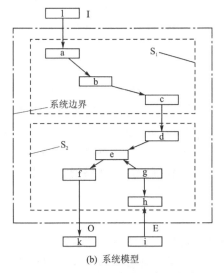

(b) 系统模型

图 5.4　某离合器系统结构及系统模型

这里视角从局部转变成了系统,因此到了更加抽象的层面,同时也对 FMEA 更有帮助。

2. 功能分析

第二个对系统 FMEA 很重要的术语是"功能"。如图 5.5 所示,功能是指产品或者系统的"输入"参数和"响应输出"参数之间的转换关系的简要描述,用来描述这种转换关系的具体参数就是系统的性能参数。

当已知系统的"输入"和"输出"时,系统功能分析可用所谓的"黑盒"法。比如以下常用的机械设备,分析其各自功能如下:

① 变速器:转变转矩、速度;

② 电动机:把电能转换为机械能;

③ 溢流阀:限制压力;

④ 扭力轴:传递扭力和转动能量,实现驱动功能。

系统功能分析还要首先区分其主要功能和辅助功能;比如图 5.4(a)所示的某离合器系统,其主要功能是实现输入轴 l 和输出轴 k 的连接和断开;"弹性连接"子系统 S_l 提供动力轴连接中的降低振动和冲击的辅助功能。

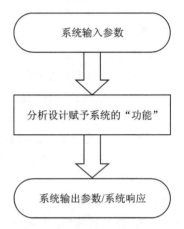

图 5.5 系统"输入"、"响应输出"和"预期的功能"关系

5.1.6 潜在故障(失效)模式

潜在故障(失效)模式(Potential Failure Mode)是指可能发生、但在实际使用当中不一定发生的故障(失效)模式;这是工程技术人员对设计、制造和装配中认识到或感觉到可能存在的隐患。潜在故障(失效)模式、潜在故障原因、潜在故障影响等主要用于 FMEA,分析产品和系统可能存在的隐患。

1. 故障和失效

产品或产品的一部分不能或将不能完成规定功能的事件或状态,称为故障。故障的含义为机械产品功能丧失,偏离正常技术性能或性能超限,不能正常运行,甚至中断运行的事件或状态。

零部件失效:由于机械应力、环境应力及其综合作用,致使零部件异常变形甚至断裂破坏的现象,称为机械零部件失效。零部件失效往往会导致机械产品出现故障而停机。

故障按性质分为随机故障和渐变故障。随机故障的发生具有随机性和偶发性,一般与设备使用时间无关,故障发生前无明显征兆,通过早期试验或测试很难预测,一般是由工艺系统本身不利因素与偶然的外界影响因素共同作用的结果。渐变故障发展缓慢,一般在设备有效寿命的后期出现,其发生概率与使用时间有关,能够通过早期试验或测试进行预测,通常是因零部件的疲劳、磨损、腐蚀以及材料老化等发展形成。

2. 故障(失效)模式

故障模式的定义是故障的表现形式。更确切地说,故障模式一般是对产品所发生的、能被观察或检测到的故障现象的符合相关行业技术规范的通用化标准化的文字描述。发动机发动不起来,机床运转不平稳,汽车刹车失灵等现象都是汽车机械故障的不同表现形式及规范化描述。

机械零部件常见失效模式有变形、断裂、运动副磨损、结构腐蚀、材料老化退化等。机械零部件失效是在工况和环境综合作用下,由零部件内部的物理、化学过程,以及传力、传热等能量传递过程,或以上多种过程的耦合作用导致零部件内部不可逆的损伤,该损伤最终导致零部件失效。

5.1.7 产品 FMEA 和工艺 FMEA

产品 FMEA 要在系统不同层级上分别进行,同时分析"功能失效"和"失效模式",最后一直分析到零部件级,如图 5.6 所示。零部件的失效模式定义为物理损伤的模式,比如断裂、磨损、阻塞、卡死等。

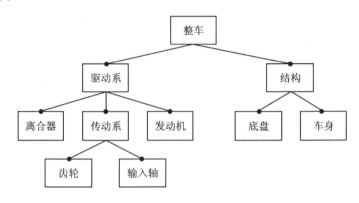

图 5.6 产品 FMEA 层级划分和范围

工艺 FMEA 考虑生产过程(包括制造、装配、物流、运输等)所有的潜在故障。工艺FMEA 的最低一层由人(man)、机(machine)、料(material)、法(method)及环(environment)组成,如图 5.7 所示。

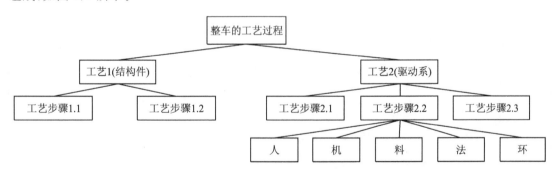

图 5.7 工艺 FMEA 系统层级划分和范围

5.2 常见机械故障和失效模式

5.2.1 机械故障和失效模式类型

一般情况下,机械故障和失效模式有以下七种类型,如表 5.1 所列。

表 5.1　机械故障和失效模式类型

序　号	故障和失效模式	说　明
1	功能型故障	如丧失正常功能
2	性能型故障	如性能不稳定、性能衰减、性能超限
3	失调型故障	如间隙不当、行程不当、压力不当等
4	堵塞或渗漏型故障	如堵塞、漏油、漏气等
5	破坏型失效	如断裂、变形过大、塑性变形、裂纹等
6	退化型失效	如疲劳、磨损、腐蚀、材料老化等
7	松脱型失效	如松动、脱焊等

5.2.2　机械零部件典型失效模式

表 5.2 列出了 15 种常见的机械零部件的典型失效模式。

表 5.2　机械零部件的典型失效模式

序　号	失效模式	说　明	举　例
1	断裂	具有有限面积的几何表面分离现象	如轴类、杆类、支架、齿轮等断裂
2	碎裂	零件变成许多不规则形状的碎块现象	如轴承滚珠、摩擦片、齿轮的碎裂
3	开裂	零件产生的可见缝隙	
4	龟裂	零件表面产生的网状裂纹	如摩擦片表面龟裂
5	裂纹	在零件表面或内部产生的微小裂缝	
6	异常变形	零件在外力作用下超出设计允许的弹、塑性变形的现象	如轴、杆类的弯曲
7	点蚀	零件表面由于疲劳而产生的点状剥落	如齿轮齿面、轴承滚道等点蚀
8	烧蚀	零件表面因高温局部熔化或改变了金相组织发生的损坏	如轴瓦烧蚀等
9	锈蚀	零件表面因化学反应而产生的损坏	
10	剥落	零件表面的片状金属块与原基体分离的现象	
11	胶合	两个相对运动的金属表面，由于局部粘合而又撕裂的损坏	如齿轮齿面的胶合
12	压痕	在零件表面产生凹状痕迹	
13	拉伤	相对运动的金属表面沿滑动方向形成的伤痕	如气缸缸筒等
14	异常磨损	运动零件表面产生的过快的非正常磨损	
15	滑扣	螺纹紧固件丧失连接的损坏	

5.2.3　典型零部件的失效模式

1. 齿轮失效模式

齿轮常见的失效模式有磨损、表面疲劳、塑性流动、破损及振动和噪声。

表面疲劳是由于齿轮表面和亚表面交变应力超出了材料的耐久性极限而导致的；塑性流动发生在重载齿轮和啮合点处；在过载情况下或交变应力超出了材料的耐久性极限，都会导致轮齿的部分或全部发生断裂。齿轮的失效模式、原因和影响如表 5.3 所列。

表 5.3　齿轮失效模式、原因和影响

序　号	失效模式	失效原因	失效影响
1	点蚀 pitting	通过润滑膜传递的循环接触应力 cyclic contact stress transmitted through lubrication film	齿面损伤 tooth surface damage
2	根部圆角裂纹 root fillet cracking 齿端裂纹 tooth end cracks	轮齿弯曲疲劳 tooth bending fatigue	表面接触疲劳和轮齿失效 surface contact fatigue and tooth failure
3	轮齿剪切断裂 fracture	轮齿剪切力 tooth shear	轮齿失效 tooth failure
4	胶合 scuffing	润滑故障 lubrication breakdown	异常磨损并最终导致轮齿失效 wear and eventual tooth failure
5	塑形变形 plastic deformation	载荷作用下表面屈服 loading and surface yielding	轮齿表面损伤导致振动噪声和最终失效 surface damage resulting in vibration noise and eventual failure
6	剥落 spalling	疲劳 fatigue	啮合面劣化、焊接、粘着磨损并最终失效 mating surface deterioration, welding, galling, eventualy tooth failure
7	轮齿弯曲疲劳断裂 tooth bending fatigue	表面接触疲劳 surface contact fatigue	轮齿失效 tooth failure
8	接触疲劳 contact fatigue	表面接触疲劳 surface contact fatigue	轮齿失效 tooth failurc
9	热疲劳 thermal fatigue	不正确的热处理 incorrect heat treatment	轮齿失效 tooth failure
10	磨粒磨损 abrasive wear	齿轮啮合区域或润滑系统中的污染物 contaminants in the gear mesh area or lubrication system	轮齿划伤，最终齿轮振动产生噪声 tooth scoring, eventually gear vibration noise

2. 轴承失效模式

常见的轴承失效模式、失效机理及失效原因如表 5.4 所列。其中最常见的是疲劳造成的剥落。载荷过大和润滑不足会导致轴承出现失效,当剥落达到一定程度时将产生振动或噪声。凹痕、划痕、深沟通常是由硬磨料颗粒引起的,这些颗粒被困在轴承中或进入异物。这种失效可能是由于密封不良、润滑剂中有碎屑或安装导致损坏引起的。滚子轴承和圆锥轴承还有另一种失效模式,即轴承表面擦伤,这是由金属与金属接触引起的。最初,它从微观层面开始,将材料从一个组件迁出并转移到匹配组件,然后在启动工作后不停地进行迁出并转移。

表 5.4 轴承失效模式

序 号	失效模式	失效机理	失效原因
1	疲劳破坏 fatigue damage	滚珠/滚道剥落 spalling of ball/roller raceway 表面渗碳硬化 brinelling 表面粘污 smearing	负载过重,过长 heavy, prolonged load 转速过高 excessive speed 冲击载荷 shock load 异常振动 excessive vibration
2	轴承噪声 noisy bearing	表面疲劳 surface fatigue 表面釉化 glazing 表面应力下的微剥离 micro spalling of stressed surfaces	润滑剂不足 loss of lubricant 壳体孔径失圆 housing bore out of round 腐蚀介质 corrosive agents 轴承密封变形 distorted bearing seals
3	轴承咬死 bearing serzure	内外环、滚珠/滚子裂纹 crack formation on rings and balls or rollers 打滑 skidding	散热能力不足 inadequate heat removal capability 润滑剂不足 loss of lubricant 高温 high temperature 转速过高 excessive speed

序　号	失效模式	失效机理	失效原因
4	轴承振动 bearing vibration	表面擦伤 scuffing 微动磨损 fretting 表面点蚀 pitting of surfaces	安装偏差 misalignment 壳体孔径失圆 housing bore out of round 负载不平衡/过载 unbalanced/excessive load 壳体支撑不足 inadequate housing support

在轴承上加注过多润滑脂会导致运转过程中润滑脂过度搅拌和高温。过热表现为表面变色(蓝色/棕色),产生的热量不能及时消散时往往发生这种情况。

3. 轴类零件失效模式

大部分轴都受到扭矩和弯矩的联合作用。轴一般设计为无限寿命,因此其故障率非常低。通常轴的失效对其他组件的影响是一个更严重的问题。例如在一个轴支承一个齿轮的情况下,轴的弯曲变形过大会导致齿轮形位偏差过大,轮齿载荷分布不均匀,造成齿轮过度磨损。

在承受冲击载荷或交变应力的情况下,轴上的键槽会降低其承载能力。在交变应力下,轴变径和键槽部位的应力集中点的裂纹扩展,最终导致轴的断裂。

旋转轴在临界转速下会非常不稳定,并且会导致破坏性共振和挠曲变形。结果不仅轴会失效,甚至整个机器都可能失效。轴类零件的失效模式分类如表 5.5 所列。

表 5.5　轴类零件的失效模式分类

序　号	失效模式	失效原因	失效影响
1	过度弯曲变形 excessive bending	弯-扭载荷共同作用下,轴弯曲刚度不足 the bending rigidity of shaft is insufficient under the combined action	轴上齿轮无法对准 misalignment of gear teeth 轮齿载荷分布不均匀 uneven distribution of teeth load 过度磨损 excessive tooth wear
2	轴疲劳断裂 shaft fracture	交变载荷作用下,键槽和变径部位应力集中区产生疲劳裂纹,并逐渐扩展导致疲劳断裂 under the action of alternating load, fatigue cracks occurin the stress concentration area of the keyway and the variable diameter, and gradually expand to cause fatigue fracture	轴失效 shaft failure
3	异常振动 damaging vibrations	临界转速下发生共振 resonance occursat critical speed	轴失效,同时可能导致整机失效 shaft failure; at the same time, it may lead to the failure of the whole machine
4	挠曲变形 deflections		

4. 弹簧和螺纹紧固件失效模式

弹簧的失效模式有断裂、(应力)松弛、(应力)蠕变、(应力)永久变形,分类如表 5.6 所列。螺纹紧固件的失效模式有断裂、松脱、滑扣,分类如表 5.7 所列。

表 5.6 弹簧的失效模式

失效模式		失效原因
1. 断裂 fracture	1.1 过应力断裂 overstressFracture	冲击过应力 maximum load ratio exceeded
	1.2 疲劳断裂 fatigue Fracture	材料缺陷 material flaws 氢脆 hydrogen embrittlement 加工和表面处理导致的应力集中 stress concentration due to tooling marks and rough finishes 腐蚀 corrosion 错位 misalignment
2. (应力)松弛 relaxation		由于材料性能退化或过度变形导致参数变化 parameter change 氢脆 hydrogen embrittlement
3. (应力)蠕变 creep		
4. (应力)永久变形 set		

表 5.7 螺纹紧固件失效模式

失效模式		失效原因
1. 断裂 fracture	1.1 脆性断裂 brittle fracture	低温脆断 low temperature brittle fracture 氢脆 hydrogen Embrittlement
	1.2 疲劳断裂 fatigue fracture	拉伸疲劳 tensile fatigue 剪切疲劳 shear fatigue
	1.3 应力腐蚀断裂 stress corrosion fracture	应力腐蚀 stress corrosion
	1.4 蠕变断裂 creep fracture	高温蠕变 high temperature creep

续表 5.7

失效模式	失效原因
2. 松脱 relax the preload	持续振动冲击 continuous vibration shock
3. 滑扣 stripping	螺栓螺母不匹配 bolt and Nut Compatibility 紧固过程超限制扭矩 over limit torque during tightening

5. 静密封和动密封

　　静密封和密封圈的功能是,在需要保持密封的机械组件的两个相对静止的配合表面形成并维持阻碍,防止机械组件内部气液外泄,同时阻止外部污染物进入内部。O 形密封圈的材料受高低温、化学侵蚀、振动、摩擦和相对运动的影响。其失效模式、失效机理和失效原因如表 5.8 所列。

表 5.8　静密封和密封圈失效模式

失效模式	失效机理	失效原因
泄漏	磨损 wear	污染 contaminants 偏心 misalignment 振动 vibration
	弹性变形 elastic Deformation 密封圈扭曲变形 gasket/seal distortion	极端温度 extreme temperature 偏心 Misalignment 密封偏心 seal ecentricity 极限挤压 extreme extrusion 压缩永久变形 compression set 过扭矩螺栓 overtorqued bolts

172　　　　　　　　　　机械可靠性基础及设计分析与应用

续表 5.8

失效模式	失效机理	失效原因
泄漏	表面损伤 surface damage 脆化 embrittlement	润滑不当 inadequate lubrication 污染物 contaminants 流体/密封退化 fluid/seal degradation 热老化 thermal degradation 使用间隔期 ldle periods between use 暴露于大气臭氧 exposure to atmosphere/ozone 超温 excesive temperature
	蠕变 creep	流体压力激增 fluid pressure surges 材料降解 material degradation 热膨胀和热冷缩 thermal expantion & contraction
	压缩永久变形 compression set	过度挤压密封 excesive squeeze to achieve seal 不完全硫化 incomplete vulcanization 硬化/高温 hardening/high temprature
	安装破损 installation damage	不完全引入倒角 insufficent leadin chamfer 配合金属零件的锐角 sharp corners in mating metal parts 备件保护不当 inadeque protection of spares
	气体膨胀断裂 gas expantion rapture	高压下的气体吸收或液化 absorbtion of gas under high pressure

　　动密封用于两个配合的密封表面有相对运动的情况，可以采用 O 形密封圈、填充材料和其他动密封组件。动密封也称为机械密封，用于轴向的非转动密封。典型的动态轴密封如图 5.8 所示，其中密封头组件随轴转动，密封环组件相对静止。

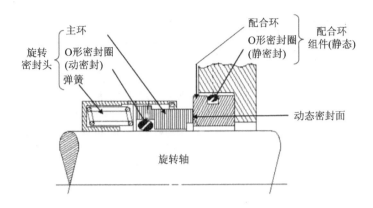

图 5.8　典型的动态轴密封

动密封可分为如下三种类型：

① 往复运动密封：连杆或活塞随密封圈一同往复运动；

② 转动密封：转轴和密封圈之间相对转动；

③ 振荡密封：轴相对密封圈往复运动。

动密封和机械密封失效模式如表 5.9 所列。

表 5.9　动密封和机械密封失效模式

失效模式	失效机理	失效原因
过量泄漏 excessive leakage	磨损 wear	偏心 misalignment 轴失圆 shaft outofroundness 轴端间隙过大 excessive shaft end play 扭矩过大 excessive torque 表面粗糙度 surface finish. 污染物 contaminants 润滑不足 lnadequate lubrication
	动态失稳 dynamic instability	偏心 misalignment

失效模式	失效机理	失效原因
过量泄漏 excessive leakage	脆性断裂 embrittlement	污染物 contaminants 流体/密封不相容性 fluid/seal incompatibility 热降解 thermal degradation 使用间隔期 ldle periods between use
	弹性失效 spring failure	见第 4 章表 4-1
	断裂 fracture	应力腐蚀开裂 stress-corrosion cracking PV 值过大 excessive PV value 密封件上的流体压力过大 excessive fluid pressure on seal
	边缘碎裂 edge chipping	轴挠度过大 excessive shaft deflection 方形密封面切割 seal faces cut-of-square 轴振过大 excessive shaft whip
	轴向剪切 axial shear	压力载荷过大 excessive pressure loading
	扭转剪切 torsional shear	润滑不当导致扭矩过大 excessive torque due to improper lubrication 流体压力过大 excessive fluid pressure
	压缩永久变形 compression set	极端温度操作 extreme temperature operation-
	流体渗流 fluid seepage	密封挤压不足 insufficient seal squeeze 摩擦表面有异物 foreign material on rubbing surface

失效模式	失效机理	失效原因
过量泄漏 excessive leakage	密封面变形 seal face distortion	密封件上的流体压力过大 excessive fluid pressure on seal 表面之间夹有异物 foreign material trapped between faces 密封操作的 PV 值过大 excessive PV value of seal operation 密封润滑不足 insufficient seal lubrication

5.3　FMEA 的步骤

FMEA 总体上可分为 5 个步骤,如图 5.9 所示。

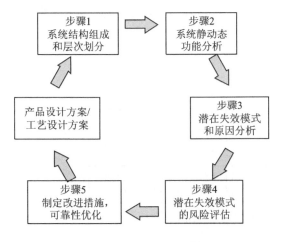

图 5.9　FMEA 的 5 个步骤

步骤 1:系统组成要素分析和构建系统结构树;
步骤 2:系统功能分析和构建系统功能树;
步骤 3:潜在失效(故障)分析和构建功能-失效模式树;
步骤 4:潜在失效(故障)模式的风险评估;
步骤 5:改进措施和优化设计。

5.3.1　系统组成要素分析和构建系统结构树

依据产品设计和工艺设计资料和信息等,定义 FMEA 的外部边界范围和接口,产品内部综合考虑功能/结构和组成划分层级,建立产品结构树,并按层级编号,如图 5.10 所示。

系统层级划分不是固定的,可以根据分析的需要划分层级。确定 FMEA 分析范围即层次范围,其中包括分析的最高层级、中间层级和最低层级。

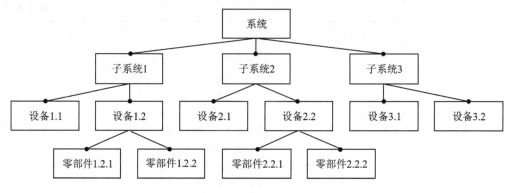

图 5.10　系统结构树和编号示例

5.3.2　系统功能分析和构建系统功能树

　　基于上一步建立的系统结构树,自顶向下分析系统各层级功能。最顶层的功能导出下层功能,依次类推。每个对象有多个功能,功能可区分为主要功能、次要功能和辅助功能。依据从上至下的功能分析过程,建立系统相应的"结构-功能"树,如图 5.11 所示。

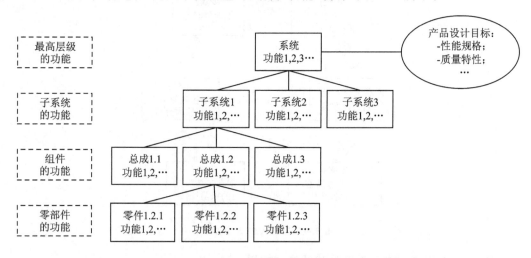

图 5.11　自顶向下的系统功能分析和系统"结构-功能"树

1. 功能分析的黑箱法

　　以汽车变速器的功能分析为例,假设变速器功能未知,但其输入/输出性能参数已知。黑箱法就是根据其输出功能和输入功能,依据逻辑推理推导出变速器的功能。比如,根据输出轴和输入轴的转速比和扭矩比,可以定义出减速器的减速功能和增矩功能,如图 5.12 所示。

2. 参考产品技术规格清单

　　依据机械产品常用的技术规格要求,列出可参考的技术规格清单,如表 5.10 所列。其中技术规格有设计依据的几何尺寸、运动关系、能量相关要求、材料性能、输入/输出信号、安全要求、制造能量等共 17 项技术要求,供参考选用。

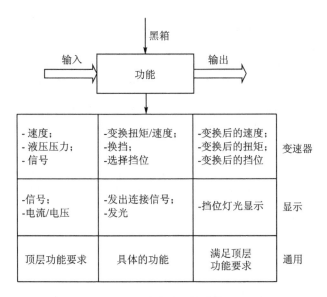

图 5.12　功能分析的黑箱法

表 5.10　机械产品技术规格清单(供功能分析参考)

序　号	规格要求	产品技术规格清单
1	制图/几何学 geometry	尺寸、高度、宽度、长度、直径、所需空间、数量、对齐、连接、延长和膨胀 dimensions, height, width, length, diameter, required space, quantity, alignment, connection, extensions and expansion
2	运动学/动力学 kinematics	运动形式、运动方向、速度、加速度 movement type, movement direction, speed, acceleration
3	力/力矩 forces	力的大小、方向、频率、重量、载荷、应力、应变、刚度、弹性特性、稳定性、共振 size of force, direction of force, frequency of force, weight, load, strain, stiffness, spring characteristics, stability, resonances
4	能量传输/转换 energy	功率、效率、损失、摩擦、通风、状态变量(例如压力)、温度、湿度、加热、冷却、连接能量、储存、工作摄入、能量转换 power, degree of efficiency, loss, friction, ventilation, state variablese. g. pressure, temperature, humidity, heating, cooling, connection energy, storage, work intake, transformation of energy
5	材料 material	输入和输出物的理化特性、辅料、需要补充和添加的材料、物流运输 physical and chemical characteristics of the input and output product, auxiliary materials, required materials (law of nourishment), material flow and transportation
6	信号 signal	输入和输出的信号、显示模式、操作和监控设备、信号类型 input and output signals, display mode, operation and monitoringequipment, type of signal
7	安全 safety	直接的安全技术、防护系统作业、工作和环境安全 direct safety technology, protective systems operation, work andenvironment safety

序　号	规格要求	产品技术规格清单
8	人机工程 ergonomics	人机关系、作业、作业类型、清晰度、照明、设计 Man-Machine relationship, operation, type of operation, lucidity, lighting, design
9	加工制造 manufacturing	工厂设备的加工能力、最大加工尺寸、优先加工方案 confinement through production plants, largest producible dimensions, preferred production
10	生产过程控制 control	工艺、车间设施、质量和公差、测量和控制方法、具体法规(TUV、ASME、DIN、ISO) process, workshop facilities, possible quality and tolerances, measuring and control options, specific regulations (TÜV, ASME, DIN, ISO)
11	装配 assembly	装配的具体法规、总成、安装、现场装配、基础 specific assembly regulations, assembly, installation, construction site assembly, foundation
12	运输 transportation	起吊装置的限制、路径、根据尺寸和重量安排运输、运输方案 limitation through lifting gear, path profile, route of transport according to size and weight, type of dispatch
13	使用 usage	低噪声级、磨损率、使用/分布范围、安装地点(热带……) low noise level, wear rate, application / distribution area, place of installation (tropics, ...)
14	维护 maintenance	免维护/维护需要的时间和工作量、检查、更换和维修、涂装、清理 maintenance-free and/or amount and time required for maintenance, inspection, replacement and repair, painting, cleaning
15	循环利用 recycling	再利用、循环、废料处理、废弃 reuse, recycle, waste management, waste disposal, disposal
16	成本 costs	最高许可生产成本、工装成本、投资和偿还 max. allowable production costs, tool costs, investment and amortization
17	计划 schedule	开发结束时间、中间步骤、交货时间 end of development, network plan for intermediate steps, time ofdelivery

5.3.3　潜在失效(故障)分析和构建功能-故障模式树

潜在故障(失效)模式分析的目的就是确定产品从顶层到零部件所有潜在的故障(失效),并按照技术规范确定故障(失效)模式,最终生成故障(失效)模式清单。根据功能分析,确定故障(失效)模式时要注意:

① 完不成规定的功能,则功能丧失;

② 一个功能可能有多个失效模式;

③ 分析时要考虑到产品所有工作状态下可能的失效。

获取故障(失效)模式的途径有:

① 参考已有失效和故障的统计信息;

② FMEA 小组成员的个人经验、FMEA 小组成员的头脑风暴；

③ 潜在失效/故障模式检查清单如表 5.11 所列；

④ 企业或行业相关标准、技术规范、技术指南等；

⑤ 系统性的"功能-故障模式"树分析。

用检查清单确定失效模式,实践证明非常有效。

表 5.11　潜在失效/故障模式检查清单(供参考)

序　号	典型失效模式	序　号	典型失效模式
1	断裂 fracture	26	超负荷运转 overstretched
2	裂纹 crack	27	折弯、下陷 bent, sagging
3	摩擦 abrasion	28	扭曲、变形、压痕 distorted, deformed, dented
4	排斥 rejected	29	松动、晃动 relaxed, loose, wobbles
5	剥离 chips away	30	卡陷、迟缓 clamps, sluggish
6	磨损(包含研磨、点蚀⋯⋯) wear (bedding-in, pittings…)	31	摩擦力过大或过小 friction is too high or too low
7	性能不稳定 insufficient time characteristics	32	膨胀过大 too much expanded
8	(过早地)分解、腐烂 rotted, decomposed (prematurely)	33	零件丢失 part is missing
9	破损、过早磨损 damaged, prematurely worn out	34	零件错误(没有防错措施)wrong part (not a safely usable constr)
10	振动 vibrates	35	位置错误(没有防错措施) wrong position (no constr. measurement)
11	振荡/摇摆 oscillations /swings	36	装反 constr. inverted assembly possible
12	共振 resonances	37	零件调换(无防错措施)interchanged (no constr. measurement)
13	异常声响 unpleasant sound	38	反向位置错误 location to reverse side is false
14	噪声太大 too loud	39	配置错误 false configuration
15	阻塞 congested	40	尘土或者水侵入 entry of dirt and water
16	污染 contaminated	41	速度错误 false speed
17	泄漏 leaky	42	加速度错误 false acceleration
18	碎裂 busted	43	弹簧特性错误 false spring characteristics
19	压力损失 depressurized	44	重量错误 false weight
20	压力错误 false pressure	45	效率低下 poor degree of efficiency
21	腐蚀 corroded	46	频繁维护 too maintenance intensive
22	过热 overheated	47	互换性差 poorly replaceable
23	烧坏 burnt	48	无法再利用 not further useable
24	烧焦 charred		
25	堵塞/不通 blocked		

系统性的功能分析可以对应系统结构树,从上至下逐级进行故障(失效)模式分析,如图 5.13 所示。中间层分系统 1.2 的故障(失效)模式是下一级对应子系统 1.2.1 某潜在故障

（失效）模式的故障或失效影响，也是上一级完整系统 1 对应某潜在故障（失效）模式的失效原因。

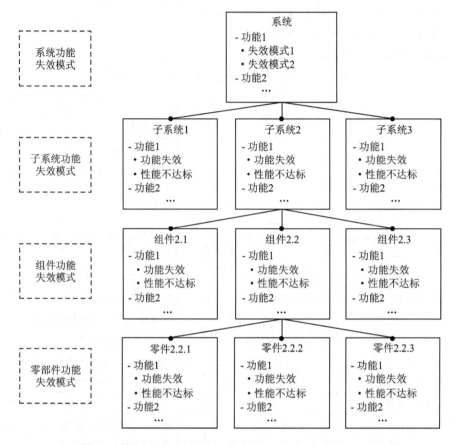

图 5.13　从上至下逐级分析失效模式，建立系统"功能-失效模式"树

潜在故障（失效）模式分析，有下面这些关系：

① 对应某个系统元件（System Element，SE），潜在失效模式（Failure Mode，FM）可由该元件某项功能失效得到，比如未能实现某个功能或者部分实现该功能。

② 某个系统元件（SE）的潜在故障（失效）原因（Failure Cause，FC），是系统结构树中下一级系统元件（SE）或者通过界面相关联的系统元件的失效模式，如图 5.14 所示。

③ 某个系统元件（SE）的潜在故障（失效）影响（FE）是系统结构树中上一级元件或者通过界面相关联的系统元件可能的故障（失效）模式，如图 5.15 所示。

需要注意分析各种故障（失效）之间的关联，例如：

① 潜在失效模式：汽车轮胎突然失去压力。

② 潜在失效原因：路面上的尖锐物体（例如钉子）。

③ 潜在失效影响：车辆失去控制、发生事故，车辆无法正常行驶。

表 5.12 列出了一些零部件级别上出现的典型的潜在故障（失效）原因（FC）。每一个公司都可以自己制作一个这样的清单用于以后的 FMEA。

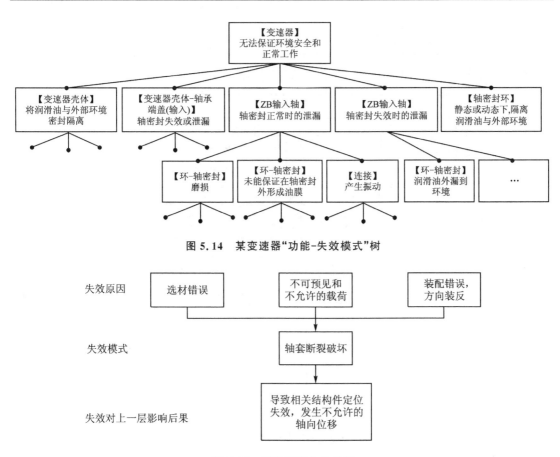

图 5.14　某变速器"功能-失效模式"树

图 5.15　轴套断裂失效分析

表 5.12　机械产品部件级典型故障(失效)原因

序　号	部件级典型故障(失效)原因
1	尺寸错误(几何稳定性刚度等)
2	选材错误(材料性能参数、磁性、各向异性)
3	表面加工标注错误(硬度/形状/表面波纹度/同心/无跳动/表面粗糙度)
4	机加工序错误
5	选择公差错误(公差带,形位公差)
6	没考虑公差链
7	装配顺序混乱
8	热处理标注错误

如图 5.16 所示为驱动-传动系装配组件至零件层级的系统 FMEA 示例,体现出各上下相邻层级之间潜在失效模式(FM)、潜在失效原因(FC)和潜在失效影响(FE)的传递关系。

如图 5.17 所示为产品系统 FMEA 和工艺系统 FMEA 中的部分迭代关系。

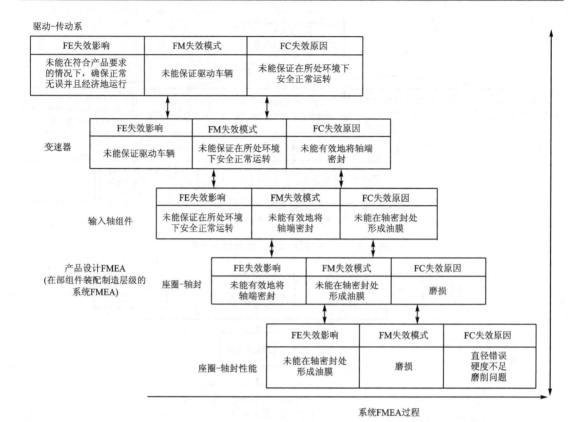

图 5.16　驱动-传动系统 FMEA 层级传送关系

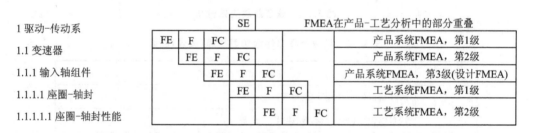

图 5.17　FMEA 在产品-工艺分析中的部分迭代

5.3.4　潜在失效(故障)模式的风险评估

在综合考虑潜在失效模式发生概率和研制过程中该失效模式被检测出来的难易程度的基础上,某潜在失效模式发生后给系统造成的损失后果,定义为该失效模式的风险。在此,失效模式的风险用风险优先数 RPN(Risk Priority Number)度量,其值越大,风险越高。风险优先数定义为

$$RPN = S \times O \times D \tag{5.1}$$

式中,S 为潜在失效发生后的影响严重度;O 为潜在失效原因发生的概率;D 为潜在失效原因发生后被检出的概率。

1. 严重度 S

S 评估的是潜在失效模式发生后对整个系统的影响程度,需要注意的是,一定要从最终用户(外部客户)的角度来进行评估。评分从 1~10,取值为 1 代表严重度很低;而取值为 10 代表严重度很高(例如有人员处于危险之中)。一般来说,潜在失效影响的取值如表 5.13 所列。

表 5.13　S-O-D 评分准则

评　分	非常高,10~9	高,8~7	中等,6~5~4	低,3~2	很低,1
严重度 S 估计值	严重故障,导致系统整体停止工作,安全装置失效或者无法继续符合法则的重大失效	系统的工作受到重大影响,必须立即进行检修,主要的子系统功能受到限制。系统的安全装置未受损	系统功能受到限制,可能暂不需要立即维护,重要的功能和舒适系统受到限制。顾客会发现系统的故障	对于系统功能限制较大,在下一次定期检修时应拆下,重要功能和舒适能受到限制	对于功能的限制很少,只能被有经验的人发现。一般用户可能不会发现这种失效
发生概率 O 估计值	故障原因经常发生,不起作用,设计原理性错误	该设计与以往的设计略有不同,导致出现问题。失效原因反复出现	故障原因经常出现,设计中有不准确的方面	故障原因出现的概率低,设计无误	这种失效几乎不会发生
百分比/10^{-6} 的缺陷率 PPM	500 000 100 000	50 000 10 000	5 000 1 000 500	100 50	1
易探测度 D 的估值	不太可能/可能性低	低	中等	可能	非常可能
	已发生故障原因的检测是无法完成的;结构尺寸的可靠性无法被证明。证明程序不确定,没有测试	不太可能检测到发生的故障原因,可能有未检测到的故障原因,测试不确定	可以探测到出现故障的原因,测试较为确定	很有可能检测到发生的故障原因,测试是确定的,例如几个相互独立的测试	一定会检测到发生的故障原因
可靠度/%	90	98	99.7	99.9	99.99

2. 发生概率 O 和预防措施

潜在失效发生可能性 O 的打分是根据该潜在失效模式在设计上已采取预防措施的效果进行的。在系统 FMEA 中失效分析进行得越详细,O 值评估越有针对性。在系统 FMEA 中,以往经验(例如可靠性水平)在评估时非常有帮助。

预防性措施是限制或者避免某个潜在失效原因而采取的措施(通常是事先预防)。这类措施包括在开发阶段进行的计算,如表 5.14 所列。估计一个潜在失效原因出现的概率时,可参考表 5.14 列出的所有预防性措施,如果这个潜在失效原因很可能发生,O 值就取 10;对不可能发生失效原因,O 值取 1。

表 5.14 针对潜在失效原因的预防性措施

序 号	预防性设计措施	说 明
1	系统设计方面	是否采用了余度设计(影响平均水平); 相似系统方面的经验
2	结构设计方面	原理性试验,仿真,计算; 成熟的设计,合格材料的选择,选用的设计规范等;
3	制造/生产方面	工艺规范、测试规范等

3. 检测措施与易探测度 D

易探测度 D 评估的是针对潜在失效原因进行的检测措施的有效性。在系统 FMEA 中的失效分析进行得越详细,D 值的评估越有针对性。在系统 FMEA 中,系统以往的经验可以作为评估失效原因的 D 值参考。

对于检查措施,有两种不同情况:

① 在研发和生产阶段的检测措施:是指在研发和生产阶段进行的检测措施,在概念设计或者生产阶段潜在失效原因的 D 值参考。

② 在产品工作过程中或者现场中的检测措施:是指产品或者系统的问题在工作中出现,并被(客户方)使用人发现的可能性。这些检测措施可发现在工作过程中的潜在失效或者潜在失效的原因,而且可以有效预防潜在失效发生后可能带来的后果和影响。

进行易探测度的评估时要列出并考虑所有的检测措施,同时还要考虑那些并不直接发现潜在失效原因而是间接发现失效原因的措施。检测措施是指在产品或者零件移交顾客之前,该失效是否有可被检测的手段;此时假设失效原因已发现,并且已列出全部查找该失效模式和现象的检测手段。如果在产品移交客户之前,该失效没有任何检测措施,则 D 值取 10。如果在产品移交客户之前,该失效几乎都会被检测到,则 D 值取 1。

4. 风险优先数(RPN)

风险优先数(RPN)是通过把严重度 S、发生概率 O 和易探测度 D 这些单项评估值相乘而得到的。风险优先数代表对用户的风险,因此也是决定是否进行改进的一个评判标准。

从原则上讲:

① 风险优先数数值越高,就更需要在设计或者质量保证方面采取措施降低风险。

② 类似地,严重度 S、发生概率 O 和易探测度 D 单项分数超过 8 的应该详细分析。

③ 乘积 OD 说明的是未发现的失效零件被发给用户的概率。

风险评估是针对已经完成的措施。为了更进一步降低风险,还需要额外的改进优化措施。

只看风险优先数(S、O、D 三值的乘积)的大小并不足以决定从哪里开始改进;类似地,也不能单纯用一个固定的数作为限制(比如说一旦 RPN≥250 就要进行改进)。因为每次进行 FMEA 的评估的标准都会略有不同,并且风险优先数值比较小的时候可能会被忽略。表 5.15 说明,即使 RPN 数值比较小,也有可能需要做进一步分析。

表 5.15 可能需要进一步分析的特殊案例

类 别	严重度 S	发生概率 O	易探测度 D	RPN
1	10	2	10	200
2	5	10	2	100
3	3	10	5	150
4	1	1	1	1

通过逐个分析,得到下面的结果:

例 1:一个较少发生的潜在失效原因已经出现,但是完全无法被探测到,并且这个失效会对用户造成极为严重的影响。因此,尽管风险优先数并不是很高,但需要采取措施。

例 2:一项经常出现的潜在失效原因,会导致在用户看来比较严重的后果。这个潜在失效原因出现时并不能总是被发现,因此可能会交到用户手里。在这种情况下,应该采取预防措施,而且如果有可能,这些预防措施应可以代替之前建议的探测措施。

例 3:一项经常出现的潜在的失效原因,常常会因为没有在出厂前被检测到,在用户手里出现后虽然产生了不太严重的后果,但是这种情况常常会导致用户投诉。因此,应该加强检测手段和措施。

例 4:有一项极不可能出现的潜在失效原因,即使发生也不会导致客户不满意,而且很容易通过有效的探测措施预防。在这种情况下,如果预防措施的成本过高,可以考虑降低预防措施的力度。

上文这些虚构的例子说明了要"一步一步"地分析风险优先数,无论风险优先数的绝对值是多少。经过仔细的分析,也有可能从风险优先数较低的一项开始着手进行设计改进。

5.4 改进措施和优化设计

改进措施从风险优先数较高的项或者单项分数较高的项开始。首先,把风险优先数按从大到小排列,如图 5.18 所示。改进工作从风险优先数最高的失效原因开始,直到一个较低的下限值(比如 RPN=125);或者根据帕累托原则,完成 RPN 总数的 20%~30%,这取决于分析的范围。单项分数较高的项也需要关注。发生概率 $O>8$ 说明这项失效经常发生,需要采取应对措施。严重度 $S>8$ 说明功能不正常或者有严重的安全问题,这种情况也需要深入探讨。有的失效 $D>8$,说明失效原因很难探测到,因此当产品交给用户的时候也有较大的风险。

1. 改进工作

改进工作应包括以下三项措施:

① 预防潜在失效发生或降低潜在失效发生概率的措施。必须首先考虑设计改进和工艺改进措施。

② 减轻失效严重度的措施。这可以通过改变产品的设计(例如冗余度、错误提示信号)进行。

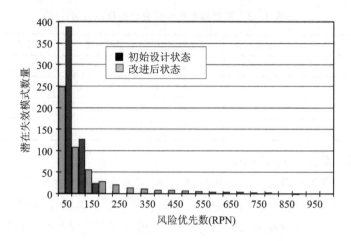

图 5.18　初始设计和改进后失效模式及风险情况

③ 使失效更容易被探测到的措施。这些措施可能是改变检测方法,或者是改进设计和工艺。

2. 改进措施的顺序

① 改变设计,目的是排除潜在的失效原因或者减轻严重度。

② 提高设计的可靠性,降低失效的发生概率。

③ 使潜在失效的检测探测更有效。这样的措施应该是改进时最后考虑的,因为这样的措施通常成本高而且对产品质量没有改进作用。

如图 5.19 所示,改进措施填写到更新版本表格里,重新评估概率 O 和易探测度 D(预测),填写责任人(R)和计划完成日期(D)。如果设计变更,则需要重新进行完整的如图 5.9 所示的 5 个步骤。

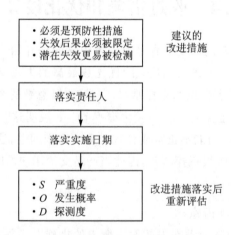

图 5.19　降低风险的措施

5.5　减速器系统 FMEA 案例

某一级减速器的结构组成如图 5.20 所示,其设计功能要求是减速增矩,传输功率。其工作原理如图 5.21 所示。

需要特别关注减速器零部件相互之间的连接关系(见第 3 章图 3.26),其中有齿面接触、螺栓连接、轴向摩擦连接、外形定位连接、轴毂连接、周向连接等。

依据减速器结构组成和功能划分,将其划分为输入组件、输出组件和壳体组件,各组件零部件清单如表 5.16 所列。其约定层次划分共三层,顶层为减速器系统,最低约定层次为零部件,中间层有输入组件、输出组件和壳体组件共三部分。

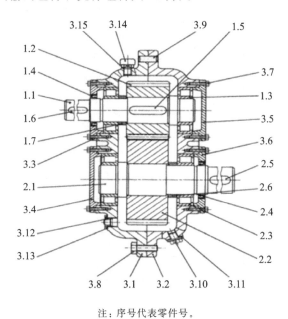

注:序号代表零件号。

图 5.20　某一级减速器剖视图

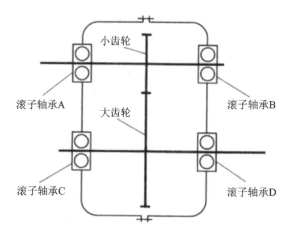

图 5.21　某一级减速器工作原理图

步骤 1：减速器系统结构组成分析，构建产品结构树

减速器总成和零件清单如表 5.16 所列，构建减速器的系统结构树如图 5.22 所示。

表 5.16 减速器总成和零件清单

组　件	零件号	数　量	零件名称	简　写
1. 输入组件	1.1	1	输入轴	IS
	1.2	1	小齿轮	P
	1.3	2	滚子轴承	RB1
	1.4	1	径向密封圈	RSR1
	1.5	1	小齿轮平键	FKJ1
	1.6	1	连接平键	FK2
	1.7	1	轴套	S1
2. 输出组件	2.1	1	输出轴	OS
	2.2	1	大齿轮	G
	2.3	2	滚子轴承	RB2
	2.4	1	径向密封圈	RSR2
	2.5	1	平键	FK3
	2.6	1	轴套	S2
3. 壳体组件	3.1	1	左壳体	HL
	3.2	1	右壳体	HR
	3.3	1	轴承端盖	BC1
	3.4	1	轴承端盖	BC2
	3.5	1	轴承端盖	BC3
	3.6	1	轴承端盖	BC4
	3.7	16	轴承端盖螺栓	BB
	3.8	8	壳体螺栓	BH
	3.9	2	定位销	DP
	3.10	1	泄油塞	ODP
	3.11	1	3.10 密封垫	S1
	3.12	1	观察窗	SG
	3.13	1	3.12 密封垫	S2
	3.14	1	排气孔	E
	3.15	1	3.14 密封垫	S3

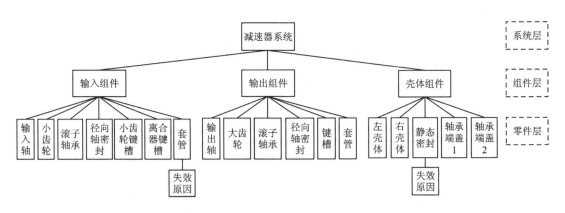

图 5.22 减速器系统结构树

步骤 2：减速器系统功能分析，构建产品功能树

综合采用黑箱法和技术规格清单检查法，从上至下进行减速器功能分析。建立减速器系统功能树，如图 5.23 所示。

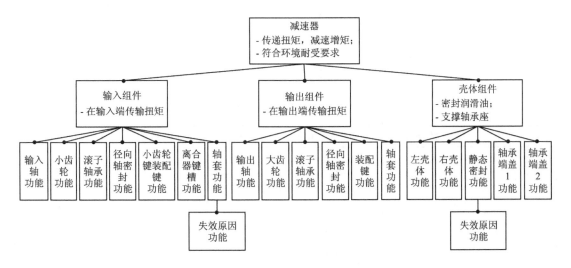

图 5.23 减速器"结构-功能"树

步骤 3：减速器系统"功能-故障模式"分析，建立产品"功能-故障模式"树

参考已有失效损坏的统计信息，利用 FMEA 小组成员的个人经验，参考失效模式检查清单确定失效模式和原因，建立"功能-失效模式"树，如图 5.24 所示。

步骤 4：失效模式风险评估

参考 S、O、D 评分表，对每个失效模式评分，计算 RPN 值。

风险评估之后，要对得到的 RPN 值进行分析。首先找出 RPN 数值比较大的潜在失效模式，或根据帕累托法则分析排序前 30% 的潜在失效模式。另外，单项分数超过 8 的也需要找出，并重点标记出来。列出分析结果，如表 5.17 所列。

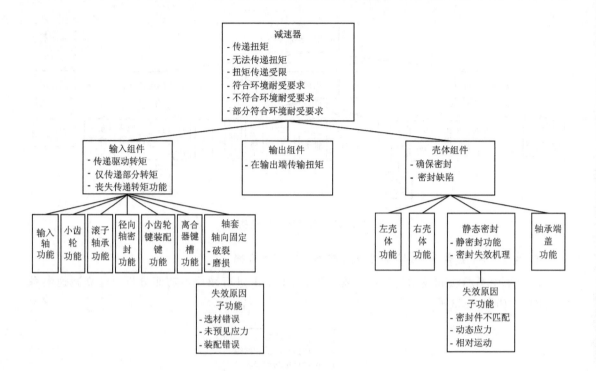

图 5.24　减速器"功能-失效模式"树

表 5.17　减速器 FMEA 输出清单

零部件编号	潜在失效模式	风险优先数 RPN	零部件编号	严重度 S	潜在失效模式
1.4 2.4	径向轴密封失效 流动错误或无流动	540	1.1 2.1	9	输入/输出轴过载断裂
1.7 2.6	轴套破裂 轴套破裂	420			输入/输出轴疲劳断裂
1.3 2.3	轴向密封 磨损	180	—	—	—
零部件编号	潜在失效模式	发生概率 O	零部件编号	探测度 D	潜在失效模式
1.4 2.4	径向轴密封 流动错误或无流动	9	—	10	布局错误
1.7	轴套断裂	7	—	10	不可预见/不允许的应力

步骤 5：设计改进与可靠性优化

如表 5.18 所列，针对 RPN=420 的减速器（轴套）装反失效原因，进行防错设计，发生概率 O 降低为 2，探测度 D 降低为 6；对改进设计后的方案风险再评估如表 5.18 所列，其 RPN 值降低为 72。消除了该高风险隐患，提高了产品设计的可靠性。

表 5.18　减速器（轴套）设计改进和风险再评估

					系统 FMEA										序号：1 页码：第 1 页				
系统名称：减速器				产品编号：				状态：				责任人：公司：			创建日期：年　月　日				
约定层次：输入轴组件				产品编号：				状态：				责任人：公司：			修改日期：年　月　日				
分析对象：轴套			编号：1.7	当前状态									实施结果							
功能	潜在失效模式	潜在失效原因	潜在影响	现有风险控制措施	S	O	D	RPN	建议措施	责任人 完成日期	已落实风险预防/检测措施	S	O	D	RPN
轴向固定	1 断裂	材料选择错误[轴套]	结构元件轴向运动[变速器]	计算；材料测试	6	2	4	48							
		无法预知/超出许用应力[轴套]	结构元件轴向运动[变速器]	计算；材料测试	6	2	6	72							
		安装错误[装反]	结构元件轴向运动[变速器]	装配作业指导	6	7	10	420			轴套两内边导角；增加目视检查	6	2	6	72
	2 磨损	材料选择错误[轴套]	轴向间隙加大[变速器]	台架试验/经验；材料测试	3	2	7	42							
		无法预知/超出许用应力[轴套]	轴向间隙加大[变速器]	台架试验/经验；材料测试	3	3	7	63							

5.6 工艺 FMEA 案例——输出轴

依据以下原因,以选取输出轴的加工工艺为例,进行工艺 FMEA 分析。

① 选用了新材料;

② 采用了新工艺,部分采用新机加工艺;

③ 工况最严酷,传递扭矩大。

步骤 1：输出轴制造工艺系统工序-工步要素分析

如图 5.25 所示为输出轴零件图;输出轴工艺计划表如表 5.19 所列;输出轴制造系统结构树如图 5.26 所示。

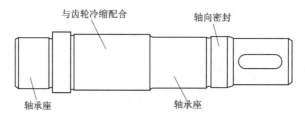

图 5.25 输出轴零件图

表 5.19 输出轴工艺计划表

变速器				
名称：变速器输出轴			编号：A130.246.1	
AVO	KST	工艺流程	生产方法	备 注
热处理前机加工				
10	×××	下料与定心	棒料切割机,定心机	
20	×××	车削与铣削(键槽)	车床	外轮廓和退刀槽
30	×××	清洗与吹干	循环清洗机	
40	×××	放置储料箱	储料箱	
热处理				
50	×××	表面淬火	连续式加热炉	
60	×××	校直	校直机	
70	×××	退火	退火炉	
80	×××	清洗与干燥	循环清洗机	
90	×××	存放于货箱	搬运装置	
热处理后机加工				
90	×××	硬面车削输出轴	单轴立式车床	切割连续,驱动轴和该轴的相对位置
100	×××	轴承座表面磨削,密封表面(轴密封)	外圆磨床	驱动轴和该轴的相对位置
110	×××	清洗与干燥	循环清洗机	
120	×××	最终检查	检查工位	测量与功能相关的尺寸(随机抽样)
130	×××	存放于货箱	搬运装置	

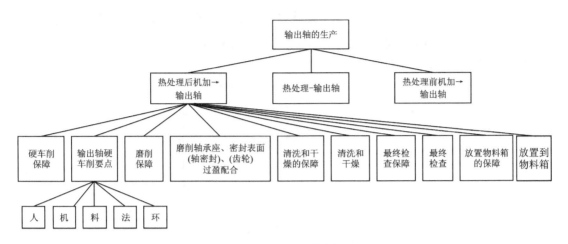

图 5.26 输出轴制造系统结构树

步骤 2：输出轴制造工艺功能分析和构建功能树

基于工艺系统结构树,逐层进行工序-工步功能分析,建立功能树,如图 5.27 所示。

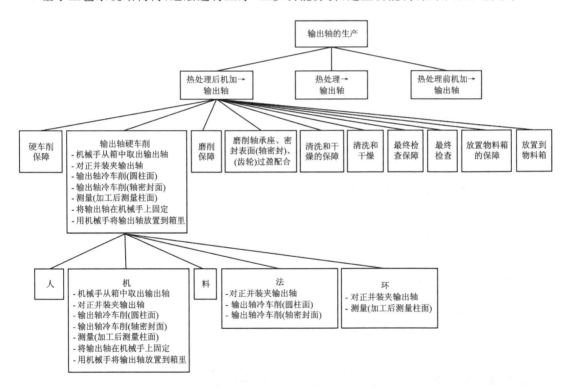

图 5.27 输出轴制造系统"结构-功能"树

步骤3：输出轴制造工艺"功能-故障模式"分析和构建"功能-故障模式"树

基于工艺系统结构和功能树，逐层进行工序-工步功能潜在故障模式、原因分析，建立"功能-故障模式"树，如图5.28所示。

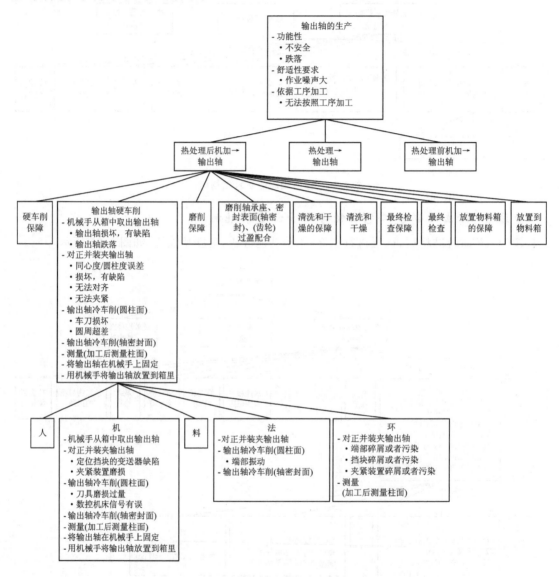

图5.28 输出轴制造工艺系统"功能-故障模式"树

步骤4：输出轴制造工艺潜在失效模式风险评估

输出轴制造工艺风险评估（部分）结果如表5.20所列。

步骤5：输出轴制造工艺设计改进和风险再评估

输出轴制造工艺设计改进和风险再评估（部分）结果如表5.20所列。

表 5.20　输出轴制造工艺设计改进和风险再评估

潜在失效影响	S	潜在失效模式	潜在失效原因	预防性措施	O	检查措施	D	RPN	责任人/完成日期
[总成输出轴]机械加工未遵守作业指导	8	输出轴未夹紧	[环境]卡盘上金属屑和污染	初始状态：某年-月-日					
				更换卡盘前清理卡盘	2	操作员控制	6	96	
						目视检查			
失效影响：工具损坏			[机器]卡盘磨损	初始状态：某年-月-日					
				与供应商合作	3	工件抽检（每层一件）	4	96	
				磨损降低					
功能：输出轴冷车削（圆柱面、倒角）									
[总成-输出轴]未能保证按照作业指导进行机加工	8	工具损坏（刀头）	[方法]由于连续切割淬硬材料，刀头承受强冲击载荷	初始状态：某年-月-日					
				确定优化过程参数	6	原理试验	4	192	
				使用特殊刀头和刀架		确定切削力			
旋转问题，更换保持架				更新状态：某年-月-日					
				磨削而不是冷车削	2	确定切削力	4	64	更新于某年-月-日
						原理试验			
[总成-输出轴]机加工			[机加工设备]工具磨损过量	初始状态：某年-月-日					
				采用密封空间	3	加工后测量	2	48	
后续工作，零件要重新进入装配线	8	周长超出公差范围过大	[机加工设备]NC 传输损坏	初始状态：某年-月-日					
				采用密封空间	2	原理试验	2	32	
				电缆保护		错误信息			
				隔声间		设备工作不正常			

习题 5

1．简述故障模式、故障原因和故障机理，并举例说明它们的区别。

2．失效模式分析中的失效模式来源有哪些？

3．简述整理机械产品失效模式的产品技术规格清单分类。

4．简述机械零件常见失效模式和分类。

5．简述机械产品部件级典型失效原因。

6．FMEA 分析中降低风险的改进措施依顺序应考虑哪几个方面？

7．FMEA 案例：完成如图 5.20 所示某一级减速器的功能分析、潜在失效模式分析和风险评估。

第6章　故障树分析

故障树(Fault Tree)指用以表明机械产品哪些组成部分的故障、外界事件或它们的组合将导致其发生故障的一种给定故障逻辑图。

根据定义可知,故障树是一种逻辑因果关系图,构图的元素是事件和逻辑门。图中的事件用来描述机械系统和零部件故障的状态,逻辑门把下层多输入事件和上层单输出事件联系起来,表示下层多输入事件和上层单输出事件之间的逻辑关系。这种图形化的方法清晰易懂,使人对所描述的事件之间的逻辑关系一目了然,而且便于对多种事件之间复杂的逻辑关系进行深入的定性、定量分析。

泰坦尼克号(RMS Titanic),又译作铁达尼号,是英国白星航运公司下辖的一艘奥林匹克级邮轮,排水量为46 000吨,于1909年3月31日在哈兰德与沃尔夫造船厂动工建造,1911年5月31日下水,1912年4月2日完工试航,是当时世界上体积最庞大、内部设施最豪华的客运轮船,当时有"永不沉没"的美誉,是埃菲尔铁塔之后最大的人工钢铁构造物。然而不幸的是,在其处女航中,泰坦尼克号便遭厄运。1912年4月14日23时40分左右,泰坦尼克号在从英国南安普敦出发驶向美国纽约,与一座冰山相撞,造成右舷船艏至船中部破裂,5间水密舱进水。4月15日凌晨2时20分左右,泰坦尼克船体断裂成两截后沉入大西洋底3 700 m处,从撞击冰山到完全沉没共历时2小时40分钟。2 224名船员及乘客中,1 517人丧生,其中仅333具罹难者遗体被寻回。泰坦尼克号沉没事故是和平时期死伤人数最为惨重的一次海难,其残骸直至1985年才被再度发现,目前受到联合国教育、科学及文化组织的保护。

对泰坦尼克号海难事故的原因调查分析表明,造成泰坦尼克号沉船灾难的原因有四个:

① 观察员、驾驶员失误,造成船体与冰山意外相撞;

② 船体钢材不能适应海水低温环境,造成船体与冰山撞击后很快断裂;

③ 船上的救生艇不足,使大多数落水者在被救援前冻死;

④ 事故发生时,距其仅20 n mile的California号无线电通信设备处于关闭状态,无法收到求救信号,不能及时赶到事故地点救援。

以上四个原因事件在泰坦尼克号1912年的首航途经北大西洋时同时发生,最终造成人类航海史上和平时期死伤人数最为惨重的一次海难。

把以上对泰坦尼克号海难的分析绘制成故障树,如图6.1所示。图中的逻辑"与门"表示只有当其下一级输入事件全部发生时,其上一级输出事件才发生。逻辑分析表明,以上四个原因中只要有一个不发生,就不会造成船上人员近三分之二死亡的结果。

基于以上分析,人们吸取了泰坦尼克号海难沉痛的教训,从而促成了1913年第一个国际海上救生公约的诞生。公约明确规定,所有的船只上必须配备足够的救生艇,航行中要进行救生演习,航行中无线电通信设备应24小时处于工作状态。

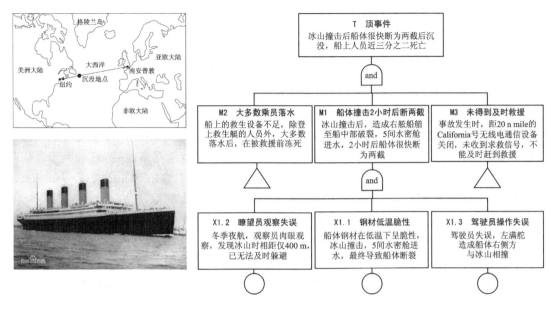

图 6.1　泰坦尼克号海难事故

6.1　概　述

故障树分析(Fault Tree Analysis,FTA)是一种系统化地查找机械产品故障或失效的内部和外部原因的方法。这些原因单独作用或者组合作用下,可能导致机械产品进入设计者不希望或者未预计到的状态,比如故障状态。因此,故障树分析能给出整个机械产品就某个故障顶事件的故障行为。通过对可能造成机械产品故障的硬件、软件、环境、人为因素进行分析,画出故障树,从而确定机械产品故障原因的各种可能组合方式和发生概率。

6.1.1　FTA 的起源和发展

故障树最初由贝尔实验室的 H.A. Watson 在 1962 年和美国空军的一项订单中开发,并在一型洲际弹道导弹的发射控制安全研究中首次公布使用该项技术。在 1965 年由波音公司及华盛顿大学赞助,在西雅图进行的系统安全研讨会中,故障树分析的相关技术被广泛报道。此后,美国军方罗姆航空发展中心(RADC)的可靠性分析中心(RAC)出版了故障树分析及可靠度框图的文件。美国陆军装备司令部在 1976 年开始将故障树分析整合到可靠度设计工程设计手册(Engineering Design Handbook on Design for Reliability)中。1984 年的美国军用可靠性设计手册 MIL – HDBK – 338 正式纳入了故障树分析技术。

波音公司在 1966 年将故障树分析第一次用在民航机的设计上,之后美国联邦航空管理局(FAA)于 1970 年在联邦公报 35 FR 5665(1970 – 04 – 08)中发布了 14CFR25.1309 的修订,是针对运输类航空器适航性的规定。这项修订采用了飞机系统及设备的失效概率准则,因此民航机从业者开始普遍使用故障树分析。FAA 在 1998 年发行了 Order 8040.4,建立了包括危害分析在内的风险管理政策,在此之后美国联邦航空管理局也出版了 FAA 系统安全手册(FAA System Safety Handbook),其中描述了包括 FTA 在内的许多危害分析的正式方式。

美国的阿波罗计划初期针对宇航员登月并返回地球的成功概率进行了定量分析。根据一些风险(或可靠度)计算的结果,任务成功的概率低到无法让人接受。因此 NASA 就不进行后续的定量分析(或可靠度分析),只依靠失效模式与影响分析(FMEA)及其他定性的系统安全评估工具,直到 1986 年 1 月 28 日挑战者号发射发生爆炸事故。在此之后 NASA 意识到 FTA 及概率风险评估(PRA)在系统安全及可靠度分析上的重要性,开始广为使用,后来故障树分析变成 NASA 最重要的系统可靠度及安全分析技术之一。

20 世纪 70 年代,FTA 开始应用在核能领域。美国核能管理委员会在 1975 年开始使用包括故障树分析在内的概率风险评估(PRA),1979 年的三哩岛核泄漏事故后,概率风险评估的相关研究得到大幅扩展。美国核能管理委员会在 1981 年出版了 *NRC Fault Tree Handbook NUREG*-0492,并在核能管理委员会管辖的范围内强制使用概率风险评估技术。

80 年代,FTA 在全世界工程界得到推广和应用。1984 年博帕尔事件及 1988 年阿尔法钻井平台爆炸等工程安全事件后,美国劳工部职业安全与健康管理局(OSHA)在 1992 年发布了联邦公报 57 FR 6356(1992 - 02 - 24),其中提到的 19 CFR 1910.119 中的流程安全管理(PSM)标准职业安全与健康管理局的程序安全管理系统将故障树分析视为是流程危害分析(PHA)的一种可行做法。

6.1.2　FTA 的特点和应用

FTA 的一个主要优点是能够同时给出定性和定量的分析结果。故障树用于显示机械产品的各个功能并量化机械产品的可靠性。这样,可以找出机械产品中的潜在问题,并且评估设计方案。FTA 在机械产品的早期设计阶段尤其有效。

考虑到竞争的压力,在机械产品设计早期进行 FTA 非常重要,这是因为在机械产品设计过程中,随着设计过程的进行,失效带来的成本将越来越高,所以尽早发现失效就有可能大幅度降低成本。在概念阶段进行故障树分析,可以确认机械产品概念设计方案,同时可以避免重大失效。有了这些分析,可以在产品技术规格确定后,提出新的可靠性要求和采取充分措施来防止失效。

FTA 能分析复杂的机械产品和复杂的依存关系,例如硬件、软件和人。通过故障树分析,可以给出故障顶事件发生的全部原因,包括硬件、软件、环境和人的综合原因,并得到完整结论。也就是说,通过故障树分析,顶事件相关的所有失效模式和失效原因都可以通过这种逻辑演绎推理的方法找出。然而,FTA 的效果会受到使用者对系统知识全面性认识的限制,也受使用者对故障树分析使用范围的界定影响。

故障树基于布尔代数和概率论,因此只要简单的法则和符号就能分析给出顶事件发生的定性和定量结果。FTA 通过一系列的规则和逻辑门表示发生更高层事件所需的故障(或事件)之间的逻辑关系,其中使用的门符号表示输出(高)事件所需的输入(低)事件的逻辑关系类型。除应用于机械产品开发外,FTA 在故障诊断和维修决策、保障性分析等领域中同样十分有效。

6.1.3　FMEA 与 FTA 的比较

FMEA 更多的是评估机械产品的失效模式及其后果对机械产品可能的影响,同时,FMEA 的可能失效模式可作为 FTA 的参考。两种方法的对比如图 6.2 所示。

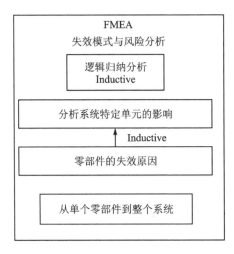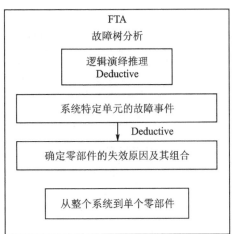

图 6.2　FMEA 与 FTA 的比较

相较于 FTA,FMEA 具有以下特点:

① FMEA 结合了两个问题:"失效原因是什么?""失效的后果是什么?"

② FMEA 分析产品单一故障及其影响后果,不像 FTA 那样系统化;

③ 结合上述两个问题评估故障模式风险,并根据潜在风险高低顺序确定预防措施。

FTA 具有以下特点:

① 从直接故障、间接故障和诱因故障三个方面,依据系统层级从上至下系统地查找事件和/或故障的原因;

② 可结合事件树分析(Event Tree Analysis,ETA)搜索故障的影响。

对比两种方法:

① FMEA 和 FTA 是针对机械产品故障问题的不同方法。

② 可通过参考 FMEA 的结果,使故障树分析(FTA)工作更简单方便。

③ FMEA 分析产品单个故障问题,可以跳过中间层级考虑故障对系统的最终影响。

④ FTA 必须从上至下逐层进行系统分析,可综合考虑导致系统故障的产品硬件、软件、环境和人员因素等,更加系统化。

⑤ FTA 建树的演绎推理过程中使用与门、或门、非门等逻辑门的组合,逻辑上更严谨。

6.2　故障树分析的流程

要成功地进行故障树分析,需要先熟悉分析对象,收集并分析相关资料信息。首先,可将需要进行分析的机械产品看作一个系统,将其逐层划分为子系统、总成和零部件;接下来定义机械产品的故障事件,作为被分析的顶事件。分析下一层级上可能出现的故障,以及它们与上一层级故障的逻辑关系,此时可全面考虑硬件、软件、环境,以及人员的使用操作、维修维护等因素。重复此步骤,直到最低层级,一般是零部件级的故障模式,找到对应顶事件的完整故障行为的结果。进行故障树分析的流程如图 6.3 所示,主要包含以下 7 个步骤。

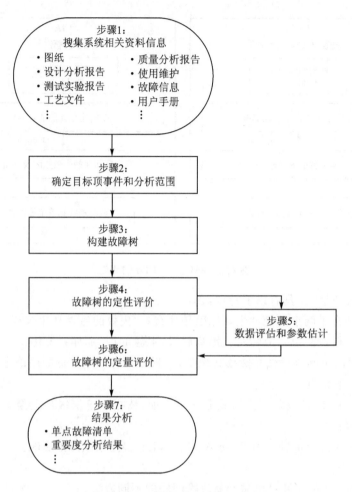

图 6.3　故障树分析的流程

1. 定义系统,相关资料信息收集分析

深入了解机械产品是进行故障树分析的前提。与设计师、操作和维护工程师的讨论对于了解机械产品非常重要,参观工厂或系统也将进一步提高认识。收集和研究的输入信息应包括:

① 图纸;

② 设计分析报告;

③ 测试实验报告;

④ 工艺文件;

⑤ 质量分析报告;

⑥ 用户手册、使用维护信息;

⑦ 故障信息和安全相关异常事件报告。

2. 定义故障树分析的目标、顶事件和范围

与委托方的决策者或管理者协商确定故障树分析目标。一般情况下,分析目标可以是评估设计方案的可靠性,或比较不同设计方案的可靠性,要根据机械产品故障明确定义具体分析

目标。需要注意的是,一定要根据故障树分析的目标定义顶事件。故障树顶事件的失效概率与顶事件的定义直接相关。为了成功达到故障树分析的目标,可能需要定义多个顶事件。

基于对分析目标的正确理解,可直接导出并定义故障树的顶事件,同时确定分析范围。故障树分析的范围和影响因素主要包括分析的边界条件,包括系统的假设和简化,系统的研制状态,输入/输出及子系统间的相互接口,零部件的连接接触关系等。

3. 构建故障树

在确定系统的顶事件后,分析分系统→总成→零部件的失效行为(失效模式、失效类型)以及它们之间的联系,采用自顶向下的演绎推理的方法,进一步分析系统下一层可能出现的失效,以及它与上一层失效的逻辑关系。重复进行这一步,直至达到系统的最底层,这样就找出了一个机械产品的全部失效行为,如图 6.4 所示。

构建故障树的步骤是:

① 给定分析对象不希望发生的事件。

② 如果该事件是一个零件的失效模式,直接跳到第④步;否则,需要找出导致这个事件的所有失效情况。

③ 把失效作为事件放入故障树的事件框,并且用逻辑门符号连接起来。如果某个故障就是失效模式,则跳到第④步,否则重复第②~③步。

④ 在多数情况下单个失效通过或门连接,这是因为每个输入事件都将导致输出事件。这些输入可以分为直接失效、间接失效和诱因失效,如图 6.5 所示。直接失效不需要再分析,可作为故障树标准输入;但是,如果存在间接失效和诱因失效,而该失效不是由于零件功能问题导致的,则可以继续向下分解,该过程可返回步骤②继续进行。

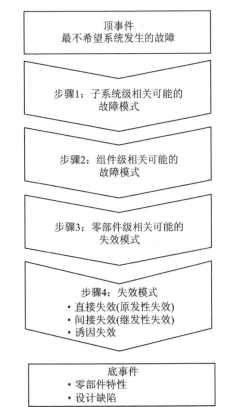

图 6.4　机械系统构建故障树的流程

零部件三种失效原因如下:

① 直接失效(primary failure):是指在正常使用和许用条件下出现的零部件失效,是由于其自身设计或工艺缺陷导致的。

② 间接失效(secondary failure):是指由于工作的周围环境条件或不当使用导致的零部件失效。

③ 诱因失效(command failure):是指由于人为错误和遗漏或者辅助因素导致的零部件失效,失效时该零部件功能正常。

4. 故障树的定性分析

故障树定性分析可将导致顶事件的原因追溯到单个零件的失效(底层原因)。故障树是一个图形化表示系统故障状态的逻辑关系树形图,因此通过故障树定性分析可达到如下目的:

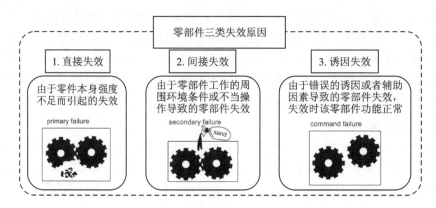

图 6.5　零部件三种失效模式

　　① 系统化地描述可能导致机械产品故障状态即顶事件的所有可能的失效以及所有失效的组合及其原因。

　　② 通过最小割集分析,比如一阶最小割集,可图形化地描述单点故障事件、各种导致顶事件发生的可能的事件组合,用最小割集来表示顶事件。

　　③ 可以依据客观的标准评价机械产品的可靠性。

　　④ 可以清晰地记录失效机理和各种功能关系。

5. 数据评估和参数估计

通过这一步可获取在故障树定量评估时所需的数据和信息。注意事项如下:

　　① 识别并描述与事件相关的包含事件随机性的模型,以及需要估计的相应参数。

　　② 确定相关数据的性质和来源。

　　③ 数据的汇编和评估,方便用于参数估计和确定相关的不确定性。

6. 故障树的定量评价

故障树的量化分析首先需要计算每个最小割集的概率,然后求出所有割集的概率。通过定量评估可计算顶事件的概率,过程中可确定主要割集,也确定了导致顶事件的重要底事件。重要底事件的识别对于设计改进、资源配置和优化权衡决策非常有帮助。可以对关键事件涉及的对象采取集中的监测、维护和更换,以便经济高效地管理产品可靠性和控制风险。

7. 结果分析

故障树分析结果必须为提高产品可靠性提供切实参考,而不应局限于形成文件和计算数值结果。因此,分析故障树输出的结果,对于决策是否采取措施采用有效的结果非常重要。

在进行故障树分析时,应仔细考虑以下问题:

　　① 为了保持一致性和可追溯性,应记录分析过程中所有假设和简化。

　　② 为确保质量、一致性和效率,可使用 FTA 的标准计算机软件分析工具。

　　③ 为确保事件清晰和易于识别,需采用描述故障事件的标准化格式,同时严格定义中间事件和底事件。标准化格式应包括零部件类型和标识、零部件所在的系统和零部件的故障模式。

　　④ 应明确定义分析对象的边界条件,避免忽略或遗漏接口和相应保障系统,或导致重复计算。

⑤ 如果保护系统或实验测试可能导致产品故障,则在分析中必须加以考虑。

⑥ 还应考虑以下方面:人的可靠性问题;操作员恢复操作;相关和共因故障;外部环境影响(火灾、洪水、地震和导弹攻击)。

6.3　故障树组成要素

6.3.1　事件和符号

故障树中有故障事件和逻辑门两类符号,常用故障事件如表 6.1 所列。

表 6.1　事件符号及说明

序　号	事件名称	符　号	说　明
1	顶事件/中间事件 Top Event/Intermediate Event	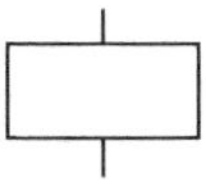	根据故障树分析的目标定义顶事件; 除了顶事件和底事件外的所有事件都是中间事件
2	基本事件 Basic Event		零部件的直接失效,不再需要进一步展开分析,是故障树底事件的标准输入
3	未展开事件 Undeveloped Event	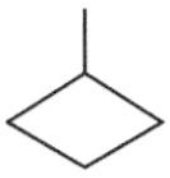	由于事件逻辑演绎推理的充分条件不满足,或获取信息困难,不具备进一步展开分析条件的事件
4	房型事件 House Event	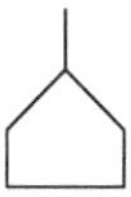	预期通常会发生的事件
5	条件事件 Conditional Event	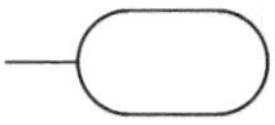	适用于对任一逻辑门的附加特定条件或限制
6	故障树的转出/ 转入符号	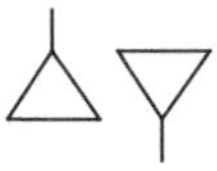	发生转出时,故障树在相应转入处进一步展开; 用于重复的子树和对过于庞大的故障树的分割(如分割另页)

故障树中的事件定义如下:

(1) 顶事件(Top Event)

对于被分析的机械产品,顶事件是指一个被分析对象最不希望发生的事件,可能是由于几个中间事件的发生而导致。中间事件和底事件主要故障组合后,如果构成割集,就可导致该顶事件的发生。

（2）中间事件（Intermediate Event）

中间事件是指故障树中除了顶事件和底事件外的所有事件；多个直接失效的逻辑组合，通过逻辑门输出的结果事件。

（3）基本事件（Basic Event）

基本事件是指不需要进一步分析的直接失效事件，构成故障树的底事件，是故障树底事件的标准输入。基本事件表示功能单元（零部件）的直接失效，失效原因不附加任何条件；基本事件的数据可从功能单元（零部件）的直接失效参数或数据库读取。

（4）未展开事件（Undeveloped Event）

未展开事件是指建树过程中，由于下层多输入事件和上层单输出事件之间逻辑关系（"与"、"或"和"非"）的充分条件不满足，无法进一步展开逻辑推理的事件；另外，无法获取输入事件的信息和数据的事件，也属于未展开事件，是不具备进一步展开分析的事件。

6.3.2　逻辑门

故障树中用逻辑门来表示下层多输入事件和上层单输出事件之间的逻辑关系，常用逻辑门有"与门"、"或门"和"非门"，逻辑门名称、符号、说明及真值表如表 6.2 所列。

表 6.2　逻辑门符号及说明

序　号	门名称	符　号	说　明	真值表		
1	与门 AND Gate	O/P ⌂ A　B	只有在所有输入故障事件都发生时，输出故障事件才发生	A	B	O/P
				0	0	0
				0	1	0
				1	0	0
				1	1	1
2	或门 OR Gate	O/P ⌂ A　B	至少一个输入故障事件发生，则输出故障事件发生	A	B	O/P
				0	0	0
				0	1	1
				1	0	1
				1	1	1
3	非门（逆变门） NOT (INV) Gate	O/P ▽ A	当且仅当输入事件为 Faulse 时，输出事件为真；仅用于单输入/单输出情况	A	O/P	
				0	1	
				1	0	

序　号	门名称	符　号	说　明	真值表
4	优先门 Priority Gate	O/P〔符号〕A　B	只有在所有输入故障事件按特定顺序发生时,输出故障事件才发生	<table><tr><td>A</td><td>B</td><td>O/P</td></tr><tr><td>0</td><td>0</td><td>0</td></tr><tr><td>0</td><td>1</td><td>0</td></tr><tr><td>1</td><td>0</td><td>0</td></tr><tr><td>1(first)</td><td>1(second)</td><td>1</td></tr><tr><td>1(second)</td><td>1(first)</td><td>0</td></tr></table>
5	表决门 Voting Gate	O/P〔k/m 符号〕A B C	在 m 个输入故障事件中至少 k 个故障事件发生,则输出故障事件发生	<table><tr><td>A</td><td>B</td><td>C</td><td>O/P</td></tr><tr><td>0</td><td>0</td><td>0</td><td>0</td></tr><tr><td>0</td><td>0</td><td>1</td><td>0</td></tr><tr><td>0</td><td>1</td><td>0</td><td>0</td></tr><tr><td>0</td><td>1</td><td>1</td><td>1</td></tr><tr><td>1</td><td>0</td><td>0</td><td>0</td></tr><tr><td>1</td><td>0</td><td>1</td><td>1</td></tr><tr><td>1</td><td>1</td><td>0</td><td>1</td></tr><tr><td>1</td><td>1</td><td>1</td><td>1</td></tr></table>
6	异或门 EXOR Gate	O/P〔符号〕A　B	只有在一个输入故障事件发生时,输出故障事件才发生; 两个输入故障事件同时发生时,输出故障事件不发生	<table><tr><td>A</td><td>B</td><td>O/P</td></tr><tr><td>0</td><td>0</td><td>0</td></tr><tr><td>0</td><td>1</td><td>1</td></tr><tr><td>1</td><td>0</td><td>1</td></tr><tr><td>1</td><td>1</td><td>0</td></tr></table>
7	禁门 INHIBIT Gate	O/P〔符号〕—Cond A	只有在满足启用条件下(单个)输入故障事件发生时,输出故障事件才发生	<table><tr><td>A</td><td>O/P</td></tr><tr><td>0</td><td>0</td></tr><tr><td>1 (同时启用条件满足)</td><td>1</td></tr></table>

例 6-1　以本书第 5 章图 5.20 所示的某一级减速器为例,以"减速器故障"为顶事件(T),通过逻辑演绎推理分析,建立故障树。

解:建立故障树的逻辑演绎推理分析步骤如下,结果如图 6.6 所示。

① 依据分析目标,定义"减速器故障"为顶事件(T)。

② 在减速器的组件级(L1),输入组件故障(M11)、输出组件故障(M12)和箱体组件故障(M13)中,任意一个事件发生,都会导致"减速器故障"(T)发生,因此,采用"或门"(G1)连接 T

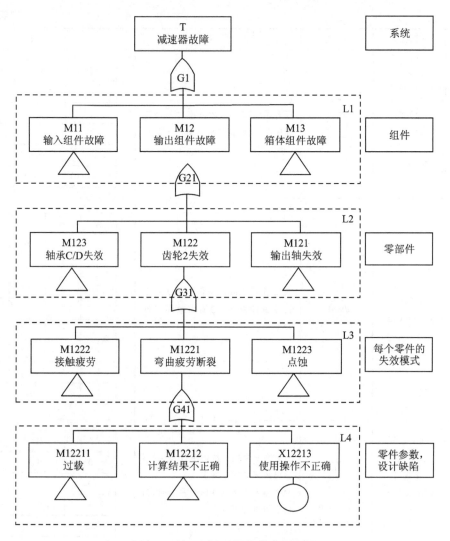

图 6.6　某一级减速器的故障树示例

与 M11、M12 和 M13，即 T＝M11∪M12∪M13。

　　③ 将"输出组件故障"(M12)作为输出，并在零部件级(L2)查找可能导致 M12 发生的零部件故障事件。简化处理后，仅考虑输出轴失效(M121)、齿轮 2 失效(M122)和轴承 C/D 失效(M123)，其中任意一个事件发生，都会导致"输出组件故障"(M12)发生。因此，采用"或门"(G21)连接 M12 与 M121、M122 和 M123，即 M12＝M121∪M122∪M123。

　　④ 将"齿轮 2 失效"(M122)作为输出，并在零部件失效模式级(L3)查找可能导致 M122 发生的零部件失效模式(参考本书表5.3齿轮失效模式、原因和影响)。简化处理后，仅考虑齿轮 2 弯曲疲劳断裂(M1221)、齿轮 2 接触疲劳(M1222)和齿轮 2 点蚀(M1223)，其中任意一个事件发生，都会导致"齿轮 2 失效"(M122)发生。因此，采用"或门"(G31)连接 M122 与 M1221、M1222 和 M1223，即 M122＝M1221∪M1222∪M1223。

　　⑤ 将"齿轮 2 弯曲疲劳断裂"(M1221)作为输出，并在零部件设计参数级(L4)查找可能导致 M1221 发生的设计参数选取、计算模型、计算过程、计算结果误差等可控的零部件设计参

数级的缺陷、错误、失误等事件。简化处理后,仅考虑导致齿轮 2 弯曲疲劳断裂(M1221)的过载(M12211)、计算结果不正确(M12212)和使用操作不正确(X12213)。采用"或门"(G41)连接 M1221 与 M12211、M12212 和 X12213,即 M1221＝M12211∪M12212∪X12213。

以上的过载(M12211)、计算结果不正确(M12212)可以继续向下分析,一直分解到全部输入事件为底事件(故障树的标准输入事件,这里用 X 表示),该故障树建树至此结束。

6.4　机械设计 FTA 建树案例

6.4.1　"齿廓断裂"建树案例

有些齿轮断齿是从齿廓位置发生,叫作齿廓断裂(Flank Fracture),是目前齿轮界研究的新课题。从齿廓断裂失效件分析其齿廓载荷的传力路径,如图 6.7 所示。

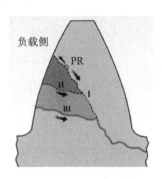

图 6.7　齿廓断裂失效件和齿廓载荷的传力路径示意

避免齿廓断裂的措施是,首先,在齿轮的设计环节,要精细计算齿轮的强度,避免因齿面接触应力过大造成齿面的严重损伤,例如深层剥落、齿面压碎等。这些严重损伤会产生很大的应力集中,从而引发轮齿随机断裂。其次,提高齿轮的制造精度和安装精度,避免出现齿轮偏载,因为齿轮的偏载对齿面的损伤很大,特别是硬齿面齿轮更是如此。最后,优化热处理工艺,避免齿轮出现过大、不利的残余应力;齿顶部位的硬度不能太高。

下面选取顶事件 T 为"齿廓断裂"故障树逻辑演绎推理分析过程,如图 6.8 所示。

第一步,分析原因。首先,直接原因"齿面损伤"M11 可能导致"齿廓断裂"T;其次考虑间接原因齿轮"作业条件不正确"事件 M12,此时的高工作应力可导致"齿廓断裂"T。因此用"或门"G1 建立 T 和 M11、M12 的关系。

第二步,有三个原因可造成"齿廓损伤"M11:设计原因 M111、工艺造成的材料原因 M112 和生产造成的原因 M113,因此用"或门"G21 建立 M11 和 M111、M112 、M113 的关系。

第三步,继续对工艺造成的"材料失效"M112 进行分析,其一是,"材料结构不正确"M1121,其二是"错误的材料"M1122,因此用"或门"G32 建立 M112 和 M1121、M1122 的关系。

第四步,"错误的材料"M1122,原因可以有三个:"材料不匹配"X11221、"选材失误"X11222 和"合金错误"X11223,因此用"或门"G42 建立 M1122 和 X11221、X11222、X11223 的关系。

第五步,"材料结构不正确"M1121,原因可以有四个:"夹杂物"M11211、"粗晶形成"

X11212、"偏析"X11213、"孔洞"M11214，因此用"或门"G43 建立连接。

　　第六步，"夹杂物"M11211，原因有两个："夹渣"X112111 和"异物"X112112，因此用"或门"G54 建立连接。

　　第七步，"孔洞"M11214，原因有两个："晶间裂纹"X112141、"缩孔"X112142，因此用"或门"G53 建立连接。

　　"设计失效"M111 详细演绎推理分析如故障树图示，不再详述。当故障树所有输入都是标准输入时，建树工作就完成了。

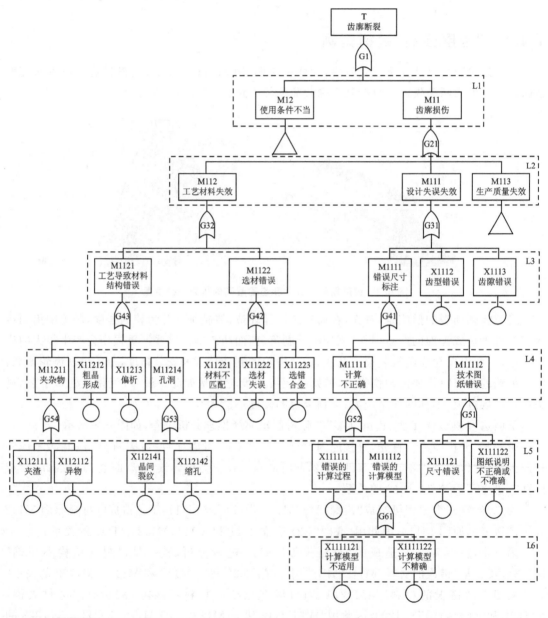

图 6.8　考虑材料失效和设计失效的齿廓断裂故障树

6.4.2　径向密封环设计故障树分析案例

用于大型发电机(由灯泡贯流式水轮机驱动的)高压冷却空气泄漏密封的径向封圈,如图 6.9 所示。设计阶段的径向密封圈结构类似密封填料盘。工作过程中,压差为 0.15 MPa,尺寸较大,密封填料盘位于"热保护芯"旁。现系统分析组件的可能失效行为。

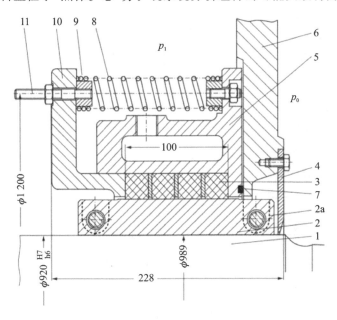

图 6.9　大型发电机制冷空气锁定径向密封环

系统总体功能是"冷却空气密封"。开始分析之前需要确定各个组件的子功能,功能分析结果如表 6.3 所列。密封环的"密封"功能可分解为三个独立子功能:

① 施加接触力;

② 密封滑动;

③ 消散摩擦热。

表 6.3　密封环零部件及功能分析

序　号	零部件	功　能
1	轴	传递扭矩,安装芯部,消散摩擦热量
2,2a	热保护芯(2 件,通过螺纹连接)	提供接触面和密封面,保护轴,传递摩擦热量
3	包覆密封环	动密封滑动介质,承受接触力并施加密封压力
4	刮水环	防止溅油
5	密封填料盘	密封环,承受并传递接触力
6	基架	支撑零件 4 和零件 5
7	O 形密封圈	p_1 和 p_0 之间的密封
8	拉簧	提供接触力
9	弹簧座	传递弹簧力
10	张力环	传递接触力,安装拉簧
11	螺栓	调节弹簧拉力

建立故障树的分析推理过程中,依据两态性假设,对零部件功能正常事件取反,同时,分析确定故障的可能原因,选定顶事件 T"冷却空气密封失效",建立的故障树如图 6.10 所示。

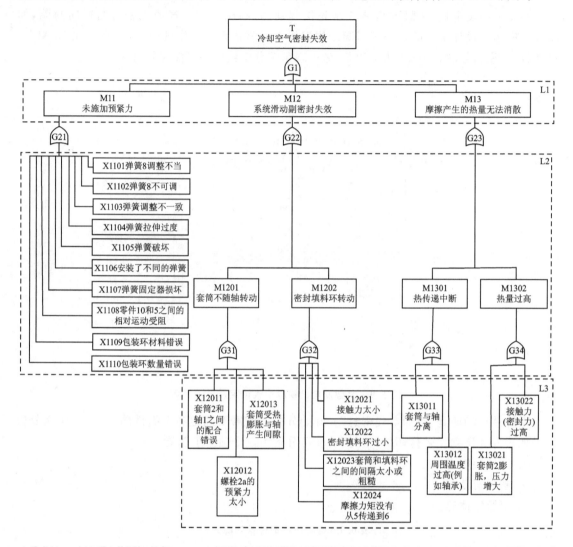

图 6.10　径向密封环故障树

故障树的分析表明,目前的设计方案中,由于"热传递中断"M1301 和"热量过高"M1302 的热不稳定行为会造成热保护芯 2 的失效——滑动表面产生的摩擦热实际上只能从保护芯传递到轴。因此,热保护芯将受热并膨胀。如果继续升温,摩擦力增加并将轴抬起,这会导致额外的泄漏,并因热保护芯在轴上不该有的滑动而损坏轴表面。

因此,这种情况需要进行主要结构的改进:比如可将轴和密封填料盘固连并与轴一起旋转,拆除热保护芯(通过壳体 5 散热),或使用带径向密封的径向密封圈。

如果保留配置,则需要进一步采取如下纠正措施:

① 密封填料盘对基架的支撑不合适,因为使用预应力组件时,密封填料盘可能与轴发生相对转动。如果密封圈 7 在内侧,则压力差提供的接触力太小,无法承担通过摩擦力传递的摩擦力矩。

补救措施：

● 将密封圈 7 放置在密封填料盘 5 的外径上；

● 最好是一种适合传递摩擦力矩的安全形式。

② 在图 6.9 所示位置，弹簧 8 不能重新预紧。

补救措施：

● 提供足够的台阶通道。

③ 出于操作安全和简化结构考虑，使用压簧比使用拉簧更有利。

基本上，除了考虑结构设计改进之外，还要综合考虑生产、装配和操作（使用和维护）等其他方面的改进。如有必要，还必须完成相应的测试。

总而言之，建树过程就是查找故障原因，并对故障事件组合进行逻辑分析的过程。可以给出以下的程序查找失效原因和问题：

① 自上而下逐层进行功能分析；

② 对每项功能逻辑取反，给出对应的故障事件；

③ 分析查找故障，或不能实现功能的原因：

● 功能结构不清晰；

● 功能原理不明确；

● 结构不合理。

6.5　故障树定性分析

6.5.1　概　述

故障树定性分析的目的在于寻找导致顶事件发生的原因事件及原因事件的组合，即识别导致顶事件发生的所有故障模式集合，帮助分析人员发现潜在的故障，发现设计的薄弱环节，从而改进机械产品设计，或者指导故障诊断，改进使用和维修方案。

1. 割集和最小割集，路集和最小路集

首先给出割集的概念，其定义如下。

（1）割集（cut sets）

故障树中一些底事件的集合，当这些底事件同时发生时，顶事件必然发生。

（2）最小割集（minimal cut sets）

若将割集中所含的底事件任意去掉一个就不再成为割集了，这样的割集就是最小割集。

（3）路集（path sets）

故障树中一些底事件的集合，当这些底事件不发生时，顶事件必然不发生。

（4）最小路集（minimal path sets）

若将路集中所含的底事件任意去掉一个就不再成为路集了，这样的路集就是最小路集。

例 6-2　以图 6.11 为例，演绎推理分析顶事件的割集、最小割集，以及路集、最小路集。

解：这是一个由三个部件组成的串并联系统，该系统共有三个底事件：X_1、X_2、X_3。

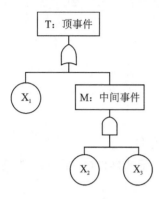

图 6.11　故障树示例

根据"与门"及"或门"的性质和割集的定义,可找出该故障树的割集是

$$\{X_1\},\{X_2,X_3\},\{X_1,X_2,X_3\},\{X_2,X_1\},\{X_1,X_3\}$$

路集是

$$\{X_1,X_2\},\{X_1,X_3\},\{X_1,X_2,X_3\}$$

根据最小割集的定义,在以上 5 个割集中找出最小割集是

$$\{X_1\},\{X_2,X_3\}$$

最小路集是

$$\{X_1,X_2\},\{X_1,X_3\}$$

一个最小割集代表机械产品的一种故障模式,故障树定性分析的任务之一就是要寻找故障树的全部最小割集。

2. 最小割集的意义

① 找出最小割集对降低复杂机械产品潜在事故的风险具有重大意义。

因为设计中如果能做到使每个最小割集中至少有一个底事件恒不发生(发生概率极低),则顶事件就恒不发生(或发生概率极低),做到了在设计阶段把机械产品潜在事故的发生概率降至最低。

② 消除可靠性关键系统中的一阶最小割集(最小割集中的底事件个数为 1),可达到消除其单点故障的目的。

对于关键的机械产品,设计要求不允许有单点故障,即机械产品中不允许有一阶最小割集。解决的方法之一就是在机械产品设计时进行故障树分析,找出一阶最小割集,然后在其所在的层次或更高的层次增加"与门",并使"与门"尽可能接近顶事件。

③ 最小割集可以指导机械产品的故障诊断和维修。

如果机械产品某一故障模式发生了,则一定是该机械产品中与其对应的某一个最小割集中的全部底事件都发生了。因此,当进行维修时,如果只修复某个故障的零部件,虽然能够使机械产品恢复功能,但其可靠性水平还远未恢复。根据最小割集的概念,只有修复同一最小割集中其他零部件的故障,才能恢复机械产品的可靠性和安全性设计水平。

6.5.2　求最小割集的方法

求最小割集常用的方法有下行法与上行法两种。

1. 下行法

根据故障树的实际结构,从顶事件开始,逐层向下寻查,找出割集。规则就是遇到"与门"增加割集阶数(割集所含底事件数目),遇到"或门"增加割集个数。具体做法就是把从顶事件开始逐层在向下寻查的过程横向列表,遇到"与门"就将其输入事件取代输出事件排在表格的同一行下一列内,遇到"或门"就将其输入事件在下一列纵向依次展开,直到故障树的最底层。这样列出的表格最后一列的每一行都是故障树的割集,再通过割集之间的比较,进行合并消元,得到故障树的全部最小割集。

例 6 - 3　用下行法求图 6.12 所示故障树的割集与最小割集。

解： 下行法的求解过程如表 6.4 所列。这里从第 1 步到第 2 步时，因 M_1 下面是"或门"，所以在第 2 步中 M_1 的位置换之以 M_2、M_3，且竖向串列。从第 2 步到第 3 步时，因 M_2 下面是"与门"，所以在下一列同一行内用 M_4、M_5 代替 M_2 横向并列，由此下去直到第 6 步，共得 9 个割集：

$$\{X_1\}, \{X_4, X_6\}, \{X_4, X_7\}, \{X_5, X_6\},$$
$$\{X_5, X_7\}, \{X_3\}, \{X_6\}, \{X_8\}, \{X_2\}$$

通过集合运算吸收律规则简化以上割集，因

$$X_6 \cup X_4 X_6 = X_6$$
$$X_6 \cup X_5 X_6 = X_6$$

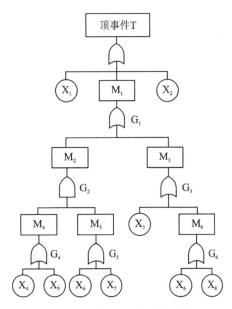

图 6.12　例 6 - 1 故障树示例

所以 $X_4 X_6$ 和 $X_5 X_6$ 被吸收，得到全部最小割集：

$$\{X_1\}, \{X_4, X_7\}, \{X_5, X_7\}, \{X_3\}, \{X_6\}, \{X_8\}, \{X_2\}$$

表 6.4　下行法求解过程

最小割集个数	第 1 步的最小割集	第 2 步的最小割集	第 3 步的最小割集	第 4 步的最小割集	第 5 步的最小割集	第 6 步的最小割集
1	$\{X_1\}$	$\{X_1\}$	$\{X_1\}$	$\{X_1\}$	$\{X_1\}$	$\{X_1\}$
2	$\{M_1\}$	$\{M_2\}$	$\{M_4, M_5\}$	$\{M_4, M_5\}$	$\{X_4, M_5\}$	$\{X_4, X_6\}$
3	$\{X_2\}$	$\{M_3\}$	$\{M_3\}$	$\{X_3\}$	$\{X_5, M_5\}$	$\{X_4, X_7\}$
4		$\{X_2\}$	$\{X_2\}$	$\{M_6\}$	$\{X_3\}$	$\{X_5, X_6\}$
5				$\{X_2\}$	$\{M_6\}$	$\{X_5, X_7\}$
6					$\{X_2\}$	$\{X_3\}$
7						$\{X_6\}$
8						$\{X_8\}$
9						$\{X_2\}$

2. 上行法

从故障树的底事件开始，自下而上逐层地进行事件集合运算，将"或门"输出事件用输入事件的并（布尔和）代替，将"与门"输出事件用输入事件的交（布尔积）代替。在逐层代入过程中，按照布尔代数吸收律和等幂律来化简，最后将顶事件表示成底事件积之和的最简式。其中每一积项对应于故障树的一个最小割集，全部积项即是故障树的所有最小割集。

例 6-4 用上行法求图 6.12 所示故障树的最小割集。

解：故障树的最下一层为

$$M_4 = X_4 \cup X_5, \quad M_5 = X_6 \cup X_7, \quad M_6 = X_6 \cup X_8$$

往上一层为

$$M_2 = M_4 \cap M_5 = (X_4 \cup X_5) \cap (X_6 \cup X_7) = (X_4 \cap X_5) \cup (X_6 \cap X_7)$$

$$M_3 = X_3 \cup M_6 = X_3 \cup (X_6 \cup X_8) = X_3 \cup X_6 \cup X_8$$

再往上一层为

$$M_1 = M_2 \cup M_3 = (X_4 \cup X_5) \cap (X_6 \cup X_7) \cup X_3 \cup X_6 \cup X_8$$
$$= (X_4 \cap X_5) \cup (X_6 \cap X_7) \cup X_3 \cup X_6 \cup X_8$$

最上一层为

$$T = X_1 \cup X_2 \cup M_1 = X_1 \cup X_2 \cup X_3 \cup X_6 \cup X_8 \cup (X_4 \cap X_5) \cup (X_6 \cap X_7)$$

上式共有 7 个积项，因此得到 7 个最小割集：

$$\{X_1\}, \{X_2\}, \{X_3\}, \{X_6\}, \{X_8\}, \{X_4, X_7\}, \{X_5, X_7\}$$

结果与下行相同。

要注意的是：只有在每一步都利用第 2 章表 2.1 的"交换律"、"结合律"和"分配律"集合运算规则进行简化、吸收，得到的结果才是最小割集。

6.5.3 最小割集的定性分析

在求得全部最小割集后，如果有足够的数据，就能够对故障树中各个底事件发生的概率作出推断，则可进一步对顶事件发生概率作定量分析；数据不足时，可按以下原则对最小割集进行定性比较，以便将定性比较的结果应用于指导故障诊断、确定维修次序及提示改进机械产品的方向。

首先根据每个最小割集所含底事件的数目（阶数）排序，在各个底事件发生概率比较小，且相互差别不大的条件下，可按以下原则对最小割集进行比较：

① 阶数越小的最小割集越重要。

② 在低阶最小割集中出现的底事件比高阶最小割集中的底事件重要。

③ 在最小割集阶数相同的条件下，在不同最小割集中重复出现的次数越多的底事件越重要。

在工程上为了减少分析工作量可以略去阶数大于指定值的所有最小割集来进行近似分析。

6.6 故障树的逻辑运算

借助于故障树逻辑运算分析，不仅可以定性地描述一个机械产品，而且可以对机械产品的故障行为进行定量的计算。在已知单个零件失效概率的情况下，借助布尔模型，可以根据机械产品的故障树结构计算可靠性参数（如失效概率或系统可用度），并据此分析影响机械产品可靠性的主要因素，进行设计改进。

6.6.1　布尔模型

1. 故障树和功能树

原则上,功能树的方法与故障树分析是相同的过程。在这种方法中,不是将故障模式定义为主要事件,而是定义一个期望发生的正常功能事件。所有保证这个事件发生的中间事件和主要事件都可通过演绎推理的方法找到。如果将故障树顶事件的逻辑对应为功能树的主事件,则可通过布尔结构将功能树作为故障树的参照,因此,通过取反操作可将故障树和功能树进行相互转换。唯一的区别是功能树产生的结果是系统可靠度,而不是失效概率,如表 6.5 所列。

表 6.5　故障树与功能树的关系

故障树	功能树
$\bar{y}$ $\bar{x}_1, \cdots, \bar{x}_n$	y $x_1, \cdots, x_n$
可以确定以下内容:	
系统失效概率	系统可靠度
$F_s = F_s(F_1, \cdots, F_n)$	$R_s = R_s(R_1, \cdots, R_n)$

考虑了失效概率与可靠度之间的关系,也可得到相应的转化关系:

$$F_s(t) = 1 - R_s(t) \tag{6.1}$$

2. 概率转换

每个零件的故障行为都可以用失效概率和可靠度来描述。将布尔表达式转换为概率表示,机械产品的失效概率和可靠度可以通过简单的变换获得。这里,布尔函数可以首先转换为实数变量,如果仅使用实数 0 和 1,并且所有出现的变量都是线性的。因此,系统行为可以描述为离散的 0-1 分布。接下来,这些离散变量可以合并成连续的概率分布函数,用于描述部件的失效或正常工作。也可根据表 6.6 进行从逻辑符号到数学符号的转换。

表 6.6　逻辑运算转换为概率运算

类　别	逻　辑	数学运算
逻辑非	$y = \bar{x}$	$R_s(t) = F_K(t) = 1 - R_K(t)$
逻辑或	$y = \bigvee\limits_{i=1}^{n} x_i$	$R_s(t) = 1 - \prod\limits_{i=1}^{n} [1 - R_i(t)]$
逻辑与	$y = \bigwedge\limits_{i=1}^{n} x_i$	$R_s(t) = \prod\limits_{i=1}^{n} R_i(t)$

6.6.2　用布尔逻辑分析系统可靠性

1. 串联与并联

如果可以将"功能正常"和"故障"这两种状态描述机械产品及其组成零部件,则可以借助布尔代数和零件的状态进行描述,这种正逻辑构成了确定机械产品功能定义的基础。在这里,机械产品可靠性由单个零件的可靠性决定。在故障树分析的应用中,通常使用逻辑否规则来确定故障行为,从而确定故障概率。表 6.7 和表 6.8 显示了几种常见的构造(正逻辑和负逻辑)。

表 6.7　正逻辑

系统结构	串联结构	并联结构
框图		
故障树		
布尔函数	$y = x_1 \wedge x_2 \wedge \cdots \wedge x_n = \bigwedge\limits_{i=1}^{n} x_i$	$y = x_1 \vee x_2 \vee \cdots \vee x_n = \bigvee\limits_{i=1}^{n} x_i$
机械产品可靠性	$R_s(t) = \prod\limits_{i=1}^{n} R_i(t)$	$R_s(t) = 1 - \prod\limits_{i=1}^{n} [1 - R_i(t)]$

表 6.8　负逻辑

系统结构	串联结构	并联结构
框图		
成功树		
布尔函数	$\bar{y} = \bar{x}_1 \wedge \bar{x}_2 \wedge \cdots \wedge \bar{x}_n = \bigwedge\limits_{i=1}^{n} \bar{x}_i$	$\bar{y} = \bar{x}_1 \vee \bar{x}_2 \vee \cdots \vee \bar{x}_n = \bigvee\limits_{i=1}^{n} \bar{x}_i$
机械产品可靠性	$F_s(t) = 1 - \prod\limits_{i=1}^{n} [1 - F_i(t)]$	$F_s(t) = \prod\limits_{i=1}^{n} F_i(t)$

2. 桥联模型

如图 6.13 所示的桥联模型,其可靠度不能用串并联系统的基本方程计算。对于含有少量元素的类似模型,仍然可以使用逻辑析取的方式得到。如果系统由 n 个零件组成,由于每个方程都存在 2^n 个项,因此所需的工作量显著增加。为了确定在这种情况下的可靠度和失效概率,除最小割集和最小路集法外,还可以采用状态分离法,以下对此方法进行简要介绍。

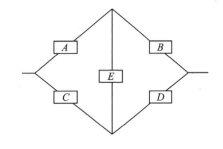

图 6.13　桥联模型

由于零件 E 在两个方向上都可以运行,因此该零件在桥联模型中起着关键作用。对此零件进行分离,过程如图 6.14 所示。

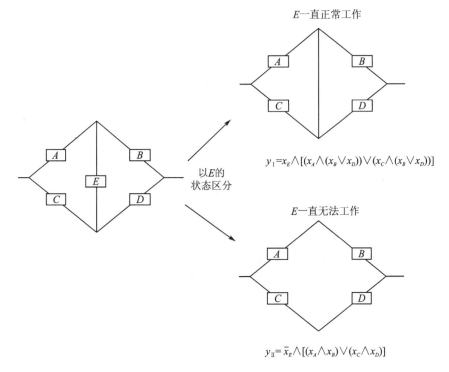

E 一直正常工作

$$y_I = x_E \wedge [(x_A \wedge (x_B \vee x_D)) \vee (x_C \wedge (x_B \vee x_D))]$$

E 一直无法工作

$$y_{II} = \bar{x}_E \wedge [(x_A \wedge x_B) \vee (x_C \wedge x_D)]$$

图 6.14　状态分离法示意图

对于零件 E,"持续正常工作"和"持续故障"这两种状态分别考虑,然后彼此重新连接。在第一种情况下,当 E 持续工作时,确定 E 为正,与单个成功路径连接,并由"与"运算符连接:

$$y_I = x_E \wedge [(x_A \wedge x_B) \vee (x_A \wedge x_D) \vee (x_B \wedge x_C) \vee (x_D \wedge x_C)] \tag{6.2}$$

使用分配律:

$$y_I = x_E \wedge \{[x_A \wedge (x_B \vee x_D)) \vee (x_C \wedge (x_B \wedge x_D)]\} \tag{6.3}$$

以及交换律:

$$y_I = x_E \wedge \{[(x_B \vee x_D) \wedge x_A) \vee ((x_B \vee x_D) \wedge x_C]\} \tag{6.4}$$

用 x^* 代替 $(x_B \vee x_D)$:

$$y_I = x_E \wedge [(x^* \wedge x_A) \vee (x^* \wedge x_C)] \tag{6.5}$$

重新应用分配律：

$$y_I = x_E \wedge [x * \wedge (x_A \vee x_C)]$$
$$= x_E \wedge [(x_B \vee x_D) \wedge (x_A \vee x_C)] \quad (6.6)$$

随着概率的转换，第一种情况的可靠性结果是：

$$R_I = R_E \{[1 - (1 - R_B)(1 - R_D)][1 - (1 - R_A)(1 - R_C)]\} \quad (6.7)$$

第二种情况下，E 始终出现故障，也将采用同样的方法。在这样做时，可以直接跳到可靠性：

$$y_{II} = \bar{x}_E \wedge [(x_A \wedge x_B) \vee (x_C \wedge x_D)] \quad (6.8)$$
$$R_{II} = (1 - R_E)[1 - (1 - R_A R_B)(1 - R_C R_D)] \quad (6.9)$$

由于这两种情况相互独立，根据全概率定理将这两种情况联系起来，从而得出以下系统可靠性：

$$y = x_E \wedge [(x_A \wedge x_B) \vee (x_A \wedge x_D) \vee (x_B \wedge x_C) \vee (x_D \wedge x_C)] \vee$$
$$\bar{x}_E \wedge [(x_A \wedge x_B) \vee (x_C \wedge x_D)] \quad (6.10)$$
$$R = R_E \{[1 - (1 - R_B)(1 - R_D)][1 - (1 - R_A)(1 - R_C)]\} +$$
$$(1 - R_E)[1 - (1 - R_A R_B)(1 - R_C R_D)] \quad (6.11)$$

6.7 故障树定量计算

利用布尔代数确定了作为最小割集函数的顶事件。然后，通过在布尔表达式上应用概率并替换相应的基本事件概率值进行量化。故障树的逻辑门与布尔运算之间存在一一对应的关系。

故障树中，或门和与门经常出现。接下来分别对与门和或门的基本概率表达式进行介绍。

6.7.1 与 门

此门仅允许在所有输入事件发生时发生输出事件，表示输入事件的交集。与门相当于布尔符号"$\cap$"。例如，具有两个输入事件 A 和 B 以及输出事件 T 的与门可以用其等效的布尔表达式 $T = A \cap B$ 来表示。

顶事件 T 的概率公式由下式给出：

$$P(T) = P(A \cap B) = P(B) \times P(A \mid B) \quad (6.12)$$

如果 A 和 B 是独立事件，那么

$$\begin{cases} P(T) = P(A) \times P(B) \\ P(A \mid B) = P(A) \end{cases} \quad (6.13)$$

有

$$P(B \mid A) = P(B)$$

当 A 和 B 完全相关时（如果事件 A 发生，B 也会发生）：

$$P(T) = P(A)$$

在任何部分相关的情况下，我们可以给出 $P(T)$ 的界为

$$P(A) \cdot P(B) < P(T) < P(A) + P(B) \quad (6.14)$$

推广到 n 个输入事件，对于相互独立的情况，有

$$P(T) = P(E_1) \times P(E_2) \times \cdots \times P(E_n) \quad (6.15)$$

式中，$E_i, i = 1, 2, \cdots, n$ 为输入事件。

当 E_i 不独立时：

$$P(T) > P(E_1) \times P(E_2) \times \cdots \times P(E_n)$$

6.7.2　或　门

此门允许在任何一个或多个输入事件发生时发生输出事件，表示输入事件的并集。或门相当于布尔符号"＋"。

例如，具有两个输入事件 A 和 B 以及输出事件 T 的或门可以用其等效的布尔表达式 $T = A + B$ 来表示。

顶部事件 T 的概率公式由下式给出：

$$\begin{cases} P(T) = P(A + B) \\ P(T) = P(A) + P(B) - P(A \cap B) \end{cases} \tag{6.16}$$

式中，$P(A \cap B)$ 相当于与门的输出。

可以重新排列为 $P(T) = 1 - P(\bar{A} \cap \bar{B})$，其中 $\bar{A}$ 和 $\bar{B}$ 分别表示事件 A 和 B 不发生。

如果输入事件互斥，则

$$P(T) = P(A) + P(B)$$

如果事件 B 完全依赖于事件 A，则

$$P(T) = P(B)$$

在任何部分依赖的情况下，可以给出 $P(T)$ 的边界：

$$[P(A) + P(B) - P(A) \times P(B)] < P(T) < P(B) \not\subset P(A)$$

考虑 n 个输入事件：

$$\begin{cases} P(T) = 1 - P[\bar{E}_1 \cap \bar{E}_2 \cap \bar{E}_3 \cap \cdots \cap \bar{E}_n] \\ P(T) = \sum_{I=1}^{n} P(E_i) - \sum_{i<j} P(E_i \cap E_j) + \cdots + (-1)^{k-1} P(E_1 \cap E_2 \cap E_3 \cap \cdots \cap E_n) \end{cases} \tag{6.17}$$

如果事件发生的概率很低（例如 $P(E_i) < 0.1$）且是独立的，那么可以近似为 $P(T) = \sum_{I=1}^{n} P(E_i)$。它被称为罕见事件近似。

当 E_i 不独立时：

$$\begin{cases} P(T) = 1 - \left[P(\bar{E}_1) \cdot P\left(\dfrac{\bar{E}_2}{\bar{E}_1} \right) \cdot \cdots \cdot P\left(\dfrac{\bar{E}_n}{\bar{E}_1 \cap \bar{E}_2 \cap \cdots \cap \bar{E}_{n-1}} \right) \right] \\ P(T) > \sum_{I=1}^{n} P(E_i) \end{cases} \tag{6.18}$$

在获得故障树的定量可靠性结果之前，必须消除基本事件的重复和冗余。如果直接在故障树上进行计算而不进行简化，将得不到正确的量化结果。简化后首先通过布尔代数规则算法，获取所有最小割集。

故障树定量分析最常用的方法是上行法或下行法，以及基于计算机的蒙特卡罗数值模拟法。自上而下的逐次代换法也可以通过简单的手工计算完成。在该方法中，在故障树中的每

个门用等价布尔代数表示,只保留基本事件,使用各种布尔代数规则简化为最紧凑的形式。替换过程可以从树的顶部进行到底部,反之亦然。替换和简化过程中,广泛使用分布律、幂等律和吸收律,得到的最终表达式就是最小割集的形式,最小割集是基本事件连续积的形式,因此有

$$T = \sum_{i=1}^{n} \Big[\prod_{j=1}^{m_i} E(i,j) \Big] \tag{6.19}$$

式中,n 代表最小割集的数目;m_i 代表第 i 个最小割集中的基本事件数。

任何故障树都将由有限数量的最小割集组成,这些割集对于该顶事件是唯一的。如果存在单阶割集,那么这些单一故障的发生就可导致顶事件的发生。

例 6-5　写出"异或"门结构函数,并据此画出故障树。

解:根据"异或"门的定义:输入事件只要有一个发生,输出事件就发生,但输入事件不能同时发生;即零件只要有一个故障,机械产品将发生故障,但零件不能同时发生故障。

$$\Phi(\vec{X}) = 1 - \big[1 - x_1 \cap (1 - x_2) \big] \cap \big[1 - (1 - x_1) \cap x_2 \big]$$
$$= (\bar{x}_1 \cap x_2) \cup (\bar{x}_2 \cap x_1)$$

根据以上表达式,绘制"异或"门的故障树如图 6.15 所示。

例 6-6　某系统的故障树如图 6.16 所示,写出其结构函数。

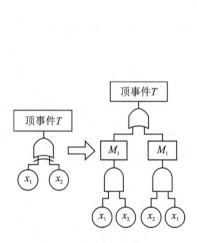

图 6.15　"异或"门故障树

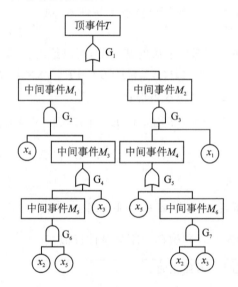

图 6.16　某系统的故障树

解:依据图 6.16 中的逻辑关系,写出故障树结构函数为

$$\Phi(\vec{X}) = \{ x_4 \cap [x_3 \cup (x_2 \cap x_5)] \} \cup \{ x_1 \cap [x_5 \cup (x_3 \cap x_2)] \}$$

一般情况下,当故障树画出后,就可以直接写出其结构函数。但是对于复杂机械产品,其结构函数是相当冗长繁杂的,这样既不便于定性分析,也不易于进行定量计算。这时可根据逻辑运算规则或最小割集的概念,对结构函数进行改写,以利于故障树的定性分析和定量计算。

用逻辑运算分配率:

$$x_4 \cap [x_3 \cup (x_2 \cap x_5)] = (x_3 \cap x_4) \cup (x_2 \cap x_5 \cap x_4)$$

$$x_1 \bigcap [x_5 \bigcup (x_3 \bigcap x_2)] = (x_1 \bigcap x_5) \bigcup (x_1 \bigcap x_3 \bigcap x_2)$$

所以

$$\Phi(\vec{X}) = (x_1 \bigcap x_5) \bigcup (x_3 \bigcap x_4) \bigcup (x_2 \bigcap x_4 \bigcap x_5) \bigcup (x_1 \bigcap x_2 \bigcap x_3)$$

同样用下行法可求得最小割集为

$$\{x_1, x_5\}, \{x_3, x_4\}, \{x_2, x_4, x_5\}, \{x_1, x_2, x_3\}$$

根据以上最小割集,其结构函数可写成

$$\Phi(\vec{X}) = (x_1 \bigcap x_5) \bigcup (x_3 \bigcap x_4) \bigcup (x_2 \bigcap x_4 \bigcap x_5) \bigcup (x_1 \bigcap x_2 \bigcap x_3)$$

6.7.3　通过最小割集求顶事件发生的概率

分别针对最小割集之间不交与相交两种情况处理。

1. 最小割集之间不相交的情况

已知故障树的全部最小割集为 $K_1, K_2, \cdots, K_{N_k}$,并且假定在一个很短的时间间隔内同时发生两个或两个以上最小割集的概率为零,且各最小割集中没有重复出现的底事件,也就是假定最小割集之间是不相交的,则有

$$T = \Phi(\vec{X}) = \bigcup_{j=1}^{N_k} K_j(t) \tag{6.20}$$

$$P[K_j(t)] = \prod_{i \in K_j} F_i(t) \tag{6.21}$$

式中,$P[K_j(t)]$ 表示在时刻 t 第 j 个最小割集发生的概率;$F_i(t)$ 表示在时刻 t 第 j 个最小割集中第 i 个部件的故障概率;N_k 为最小割集数,则有

$$P(T) = F_s(T) = P[\Phi(\vec{X})] = \sum_{j=1}^{N_k} \left(\prod_{i \in k_j} F_i(t) \right) \tag{6.22}$$

2. 最小割集之间相交的情况

(1) 精确计算顶事件发生概率的方法

在大多数情况下,底事件可能在几个最小割集中重复出现,也就是说最小割集之间是相交的。这时精确计算顶事件发生的概率就必须用相容事件的概率公式:

$$\begin{aligned}
P(T) &= P(K_1 \bigcup K_2 \bigcup \cdots \bigcup K_{N_i}) \\
&= \sum_{i=1}^{N_i} P(K_i) - \sum_{i<j=2}^{N_k} P(K_i K_j) + \sum_{i<j<k=3}^{N_k} P(K_i K_j K_k) + \cdots + \\
&\quad (-1)^{N_k-1} P(K_1, K_2, \cdots, K_{N_k})
\end{aligned} \tag{6.23}$$

式中,K_i、K_j、K_k 为第 i、j、k 个最小割集;N_k 为最小割集数。

式(6.23)共包含 $2^{N_k}-1$ 项。当最小割集数 N_k 足够大时,就会产生"组合爆炸"问题。解决的办法是先化相交和为不交和,然后再求顶事件发生概率的精确解。

① 直接化法:根据集合运算的性质,集合 K_1 和 K_2 的并可用以下两项不交和表示:

$$K_1 \bigcup K_2 = K_1 + \bar{K}_1 K_2$$

上式可用图 6.17 表示。

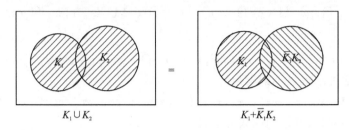

图 6.17 直接化法示意图

将上式推广到一般通式如下:

$$T = K_1 \bigcup K_2 \bigcup \cdots \bigcup K_{N_i}$$

$$= K_1 + \bar{K}_1 (K_2 \bigcup \cdots \bigcup K_{N_i})$$

$$= K_1 + \bar{K}_1 K_2 \bigcup \bar{K}_1 K_3 \bigcup \cdots \bigcup \bar{K}_1 K_{N_i}$$

$$= K_1 + \bar{K}_1 K_2 + \overline{\bar{K}_1 K_2}(\bar{K}_1 K_3 \bigcup \bar{K}_1 K_4 \bigcup \cdots \bigcup \bar{K}_1 K_{N_i})$$

$$= K_1 + \bar{K}_1 K_2 + (K_1 \bigcup \bar{K}_2)(\bar{K}_1 K_3 \bigcup \bar{K}_1 K_4 \bigcup \cdots \bigcup \bar{K}_1 K_{N_i})$$

$$= K_1 + \bar{K}_1 K_2 + (K_1 \bigcup \bar{K}_2)(\bar{K}_1 K_3 \bigcup \bar{K}_1 K_4 \bigcup \cdots \bigcup \bar{K}_1 K_{N_i})$$

$$= K_1 + \bar{K}_1 K_2 + \bar{K}_1 \bar{K}_2 K_3 \bigcup \bar{K}_1 \bar{K}_2 K_4 \bigcup \cdots \bigcup \bar{K}_1 \bar{K}_2 K_{N_i}$$

$$= K_1 + \bar{K}_1 K_2 + \bar{K}_1 \bar{K}_2 K_3 + \overline{\bar{K}_1 \bar{K}_2 K_3}(\bar{K}_1 \bar{K}_2 K_4 \bigcup \cdots \bigcup \bar{K}_1 \bar{K}_2 K_{N_i})$$

$$= \cdots \tag{6.24}$$

按上式递推,直到将全部相交和化为不交和为止。

② 递推化法:根据集合运算的性质,集合 K_1、K_2 和 K_3 的并可简化为

$$K_1 \bigcup K_2 \bigcup K_3 = K_1 + \bar{K}_1 K_2 + \bar{K}_1 \bar{K}_2 K_3$$

如图 6.18 所示,将其推广到一般情况,则

$$T = K_1 \bigcup K_2 \bigcup \cdots \bigcup K_{N_i}$$

$$= K_1 + \bar{K}_1 K_2 + \bar{K}_1 \bar{K}_2 K_3 + \cdots + \bar{K}_1 \bar{K}_2 \bar{K}_3 \cdots \bar{K}_{N_i-1} K_{N_i} \tag{6.25}$$

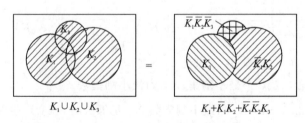

图 6.18 递推化法示意图

例 6-7 故障树如图 6.19 所示,其中 $F_A = F_B = 0.2, F_C = F_D = 0.3, F_E = 0.36$。该故障树的最小割集为 $K_1 = \{A, C\}$, $K_2 = \{B, D\}$, $K_3 = \{A, D, E\}$, $K_4 = \{B, C, E\}$,求顶事件发生的概率。

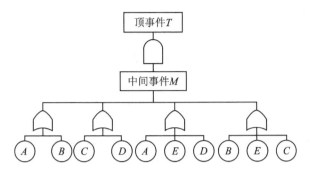

图 6.19　故障树示例

解：直接化法。

$$T = K_1 \bigcup K_2 \bigcup K_3 \bigcup K_4$$
$$= K_1 + \bar{K}_1(K_2 \bigcup K_3 \bigcup K_4)$$
$$= AC + \overline{AC}(BD \bigcup ADE \bigcup BCE)$$
$$= AC + (\bar{A} \bigcup \bar{C})(BD \bigcup ADE \bigcup BCE)$$
$$= AC + \bar{A}BD + \overline{\bar{A}BD}(\bar{A}BCE \bigcup \bar{C}BD \bigcup \bar{C}ADE)$$
$$= \cdots$$
$$= AC + \bar{A}BD + A\bar{C}BD + \bar{D}ABCE + \bar{B}CADE$$

所以

$$P(T) = P(A)P(C) + P(\bar{A})P(B)P(D) + P(A)P(\bar{C})P(B)P(D) +$$
$$P(\bar{D})P(\bar{A})P(B)P(C)P(E) + P(\bar{B})P(\bar{C})P(A)P(D)P(E)$$
$$= 0.2 \times 0.3 + 0.8 \times 0.2 \times 0.3 + 0.2 \times 0.7 \times 0.2 \times 0.3 +$$
$$0.7 \times 0.8 \times 0.2 \times 0.3 \times 0.36 + 0.8 \times 0.7 \times 0.2 \times 0.3 \times 0.36$$
$$= 0.140\,592$$

递推化法：

$$T = K_1 \bigcup K_2 \bigcup K_3 \bigcup K_4$$
$$= K_1 + \bar{K}_1 K_2 + \bar{K}_1 \bar{K}_2 K_3 + \bar{K}_1 \bar{K}_2 \bar{K}_3 K_4$$
$$= \cdots$$
$$= AC + \bar{A}BD + AB\bar{C}D + \bar{C}BAED + \bar{A}DBCE$$

与直接化结果相同，所以

$$P(T) = 0.140\,592$$

（2）近似计算顶事件发生概率的方法

如前所述按式（6.23）计算顶事件发生概率的精确解，当故障树中最小割集数较多时会发生"组合爆炸"问题。即使用直接化法或递推化法将相交和化为不交和，计算量也是相当惊人的。但在许多实际问题中，这种精确计算是不必要的，这是因为：

① 统计得到的基本数据往往不是很准确的，因此当用底事件的数据计算顶事件发生的概率值时，精确计算没有实际意义。

② 对于武器装备等情况,产品在设计阶段给定的可靠度要求比较高,不可靠度是很小的。故障树顶事件发生的概率(就是机械产品的不可靠度)计算收敛得非常快,$2^{N_k}-1$ 项的代数和中起主要作用的是首项或首项及第二项,后面一些的数值极小。所以在实际计算时,往往取式(6.23)的首项来近似:

$$P(T) \approx S_1 = \sum_{i=1}^{N_k} P(K_i) \tag{6.26}$$

式(6.23)的第二项为

$$S_2 = \sum_{i<j=2}^{N_k} P(K_i K_j) \tag{6.27}$$

因此,取前两项的近似算式:

$$P(T) \approx S_1 - S_2 = \sum_{i=1}^{N_k} P(K_i) - \sum_{i<j=2}^{N_k} P(K_i K_j) \tag{6.28}$$

例 6 - 8 以图 6.19 所示的故障树为例,求该树顶事件发生概率的近似解,其中

$$F_A = F_B = 0.2, \quad F_C = F_D = 0.3, \quad F_E = 0.36$$

该故障树的最小割集为

$$K_1 = \{A, C\}, \quad K_2 = \{B, D\}, \quad K_3 = \{A, D, E\}, \quad K_4 = \{B, C, E\}$$

解:

$$P(T) \approx \sum_{i=1}^{N_k} P(K_i) = P(K_1) + P(K_2) + P(K_3) + P(K_4)$$

$$= P(A)P(C) + P(B)P(D) + P(A)P(D)P(E) + P(B)P(C)P(E)$$

$$= 2 \times 0.2 \times 0.3 + 2 \times 0.2 \times 0.36 = 0.163\ 2$$

顶事件发生概率的精确值为 0.140 592,其相对误差:

$$\varepsilon_1 = \frac{0.140\ 592 - 0.163\ 2}{0.140\ 592} = -16.1\%$$

按式(6.27),有

$$S_2 = \sum_{i<j=2}^{N_k} P(K_i K_j)$$

$$= P(K_1 K_2) + P(K_1 K_3) + P(K_1 K_4) + P(K_2 K_3) + P(K_2 K_4) + P(K_3 K_4)$$

$$= P(A)P(C)P(B)P(D) + P(A)P(C)P(D)P(E) + P(A)P(B)P(C)P(E) +$$

$$\quad P(B)P(D)P(A)P(E) + P(B)P(D)P(C)P(E) + P(A)P(D)P(B)P(C)P(E)$$

$$= 0.026\ 496$$

$$P(T) \approx S_1 - S_2 = 0.163\ 2 - 0.026\ 496 = 0.136\ 704$$

其相对误差:

$$\varepsilon_2 = (0.140\ 592 - 0.136\ 704)/0.140\ 592 = 2.76\%$$

该故障树的底事件故障概率是相当高的,按式(6.28)的误差尚且不大,当底事件故障概率降低后,相对误差会大大地减小。

6.7.4　重要度分析

底事件或最小割集对顶事件发生的贡献称为该底事件或最小割集的重要度。一般情况下,机械产品中各零部件的重要程度不同,如有的零部件一出现故障就会引起系统故障,有的则不然。因此,按照底事件或最小割集对顶事件发生的重要性来排队,对改进机械产品设计是十分有用的。在工程设计中,在以下几方面可应用重要度分析:

① 改善机械产品设计。

② 确定机械产品需要监测的部位。

③ 制定机械产品故障诊断时的核对清单等。

重要度是系统结构、零部件的寿命分布及时间的函数。由于设计的对象不同,要求不同,因此重要度也有不同的含义,无法规定一个统一的重要度标准。本节仅介绍几个常用的重要度概念及其计算方法。

1. 概率重要度

定义:概率重要度是第 i 个部件不可靠度的变化引起系统不可靠度变化的程度,用数学公式表达为

$$\Delta g_i(t) = \frac{\partial g[\vec{F}(t)]}{\partial F_i(t)} = \frac{\partial F_s(t)}{\partial F_i(t)} \tag{6.29}$$

式中,$\Delta g_i(t)$ 为概率重要度;$F_i(t)$ 为零部件不可靠度;$g[\vec{F}(t)]$ 为顶事件发生概率,$\vec{F}(t) = [F_1(t), F_2(t), \cdots, F_n(t)]$;$F_s(t)$ 为系统不可靠度,$F_s(t) = P(T) = g[\vec{F}(t)]$。

由全概率公式:

$$P(T) = P[X_i(t) = 1] \cdot P[T \mid X_i(t) = 1] + P[X_i(t) = 0] \cdot P[T \mid X_i(t) = 0]$$

$$= F_i(t) g[1_i, \vec{F}(t)] + [1 - F_i(t)] g[0_i, \vec{F}(t)]$$

代入式(6.29)得

$$\Delta g_i(t) = g[1_i, \vec{F}_i(t)] - g[0_i, \vec{F}(t)]$$

$$= E[\Phi(1_i, \vec{X}(t)) - \Phi(0_i, \vec{X}(t))]$$

$$= P\{[\Phi(1_i, \vec{X}(t)) - \Phi(0_i, \vec{X}(t))] = 1\} \tag{6.30}$$

2. 结构重要度

定义:结构重要度是指零部件在机械产品中所处位置的重要程度,与零部件本身故障概率无关。其数学表达式为

$$\begin{cases} I_i^\varphi = \dfrac{1}{2^{n-1}} n_i^\varphi \\ n_i^\varphi = \displaystyle\sum_{2^{n-1}} [\Phi(1_i, \vec{X}) - \Phi(0_i, \vec{X})] \end{cases} \tag{6.31}$$

式中,I_i^φ 为第 i 个零部件的结构重要度;n 为机械产品所含零部件的数量。

当机械产品中第 i 个部件由正常状态(0)变为故障状态(1),其他部件状态不变时,机械产品可能有以下四种状态:

① $\Phi(0_i, \vec{X}) = 0 \to \Phi(1_i, \vec{X}) = 1$,$\Phi(1_i, \vec{X}) - \Phi(0_i, \vec{X}) = 1$;

② $\Phi(0_i,\vec{X})=0\rightarrow\Phi(1_i,\vec{X})=0,\Phi(1_i,\vec{X})-\Phi(0_i,\vec{X})=0$；

③ $\Phi(0_i,\vec{X})=1\rightarrow\Phi(1_i,\vec{X})=1,\Phi(1_i,\vec{X})-\Phi(0_i,\vec{X})=0$；

④ $\Phi(0_i,\vec{X})=1\rightarrow\Phi(1_i,\vec{X})=0,\Phi(1_i,\vec{X})-\Phi(0_i,\vec{X})=-1$。

由于研究的是单调关联系统，所以最后一种情况不予考虑。

一个由 n 个零部件组成的机械产品，当第 i 个零件处于某一状态时，其余 $n-1$ 个零件可能有 2^{n-1} 种状态组合。显然式(6.31)就是第一种情况发生次数的累加，所以 I_i^{φ} 可以作为第 i 个部件对机械产品故障贡献大小的量度。

3. 关键重要度

定义：关键重要度是指第 i 个零部件故障概率变化所引起机械产品故障概率的变化率。它体现了改善一个比较可靠的零部件比改善一个不太可靠的零部件困难这一性质，数学表达式为

$$I_i^{CR}(t)=\lim_{\Delta F_i(t)\rightarrow0}\left(\frac{\Delta g[\vec{F}(t)]}{g[\vec{F}(t)]}\middle/\frac{\Delta F_i(t)}{F_i(t)}\right)=\frac{F_i(t)}{g[\vec{F}(t)]}\cdot\frac{\partial g[\vec{F}(t)]}{\partial F_i(t)}=\frac{F_i(t)}{F_s(t)}\cdot\Delta g_i(t)$$

$$(6.32)$$

式中，I_i^{CR} 为关键重要度；$F_i(t)\cdot\Delta g_i(t)$ 为第 i 个零部件故障引发机械产品故障的概率，此数值越大，表明第 i 个零部件引发机械产品故障的概率越大。因此，对机械产品进行检修时应首先检查关键重要度大的零部件。

例 6-9 故障树如图 6.20 所示。已知：$\lambda_1=0.001/\mathrm{h},\lambda_2=0.002/\mathrm{h},\lambda_3=0.003/\mathrm{h}$。试求当 $t=100\ \mathrm{h}$ 时各零件的概率重要度、结构重要度和关键重要度。

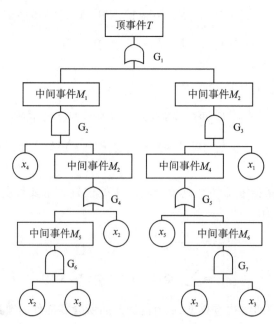

图 6.20　某系统的故障树

解：

① 概率重要度：

$$F_s(t) = 1 - [1 - F_1(t)][1 - F_2(t)F_3(t)]$$

所以

$$\Delta g_1(100) = 1 - F_2(100)F_3(100)$$
$$= 1 - (1 - e^{-0.002 \times 100})(1 - e^{-0.003 \times 100}) = 0.953$$
$$\Delta g_2(100) = [1 - F_1(100)]F_3(100) = 0.234\,5$$
$$\Delta g_3(100) = [1 - F_2(100)]F_3(100) = 0.164$$

显然，零件 1 最重要。

② 结构重要度：

该系统有三个零件，所以共有 $2^3 = 8$ 种状态。

$$\Phi(0,0,0) = 0, \quad \Phi(1,0,0) = 1, \quad \Phi(1,0,1) = 1, \quad \Phi(0,1,0) = 0,$$
$$\Phi(0,1,1) = 1, \quad \Phi(1,1,1) = 1, \quad \Phi(0,0,1) = 0, \quad \Phi(1,1,0) = 1$$

$$n_1^\phi = [\Phi(1,0,0) - \Phi(0,0,0)] + [\Phi(1,0,1) - \Phi(0,0,1)] + [\Phi(1,1,0) - \Phi(0,1,0)] = 3$$
$$n_2^\phi = [\Phi(0,1,1) - \Phi(0,0,1)] = 1$$
$$n_3^\phi = [\Phi(0,1,1) - \Phi(0,1,0)] = 1$$

所以

$$I_1^\varphi = \frac{1}{2^{3-1}} n_1^4 = \frac{3}{4}, \quad I_2^\varphi = I_3^\varphi = \frac{1}{4}$$

显然零件 1 在结构中所占位置比零件 2、3 更重要。

③ 关键重要度：

$$I_1^{CR}(100) = \Delta g_1(100)\frac{F_1(100)}{F_s(100)} = 0.953 \times \frac{0.095\,2}{0.137\,7} = 0.658\,8$$

$$I_2^{CR}(100) = \Delta g_2(100)\frac{F_2(100)}{F_s(100)} = 0.234\,5 \times \frac{0.181\,3}{0.137\,7} = 0.380\,7$$

$$I_3^{CR}(100) = \Delta g_3(100)\frac{F_3(100)}{F_s(100)} = 0.164\,0 \times \frac{0.259\,2}{0.137\,7} = 0.380\,7$$

显然零件 1 最关键。

习题 6

1. 什么是故障树分析？从分析目的、逻辑推理的方法、分析的系统层级方向和结果输出等，说明 FTA 和 FMEA 的不同。

2. 请介绍故障树定性分析的基本程序。

3. 举例说明零部件的直接失效、间接失效和诱因失效三种失效原因。

4. 以图 6.1 所示的泰坦尼克号海难事故为例，展开分析 M2"大多数乘员落水"和 M3"未得到及时救援"，至故障树的标准输入底事件为止，完成建立故障树。

5. 分别以例 6-1 中 M121"输出轴失效"和 M123"轴承 C/D 失效"为顶事件，通过逻辑演绎推理，完成建立故障树。

6. A、B、C、D、E、F、G、H 均为底事件。按下列逻辑关系建造故障树，T 为顶事件。

(1) $T=(A\cup B)\cap(C\cup D\cup E)\cap(F\cup G)$；

(2) $T=(A\cap B)\cup(C\cap D\cap E)\cup(F\cap G)$；

(3) $T=(A\cup B\cup C)\cap D\cup E\cup(F\cap G)\cup H$；

(4) $T=A\cup(B\cup C\cup D)\cap(E\cup F\cup G)\cap H$。

7. 如图 6.21 所示的可靠性框图中，I 代表输入，O 代表输出，请根据已知框图定义顶事件为输出 O 失效，请根据顶事件绘制出相应的故障树，并用各个零件可靠性 R_i 表示系统的失效概率 F_s。

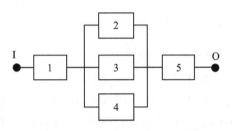

图 6.21　某机械产品可靠性框图

8. 某型客机的起落架系统组成原理如图 6.22 所示，其中的起落架系统将在如下情况发生失效：前方起落架或后方右侧起落架与后方左侧起落架或右侧机翼下起落架失效。若起落架下任意机轮失效，则判定该起落架失效。

(1) 以"起落架系统的失效"为顶事件，建立故障树；

(2) 写出布尔函数；

(3) 绘制可靠性框图，给出可靠性方程 R_s。

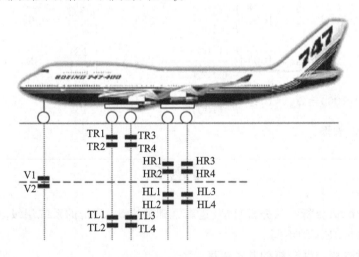

图 6.22　某型客机起落架系统构成示意图

9. 某机械产品的故障树如图 6.23 所示，请分别用上行法和下行法求该故障树的最小割集。若已知 $\lambda_1=0.0001\ 1/\text{h}$，$\lambda_2=\lambda_3=\lambda_4=0.000\ 15/\text{h}$，$\lambda_5=\lambda_6=0.000\ 5/\text{h}$，$\lambda_7=\lambda_8=0.000\ 75/\text{h}$，试计算该机械产品工作 100 h 时，顶事件发生的概率。

10. 某故障树的最小割集为 $\{E,D\}$，$\{A,B,E\}$，$\{B,D,E\}$，$\{A,B,C\}$。已知：$R_A=R_C=$

$0.8, R_D = R_E = 0.7, R_B = 0.64$。试用直接化法和递推化法求顶事件发生的概率。

11. 如图 6.24 所示的机械产品故障树,已知 $\lambda_1 = 0.000\ 1/h, \lambda_2 = 0.000\ 15/h, \lambda_3 = 0.000\ 2/h, \lambda_4 = 0.000\ 23/h$。试计算该机械产品工作 50 h 时各零件的概率重要度、结构重要度及关键重要度。若要提高该机械产品的可靠性,首先改进哪个零件?

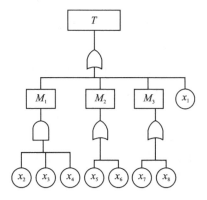

图 6.23　某机械产品的故障树(1)

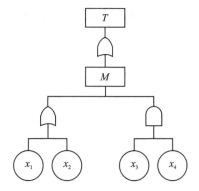

图 6.24　某机械产品的故障树(2)

第7章 概率性能设计

概率性能设计以常规机械设计的原理、方法及其计算公式为基础,将常规设计中的设计变量设为服从某种分布规律的随机变量,运用概率统计和机械强度理论、机械动力学和运动学理论,推导出在给定驱动力(力矩)、动部件质量和惯性矩、运动副摩擦特性、材料机械特性等设计条件下的动力性能、运动性能和机械性能等的可靠度表达式,据此确定在给定可靠度和已知设计输入条件下的未知设计变量(如零部件的结构尺寸),并计算求出在给定的工况和环境条件下的性能可靠度。

本章分别讲述概率性能设计数学基础,干涉模型,概率性能设计数据准备和步骤流程,机械零部件的静强度、刚度等典型失效模式概率性能设计,典型机械零部件概率性能设计和例题。

7.1 相关数学基础

7.1.1 随机设计变量和随机向量

机械产品性能是否可靠是一个不确定性事件,不确定性来源于机械设计相关变量的随机因素;在概率性能设计中,需将这些设计变量视为随机变量 x_i,如驱动力(力矩)、动部件质量和惯性矩、运动副摩擦特性、材料机械特性、零部件尺寸、载荷等。将多个随机设计变量看作函数和方程的向量变量进行分析时,可用随机设计向量 $\boldsymbol{x}=(x_1,x_2,\cdots,x_n)$ 表示。单个随机设计变量 x_i 的随机特性由其概率密度函数 $f_{x_i}(x)$ 或概率分布函数 $F_{x_i}(x)$ 描述;对于随机设计向量,其随机特性则由其联合概率密度函数 $f_x(x_1,x_2,\cdots,x_n)$ 或联合概率分布函数 $F_x(x_1,x_2,\cdots,x_n)$ 描述。

按照自然界中随机事件的性质不同,随机设计变量可分为离散型和连续型。不管是离散型随机变量还是连续型随机变量,都可采用随机变量的统计特征来反映其某一方面的概率特性,如均值(一阶矩)反映了随机变量分布的集中特征,方差(二阶矩)反映了随机变量分布的离散程度。

1. 二维随机向量联合概率分布

设 $\boldsymbol{x}=(x_1,x_2)$ 是二维随机向量,对于任意实数 x_1'、x_2',二元函数

$$F(x_1',x_2')=P\{x_1\leqslant x_1',x_2\leqslant x_2'\} \tag{7.1}$$

称为二维随机向量的分布函数,或随机向量的 x_1、x_2 联合分布函数。

对于连续型随机向量,$F(x_1,x_2)$ 可以表示为概率密度函数 $f(x_1,x_2)$ 的积分。二维正态随机向量的联合和边缘概率密度函数如图 7.1 所示。

$$F(x_1,x_2)=\int_{-\infty}^{x_2}\int_{-\infty}^{x_1}f(x_1,x_2)\,\mathrm{d}x_1\mathrm{d}x_2 \tag{7.2}$$

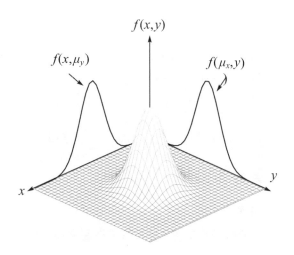

图 7.1　二维正态随机向量的联合和边缘概率密度函数

2. n 维随机向量联合概率分布函数

同一维随机变量类似,对于 n 维随机变量,当 $x_1 \leqslant x'_1, x_2 \leqslant x'_2, \cdots, x_n \leqslant x'_n$ 时的联合概率应等于它的联合概率分布函数,即

$$P\{x_1 \leqslant x'_1, x_2 \leqslant x'_2, \cdots, x_n \leqslant x'_n\}$$

$$= \int_{-\infty}^{x'_1} \cdots \int_{-\infty}^{x'_2} f(x_1, x_2, \cdots, x_n)\,\mathrm{d}x_1 \mathrm{d}x_2 \cdots \mathrm{d}x_n \tag{7.3}$$

反之,联合概率密度函数也可定义为

$$f(x_1, x_2, \cdots, x_n)$$

$$= \partial^n F(x_1, x_2, \cdots, x_n) / \partial x_1 \partial x_2 \cdots \partial x_n \tag{7.4}$$

式中,$f(x_1, x_2, \cdots, x_n)$ 为非负的多元函数。

利用无穷小事件的概念,可建立联合概率密度函数的乘法法则,n 维随机向量无穷小事件的联合概率为 $f(x_1, x_2, \cdots, x_n)\mathrm{d}x_1 \mathrm{d}x_2 \cdots \mathrm{d}x_n$,然而,当 n 个随机变量相互独立时,其无穷小事件相互独立,可得

$$f(x_1, x_2, \cdots, x_n)\mathrm{d}x_1 \mathrm{d}x_2 \cdots \mathrm{d}x_n = f(x_1)\mathrm{d}x_1 \cdot f(x_2)\mathrm{d}x_2 \cdot \cdots \cdot f(x_n)\mathrm{d}x_n$$

或

$$f(x_1, x_2, \cdots, x_n) = f(x_1) \cdot f(x_2) \cdot \cdots \cdot f(x_n) \tag{7.5}$$

因此,n 维独立随机变量的联合概率密度函数可用各独立随机变量概率密度函数的乘积表示。

3. n 维随机向量的边缘概率密度函数和条件概率密度函数

为简化讨论,现以二维随机向量为例,其分析结论可以直接推广到 n 维随机向量。当变量相关时,设二维随机变量的联合概率密度密度函数为 $f(x_1, x_2)$,在给定 $x_2 = x'_2$ 的条件下,利用无穷小事件,可以写出 x_1 在 $\mathrm{d}x_1$ 发生的概率为

$$P\{x_1 \text{ 在 } \mathrm{d}x_1 \text{ 发生的概率} \mid x_2 = x'_2\} \Rightarrow f(x_1 \mid x_2)\mathrm{d}x_1 = \frac{f(x_1, x_2)\mathrm{d}x_1 \mathrm{d}x_2}{f(x_2)\mathrm{d}x_2} \tag{7.6}$$

或

$$f(x_1 \mid x_2) = \frac{f(x_1, x_2)}{f(x_2)} \tag{7.7}$$

称 $f(x_1 \mid x_2)$（或 $f(x_2 \mid x_1)$）为条件概率密度函数,而 $f(x_1)$ 或 $f(x_2)$ 为边缘概率密度函数。利用无穷小事件方法,其边缘概率密度函数为

$$f(x_1) = \int_{-\infty}^{+\infty} f(x_1 \mid x_2) f(x_2) \, dx_2 = \int_{-\infty}^{+\infty} f(x_1, x_2) \, dx_2 \tag{7.8}$$

$$f(x_2) = \int_{-\infty}^{+\infty} f(x_2 \mid x_1) f(x_1) \, dx_1 = \int_{-\infty}^{+\infty} f(x_1, x_2) \, dx_1 \tag{7.9}$$

7.1.2　随机设计变量分布的矩

1. 分布均值和数学期望

对于连续型随机变量 x,加权平均值 μ_x 与其数学期望 $E(x)$ 为

$$\mu_x = E(x) = \int_{-\infty}^{+\infty} x f(x) \, dx \tag{7.10}$$

2. 方差和标准差

对于连续型随机变量 x,其方差 $D(x)$ 为

$$D(x) = \int_{-\infty}^{+\infty} (x - \mu_x)^2 f(x) \, dx \tag{7.11}$$

标准差 σ_x 为

$$\sigma_x = \sqrt{D(x)} \tag{7.12}$$

3. n 维随机向量的分布矩

对于多维随机向量,不仅需要知道各个随机变量对其均值的分散程度,还要说明各随机变量相互关系的数字特征。例如,对于二维随机向量 $x = (x_1, x_2)$,随机变量 x_1 和 x_2 的分布均值表示为

$$\mu_1 = E(x_1) = \int_{-\infty}^{+\infty} \int_{-\infty}^{+\infty} x_1 f(x_1, x_2) \, dx_1 dx_2 \tag{7.13}$$

$$\mu_2 = E(x_2) = \int_{-\infty}^{+\infty} \int_{-\infty}^{+\infty} x_2 f(x_1, x_2) \, dx_1 dx_2 \tag{7.14}$$

方差可表示为

$$\sigma_1^2 = D(x_1) = \int_{-\infty}^{+\infty} \int_{-\infty}^{+\infty} (x_1 - \mu_1)^2 f(x_1, x_2) \, dx_1 dx_2 \tag{7.15}$$

$$\sigma_2^2 = D(x_2) = \int_{-\infty}^{+\infty} \int_{-\infty}^{+\infty} (x_2 - \mu_2)^2 f(x_1, x_2) \, dx_1 dx_2 \tag{7.16}$$

x_1 和 x_2 的联合均值可表示为

$$\mu_{12} = \int_{-\infty}^{+\infty} \int_{-\infty}^{+\infty} x_1 x_2 f(x_1, x_2) \, dx_1 dx_2 \tag{7.17}$$

当 x_1 和 x_2 统计独立时,

$$\mu_{12} = \int_{-\infty}^{+\infty} \int_{-\infty}^{+\infty} x_1 x_2 f(x_1, x_2) \, dx_1 dx_2$$

$$= \int_{-\infty}^{+\infty} x_1 f(x_1, x_2) \, dx_1 \cdot \int_{-\infty}^{+\infty} x_2 f(x_1, x_2) \, dx_2$$

$$= \mu_1 \mu_2 \tag{7.18}$$

x_1 和 x_2 联合方差称为协方差：

$$\sigma_{12}^2 = \int_{-\infty}^{+\infty} \int_{-\infty}^{+\infty} (x_1 - \mu_1)(x_2 - \mu_2) f(x_1, x_2) \, dx_1 dx_2 = \mathrm{Cov}(x_1, x_2) \quad (7.19)$$

协方差具有以下两个性质：

① $\mathrm{Cov}(x_1, x_2) = \mathrm{Cov}(x_2, x_1)$；

② 对于两个连续随机变量 x_1 和 x_2，有

$$\mathrm{Cov}(x_1, x_2) = \int_{-\infty}^{+\infty} \int_{-\infty}^{+\infty} (x_1 - \mu_{x_1})(x_2 - \mu_{x_2}) f_{x_1 x_2}(x_1, x_2) \, dx_1 dx_2 \quad (7.20)$$

在概率论与统计学中，常用一个标准化的系数表示两个随机变量间的相关性，定义无量纲系数

$$\rho_{12} = \frac{\mathrm{Cov}(x_1, x_2)}{\sigma_1 \sigma_2} \quad (7.21)$$

式中，ρ_{12} 为二维随机变量 x_1 和 x_2 的相关系数，其值为 $-1 \leqslant \rho_{12} \leqslant 1$，它的大小表示了两个随机变量之间相关的程度。其几何意义如图 7.2 所示。当 $\rho_{12} = 0$ 时，x_1 和 x_2 是互为独立的；当 $\rho_{12} > 0$ 时，为正相关，即 x_1 增大时 x_2 亦有增大的趋势；当 $\rho_{12} < 0$ 时，为负相关。因此，相关系数的大小是两个随机变量相互之间的线性关系程度的一种度量。当两个随机变量之间为非线性关系时，即使在随机变量之间存在着完全的函数关系，ρ 仍等于 0。

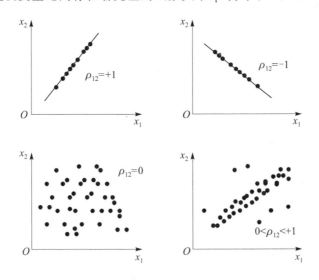

图 7.2　相关系数 ρ_{12} 的几何意义

作为二维随机向量的推广，定义 $\boldsymbol{D}_x$ 为 n 维随机向量 x 的协方差矩阵：

$$\boldsymbol{D}_x = \boldsymbol{\Sigma} = \begin{bmatrix} c_{11} & c_{12} & \cdots & c_{1n} \\ c_{21} & c_{22} & \cdots & c_{2n} \\ \vdots & \vdots & \ddots & \vdots \\ c_{n1} & c_{n2} & \cdots & c_{3n} \end{bmatrix} \quad (7.22)$$

式中，对角元素 $c_{ii} (i = 1, 2, \cdots, n)$ 为 x_i 的方差，即

$$c_{ii} = \int_{-\infty}^{+\infty} \cdots \int_{-\infty}^{+\infty} (x_i - \mu_i)^2 f(x_1, x_2, \cdots, x_n) \, dx_1 dx_2 \cdots dx_n \quad (7.23)$$

非对角元素 $c_{ij}(i \neq j, i, j = 1, 2, \cdots, n)$ 为 x_i 与 x_j 的协方差,即

$$c_{ij} = \int_{-\infty}^{+\infty} \cdots \int_{-\infty}^{+\infty} (x_i - \mu_i)(x_j - \mu_j) f(x_1, x_2, \cdots, x_n) \, \mathrm{d}x_1 \mathrm{d}x_2 \cdots \mathrm{d}x_n \quad (7.24)$$

x_i 与 x_j 的相关系数可表示为

$$\rho_{ij} = \frac{\mathrm{Cov}(x_i, x_j)}{\sqrt{c_{ii}} \cdot \sqrt{c_{jj}}} \quad (7.25)$$

由相关系数组成的矩阵

$$\boldsymbol{\rho} = \begin{bmatrix} \rho_{11} & \rho_{12} & \cdots & \rho_{1n} \\ \rho_{21} & \rho_{22} & \cdots & \rho_{2n} \\ \vdots & \vdots & & \vdots \\ \rho_{n1} & \rho_{n2} & \cdots & \rho_{nn} \end{bmatrix} \quad (7.26)$$

称为随机向量的相关矩阵,它也是对称矩阵,其对角各元素是 1。

也可采用协方差矩阵表示两个随机向量的相关性。对于具有 n 个随机变量的随机向量,协方差矩阵定义为

$$[\boldsymbol{C}] = \begin{bmatrix} \mathrm{Cov}(x_1, x_1) & \mathrm{Cov}(x_1, x_2) & \cdots & \mathrm{Cov}(x_1, x_n) \\ \mathrm{Cov}(x_2, x_1) & \mathrm{Cov}(x_2, x_2) & \cdots & \mathrm{Cov}(x_2, x_n) \\ \vdots & \vdots & \ddots & \vdots \\ \mathrm{Cov}(x_n, x_1) & \mathrm{Cov}(x_n, x_2) & \cdots & \mathrm{Cov}(x_n, x_n) \end{bmatrix} \quad (7.27)$$

二维正态分布随机向量是一种最重要和常用的多维随机变量,其联合概率密度函数为

$$f(x_1, x_2) = \frac{1}{2\pi\sigma_1\sigma_2\sqrt{1-\rho_{12}}} \exp\left\{ \frac{-1}{2(1-\rho_{12}^2)} \times \right.$$
$$\left. \left[\left(\frac{x_1-\mu_1}{\sigma_1}\right)^2 - 2\rho_{12}\left(\frac{x_1-\mu_1}{\sigma_1}\right)\left(\frac{x_2-\mu_2}{\sigma_2}\right) + \left(\frac{x_2-\mu_2}{\sigma_2}\right)^2 \right] \right\}$$
$$-\infty < x_1 < +\infty, \quad -\infty < x_2 < +\infty \quad (7.28)$$

在给定的 $x_2 = b$ 条件下,x_1 的条件概率密度函数为

$$f(x_1 \mid x_2) = \frac{1}{\sqrt{2\pi}\sigma_1\sqrt{1-\rho_{12}}} \exp\left\{ -\frac{1}{\alpha} \left[\frac{x_1 - \mu_1 - \rho_{12}(\sigma_1/\sigma_2)(x_2-\mu_2)}{\sigma_1\sqrt{1-\rho_{12}^2}} \right]^2 \right\} \quad (7.29)$$

而 x_1 的边缘概率密度函数为

$$f(x_1) = \frac{1}{\sqrt{2\pi}\sigma_1} \exp\left[-\frac{1}{2}\left(\frac{x_1-\mu_1}{\sigma_1}\right)^2 \right] \quad (7.30)$$

它们均服从正态分布。其条件均值和方差分别为

$$E\{x_1 \mid x_2\} = \mu_1 - \rho_{12}(\sigma_1 \mid \sigma_2)(x_2 - \mu_2) \quad (7.31)$$

$$D\{x_1 \mid x_2\} = \sigma_1^2(1 - \rho_{12}^2) \quad (7.32)$$

同理,也可以推导出在 $x_1 = a$ 条件下的 x_2 的条件概率密度函数及其均值和方差。

对于 n 维正态随机向量的联合概率密度函数一般可以表示为

$$f(\boldsymbol{x}) = \frac{1}{\sqrt{2\pi}\,|\boldsymbol{\Sigma}|^{1/2}} \exp\left[-\frac{1}{2}(\boldsymbol{x}-\boldsymbol{\mu})\boldsymbol{\Sigma}^{-1}(\boldsymbol{x}-\boldsymbol{\mu})^{\mathrm{T}} \right]$$
$$-\infty < x_i < +\infty; \quad i = 1, 2, \cdots, n \quad (7.33)$$

7.1.3　随机设计变量函数的矩

通过泰勒级数展开,用矩法近似确定随机变量 x 的函数 $z(x)$ 的均值及标准差。

1. 一维随机函数

设 z 为正态分布随机变量 x 的函数 $z=z(x)$,x 的均值 μ_x 和方差 σ_x 已知,用泰勒级数展开近似求解 z 的均值 μ_z 和方差 σ_z。现将 $z=z(x)$ 在 $x=\mu_x$ 处展开,得

$$z=z(x)$$
$$\approx z(\mu_x)+(x-\mu_x)z'(\mu_x)+\frac{(x-\mu_x)^2}{2!}z''(\mu_x)+\cdots$$

对上式两边取数学期望,取线性近似解

$$E(z)=E[z(x)]$$
$$=E[z(\mu_x)]+E[(x-\mu_x)z'(\mu_x)]+E\left[\frac{(x-\mu_x)^2}{2!}z''(\mu_x)\right]+\cdots$$
$$\approx z(\mu_x)+\frac{1}{2}E\{[x-E(x)]^2\}z''(\mu_x)$$
$$\approx z(\mu_x)+\frac{1}{2}z''(\mu_x)D(x) \tag{7.34}$$

若 $D(x)$ 很小,则有 $E(z)\approx z(\mu_x)$。

对上式两边取方差,取线性近似解

$$D(z)=D[z(x)]$$
$$=D[z(\mu_x)]+D[(x-\mu_x)z'(\mu_x)]+\cdots$$

因为 $z(\mu_x)$ 为常量,所以

$$D(z)\approx D[z(x)]=D(x)[z'(\mu_x)]^2 \tag{7.35}$$

2. n 维随机函数

设 z 为正态分布随机向量 $\boldsymbol{x}$ 的函数 $z=z(\boldsymbol{x})$,$\boldsymbol{x}$ 的均值 $\boldsymbol{\mu}_x$ 和标准差 $\boldsymbol{\sigma}_x$ 已知,用泰勒级数展开近似求解 z 的均值 μ_z 和方差 σ_z。现将 $z=z(\boldsymbol{x})$ 在 $\boldsymbol{x}=\boldsymbol{\mu}$ 处展开,得

$$z=z(\boldsymbol{x})=z(x_1,x_2,\cdots,x_n)$$
$$\approx z(\mu_{x_1},\mu_{x_2},\cdots,\mu_{x_n})+\sum_{i=1}^{n}\left[\left(\frac{\partial z(\boldsymbol{x})}{\partial x_i}\bigg|_{x=\mu_x}\right)(x_i-\mu_{x_i})\right]+$$
$$\frac{1}{2!}\sum_{j=1}^{n}\sum_{i=1}^{n}\left[\left(\frac{\partial^2 z(\boldsymbol{x})}{\partial x_i^2}\bigg|_{x=\mu_x}\right)(x_i-\mu_{x_i})(x_j-\mu_{x_j})\right]+\cdots$$

对等号两边取数学期望,取线性近似解

$$E(z)\approx z(\mu_{x_1},\mu_{x_2},\cdots,\mu_{x_n})+\frac{1}{2}\sum_{i=1}^{n}\left[\frac{\partial^2 z(x)}{\partial x_i^2}\bigg|_{x=\mu_x}\times D(x_i)\right]$$

若 $D(x_i)$ 很小,则有 $E(z)\approx z(\mu_{x_1},\mu_{x_2},\cdots,\mu_{x_n})$。

对上式两边取方差,取线性近似解,则

$$D(z)\approx \sum_{i=1}^{n}\left[\left(\frac{\partial z(x)}{\partial x_i}\bigg|_{x=\mu_x}\right)^2\times D(x_i)\right] \tag{7.36}$$

3. 随机函数的矩

(1) 线性函数

设 z 是随机变量 $x_1, x_2, \cdots, x_n$ 的线性函数,其形式为

$$z = a_0 + a_1 x_1 + a_2 x_2 + \cdots + a_n x_n = a_0 + \sum_{i=1}^{n} a_i x_i \qquad (7.37)$$

式中,$a_i (i = 0, 1, \cdots, n)$ 是常数,则随机变量线性函数的矩可表示为

$$\mu_z = a_0 + a_1 \mu_{x_1} + a_2 \mu_{x_2} + \cdots + a_n \mu_{x_n} = a_0 + \sum_{i=1}^{n} a_i \mu_{x_i}$$

$$\sigma_z^2 = E[(z - \mu_z)^2] = E[z^2] - \mu_z^2$$

$$= \sum_{i=1}^{n} \sum_{i=1}^{n} a_i a_j \mathrm{Cov}(x_i, x_j)$$

$$= \sum_{i=1}^{n} \sum_{i=1}^{n} a_i a_j \rho_{x_i x_j} \sigma_{x_i} \sigma_{x_j} \qquad (7.38)$$

如果 n 个随机变量彼此不相关,则

$$\mathrm{Cov}(x_i, x_j) = 0, \quad i \neq j \qquad (7.39)$$

相应地,随机变量线性函数的二阶矩可简化为

$$\sigma_z^2 = \sum_{i=1}^{n} a_i^2 \sigma_{x_i}^2 \qquad (7.40)$$

根据上述随机变量线性函数的分析可得以下三个结论。

① 不需已知随机变量 $x_1, x_2, \cdots, x_n$ 的概率分布。

② 不相关正态随机变量的线性函数 y 可表示为服从正态分布的随机变量,其分布参数可表示为 μ_z 和 σ_z。

③ 常数 a_0 不影响方差,但会影响平均值。

例 7 - 1 设 z 是统计独立的对数正态随机变量 x_i 乘积的函数 $z = K \dfrac{x_1 x_3}{x_2}$,$K$ 是常数,则有

$$\ln z = \ln K + \ln x_1 + \ln x_3 - \ln x_2$$

推导 $\ln z$ 的均值和标准差。

解: z 为服从对数正态分布的随机变量,$\ln z$ 为服从正态分布的随机变量。

相应地,随机变量 $\ln z$ 的矩可表示为

$$\mu_{\ln z} = \ln K + \sum_{i=1}^{n} (\pm 1) \mu_{\ln x_i}$$

$$\sigma_{\ln z}^2 = \sum_{i=1}^{n} \sigma_{\ln x_i}^2$$

或表示为

$$\sigma_{\ln x_i}^2 = \ln \left(1 + \frac{\sigma_{x_i}^2}{\mu_{x_i}^2} \right) = \ln (1 + V_{x_i}^2)$$

$$\mu_{\ln x_i} = \ln(\mu_{x_i}) - \frac{1}{2} \sigma_{\ln x_i}^2 = \ln \frac{\mu_{x_i}}{\sqrt{1 + V_{x_i}^2}}$$

（2）非线性函数

设 z 是随机变量 $x_i(i=1,2,\cdots,n)$ 的一般非线性函数，表示为 $z=z(x_1,x_2,\cdots,x_n)$，则 z 的一阶泰勒级数展开式可表示为

$$z \approx z(x_1^*,x_2^*,\cdots,x_n^*) + \sum_{i=1}^{n}(x_i-x_i^*)\cdot\frac{\partial z}{\partial x_i}\Bigg|_{(x_1^*,x_2^*,\cdots,x_n^*)} \tag{7.41}$$

式中，$\boldsymbol{x}^* = (x_1^*,x_2^*,\cdots,x_n^*)$ 称为"展开点"，用 P^* 表示，则非线性函数 z 的矩可表示为

$$\mu_z \approx z(x_1^*,x_2^*,\cdots,x_n^*) + \sum_{i=1}^{n}\left[\frac{\partial z}{\partial x_i}\Bigg|_{P^*}\times(\mu_{x_i}-x_i^*)\right] \tag{7.42}$$

$$\sigma_z^2 \approx \sum_{i=1}^{n}\left(\frac{\partial z}{\partial x_i}\Bigg|_{P^*}\times\sigma_{x_i}\right)^2 \tag{7.43}$$

7.2　随机性能函数和性能可靠性

7.2.1　性能故障和随机性能裕量函数

1. 随机性能响应函数和性能故障概率

定义机械系统和零部件的第 j 项随机性能特性及函数为

$$z_j = z_j(\boldsymbol{x},\boldsymbol{\omega}) = z_j(x_1,x_2,\cdots,x_n;\omega_1,\omega_2,\cdots,\omega_k) \tag{7.44}$$

式中，$\boldsymbol{x}=(x_1,x_2,\cdots,x_n)$ 表示设计机械系统和零部件的过程中待调整的随机设计变量，如驱动力（力矩）、动部件质量和惯性矩、运动副摩擦特性、材料机械特性、载荷、几何形状尺寸、工艺方法和使用环境等。基本随机变量 x_i 构成 n 维随机向量，假定 $\boldsymbol{x}$ 联合概率密度函数为 $f_x(\boldsymbol{x})=f_{x_1,x_2,\cdots,x_n}(x_1,x_2,\cdots,x_n)$。$\boldsymbol{\omega}$ 称为随机参数，是分布类型和分布参数（或特征参数）已知的随机变量。

基于以上随机性能函数，定义与第 j 项性能故障模式对应的**随机性能裕量函数**如下：

$$g_j(\boldsymbol{x},\boldsymbol{\omega}) = z_{0j} - z_j(\boldsymbol{x},\boldsymbol{\omega}) \tag{7.45}$$

式中，$z_j(\boldsymbol{x},\boldsymbol{\omega})$ 表示系统第 j 项随机设计特性或性能响应函数（性能函数），如动力性能、运动性能、机械性能和其他如成本、精度、寿命、制造偏差等；z_{0j} 表示与第 j 项随机设计特性相对应的需满足该项性能要求的设计规定值（阈值，也可能是基本随机变量函数）。

当设计要求为 $z_{0j}>z_j$（性能故障判据 $z_j>z_{0j}$）时对应的第 j 项性能的随机裕量函数如图 7.3 所示。

其性能故障概率表示为

$$P_f = P\left[g(\boldsymbol{x},\boldsymbol{\omega})\leqslant 0\right] = \int_{-\infty}^{0}f_g(g)\,\mathrm{d}g$$

$$= \int_{\Omega_f}f_x(\boldsymbol{x})\,\mathrm{d}\boldsymbol{x} = \int\cdots\int_{\Omega_f}f_{x_1,x_2,\cdots,x_n}(x_1,x_2,\cdots,x_n)\,\mathrm{d}x_1\mathrm{d}x_2\cdots\mathrm{d}x_n \tag{7.46}$$

式中，Ω_f 是指性能函数自变量空间的失效域，定义为

$$\Omega_f = \{\boldsymbol{x}\mid g(\boldsymbol{x},\boldsymbol{\omega})\leqslant 0\} = \{(x_1,x_2,\cdots,x_n)\mid g(x_1,x_2,\cdots,x_n;\omega_1,\omega_2,\cdots,\omega_m)\leqslant 0\}$$

2. 随机性能"响应-阈值"的概率干涉模型

大部分机械产品的概率性能可靠性设计，都要同时考虑其性能响应和性能阈值的随机性，

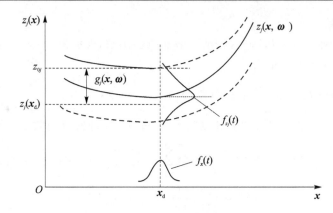

图 7.3 随机性能裕量函数示意

这时就构成了随机性能"响应-阈值"的概率干涉模型,如图 7.4 所示。

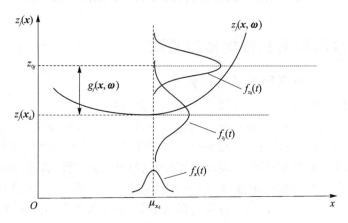

图 7.4 随机性能"响应-阈值"的概率干涉模型

选择设计方案时,要避免性能"过设计"和性能裕度"设计不足"两方面的问题,如图 7.5 所示。

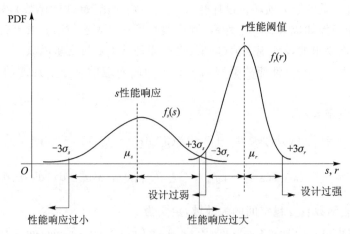

图 7.5 性能"过设计"和性能裕度"设计不足"

以经典性能"响应-阈值"干涉模型为例,已知性能响应 s 和性能阈值 r 概率分布密度函数,推导性能故障概率表达式。① 已知性能响应 s,其分布密度函数 $f_s(s)$ 和累积分布函数 $F_s(s)$;对应该性能的阈值为 r,其分布密度函数 $f_r(r)$ 和累积分布函数 $F_r(r)$;② 假设 r 和 s 统计独立,则有 $f_{rs}(r,s)=f_r(r)\times f_s(s)$。

该故障模式的随机性能裕量函数:

$$g(r,s)=r-s \tag{7.47}$$

$[r,s]$ 构成自变量空间,如图 7.6 所示,失效域为

$$\Omega_{\mathrm{f}}=\{(r,s)\mid r-s\leqslant 0\}$$

该性能故障概率表示为

$$P_{\mathrm{f}}=P(g(r,s)\leqslant 0)=P(r-s\leqslant 0)=\iint\limits_{r\leqslant s}f_{rs}(r,s)\,\mathrm{d}r\,\mathrm{d}s=\iint\limits_{r\leqslant s}f_r(r)\cdot f_s(s)\,\mathrm{d}r\,\mathrm{d}s \tag{7.48}$$

式中,自变量空间的失效域为 $\Omega_{\mathrm{f}}=\{(r,s)\mid r-s\leqslant 0\}$。

干涉区示意图如图 7.7 所示。

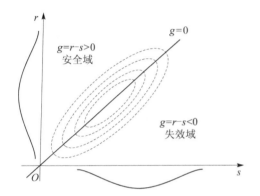

图 7.6　经典性能"响应-阈值"干涉模型　　　　图 7.7　干涉区示意图

① 假设给定 s 一个确定值 s,先对 r 一次积分,然后对 s 积分:

$$P_{\mathrm{f}}=P(r\leqslant s)=\iint\limits_{r\leqslant s}f_r(r)\cdot f_s(s)\,\mathrm{d}r\,\mathrm{d}s=\int_{-\infty}^{+\infty}\left[\int_{-\infty}^{s}f_r(r)\,\mathrm{d}r\right]\cdot f_s(s)\,\mathrm{d}s$$

故障概率可表示为

$$P_{\mathrm{f}}=\int_{-\infty}^{+\infty}F_r(s)\cdot f_r(s)\,\mathrm{d}s=E[F_r(s)] \tag{7.49}$$

假设给定 r 一个确定值 r,先对 s 一次积分,然后对 r 积分

$$P_{\mathrm{f}}=\iint\limits_{r\leqslant s}f_r(r)\cdot f_s(s)\,\mathrm{d}r\,\mathrm{d}s=\int_{-\infty}^{+\infty}\left[\int_{r}^{+\infty}f_s(s)\,\mathrm{d}s\right]\cdot f_r(r)\,\mathrm{d}r$$

$$F_s(r)=P(s\leqslant r)=1-P(s>r)$$

故障概率也可表示为

$$P_{\mathrm{f}}=\int_{-\infty}^{+\infty}[1-F_s(r)]\cdot f_r(r)\,\mathrm{d}r=E[1-F_s(r)] \tag{7.50}$$

② 现载荷 s 在其分布区间内赋任一值 s_i,则 s 落入微空间 $\mathrm{d}s$ 中的概率为

$$P\left(s_i-\frac{\mathrm{d}s}{2}\leqslant s\leqslant s_i+\frac{\mathrm{d}s}{2}\right)=f_s(s_i)\,\mathrm{d}s$$

强度 r 小于给定载荷效应 s_i 的概率为

$$P(r < s_i) = \int_{-\infty}^{s_i} f_r(r) \, \mathrm{d}r = F_r(s_i)$$

考虑 r 和 s 的统计独立性，以上两个事件同时发生的概率是

$$\Delta P_i = [f_s(s_i) \, \mathrm{d}s] \times \int_{-\infty}^{s_i} f_r(r) \, \mathrm{d}r = [f_s(s_i) \, \mathrm{d}s] \times F_r(s_i)$$

现对载荷效应 s 在其分布区间积分，则有

$$P_f = \lim_{n \to \infty} \left(\sum_{i=1}^{n} \Delta P_i \right) = \lim_{n \to \infty} \left\{ \sum_{i=1}^{n} \left\{ [f_s(s_i) \, \mathrm{d}s] \times \int_{-\infty}^{s_i} f_r(r) \, \mathrm{d}r \right\} \right\}$$

$$= \lim_{n \to \infty} \left\{ \sum_{i=1}^{n} \left\{ [f_s(s_i) \, \mathrm{d}s] \times F_r(s_i) \right\} \right\} = \int_{-\infty}^{+\infty} \left[\int_{-\infty}^{s} f_r(r) \, \mathrm{d}r \right] \cdot f_s(s) \, \mathrm{d}s$$

$$= \int_{-\infty}^{+\infty} F_r(s) \cdot f_s(s) \, \mathrm{d}s = E[F_r(s)]$$

7.2.2　正态裕量函数及可靠性指数

假设某性能故障模式，其随机性能裕量函数为

$$g(\boldsymbol{x}) = z_0 - z_j$$

式中，z_0 和 z_j 均是服从正态分布的随机变量，分布参数分别表示为 $z_0 \sim N(\mu_0, \sigma_0)$ 和 $z_j \sim N(\mu_j, \sigma_j)$。

可知，性能裕量函数 g 也服从正态分布，其分布参数和概率密度函数可表示为

$$\mu_g = \mu_0 - \mu_j, \quad \sigma_g = \sqrt{\sigma_0^2 + \sigma_j^2}$$

$$f_g(g) = \frac{1}{\sqrt{2\pi} \sigma_g} \exp\left[-\frac{1}{2} \left(\frac{g - \mu_g}{\sigma_g} \right)^2 \right], \quad -\infty < g < +\infty$$

因此，当该故障模式的性能故障判据为 $g < 0$ 时，失效概率 P_f 可表示为

$$P_f = P(g < 0) = \int_{-\infty}^{0} f_g(g) \, \mathrm{d}g = \int_{-\infty}^{0} \frac{1}{\sqrt{2\pi} \sigma_g} \exp\left[-\frac{1}{2} \left(\frac{g - \mu_g}{\sigma_g} \right)^2 \right] \mathrm{d}g$$

标准正态化 g，令 $u = \dfrac{g - \mu_g}{\sigma_g}$，则 $\mathrm{d}g = \sigma_g \, \mathrm{d}u$，

$$P_f = \frac{1}{\sqrt{2\pi}} \int_{-\infty}^{-\frac{\mu_g}{\sigma_g}} \exp\left(-\frac{u^2}{2} \right) \mathrm{d}u = \Phi\left(-\frac{\mu_g}{\sigma_g} \right)$$

式中，Φ 为标准正态分布函数。令 $\beta = \mu_g / \sigma_g$，则有

$$\beta = \frac{\mu_g}{\sigma_g} = \frac{\mu_0 - \mu_j}{\sqrt{\sigma_0^2 + \sigma_j^2}}$$

在标准正态空间中的 β 被称作**可靠性指数**（Reliability Index）。

$$P_f = \Phi(-\beta), \quad \beta = -\Phi^{-1}(P_f) \tag{7.51}$$

$$R = 1 - P_f = 1 - \Phi(-\beta) = \Phi(\beta) \tag{7.52}$$

例 7-2　依据标准正态分布表，确定可靠性指数 β 和失效概率 P_f 之间的数值对应关系。

解：查标准正态分布表，结果如表 7.1 所列。

表 7.1 可靠性指数 β 和 P_f 的关系

β	P_f	β	P_f
1.0	1.59×10^{-1}	1.28	10^{-1}
1.5	6.68×10^{-2}	2.33	10^{-2}
2.0	2.28×10^{-2}	3.09	10^{-3}
2.5	6.21×10^{-3}	3.71	10^{-4}
3.0	1.35×10^{-3}	4.26	10^{-5}
3.5	2.33×10^{-4}	4.75	10^{-6}
4.0	3.17×10^{-5}	5.19	10^{-7}
4.5	3.40×10^{-6}	5.62	10^{-8}
5.0	2.87×10^{-7}	5.99	10^{-9}

例 7-3 某零件机械静强度正态分布 $\mu_0 = 180$ MPa，$\sigma_0 = 22.5$ MPa；静应力正态分布 $\mu_j = 130$ MPa，$\sigma_j = 13$ MPa。① 试计算该零件静强度失效概率与可靠度；② 若控制零件静强度标准差，使其降到 $\sigma_0 = 14$ MPa，重新计算静强度失效概率与可靠度。

解：当应力和强度都服从正态分布时，代入该零件静强度失效的随机性能裕量函数为

$$g = z_0 - z_j$$

可靠性指数为

$$\beta = \frac{\mu_g}{\sigma_g} = \frac{\mu_0 - \mu_j}{\sqrt{\sigma_0^2 + \sigma_j^2}} = \frac{180 - 130}{\sqrt{22.5^2 + 13^2}} = 1.924$$

失效概率和可靠度为

$$P_f = \Phi(-\beta) = 0.027\,4, \quad R = 1 - P_f = 0.972\,6$$

当 $\sigma_0 = 14$ MPa 时，可靠性指数为

$$\beta = \frac{180 - 130}{\sqrt{14^2 + 13^2}} = 2.617$$

相应的可靠度为

$$R = 1 - P_f = 1 - \Phi(-\beta) = 1 - 0.004\,5 = 0.995\,5$$

因此，当其他条件不变时，强度方差减小，可靠度提高。

7.2.3 指数裕量函数及可靠性

假设某指数分布随机性能响应 $z \sim \exp(\lambda_y)$，该随机性能阈值同样为指数分布 $z_0 \sim \exp(\lambda_x)$。现假设该随机性能响应和阈值相互独立，则二维随机变量 (z, z_0) 的联合概率密度函数为

$$f(x, y) = \begin{cases} \lambda_x \lambda_y e^{-(\lambda_x x + \lambda_y y)}, & 0 < x, y < +\infty \\ 0, & \text{其他} \end{cases} \tag{7.53}$$

而安全域定义为

$$D = \{(x, y) \mid 0 < y < x, 0 < x < +\infty\}$$

可靠度可表示为

$$R = P\{(z_0,z) \mid g = z_0 - z > 0\} = \iint\limits_{D} f(x,y)\,\mathrm{d}x\,\mathrm{d}y = \int_0^{+\infty} \left[\int_0^x \lambda_y \mathrm{e}^{-\lambda_y y}\,\mathrm{d}y\right] \lambda_x \mathrm{e}^{-\lambda_x x}\,\mathrm{d}x$$

计算二重积分

$$R = \int_0^{+\infty} \left[-\exp(\lambda_y y)\right] \big|_0^x \lambda_x \mathrm{e}^{-\lambda_x x}\,\mathrm{d}x = \int_0^{+\infty} \left[1 - \exp(\lambda_y x)\right] \lambda_x \mathrm{e}^{-\lambda_x x}\,\mathrm{d}x$$

$$= \left[-\exp(-\lambda_x x)\big|_0^{+\infty}\right] - \int_0^{+\infty} \exp^{-(\lambda_x+\lambda_y)x}\,\mathrm{d}x$$

$$= 1 + \frac{\lambda_x}{\lambda_x + \lambda_y} \mathrm{e}^{-(\lambda_x+\lambda_y)x}\big|_0^{+\infty} = 1 - \left(0 - \frac{\lambda_x}{\lambda_x + \lambda_y}\right) = \frac{\lambda_y}{\lambda_x + \lambda_y} \tag{7.54}$$

例 7-4 设计一级减速器,输入轴的启动扭矩 r 是正态随机变量,$\mu_r = 10\ \mathrm{N \cdot m}$,$\sigma_r = 1\ \mathrm{N \cdot m}$;经估算,输入轴启动时的阻力扭矩 s 是指数随机变量,概率密度函数为 $f_s(s) = \lambda \mathrm{e}^{-\lambda s}$ $(s \geq 0)$,$\mu_s = 1/\lambda = 5\ \mathrm{N \cdot m}$。现计算其启动失败的概率。

这里 r 和 s 是随机变量,r 和 s 的分布参数如下,计算单元的失效概率。

解: 成功启动的性能裕量函数 $g = z_0 - z = r - s$,阻力扭矩 s 的概率分布函数可表示为 $F_s(s) = 1 - \mathrm{e}^{-\lambda s}$。因此,启动失败的概率为

$$P_f = \int_0^\infty \left[1 - F_s(r)\right] \cdot f_r(r)\,\mathrm{d}r$$

$$= \int_0^\infty \left[1 - (1 - \mathrm{e}^{-\lambda r})\right] \cdot f_r(r)\,\mathrm{d}r$$

$$= \int_0^\infty \frac{1}{\sqrt{2\pi}\sigma_r} \cdot \mathrm{e}^{-\frac{1}{2}\left(\frac{r-\mu_r}{\sigma_r}\right)^2} \mathrm{e}^{-\lambda r}\,\mathrm{d}r$$

$$= \int_0^\infty \frac{1}{\sqrt{2\pi}\sigma_r} \cdot \exp\left\{-\frac{[r - (\mu_r - \lambda\sigma_r^2)]^2 + 2\lambda\mu_r\sigma_r^2 - \lambda^2\sigma_r^4}{2\sigma_r^2}\right\}\mathrm{d}r$$

令 $t = \dfrac{r - (\mu_r - \lambda\sigma_r^2)}{\sigma_r}$,则 $P_f = \displaystyle\int_{\frac{\mu_r - \lambda\sigma_r^2}{\sigma_r}}^{+\infty} \frac{1}{\sqrt{2\pi}} \cdot \exp\left[-\frac{t^2}{2} - \frac{1}{2}(2\lambda\mu_r - \lambda^2\sigma_r^2)\right]\mathrm{d}t$

代入化简可得

$$P_f = \exp\left[-\frac{1}{2}(2\lambda\mu_r - \lambda^2\sigma_r^2)\right] \int_{\frac{\mu_r - \lambda\sigma_r^2}{\sigma_r}}^{+\infty} \frac{1}{\sqrt{2\pi}} \cdot \exp\left(-\frac{t^2}{2}\right)\mathrm{d}t$$

$$= \exp\left[-\frac{1}{2}(2\lambda\mu_r - \lambda^2\sigma_r^2)\right] \cdot \left[1 - \Phi\left(-\frac{\mu_r - \lambda\sigma_r^2}{\sigma_r}\right)\right]$$

代入参数值,可计算启动失败的概率

$$P_f = \mathrm{e}^{-1.98} \cdot [1 - \Phi(-9.8)] = 0.138\,07$$

7.2.4 对数正态裕量函数及可靠性

假设某性能故障模式,其性能裕量函数为

$$g(r,s) = \ln r - \ln s$$

式中，r 和 s 均是服从对数正态分布的随机变量，分布参数分别表示为

$$r \sim \ln(\mu_r, \sigma_r) \quad \text{和} \quad s \sim \ln(\mu_s, \sigma_s)$$

则有

$$\mu_g = \mu_{\ln r} - \mu_{\ln s}, \quad \sigma_g = \sqrt{\sigma_{\ln r}^2 + \sigma_{\ln s}^2}$$

根据干涉模型计算可靠性指数，其表达式为

$$\beta = \frac{\mu_g}{\sigma_g} = \frac{\mu_{\ln r} - \mu_{\ln s}}{\sqrt{\sigma_{\ln r}^2 + \sigma_{\ln s}^2}}$$

根据对数正态分布的参数关系

$$\mu_{\ln r} = \ln \frac{\mu_r}{\sqrt{1 + V_r^2}}, \quad \mu_{\ln s} = \ln \frac{\mu_s}{\sqrt{1 + V_s^2}}$$

$$\sigma_{\ln r} = \sqrt{\ln(1 + V_r^2)}, \quad \sigma_{\ln s} = \sqrt{\ln(1 + V_s^2)}$$

可靠性指数的表达式可简化为

$$\beta = \frac{\ln\left(\frac{\mu_r}{\mu_s} \sqrt{\frac{1 + V_s^2}{1 + V_r^2}}\right)}{\sqrt{\ln\left[(1 + V_r^2)(1 + V_s^2)\right]}} \tag{7.55}$$

特别地，当 $V_r \leqslant 0.3$ 且 $V_s \leqslant 0.3$ 时，可靠性指数简化为

$$\beta = \frac{\ln \mu_r - \ln \mu_s}{\sqrt{V_r^2 + V_s^2}} \tag{7.56}$$

例 7 - 5　某减速器齿轮的寿命 L 服从对数正态分布，$(\mu_L, \sigma_L) = (135.06, 12.895) \times 10^4$ 循环；某齿轮经过 N 次载荷循环，$(\mu_N, \sigma_N) = (58.94, 17.964) \times 10^4$。现计算该齿轮疲劳断裂的概率。

解：该齿轮疲劳断裂寿命裕量函数 $g(L, N) = L - N$，已知 $V_L = \sigma_L / \mu_L = 0.0955$，$V_N = \sigma_N / \mu_N = 0.3048$，则

$$\beta = \frac{\ln\left(\frac{\mu_L}{\mu_N} \sqrt{\frac{1 + V_N^2}{1 + V_L^2}}\right)}{\sqrt{\ln\left[(1 + V_L^2)(1 + V_N^2)\right]}} = 2.777$$

$$1 - P_f = \Phi(\beta) = \Phi(2.777) = 99.72\%$$

由于 $V_L = \sigma_L / \mu_L = 0.0955$，使用近似公式计算可靠性指数

$$\beta = \frac{\ln \mu_L - \ln \mu_N}{\sqrt{V_L^2 + V_N^2}} = 2.596, \quad 1 - P_f = \Phi(\beta) = \Phi(2.596) = 99.52\%$$

两种方法的相对误差为

$$\text{err} = \frac{2.777 - 2.596}{2.777} = 6.5\%$$

7.2.5　常用分布的性能裕量函数及可靠性

常用分布的性能裕量函数及可靠性如表 7.2 所列。

表 7.2　常用分布的性能裕量函数及可靠性

性能响应 z_j 分布及参数	性能阈值 z_0 分布及参数	性能可靠性 $R = P\ (g>0) = P\ [(z_0 - z_j)>0]$	性能可靠性
正态分布 $N(\mu_j,\sigma_j)$	正态分布 $N(\mu_0,\sigma_0)$	$R = \int_\beta^\infty \dfrac{1}{\sqrt{2\pi}} e^{-\frac{u^2}{2}} du = \Phi(\beta)$ $\beta = (\mu_0 - \mu_j)\ /\ \sqrt{\sigma_0^2 + \sigma_j^2}$	
对数正态分布 $\ln z_j N(\mu_j,\sigma_j^2)$	对数正态分布 $\ln z_0 N(\mu_0,\sigma_0^2)$	$R = \Phi[(\mu_{\ln R} - \mu_{\ln S})/\sqrt{\sigma_{\ln R}^2 + \sigma_{\ln S}^2}] C_0 = \sigma_0/\mu_0$ $\mu_{\ln z_0} = \ln \mu_{z_0} - \dfrac{\sigma_{z_0}^2}{2}$ $\sigma_{\ln R}^2 = \ln\left[\left(\dfrac{\sigma_R}{\mu_R}\right)+1\right] = \ln[C_R^2+1]$	
z_j 指数分布 $e(\lambda_j)$	z_0 指数分布 $e(\lambda_0)$	$R = \dfrac{\lambda_j}{\lambda_j + \lambda_0}$	
z_j 正态分布 $N(\mu_j,\sigma_j^2)$	z_0 指数分布 $e(\lambda_0)$	$R = \left[1-\Phi\left(-\dfrac{\mu_j-\lambda_0\sigma_0^2}{\sigma_j}\right)\right]\exp\left[-\dfrac{1}{2}(2\mu_j\lambda_j - \lambda_0^2\sigma_j^2)\right]$	
z_j 指数分布 $e(\lambda_j)$	z_0 正态分布 $N(\mu_0,\sigma_0^2)$	$R = \Phi\left(\dfrac{\mu_0}{\sigma_0}\right) - \Phi\left(\dfrac{\lambda_j-\lambda_0\sigma_j^2}{\sigma_j}\right)\exp\left[-\dfrac{1}{2}(2\mu_0\lambda_j - \lambda_j^2\sigma_0^2)\right]$	
z_j 指数分布 $e(\lambda_j)$	z_0 Γ 分布 $\Gamma(\lambda_0,m)$	$R = 1 - \left(\dfrac{\lambda_0}{\lambda_0+\lambda_j}\right)^m$	
$z_j\Gamma$ 分布 $\Gamma(\lambda_j,n)$	z_0 指数分布 $e(\lambda_0)$	$R = \left(\dfrac{\lambda_j}{\lambda_j+\lambda_0}\right)$	

7.2.6　可靠性指数和安全系数的关系

在考虑某性能响应和性能阈值均服从正态分布时,定义该性能的均值安全系数为 n,即性能阈值均值与性能响应均值之比：

$$n = \frac{\mu_0}{\mu_j} \tag{7.57}$$

式中，μ_j 为系统第 j 项性能响应的均值；μ_0 为该项性能阈值的均值。

该项性能的可靠性指数为 $\beta = \dfrac{\mu_0 - \mu_j}{\sqrt{\sigma_0^2 + \sigma_j^2}}$，推导安全系数与可靠性指数的关系：

$$\beta = \frac{\mu_0 - \mu_j}{\sqrt{\sigma_0^2 + \sigma_j^2}} = \left(\frac{\mu_0}{\mu_j} - 1\right) \bigg/ \sqrt{\left(\frac{\mu_0}{\mu_j}\right)^2 V_0^2 + V_j^2} = \frac{n - 1}{\sqrt{n^2 V_0^2 + V_j^2}} \tag{7.58}$$

式中，变异系数 $V_r = \sigma_r/\mu_r$，$V_s = \sigma_s/\mu_s$，经整理得

$$n = \frac{1 + \beta\sqrt{V_0^2 + V_j^2 - \beta^2 V_0^2 V_j^2}}{1 - \beta^2 V_0^2} \tag{7.59}$$

如图 7.8 所示为可靠度 $R = 0.999$ 时变异系数和均值安全系数的关系图。如图 7.9 所示为变异系数、均值安全系数和可靠度的关系图。

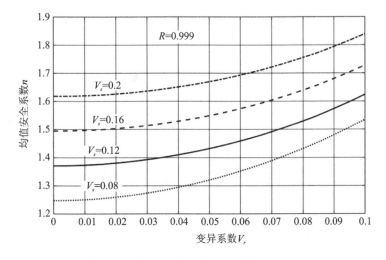

图 7.8　变异系数和均值安全系数的关系图

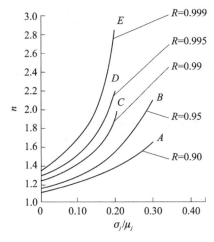

图 7.9　变异系数、均值安全系数和可靠度的关系图

7.3　随机数据准备和概率性能设计流程

7.3.1　概　述

概率性能设计比传统安全系数设计法花费更多时间和费用,增加的时间为 $1/4 \sim 2$ 倍,增加的费用为 $1/5 \sim 1/2$ 倍。但是,在设计上多花费的时间和费用,在产品全寿命期内不一定会得到很好的补偿,反而降低了全寿命周期费用。这是因为可靠性设计能够消除保守的、不合理的设计,在产品整个寿命期内减少故障次数,大大降低维修保障费用。

进行概率性能设计时,应当注意解决主要问题与主要矛盾。不是所有的零部件都需要有较高的可靠度要求,也不是所有的零部件都要求同样的可靠性指标。例如一架有 30 000 多个零部件组成的飞机,经常发生故障的零部件只有 600 多个,即只占 2% 左右。根据帕累托定理(Pareto Law),这 600 多个零部件称为主要少数,其余 30 000 多个零部件称为次要多数。一般情况下,可先开展 FMEA 工作,并根据分析结果,对风险大的失效模式和Ⅰ、Ⅱ类失效模式中发生故障概率比较高和故障引起严重后果的故障模式开展概率性能设计。推荐用的可靠性要求与概率性能设计如表 7.3 所列。

表 7.3　可靠性要求与概率性能设计

序　号	可靠性要求	情况说明	设计要求
1	$\geqslant 0.9^6$	极度重要的零部件和设备,失效后可能引起Ⅰ、Ⅱ类故障,或系统毁灭和人员伤亡	要求对所有关键零部件和每一种失效模式都进行概率性能设计
2	$0.9^5 \sim 0.9^6$	发生故障后会影响任务完成或系统严重停工的零部件和设备	要求对所有带来严重后果的失效模式进行概率性能设计
3	$0.9^4 \sim 0.9^5$	故障是可修复的,导致可接受的停工,但故障频率较高	对危害度大的失效模式进行概率性能设计,其余用安全系数法
4	$0.9^3 \sim 0.9^4$	故障不会导致任务失败和停工,但故障频率较高	大多数可以用传统的安全系数法
5	$0.9^2 \sim 0.9^3$	故障影响可以忽略,但故障频率较高	安全系数法

7.3.2　随机数据准备

概率性能设计常用参数变量的随机分布类型如表 7.4 所列。

表 7.4　概率性能设计常用参数变量的随机分布类型

序　号	设计变量	分布类型
1	① 零件尺寸偏差; ② 表面光洁度	三角分布

序　号	设计变量	分布类型
2	① 系统误差、随机误差、测量误差、制造尺寸偏差、间隙误差; ② 硬度、材料强度极限、弹性模量、膨胀系数; ③ 作用载荷、断裂韧性; ④ 金属磨损、空气湿度	正态分布
3	① 合金材料强度极限、材料的疲劳寿命;弹簧疲劳强度、齿轮弯曲强度和接触 　疲劳强度、金属切削刀具的耐久度; ② 腐蚀量、腐蚀系数; ③ 容器内压力; ④ 系统无故障工作时间、工程完成时间	对数正态分布
4	① 系统寿命; ② 机械疲劳强度、疲劳寿命; ③ 磨损寿命; ④ 轴的径向跳动量	威布尔分布
5	① 形状和位置的公差(如:锥度、垂直度、平行度、椭圆度、偏心距等); ② 威布尔分布的一种特殊情形	瑞利分布
6	① 各类载荷、负荷的极大值; ② 各类载荷、负荷的极小值	极值分布
7	① 机械产品整机寿命统计分布; ② 失效率为常数的寿命分布	指数分布
8	① 适用于某些有界($a<x<b$)随机变量的一种分布; ② 不同 a_1 和 a_2 值,其概率密度函数曲线具有不同形状	贝塔分布
9	① 成品率分布; ② 可维修设备的故障	二项分布
10	① 统计质量检验; ② 故障率等	泊松分布

　　概率性能设计需要准备基本变量的随机数据。随机数据的来源通常可以考虑以下三个渠道。

1. 实验测试法

　　实验与观测法是一种比较可靠的获得随机变量样本数据的方法。

　　(1) 实测法

　　它是利用先进测量与观察工具,通过对随机事件(真实情况或行为)的实测与观察,获得随机变量样本数据的一种方法。但当所需的样本容量较大时,将花费大量的人力和费用,特别是为了获得某种产品的可靠性数据,有时需要做破坏性试验。

　　① 利用传感器和记录仪实际测量汽车后轴的载荷,可得到载荷随机谱;

　　② 利用卡尺多次重复测量零件的直径、长度、圆角等几何尺寸。

（2）标准试件试验法

它是利用实验室材料性能测试的专用设备进行的一种专门试验的方法。例如,用标准平滑试件拉伸试验测试某牌号的金属强度的极限,统计其强度概率分布;或在理想条件下测定某些材料的物理性能参数等。这种试验所获得的数据,虽不是设计对象的真实情况,但其概率统计特性与真实情况比较一致,工程上只要经过适当的修正就可以应用于设计。对于一些重要的产品,建议推荐采用这种试验,以保证试验需要的人力和费用。

（3）模拟实验法

它是基于相似原理建立物理模拟模型进行实验测试的一种试验方法。该方法需要对研究对象建立相似模型,通过试验、统计处理获得所需的数据。用这种实验方法所获得的数据真实性较差,但由于对一些复杂产品及大型设备或系统难以进行现场测试,故可以采用这种方法,如机翼的缩比风洞实验,大型机械产品（如万吨水压机）的模型实验等。尽管模拟实验是解决工程问题的一种强有力的方法,但最为关键的是获得比较可靠的数据,建立正确的物理模型。

（4）数字仿真法

它是建立较精确的数学模型在计算机上进行模拟计算,是随着计算机科学的发展而被广泛使用的一种方法,即在通用计算机上作数值仿真计算。

2. 工程估计方法

利用工程手册、行业标准、产品规范或文献数据来估计随机变量矩的方法。如果在资料与文献中已给出了某些数据的分布类型和分布参数,则设计可以直接选用。查到的数据无特别说明,可按名义值对待（可视为是随机变量的均值）。再根据经验,选取随机变量的离差系数 δ_x,如表 7.5 所列。

表 7.5　金属材料（和零件）力学性能的离差系数

序 号	材料的力学性能	推荐的 δ_x 值	序 号	零件的力学性能	推荐的 δ_x 值
1	金属材料的抗拉强度 σ_B	0.05(0.013～0.15)	1	零件的疲劳强度	0.1(0.05～0.20)
2	金属材料的屈服强度 σ_S	0.07(0.02～0.16)	2	焊接的强度	0.1(0.05～0.20)
3	金属材料的疲劳强度 σ_{-1}	0.08(0.015～0.19)			
4	金属材料的断裂韧性	0.07(0.02～0.42)			
5	钢和铝合金的弹性模量 E	0.03			
6	球墨铸铁的弹性模量 E	0.04			
7	钢的硬度	0.05			
8	钢丝的剪切模量	0.02			

当随机变量近似服从正态分布时,可利用"3σ"原则估算标准差 σ_x、最小值 $x_{\min}$ 和最大值 $x_{\max}$。

$$\sigma_x = \mu_x \cdot \delta_x, \quad x_{\min} = \mu_x - 3\sigma_x, \quad x_{\max} = \mu_x + 3\sigma_x \qquad (7.60)$$

推荐的 δ_x 值如表 7.6 所列,如果已给出数据偏差,如 $x \pm \Delta x$,则可按"3σ"原则估算其均值和标准差:

$$\mu_x \approx x, \quad \sigma_x \approx \frac{\Delta x}{3} \qquad (7.61)$$

如果已知数据的变动上下限范围为 $[x_{\min}, x_{\max}]$,则

$$\mu_x \approx \frac{x_{\max} + x_{\min}}{2} \tag{7.62}$$

$$\sigma_x \approx \frac{x_{\max} - x_{\min}}{6} \tag{7.63}$$

表 7.6　加工方法的离差系数

序　号	加工方法	推荐的 δ_x 值
1	气割	0.058
2	锯	0.016 9
3	刨、钻、冲、精扎工艺	0.008 466
4	铣、车、拉削工艺	0.004 233
5	磨削工艺	0.000 846 6
6	珩磨工艺	0.000 169 3

如果已知数据 $x_{\min}$，实际小于此值的概率为 p，设 $z = \phi^{-1}(p)$，则可取

$$\mu_x \approx \frac{x_{\min}}{1 + z \cdot \delta_x} \tag{7.64}$$

例如当 $p = 0.01$，$z = -3.09$ 时，即可得

$$\mu_x \approx \frac{x_{\min}}{1 - 3.09\delta_x} \tag{7.65}$$

在缺乏充分数据而又不可能进行直接试验或模拟试验时，可采用上述估计方法。对于重要的设计，手册与标准中的数据必须是通过试验获得的。上述估算方法，是根据正态分布的"3σ"原则推导出来的，也适用于适度偏态的分布。对于非正态分布，可按当量正态分布来考虑。

3. 常用金属材料分布数据

材料的性能数据是由试验得到的，原始数据具有离散性，但一般给出的材料性能数据往往为均值或最大值和最小值，无法反映材料的随机性。

影响应力随机特性的主要物理参数是：弹性模量 E、泊松比 υ 和材料的性能参数。目前能够反映这些参数统计特性的资料较缺乏，在国外已发表的资料中，相同材质、不同资料来源的数据也很不一致。下列表给出的数据仅供参考。在实际工程设计中，若条件允许，最好根据所用材料由试验直接取得数据。

（1）弹性模量 E

弹性模量 E 在工程设计中一般作为正态分布考虑。其均值和变异系数的统计量如表 7.7 所列。

表 7.7　金属材料弹性模量 E 的统计数据

序　号	材　料	$10^{-3} \cdot$ 均值 u_E/MPa	变异系数 V_E
1	钢	206	0.03
2	铸钢	202	0.03
3	铸铁	118	0.04
4	球墨铸铁	173	0.04

序　号	材　料	$10^{-3} \cdot$ 均值 u_E/MPa	变异系数 V_E
5	铝	69	0.03
6	钛	101	0.09

（2）泊松比 υ

泊松比 υ 一般也按正态分布考虑,其统计数据如表7.8所列。可以看出,泊松比 υ 的离散程度较小,其变异系数 V_υ 仅为 0.01～0.03。

表7.8　泊松比 υ 的统计值

序　号	材　料	均值 u_υ	标准差 σ_υ
1	AISI 4340	0.287	0.004 6
2	440C 型不锈钢	0.284	0.004 6
3	22－13－5 不锈钢	0.285	0.004 6
4	耐盐酸镍基合金	0.297	0.003 1
5	高强度耐蚀镍铜合金 （K－MoNe1500）	0.320	0.010 7

（3）强度极限 S_b 和屈服极限 S_s

机械设计中,常用到的材料机械强度一般有强度极限 S_b、屈服极限 S_s、持久疲劳极限 S_r 等。材料的强度极限和屈服极限是静强度设计中常遇到的材料机械性能。大量试验研究证明,强度极限通常是正态分布或近似正态分布。屈服极限通常是近似正态分布。

在强度设计中,零件的承载能力,也就是零件的强度,与零件所使用的加工方法和受力状况有关,工程上可以采用以下近似方法确定其强度的随机特性。

零件强度的均值：

$$\mu_S = K_1 \mu_{S_C} \tag{7.66}$$

零件强度的标准差：

$$\sigma_S = K_1 \sigma_C \tag{7.67}$$

式中,μ_S 表示材料样本拉伸试验得到的机械强度(强度极限和屈服极限)的均值。σ_C 表示 S_b 和 S_s 的标准差 σ_{S_b} 和 σ_{S_s},当缺乏该数据时,可以根据统计的变异系数计算出。一般机械静强度的变异系数 $V_C \approx 0.1$,也可根据表7.9给出的统计数据计算。

表7.9　金属材料机械性能变异系数

金属材料	机械性能类别		变异系数 V_C
铝	抗拉强度	基本金属	0.05(0.013～0.15)
		焊接	0.06
	屈服强度		0.07(0.02～0.16)
	弹性模量 E		0.03

金属材料	机械性能类别		变异系数 V_C
钢	抗拉强度	基本金属	0.05
		焊接	0.06
	屈服强度		0.06
	弹性模量 E		0.03
	布氏硬度 HB		0.05
	断裂韧性		0.07(0.02~0.42)
	持久极限		0.08(0.015~0.19)
钛	抗拉强度	基本金属	0.06
		焊接	0.07
	屈服强度		0.08
	弹性模量 E		0.05
铸铁	弹性模量 E		0.04

K_1 是计及载荷特性及制造方法的修正系数：

$$K_1 = \varepsilon_1 / \varepsilon_2 \tag{7.68}$$

式中，ε_1 是拉伸机械特性转化为弯曲或扭转特性的转化系数。ε_2 是考虑制造质量影响的系数，对锻件和轧钢，$\varepsilon_2 = 11$；对铸件，$\varepsilon_2 = 13$。

对于一些重要零件，其强度数据通过试样试验来取得，试验样本量一般可取 10~45 个，条件许可样本量大当然更好一些。

（4）持久疲劳极限 S_r

持久疲劳极限是材料疲劳强度的重要性能，利用升降法试验确定持久疲劳极限分布特性，试验样本数一般需要 35~45 个，试验应力水平一般需要 6~10 级，样本量较小可取 4 级，试验时间（以循环次数计）$N > 10^6$，试件试验应力比 r 保持不变。

试验表明持久疲劳极限一般符合正态分布或对数正态分布。通常查到的 S_{-1} 值，是对称循环的疲劳极限值。当非对称循环时，可进行修正。一些常用材料持久疲劳极限的统计数据，国内外均有一些公开发表的资料。

当只有对称循环疲劳极限的均值而得不到统计数据时，可以近似选用变异系数 $V_{S_{-1}}$ 的统计值。现有资料统计，对称循环疲劳极限的变异系数 $V_{S_{-1}} = 0.04 \sim 0.1$，一般计算可以近似地取 $V_{S_{-1}} = 0.08$。对于重要零件必须通过专门试验获取相关数据。

7.3.3　概率性能设计步骤

概率性能设计步骤可以总结为以下 7 步：

① 性能故障模式→② 故障物理模型及性能函数→③ 性能故障判据及阈值→④ 定义随机性能裕量函数→⑤ 列方程求解未知设计变量→⑥ 计算系统的可靠性→⑦ 可靠性敏度分析及随机优化设计。

1. 产品故障模式和影响分析，确定故障模式及概率性能设计目标

通过 FMEA 对潜在故障模式进行系统的归纳分析，找出所设计产品系统的可靠性关键件与重要件；确定影响系统功能和性能的**关键故障模式**；依据产品对象，可以考虑以下性能故障模式：

① 动力学、运动学性能故障模式；

② 机械破坏型失效模式；

③ 性能退化型失效模式等；

④ 其他性能故障模式。

依据危害度矩阵确定进行概率性能设计的可靠性关键件与重要件及其失效模式，同时设计员可依据可靠性分配或参考表 7.3 的推荐，确定故障模式的可靠性设计目标。

2. 依据故障模式分析，建立故障物理模型

通过建立故障物理模型，定义某性能特性的随机性能响应函数为 $z_j = z_j(\boldsymbol{x}; \omega)$。

定义随机性能响应函数时，需要同时考虑载荷、温度、物理性质、尺寸、时间及使用和工作环境等设计变量和参数之间的关系，从而得到随机性能响应函数：

$$z_j(\boldsymbol{x}, \omega) = z_j(L, T, A, p, t, m) \tag{7.69}$$

式中，L 为载荷；T 为温度；A 为几何尺寸；p 为物理性质；t 为时间；m 为其他参数。

3. 随机参数和变量的数据准备

① 可参考表 7.4，判定随机参数和变量的分布类型；

② 可视情选用实验测试法、工程估计方法、设计数据手册法等，确定随机参数和变量的具体分布参数。

4. 依据故障物理模型的失效准则，确定该性能故障模式的故障判据

在确定性能故障判据的同时，定义该性能故障的阈值函数 $z_{0j} = z_{0j}(\boldsymbol{x}; \omega)$。

① 对于动力学、运动学性能故障模式，需要考虑如性能不稳定、性能衰减、性能超限等故障判据；

② 对于机械破坏型失效模式，需要考虑如断裂、变形过大、塑性变形、裂纹等破坏型失效判据；

③ 对于性能退化型失效模式，需要考虑如疲劳、磨损、腐蚀、材料老化等失效判据。

5. 定义该性能故障模式的随机性能裕量函数，计算可靠度及求解未知设计变量

根据性能故障模式，定义随机性能裕量函数；列出该性能故障模式的随机性能裕量函数 $g_j(\boldsymbol{x}; \omega)$，求解未知设计变量。

$$g_j(\boldsymbol{x}; \omega) = z_{j0}(x_1, x_2, \cdots, x_i; \omega_1, \omega_2, \cdots, \omega_j) - z_j(x_{i+1}, x_{i+2}, \cdots, x_n; \omega_{j+1}, \omega_{j+2}, \cdots, \omega_m)$$

当随机性能响应和裕量函数都是典型随机分布时，根据表 7.2 列出常用分布的性能裕量函数及可靠性，求解未知设计变量。

当极限状态方程是较复杂的基本随机变量的函数时，可将性能裕量函数用泰勒级数线性展开。

6. 计算系统的可靠性

确定每一故障模式的可靠性之后，依据系统可靠性模型计算系统的可靠性。一种方法是，

假设所有的故障模式相互独立,当至少一个故障模式出现时,系统即出现故障。

$$R_s = R_1 \times R_2 \times R_3 \times \cdots \times R_n = \prod_{i=1}^{n} R_i \tag{7.70}$$

另一种方法是,假定系统将在最可能发生的一种故障模式下失效。

$$R_s = R_{i-\min} \tag{7.71}$$

比较两种方法,系统实际可靠性在上两式所给数值之间。如果是由于单一故障模式引起系统故障,则实际的可靠度将接近于或等于 $R_s = R_{i-\min}$。如果是由于多种原因引起系统故障,则系统的实际可靠性将接近于或等于 $R_s = \prod_{i=1}^{n} R_i$。

对于系统中所有关键零部件重复上述步骤,求出各自的可靠度。在已知每个零部件可靠度的基础上,计算子系统以及整个系统的可靠度。然后对设计进行迭代,直到系统的可靠度等于或大于事先规定的系统可靠度目标值为止。

7. 可靠性敏度分析及随机优化设计

如果必要,则应对整个设计的下列内容进行优化,包括:性能、可靠性、维修性、安全、费用、重量、体积、操作性、交货日期等。

可靠性优化设计,首先进行可靠性敏度分析;选取可靠性敏感变量,开展基于可靠性的随机优化设计(即 RBDO)。

7.4　概率强度设计

7.4.1　拉杆概率强度设计

例 7-6　设计一实心圆柱拉杆半径,已知作用于杆上的拉力载荷 P,$(\mu_P, \sigma_P^2) = (3\,000, 45^2)$N;拉杆的材料为低碳合金钢,其屈服强度极限 σ_s 的均值 $\mu = 107.6$ MPa,标准差 $\sigma = 4.22$ MPa(回火温度 538 ℃)。要求其静强度屈服可靠度 $R = 0.999$。

解:

① 低碳合金钢实心圆柱拉杆,失效物理模型为屈服;

失效物理模型 $\sigma_s = \dfrac{P}{\pi r^2}$;

求性能响应函数(拉应力)的均值和标准差:

$$\mu_s = \frac{\mu_P}{\pi \mu_r^2} = \frac{3\,000}{\pi \mu_r^2} = \frac{954.93}{\mu_r^2}$$

杆为圆截面,其半径为 r,截面面积 $A = \pi r^2$,则截面面积的标准差及均值分别为

$$\sigma_A = 2\pi \mu_r \sigma_r, \quad \mu_A = \pi \mu_r^2$$

$$\sigma_s = \frac{1}{\mu_A^2} \sqrt{\mu_A \sigma_P^2 + \mu_P \sigma_A^2} = \frac{17.21}{\mu_r^2}$$

② 失效准则为静强度第一强度理论,失效判据为拉应力超出断裂极限;

失效判据　　　　　　　　　　　　　$\sigma_s \geqslant [\sigma_b]$

③ 定义随机性能裕量函数,列方程求解未知量;

随机性能裕量函数 $g=g(\sigma_b,\sigma_s)=\sigma_b-\sigma_s$；

$$\beta=\Phi^{-1}(0.999)=3.09$$

$$\beta=\frac{\mu_g}{\sigma_g}=\frac{\mu_b-\mu_s}{\sqrt{\sigma_b^2+\sigma_s^2}}$$

考虑制造中半径的公差，$\mu_r\pm0.015\mu_r$；假设公差为 3 倍的标准差，则有

$$\sigma_r=0.015\mu_r/3=0.005\mu_r$$

已知 $(\mu_{\sigma_b},\sigma_{\sigma_b}^2)=(107.6,4.22^2)\mathrm{MPa}$，代入公式，则有

$$3.09=\frac{107.6-954.93/\mu_r^2}{\sqrt{4.22^2+(17.21/\mu_r^2)^2}}$$

解得

$$\mu_r=3.188\ \mathrm{mm}$$

④ 如用常规的静强度设计方法，一般对于强度极限为基准的安全系数用 $n_b=2\sim3.5$，此时采用 $n_b=3$，则

$$\sigma_s=\frac{P}{\pi r^2}$$

$$\frac{\sigma_b}{\sigma_s}\geqslant n_b$$

解得 $r=5.16\ \mathrm{mm}$。可以看出，用常规方法设计时，$\mu_r=3.188\ \mathrm{mm}$ 是不可接受的；而用概率性能设计方法计算的 $\mu_r=3.188\ \mathrm{mm}$，其可靠度为 0.999，即失效率只有 0.1%。

拉杆半径的标准差：

$$\sigma_r=0.005\mu_r=0.005\times3.188\ \mathrm{mm}=0.015\ 94\ \mathrm{mm}\approx0.016\ \mathrm{mm}$$

拉杆的直径：

$$\mu_d=2\mu_r=2\times3.188\ \mathrm{mm}=6.376\ \mathrm{mm}$$

拉杆直径的标准差：

$$\sigma_d=\sigma_r=0.016\ \mathrm{mm}$$

拉杆直径的公差：

$$s_d=3\times0.016\ \mathrm{mm}=0.048\ \mathrm{mm}$$

所以拉杆直径：

$$d=(36.376\pm0.048)\mathrm{mm}$$

本例中，若材料的强度极限均值由 107.6 MPa 降低到 100.0 MPa，则重新计算拉杆的可靠度如下：

材料的强度极限：

$$(\mu_{\sigma_b},\sigma_{\sigma_b}^2)=(100,4.22^2)\mathrm{MPa}$$

载荷为

$$(\mu_P,\sigma_P^2)=(3\ 000,45^2)\mathrm{N}$$

拉杆的截面面积为

$$(\mu_A,\sigma_A^2)=(31.93,0.319\ 3^2)\mathrm{mm}^2$$

应力的均值和标准差：

$$\mu_s = \frac{\mu_P}{\mu_A} = \frac{3\,000}{31.93}\ \text{MPa} = 93.956\ \text{MPa}$$

$$\sigma_s = \frac{1}{\mu_A{}^2} \sqrt{\mu_A{}^2 \sigma_P^2 + \mu_P{}^2 \sigma_A^2} = \frac{1}{31.93^2} \sqrt{31.93^2 \times 45^2 + 3\,000^2 \times 0.319\,3^2}\ \text{MPa} = 1.694\ \text{MPa}$$

将上面的数值代入公式 $\beta = \dfrac{\mu_{\sigma_b} - \mu_s}{\sqrt{\sigma_{\sigma_b}^2 + \sigma_s^2}}$，则有

$$\beta = \frac{100.0 - 93.956}{\sqrt{4.22^2 + 1.694^2}} = 1.33$$

查标准正态分布表得 $R = 0.908\,2$，即材料的强度均值降低后，可靠度也相应降低。

7.4.2　简支梁概率强度设计

例 7-7　已知图 7.10 所示为矩形截面的简支梁，截面宽为 B，高为 $H = 2B$；集中载荷 $P(\mu_P, \sigma_P^2) = (3\,000, 150^2)\,\text{N}$，跨度 $l\,(\mu_l, \sigma_l^2) = (3\,000, 1.0^2)\,\text{mm}$，集中载荷至支座 A 的距离 $a(\mu_a, \sigma_a^2) = (1\,200, 1.0^2)\,\text{mm}$；屈服强度 σ_b $(\mu_{\sigma_b}, \sigma_{\sigma_b}^2) = (93.5, 1.875^2)\,\text{MPa}$；设计简支梁截面尺寸，要求屈服失效的可靠度 $R = 0.999\,999$。

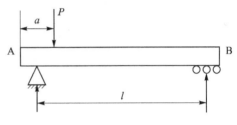

图 7.10　某矩形截面简支梁

解：

① 承受集中载荷 P 的矩形截面简支梁，失效物理模型为静强度屈服。

失效物理模型为

$$\sigma_s = \frac{M}{W}, \quad W = \frac{B \times (2B)^2}{6}$$

求支座 B 的反作用力：

$$(\mu_{FB}, \sigma_{FB}^2) = \frac{(\mu_P, \sigma_P^2)(\mu_a, \sigma_a^2)}{(\mu_l, \sigma_l^2)} = \frac{(3\,000, 150^2)(1\,200, 1.0^2)}{(3\,000, 1.0^2)}\ \text{N}$$

由 $\mu_z = \mu_x \mu_y$，$\sigma_z^2 = \mu_x^2 \sigma_y^2 + \mu_y^2 \sigma_x^2$ 可求得乘积的均值及标准差：

$$(3\,000, 150^2)(1\,200, 1.0^2) = (3.6 \times 10^6, [1.8 \times 10^5]^2)$$

代入上式有

$$(\mu_{FB}, \sigma_{FB}^2) = \frac{(3.6 \times 10^6, [1.8 \times 10^5]^2)}{(3\,000, 1.0^2)}\ \text{N}$$

可得到

$$\mu_{FB} = \frac{3.6 \times 10^6}{3\,000}\ \text{N} = 1\,200\ \text{N}$$

$$\sigma_{FB} = \frac{1}{3\,000^2} \sqrt{(3.6 \times 10^6)^2 \times 1.0^2 + 3\,000^2 \times (1.8 \times 10^5)^2}\ \text{N} = 60.0\ \text{N}$$

所以支座 B 的反作用力为

$$(\mu_{FB}, \sigma_{FB}^2) = (1\,200, 60^2)\,\text{N}$$

集中力作用的截面，弯曲力矩 M 最大。在求弯曲力矩之前，先求集中力至支座 B 的距

离 c。

可知：

$$(\mu_l, \sigma_l^2) - (\mu_a, \sigma_a^2) = (\mu_c, \sigma_c^2)$$

同理可得

$$\mu_c = \mu_l - \mu_a = (3\,000 - 1\,200)\ \text{mm} = 1\,800\ \text{mm}$$

$$\sigma_c = \sqrt{\sigma_l^2 + \sigma_a^2} = \sqrt{1.0^2 + 1.0^2}\ \text{mm} = 1.414\ \text{mm}$$

又因为

$$(\mu_M, \sigma_M^2) = (\mu_{FB}, \sigma_{FB}^2)(\mu_c, \sigma_c^2)$$

分别代入 μ_{FB}、μ_c、σ_{FB} 和 σ_c，则有

$$\mu_M = 1\,200 \times 1\,800\ \text{N} \cdot \text{mm} = 2.16 \times 10^6\ \text{N} \cdot \text{mm}$$

$$\sigma_M = \sqrt{1\,200^2 \times 1.414^2 + 1\,800^2 \times 60^2}\ \text{N} \cdot \text{mm} = 1.08 \times 10^5\ \text{N} \cdot \text{mm}$$

假设在制造中宽度 B 的尺寸公差在 $(0.02 \sim 0.05)\mu_B$ 范围内，取 B 的公差为 $0.03\mu_B$，并假设公差为其标准差 σ_B 的 3 倍，由此得 B 的标准差 $\sigma_B = 0.03\mu_B/3 = 0.01\mu_B$。

B^3 的标准差 $\sigma_{B^3} = 3\mu_B^2 \sigma_B = 0.03\mu_B^3$，代入弯曲应力计算公式有

$$(\mu_\sigma, \sigma_\sigma^2) = \frac{3}{2} \frac{(\mu_M, \sigma_M^2)}{(\mu_{B^3}, 3\mu_B^2 \sigma_B)}$$

计算得

$$\mu_\sigma = \frac{3}{2} \times \frac{2.16 \times 10^6}{\mu_B^3} = \frac{3.24 \times 10^6}{\mu_B^3}$$

$$\sigma_\sigma = \frac{3}{2} \times \frac{10^5}{\mu_B^6} \times \sqrt{21.6^2 \times (0.03\mu_B^3)^2 + \mu_B^6 \times 1.08^2} = \frac{1.889 \times 10^5}{\mu_B^3}$$

即弯曲应力为

$$(\mu_\sigma, \sigma_\sigma^2) = \left(\frac{32.4 \times 10^5}{\mu_B^3}, \left[\frac{1.889 \times 10^5}{\mu_B^3} \right]^2 \right)\ \text{MPa}$$

② 失效准则为静强度第一强度理论，失效判据为拉应力超出屈服强度；

失效判据为 $\sigma_s \geqslant [\sigma_b]$；

梁的材料用钼钢，可知钼钢的强度服从 $(\mu_{\sigma_b}, \sigma_{\sigma_b}^2) = (93.5, 1.875^2)\,\text{MPa}$。

③ 定义随机性能裕量函数，列方程求解未知量；

要求可靠度 $R = 0.999\,999$，查得相应的可靠性指数 $\beta = 4.265$，代入 $\beta = \dfrac{\mu_{\sigma_b} - \mu_\sigma}{\sqrt{\sigma_{\sigma_b}^2 + \sigma_\sigma^2}}$ 得

$$4.265 = \frac{93.5 - \dfrac{3.24 \times 10^6}{\mu_B^3}}{\sqrt{1.875^2 + \left(\dfrac{1.889 \times 10^5}{\mu_B^3} \right)^2}}$$

展开得方程式

$$\mu_B^6 - 6.981\,551\,6 \times 10^4 \mu_B^3 + 1.134\,838 \times 10^9 = 0$$

解得

$$\mu_B^3 = 44\,056.96\ \text{mm}^3$$

所以

$$\mu_B = 35.319 \text{ mm} \approx 35.3 \text{ mm}$$

梁的高：

$$\mu_H = 2\mu_B = 2 \times 35.3 \text{ mm} = 70.6 \text{ mm}$$

梁截面宽的标准差：

$$\sigma_B = 0.01\mu_B = 0.353 \text{ mm} = \sigma_H$$

由于公差为

$$3\sigma_B = 1.059 \text{ mm} \approx 1.06 \text{ mm}$$

所以,在保证可靠度 $R = 0.999\,999$ 时,所设计的钼钢矩形梁的宽 B 及高 H 为

$$B = (35.3 \pm 1.06)\text{mm}$$
$$H = (70.6 \pm 1.06)\text{mm}$$

7.5　概率刚度设计

7.5.1　变形失效

变形失效的特点是：由于零件的尺寸或形状发生永久或暂时性的变化,使零件不能完成预定功能。因为工程材料有不同程度的弹性,所以零件在承受载荷或者温度变化的情况下会产生变形。当变形量超过极限时,零件不能完全实现其预定功能,其完整性降低,从而导致故障。比如变形失效机理就包括**过量弹性变形**、**屈服**、**蠕变**(逐渐变形)和**失稳**、**翘曲**等。

1. 过量弹性变形

零件受机械应力或热应力作用产生弹性变形,应力 σ 与应变 ε 之间服从 Hooke 定律：

$$\sigma = E \cdot \varepsilon \tag{7.72}$$

式中,E 为弹性模量。这种变形为弹性变形,是受力作用时的必然结果,一般不会引起失效。但在一些精密机械中,零件的尺寸和匹配关系要求严格,当弹性变形超过规定的限量(在弹性极限以内)时,会造成零件的匹配关系失效。例如,航天火箭中惯性制导的陀螺元件,如果对弹性变形问题处理不当,就会因飘移过大而失效。

以热胀冷缩现象为例说明。一般采用线膨胀系数表征材料这一特性。不同材料具有不同的线膨胀系数。如果材料匹配不当,在温度改变时就可能引起故障。例如,钢的线膨胀系数约为 $12 \times 10^{-6} \text{℃}^{-1}$,是青铜的一半,如果用 2Cr13 不锈钢作轴套,用青铜作轴瓦,这样的结构在常温下可以很好地工作;但当温度很低时,就会因轴套的收缩远小于轴瓦的收缩而发生抱轴现象。

当工作载荷和(或)温度使零件产生的弹性变形量超过零件匹配所允许的数值时,就将导致弹性变形失效。弹性变形失效的判断往往比较困难。这是因为,虽然应力或温度在工作状态下曾引起变形并导致失效,但是在解剖或测量零件尺寸时,变形已经消失。为了判断是否因弹性变形引起失效,要综合考虑以下几个因素：

① 失效产品是否有严格的尺寸匹配要求,是否有高温或低温工作经历。

② 在失效分析时,应注意观察在正常工作下相互接触的配合表面上是否有划伤、擦痕或磨损等痕迹。例如,高速旋转的转子,在离心力及温度的作用下,会弹性胀大,当胀大量大于它

与壳体的间隙时,就会引起表面擦伤。因此,观察到了这种擦伤,而在不工作时却仍保持有正常的间隙,则这种擦伤就是由弹性变形造成的。

针对以上失效问题,需提出相应的防止措施。目前主要是在设计时考虑弹性变形(包括热膨胀变形)的影响,并采取相应的措施。

① 选择合适的材料或结构:例如,宇航惯性制导的陀螺平台选用铍合金制造,就是因为其弹性模量高,不容易引起弹性变形。铍的弹性模量为铝的 4 倍、钢的 1.5 倍。如果考虑到相对密度,则铍的比刚度为铝或钢的 6 倍多。在空间允许的情况下,也可以采用增大截面积、降低应力水平的办法来减小弹性变形。如果热膨胀变形是主要问题,则可以根据实际需要采用热膨胀系数适合的材料。

② 通过计算来验证是否有弹性变形失效的可能:由应力和温度引起的弹性变形量是可以计算的。这种尺寸的变化应当在设计时加以考虑。在很低温度下工作的零部件,是在常温下制造测量和装配的,因此,其间隙不仅应保证在常温下正常工作,而且还要确保在低温下尺寸变化后仍能正常工作。对于几何形状复杂、难以计算的零件可通过试验来解决。

③ 采用减小变形影响的转接件:在许多系统中,采用软管等柔性构件,可以显著减小弹性变形的有害影响。零件受力后,应力较低时产生弹性变形,当外力增大到一定程度时,将产生塑性变形。

2. 塑性变形

在零件正常工作时,塑性变形一般是不允许的,但并不是任何程度的塑性变形都一定导致失效。由过量塑性变形引起的失效称为屈服失效。

屈服失效的特征是失效件有明显的塑性变形。塑性变形很容易鉴别,只要将失效件进行测量或与正常件进行比较即可确定。严重的塑性变形(如扭曲、弯曲、薄壁件的凹陷等变形特征)用肉眼即可判别。

如果在两个互相接触的曲面之间,存在有静压应力,可使匹配的一方或双方产生局部屈服形成局部的凹陷,严重者会影响其正常工作,这称为过载压痕损伤。例如,滚珠轴承在开始运转前,如果静载过大,钢球将压入滚道,使其型面受到破坏。这样的轴承在随后的工作中就会使振动加剧而导致早期失效。过载压痕损伤,实质上是屈服失效的一种特殊形式。

应当指出,过载压痕损伤作为单独的失效形式,在失效分析实践中较少出现,它往往是作为其他失效形式如磨损、接触疲劳等的诱因而出现的。

对于塑性变形故障,需采取下列措施:

(1) 降低实际应力

零件所承受的实际应力包括工作应力、残余应力和应力集中三部分。

① **降低工作应力**。可从增加零件的有效截面积和减少工作载荷两个方面考虑,要视具体情况而定。重要的是需要准确地确定零件的工作载荷,正确地进行应力计算,合理地选取安全系数,并注意不要在使用中超载。

② **减小残余应力**。残余应力的大小与工艺因素有关。应根据零件和材料的具体特点和要求,合理地制定工艺流程,采取相应的措施,以便将残余应力控制在最低限度。

③ **降低应力集中**。应力集中对塑性变形和断裂失效都很重要。

(2) 提高材料的屈服强度

零件的实际屈服强度与选用的材料、状态以及冶金质量有关,因此,必须依据具体情况合理选材,严格控制材质,正确制定和严格控制工艺过程。具体问题要具体分析,要依据失效分析的结果有针对性地采取相应的措施。

7.5.2　概率刚度性能设计

机械中某些零件或结构体对刚度有一定的要求,例如弹簧、轴、梁、刀具的挠度、角和转角等在工作中不满足刚度要求时就认为失效。按照应力-强度模型,这时应力是工作中产生的变形,强度是正常工作允许的变形。工作时的变形量可利用材料力学求挠度、偏角或转角的公式来计算,这些公式一般可表示为

$$z = z(\boldsymbol{x}, \boldsymbol{\omega}) \tag{7.73}$$

式中,z 为工作变形量,如挠度、偏角或转角;

$\boldsymbol{x}$、$\boldsymbol{\omega}$ 为影响变形量的随机变量和参数,如载荷、尺寸、弹性模量等,$i = 1,2,3,\cdots,n$。

z 近似假定服从正态分布或对数正态分布,允许的变形量 z_0 则按具体条件给定,常视为确定量。若工作时产生的变形不能大于允许变形量,则可靠度:

$$R = P\left[(z_0 - z) > 0\right] \tag{7.74}$$

例 7-8　某圆截面轴如图 7.11 所示,已知 $F_1 = (120 \pm 18)\mathrm{N}$,$F_2 = (40 \pm 6)\mathrm{N}$,截面直径 $d = (20 \pm 0.3)\mathrm{mm}$,假定跨距和受力点尺寸为确定量,$L = 500\ \mathrm{mm}$,$l_1 = 200\ \mathrm{mm}$,$l_2 = 100\ \mathrm{mm}$ 允许 A 点最大挠度 $z_0 = 0.25\ \mathrm{mm}$。验算该轴满足刚度要求的可靠度。

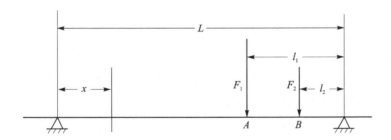

图 7.11　轴的受力情况

解:

① 承受集中载荷 F_1 和 F_2 的圆形截面轴,失效模式为 A 点挠度变形过大;如图 7.11 所示,当 $x \leqslant L - l$(l 为载荷作用点与右侧支撑点的距离)时,该轴 x 点处的挠度变形失效物理模型为

$$z_x = \frac{32lxF}{3\pi LEd^4}(L^2 - l^2 - x^2)$$

② 失效准则为梁挠度变形理论,失效判据为 A 点挠度变形阈值 $z_0 = 0.25\ \mathrm{mm}$;该梁在 A 点挠度变形失效判据 $z_A \geqslant z_0$;

③ 定义随机性能裕量函数,列方程求解未知量;

梁挠度变形失效的随机性能裕量函数 $g = g(z_0, z_A) = z_0 - z_A$;

F_1 和 F_2 单独作用时在 A 点产生的挠度:

$$z_1 = \frac{32l_1 x F_1}{3\pi LEd^4}(L^2 - l_1^2 - x^2) = 4.889 \times 10^7\ \frac{F_1}{Ed^4}$$

$$z_2 = \frac{32l_2xF_2}{3\pi LEd^4}(L^2 - l_2^2 - x^2) = 2.716 \times 10^7 \frac{F_2}{Ed^4}$$

叠加得 A 点的总挠度：

$$z_A = z_1 + z_2 = \frac{10^7}{Ed^4}(4.889F_1 + 2.716F_2)$$

各随机变量的均值和标准差分别为

$$\mu_{F_1} = 120 \text{ N}, \quad \sigma_{F_1} = \frac{18}{3} = 6 \text{ N}$$

$$\mu_{F_2} = 40 \text{ N}, \quad \sigma_{F_2} = \frac{6}{3} = 2 \text{ N}$$

$$\mu_d = 20 \text{ mm}, \quad \sigma_d = \frac{0.3}{3} \text{ mm} = 0.1 \text{ mm}$$

$$\mu_E = 2.06 \times 10^5 \text{ MPa}$$

$$\sigma_E = \mu_E V_E = 2.06 \times 10^5 \text{ MPa} \times 0.03 = 6.18 \times 10^3 \text{ MPa}$$

A 点的总挠度的均值：

$$\mu_{z_A} = \frac{10^7}{\mu_E \mu_d^4}(4.889\mu_{F_1} + 2.716\mu_{F_2})$$

$$= \frac{10}{2.06 \times 10^5 \times 20^4} \times (4.889 \times 120 + 2.716 \times 40) \text{ mm}$$

$$= 0.211 \text{ mm}$$

若 F_1 和 F_2 相互独立，则 A 点的总挠度的标准差为

$$\sigma_{z_A} = \left[\left(\frac{\partial z_A}{\partial F_1}\right)_0^2 \sigma_{F_1}^2 + \left(\frac{\partial z_A}{\partial F_2}\right)_0^2 \sigma_{F_2}^2 + \left(\frac{\partial z_A}{\partial E}\right)_0^2 \sigma_E^2 + \left(\frac{\partial z_A}{\partial d}\right)_0^2 \sigma_d^2\right]^{1/2} = 0.011\ 8 \text{ mm}$$

假设挠度服从正态分布，则可靠性指数为

$$\beta = \frac{\mu_{z_0} - \mu_{z_A}}{\sigma_{z_A}} = \frac{0.25 - 0.211}{0.011\ 8} = 3.305$$

查表得

$$R = \Phi(\beta) = \Phi(3.305) = 0.999\ 525$$

例 7 - 9　一测量用螺旋弹簧，材料为 65Mn，切变模量 $\mu_G = 81\ 500$ MPa，$V_G = 0.02$；弹簧中径 $D_2 = (60 \pm 0.9)$ mm，弹簧丝直径 $d = (6 \pm 0.04)$ mm；制造时可保证弹簧的有效圈数 $n = 20 \pm 0.5$。试估计满足弹簧刚度要求 $C = (\mu_C \pm 0.03)$ N/mm 时的可靠度。

解：

① 测量用弹簧刚度变化的要求保持在规定的区间内，因此失效模式为刚度超差；

失效物理模型：　　　　　　弹簧刚度 $C = \dfrac{Gd^4}{8D_2^3 n}$

弹簧刚度定义为使弹簧产生单位变形所需的载荷，$C = \dfrac{Gd^4}{8D_2^3 n}$，各随机变量的均值及变异系数为

$$\mu_{D_2} = 60 \text{ mm}, \quad V_{D_2} = \frac{0.9 \text{ mm}}{3 \times 60 \text{ mm}} = 0.005$$

$$\mu_d = 6 \text{ mm}, \quad V_d = \frac{0.04 \text{ mm}}{3 \times 6 \text{ mm}} = 0.002\ 2$$

$$\mu_n = 20 \text{ mm}, \quad V_n = \frac{0.5 \text{ mm}}{3 \times 20 \text{ mm}} = 0.008\ 3$$

弹簧刚度 C 的均值、变异系数和标准差：

$$\mu_C = \frac{\mu_G \mu_d^4}{8\mu_{d_2}^3 \mu_n} = \frac{81\ 500 \text{ N} \cdot \text{mm}^{-2} \times (20 \text{ mm})^4}{8 \times (60 \text{ mm})^3 \times 20} = 0.305\ 6 \text{ N/mm}$$

$$V_C = (V_G^2 + 4^2 V_d^2 + 3^2 V_{D_2}^2 + V_n^2)^{1/2}$$

$$= (0.02^2 + 4^2 \times 0.002\ 2^2 + 3^2 \times 0.005^2 + 0.008\ 3^2)^{1/2}$$

$$= 0.027\ 8$$

$$\sigma_C = \mu_C V_C = 0.305\ 6 \text{ N/mm} \times 0.027\ 8 = 0.008\ 5 \text{ N/mm}$$

② 失效判据为刚度超差；

失效判据：$\qquad C \leqslant \mu_C - \Delta C \quad$ 或 $\quad C \geqslant \mu_C + \Delta C$

③ 列方程，求解 C 满足要求的可靠度；

假设弹簧刚度 C 服从正态分布，则可靠度为

$$R = P(\mu_C - \Delta C < C < \mu_C + \Delta C)$$

$$= \int_{\mu_C - \Delta C}^{\mu_C + \Delta C} f(C)\, \mathrm{d}C$$

$$= \Phi\left(\frac{\Delta C}{\sigma_C}\right) - \Phi\left(-\frac{\Delta C}{\sigma_C}\right) = \Phi\left(\frac{0.03 \text{ N/mm}}{0.008\ 5 \text{ N/mm}}\right) - \Phi\left(-\frac{0.03 \text{ N/mm}}{0.008\ 5 \text{ N/mm}}\right)$$

$$= \Phi(3.53) - \Phi(-3.53)$$

$$= 0.999\ 548\ 5$$

7.6　概率稳定性设计

本节仅以压杆稳定为例，简述概率稳定性设计。

例 7-10　两端简支的承压圆柱杆，杆的直径为 $d = (25 \pm 0.075) \text{mm}$，杆的长度为 $l = (2\ 500 \pm 7.5) \text{mm}$。杆材料的弹性模量为 $(\mu_E, \sigma_E) = (205\ 800, 6\ 174) \text{MPa}$，其轴向载荷为 $(\mu_P, \sigma_P) = (4\ 410, 882) \text{N}$，试确定其不发生失稳的可靠度。

解：

① 两端简支的承压细长圆柱杆，承受压力载荷 P，失效物理模型为压杆失稳；压杆失稳临界载荷的失效物理模型为

$$P_{cr} = \frac{\pi^2 EI}{l^2}$$

杆直径的均值与方差为

$$\mu_d = 25 \text{ mm}$$

$$\sigma_d = \frac{0.075}{3} = 0.025 \text{ mm}$$

杆长度的均值与方差为

$$\mu_d = 2\ 500\ \text{mm}$$

$$\sigma_d = \frac{7.5}{3}\ \text{mm} = 2.5\ \text{mm}$$

杆弹性模量的均值与方差为

$$\mu_E = 205\ 800\ \text{MPa}$$

$$\sigma_E = 6\ 174\ \text{MPa}$$

轴向载荷的均值与方差为

$$\mu_P = 4\ 410\ \text{N}$$

$$\sigma_P = 882\ \text{N}$$

截面模量的均值与方差为

$$\mu_I = \frac{\pi \mu_d^4}{64} = \frac{3.14 \times (25\ \text{mm})^4}{64} = 19\ 165.04\ \text{mm}^4$$

$$\sigma_I = \sqrt{\left(\frac{\pi}{16}\mu_d^3\right)^2 \sigma_d^2} = \frac{\pi}{16}\mu_d^3 \sigma_d = \frac{3.14 \times 25^3 \times 0.025}{16}\ \text{mm}^4 = 1\ 226.56\ \text{mm}^4$$

失稳临界载荷的均值与方差为

$$\mu_{P_{cr}} = \frac{\pi^2 \mu_E \mu_I}{\mu_l^2}$$

$$\sigma_{P_{cr}}^2 = \left(\frac{\pi^2 \mu_I}{\mu_l^2}\right)^2 \sigma_E^2 + \left(\frac{\pi^2 \mu_E}{\mu_l^2}\right)^2 \sigma_I^2 + \left(\frac{2\pi^2 \mu_E \mu_I}{\mu_l^3}\right)^2 \sigma_l^2$$

计算得

$$\mu_{P_{cr}} = 6\ 222.06\ \text{N}$$

$$\sigma_{P_{cr}} = 439.965\ \text{N}$$

② 压杆失稳失效判据为承压载荷超出失稳临界载荷;

失效判据：$\qquad\qquad\qquad P \geqslant P_{cr}$

③ 定义随机性能裕量函数,列方程求解未知量;随机性能裕量函数如下：

$$g = g(P_{cr}, P) = P_{cr} - P$$

④ 列方程,求解压杆不失稳的可靠度。压杆稳定的可靠性指数为

$$\beta = \frac{\mu_{P_{cr}} - \mu_P}{\sqrt{\sigma_{P_{cr}}^2 + \sigma_P^2}} = \frac{6\ 222.06 - 4\ 410}{\sqrt{439.965^2 + 882^2}} = 1.84$$

查标准函数正态分布表可得可靠度为

$$R = 0.967\ 1$$

7.7　概率磨损寿命设计

磨损是机械产品的主要失效模式之一,其失效占很大比例。概率磨损寿命设计,就是在常规磨损寿命计算的基础之上,考虑各设计参数的随机特性。本节仅以许用磨损量为例,简述概率磨损寿命设计。

假设稳定磨损期内磨损速度恒定,如图 7.12 所示。

$$W = u \times t \qquad\qquad\qquad\qquad (7.75)$$

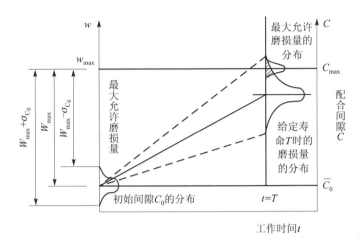

图 7.12　给定寿命下的概率分析模型

稳定磨损阶段的磨损速度与载荷、摩擦表面正压力 P、摩擦表面相对滑动速度 v 及摩擦表面材料特性和加工处理润滑情况有关。

$$u = k \times P^a \times v^b \tag{7.76}$$

式中　　a——因子(摩擦表面正压力),$a = 0.5 \sim 3$,一般情况下可取 1;

　　　　b——速度因子,考虑相对运动速度的影响;

　　　　k——摩擦副特性与工作条件影响系数,当摩擦副与工作条件给定时,k 为定值。

例 7 - 11　现假设摩擦表面正压力 P 与相对运动速度 v 为相互独立正态随机参数,总磨损量阈值 W_0^Σ 正态分布,推导给定可靠度 $R(t)$ 时的可靠寿命 t_R。

解：设计要求 t 时刻的总磨损量 $W^\Sigma(t)$ 不大于许用磨损量 W_0^Σ(磨损量阈值)。

① t 时刻的总磨损量 $W^\Sigma(t)$ 为失效物理模型。

失效物理模型：　　　　$W^\Sigma(t) = W_1 + W(t) = W_1 + k \times P^a \times v^b$

② 失效判据为 t 时刻总磨损量 $W^\Sigma(t)$ 大于许用磨损量 W_0^Σ。

失效判据：　　　　　　$W^\Sigma(t) - W_0^\Sigma \geqslant 0$

现磨损速率 u 的均值和标准差如下：

$$\mu_u = k\mu_P^a \mu_v^b$$
$$\sigma_u = \mu_u \times \sqrt{\left(\frac{a}{\mu_P}\right)^2 \sigma_P^2 + \left(\frac{b}{\mu_v}\right)^2 \sigma_v^2} \tag{7.77}$$

式中　　$\mu_P、\mu_v、\mu_u$——摩擦副摩擦表面正压力 P、相对滑动速度 v 及磨损速度 u 的均值;

　　　　$\sigma_P,\sigma_v,\sigma_u$——摩擦副摩擦表面正压力 P、相对滑动速度 v 及磨损速度 u 的标准差。

当给定摩擦副工作寿命 t 后,μ_u 和 σ_u 已知时,稳定磨损量的均值和标准差可由下式计算,即

$$\mu_W = \mu_u \times t, \quad \sigma_W = \sigma_u \times t$$

式中　　$\mu_W、\sigma_W$——稳定磨损阶段磨损量的均值与标准差。

若考虑磨合段磨损量 W_1 的分布,则总磨损量 $W^\Sigma = W_1 + W$ 的分布参数如下：

$$\mu_{W^\Sigma} = \mu_{W_1} + \mu_W, \quad \sigma_{W^\Sigma} = \sqrt{\sigma_{W_1}^2 + \sigma_W^2}$$

式中　μ_{W_1}、σ_{W_1}——磨合段初始磨损量的均值与方差；

　　　　$\mu_{W\Sigma}$、$\sigma_{W\Sigma}$——总磨损量的均值与方差。

③ 列方程,求解可靠度 $R(t)$ 时的可靠寿命 t_R。

假设总磨损量 $W_\Sigma(t)$ 和磨损阈值 W_0^Σ 正态分布,磨损量不超越阈值的可靠度由下式可求得,即

$$R = P(W_0^\Sigma - W^\Sigma(t) \geqslant 0) = \Phi\left[\frac{W_0^\Sigma - \mu_{W\Sigma}(t)}{\sigma_{W\Sigma}(t)}\right] = \Phi\left[\frac{W_0^\Sigma - (\mu_{W_1} + \mu_u t)}{\sqrt{\sigma_{W_1}^2 + \sigma_u^2 t^2}}\right]$$

式中　μ_{W_1}、σ_{W_1}——磨合初期磨损量均值和标准差；

　　　　μ_u、σ_u——磨损稳定期磨损速度均值和标准差；

　　　　$W_{\Sigma max}$—— 最大允许磨损量阈值；

　　　　t——给定工作时间。

可靠性指数方程如下:

$$\Phi^{-1}(R) = \frac{W_0^\Sigma - \mu_{W_\Sigma}(t)}{\sigma_{W_\Sigma}(t)} = \frac{W_0^\Sigma - (\mu_{W_1} + \mu_u t)}{\sqrt{\sigma_{W_1}^2 + \sigma_u^2 t^2}} \tag{7.78}$$

解上式,得到唯一未知数为符合工程意义的工作时间 t,就是给定可靠度下的可靠寿命 t_R。

例 7 - 12　已知某零件的磨损速度 u 为 $N(0.02, 0.002\ 77)\ \mu m/h$,最大允许磨损量 $W_0 = 16\ \mu m$,初始磨损量 W_1 为 $N(6.0, 1.0)\ \mu m$。求磨损寿命及可靠度分别为 0.9、0.99、0.999 时的磨损寿命。

解:

① 磨损速度 u 均匀,t 时刻的总磨损量 $W(t)$ 为失效物理模型。

失效物理模型:　　　　　　　　$W(t) = w_1 + ut$

② 失效判据为 t 时刻总磨损量 $W(t)$ 大于许用磨损量 W_0。

失效判据:　　　　　　　　　　$W(t) - W_0 \geqslant 0$

③ 列方程,求解可靠度 $R(t)$ 时的可靠寿命 t_R,求解结果见表 7.10。

$$\Phi^{-1}(R) = \frac{W_0 - \mu_{w_1} - \mu_u t}{\sqrt{\sigma_{W_0}^2 + \sigma_{W_1}^2 + \sigma_u^2 t^2}}$$

表 7.10　不同可靠度下的磨损寿命

可靠度 R	可靠度指数 β	寿命 t_R/h
0.5	0	500
0.90	1.282	178
0.99	2.326	114
0.999	3.090	89

7.8　概率腐蚀寿命设计

在环境介质的作用下,金属材料和介质元素发生化学或电化学反应引起的损坏称为腐蚀。

在石油化学工厂内和有腐蚀性介质的地区,设备的腐蚀常常是主要的故障模式。腐蚀现象大致上可以分为均匀腐蚀和局部腐蚀(见图 7.13)。对于均匀腐蚀来说,由于腐蚀引起均匀的厚度减小,直到不能确保设备材料的容许厚度为止的时间就是寿命。在预测寿命时,只需了解腐蚀速度的平均值即可。

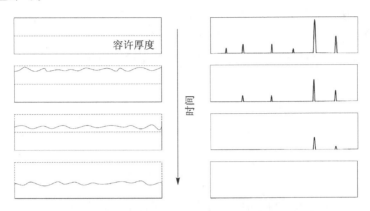

图 7.13　均匀腐蚀随时间的进展与局部腐蚀随时间的进展

　　在腐蚀损伤事例中最多的是局部腐蚀,包括孔蚀、缝隙腐蚀、晶间腐蚀和应力腐蚀裂纹等。表 7.11 所列为对 306 例腐蚀损伤的统计,从中可看出应力腐蚀所占比例最大。

　　如图 7.14 所示,在表面发生的许多局部腐蚀中,侵蚀最深直到贯穿材料厚度的时间就是寿命。局部腐蚀的寿命问题属于极值问题,因为人们关心局部腐蚀深度最大值和发生裂纹时间的最小值。在局部腐蚀下材料的寿命为

$$t_f = t_i + t_p \tag{7.79}$$

式中, t_i 为潜伏期,指从使用到局部腐蚀开始的时间; t_p 为进展时间,指从局部腐蚀到贯穿材料厚度的时间。

表 7.11　统计 306 例石化设备腐蚀

序　号	腐蚀现象	百分比/%
1	孔蚀、缝隙腐蚀	11.4
2	晶间腐蚀	16.3
3	应力腐蚀裂纹	42.2
4	冲刷腐蚀和干蚀	5.2
5	全面腐蚀	13.1
6	腐蚀疲劳	5.2
7	氢脆化	6.6

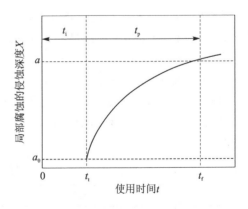

图 7.14　在局部腐蚀下材料的寿命

7.8.1　均匀腐蚀

　　对于均匀腐蚀,腐蚀引起厚度均匀减小,直到不能保持材料的容许厚度为止的时刻,就是腐蚀寿命。均匀腐蚀的概率计算与磨损概率计算的方法相同。

例 7 - 13　某火箭发动机喷管裙部采用玻璃钢结构,其内壁防热层在高温燃气中以近似均

匀的烧蚀速度炭化。最大烧蚀深度许用值为 $h_{max}=6.5$ mm,烧蚀速度均值 $\mu_u=0.045\,3$ mm/s,标准差 $\sigma_u=0.004\,5$ mm/s。求：① 当喷管工作 110 s 时,其耐烧蚀的可靠度;② 当规定可靠度为 0.999 9 时,喷管的工作寿命。

解：

① 匀速烧蚀,速度 u 恒定,t 时刻的烧蚀量 $h(t)$ 为失效物理模型。

失效物理模型： $$h(t)=u\times t$$

② 失效判据为 t 时刻总烧蚀量 $h(t)$ 大于最大许用烧蚀深度 h_{max}。

失效判据： $$h(t)-h_{max}\geqslant 0$$

③ 列方程,求解 t 时刻可靠度 $R(t)$。

$$R(t)=\Phi(\beta)=\Phi\left[\frac{h_{max}-(0+\mu_u t)}{\sqrt{0+\sigma_u^2 t^2}}\right]$$

$$R(t=110)=\Phi\left[\frac{h_{max}-(0+\mu_u t)}{\sqrt{0+\sigma_u^2 t^2}}\right]=\Phi(3.065)=0.998\,9$$

当可靠度要求 $R(t)=0.999\,9$ 时,列方程求解喷管工作寿命：

$$\Phi^{-1}(0.999\,9)=\frac{h_{max}-(0+\mu_u t)}{\sqrt{0+\sigma_u^2 t^2}}$$

$$t_{0.999\,9}=104.8\text{ s}$$

7.8.2　局部腐蚀

局部腐蚀的概率性质很早以前是由 Evans 提出的。直到 20 世纪 50 年代,研究铝合金的孔蚀的 Aziz 和研究土中埋设管道的孔蚀的 Eldredge 证明了在实践环境中材料的最大孔蚀深度分布符合 Gumbel **分布**(极限分布的第 I 型)。此后,在此基础上,对腐蚀的可靠性分析包括：

① 根据对小面积的测定区域内的最大孔蚀深度或最小破断时间(其分布服从极限分布)来推算大面积的整个区域内的最大孔蚀深度或最小破断时间;

② 孔蚀穿透的概率;

③ 计算设备的残余寿命。

目前,对石油储罐底板、热交换气管子的局部腐蚀的可靠性分析,主要是上述内容。

极值分布可分三种形式,如表 7.12 所列。最常用的是第 I 型的最大值和第 III 型(即威布尔分布)。

表 7.12　三种极值分布

类　型	最大值分布	最小值分布
第 I 型 (双重指数分布)	$f_I(x)=\dfrac{1}{a}\exp\left[-\dfrac{x-\lambda}{a}-\exp\left(-\dfrac{x-\lambda}{a}\right)\right]$ $F_I(x)=\exp\left[-\exp\left(-\dfrac{x-\lambda}{a}\right)\right]$ $-\infty<x<\infty,-\infty<\lambda<\infty,a>0$	$f_I(x)=\dfrac{1}{a}\exp\left[\dfrac{x-\lambda}{a}-\exp\left(\dfrac{x-\lambda}{a}\right)\right]$ $F_I(x)=\exp\left[-\exp\left(\dfrac{x-\lambda}{a}\right)\right]$ $-\infty<x<\infty,-\infty<\lambda<\infty,a>0$

类　型	最大值分布	最小值分布
第 Ⅱ 型	$f_{\mathrm{II}}(x) = \dfrac{\beta}{\eta}\left(\dfrac{x-y}{\eta}\right)^{-\beta-1}\exp\left[-\left(\dfrac{x-y}{\eta}\right)^{\beta}\right]$ $F_{\mathrm{II}}(x) = \exp\left[-\left(\dfrac{x-y}{\eta}\right)^{\beta}\right]$ $-\infty < y \leqslant x < \infty,\eta > 0,\beta > 0$	$f_{\mathrm{II}}(x) = \dfrac{\beta}{\eta}\left(\dfrac{y-x}{\eta}\right)^{-\beta-1}\exp\left[-\left(\dfrac{y-x}{\eta}\right)^{-\beta}\right]$ $F_{\mathrm{II}}(x) = 1-\exp\left[-\left(\dfrac{y-x}{\eta}\right)^{-\beta}\right]$ $-\infty < x \leqslant y < \infty,\eta > 0,\beta > 0$
第 Ⅲ 型	$f_{\mathrm{III}}(x) = \dfrac{\beta}{\eta}\left(\dfrac{y-x}{\eta}\right)^{\beta-1}\exp\left[-\left(\dfrac{y-x}{\eta}\right)^{\beta}\right]$ $F_{\mathrm{III}}(x) = \exp\left[-\left(\dfrac{y-x}{\eta}\right)^{\beta}\right]$ $-\infty < x \leqslant y < \infty,\eta > 0,\beta > 0$	$f_{-\mathrm{III}}(x) = \dfrac{\beta}{\eta}\left(\dfrac{x-y}{\eta}\right)^{\beta-1}\exp\left[-\left(\dfrac{x-y}{\eta}\right)^{\beta}\right]$ $F_{-\mathrm{III}}(x) = 1-\exp\left[-\left(\dfrac{x-y}{\eta}\right)^{\beta}\right]$ $-\infty < y \leqslant x < \infty,\eta > 0,\beta > 0$

注：1. 第 Ⅰ 型的最大值分布为 Gumbel 分布，其均值和方差分别为 $E(x) = \lambda + 0.577a$，$V(x) = (1.283a)^2$；

　　2. 第 Ⅲ 型的最小值分布为威布尔分布。

选择小面积测定区域测得腐蚀数据后，通过极值分布概率纸来求解上述问题的步骤如下：

① 用最小方差线性**无偏估计法**（Minimum Variance Linear Unbiased Estimator，MV-LUE）估计尺度参数 $\hat{a}$ 和位置参数 $\hat{\lambda}$。对概率分布进行参数估计，除采用概率纸方法外，还有其他各种方法，例如 MVLUE、最佳线性无偏估计（BLUE）、瞬时法等。对于腐蚀数据较少的场合，最好采用 MVLUE 法。

具体的做法是，令测定的区域数（或试样数）为 N，测得的腐蚀样本量为 n，将 n 个测定数据从大到小排列成顺序统计量：$X_1 \geqslant X_2 \geqslant \cdots \geqslant X_n$。

求平均秩（平均顺序数）：

$$F = \frac{N+1-i}{N+1} \tag{7.80}$$

用 MVLUE 系数表查得在不同 N、n、i 下的系数 a_i 和 b_i，并计算 a_iX_i 和 b_iX_i；计算极值分布第 Ⅰ 型（双重指数分布）的分布参数：

$$\begin{cases} \hat{\lambda} = \displaystyle\sum_{i=1}^{n} a_iX_i \\[2mm] \hat{a} = \displaystyle\sum_{i=1}^{n} b_iX_i \end{cases} \tag{7.81}$$

然后，将上述数据列成一表，如表 7.13 所列。

表 7.13　最大孔蚀深度的极值统计处理

顺序号 i	最大孔蚀深度 X/mm	平均秩 $F = \dfrac{N+1-i}{N+1}$	系数 a_i	a_iX_i	系数 b_i	b_iX_i
1 2 $\vdots$ n	$\vdots$	$\vdots$	$\vdots$	$\vdots$	$\vdots$	$\vdots$
合　计				$\hat{\lambda} = \sum a_iX_i$		$\hat{a} = \sum b_iX_i$

② 计算再现周期 t_R（Return Period）和最大孔蚀深度 x_{max}。

再现周期（或再现时间）t_R 的含义是，为了获得（找出）所预测的随机变量 X 大于或等于某一实数值所需要的平均观测时间或次数，表示为

$$t_R = \mu_n = \frac{1}{P_f} = \frac{1}{1-F} \tag{7.82}$$

式中，P_f 为故障概率；F 为平均秩；μ_n 为观测时间或试验次数的均值。

再现时间也可以定义为

$$t_R = A_T / A_0 \tag{7.83}$$

式中，A_T 为研究对象区域的总面积；A_0 为选择的测定区域（或试样）的面积。

最大孔蚀深度为

$$x_{max} = \hat{\lambda} + \hat{a}y \tag{7.84}$$

式中

$$y = -\ln\left[-\ln\left(1 - \frac{1}{t_R}\right)\right] \tag{7.85}$$

当 $t_R \geqslant 18$ 时：

$$y = \ln t_R \tag{7.86}$$

③ 在极值分布概率纸上作图，求出最大孔蚀深度 x_{max} 和孔蚀穿透的概率。

极值分布概率纸是以孔蚀深度 x 为横坐标、平均秩 $F_I(y)$ 为纵坐标，y 为标准变量，即

$$y = (x - \lambda)/a \tag{7.87}$$

由极值分布第 I 型最大值的累积分布函数可知：

$$F_I(y) = \exp\left[-\exp(-y)\right] \tag{7.88}$$

即 y 和 $F(y)$ 的关系式。图 7.15 为最大孔蚀深度的极值分布。

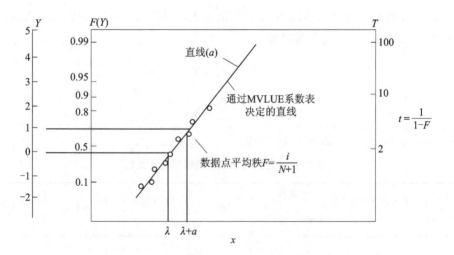

图 7.15 最大孔蚀深度的极值分布

在概率纸的右侧，以再现周期 T_R 为纵坐标。根据数据 X 和 F，在极值分布概率纸上描点得直线(a)。当腐蚀数据较少时，可利用公式求出两点（即 $y=0,x=\lambda$ 和 $y=1,x=\lambda+a$ 两

点),以获得直线。直线(a)表示在测定区域(或试样)上发生的最大孔蚀深度的极值分布。由直线(a)推算出实际产生的最大孔蚀深度。

由式(7.28)求得再现周期 t_R,表示图 7.16 中的 A 点。由 A 点向左作水平线,与直线(a)交于 B 点,B 点的横坐标即为推算出的实际最大孔蚀深度 x_{max}(极值分布的最大值)。由式(7.84)可知:

$$x_{max} = \lambda + a \ln t_R \tag{7.89}$$

接着,从 B 点向下作垂直线,与 $Y=0(F=0.368)$ 的水平线相交于 C 点,从 C 点引出与直线(a)平行的直线(b)。直线(b)表示在实际发生的最大孔蚀深度极值分布。

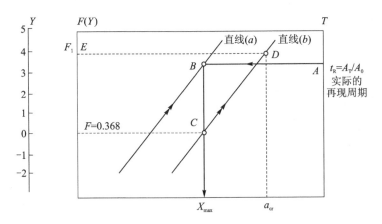

图 7.16　推算出的实际最大孔蚀深度

当实际的厚度为 a_{cr} 时,从 a_{cr} 点引出垂直线与直线(b)相交于 D 点,再由 D 点向左作水平线,在纵坐标上得出 F_1(E 点),则由于孔蚀而导致穿透实际的概率为

$$P = 1 - F_1 = 1 - \exp\left[-\exp\left(-\frac{a_{cr} - x_{max}}{a}\right)\right] \tag{7.90}$$

同理,可以推算出实际的最小破断时间。此外,最大孔蚀深度达到板厚 d 时的寿命为

$$t_f = \left(\frac{d}{x_{max}}\right)^{1/m} t_T \tag{7.91}$$

式中,x_{max} 为最大孔蚀深度;m 为系数,通常取为 0.3～0.5;t_T 为已使用过的时间。

因此,剩余寿命为

$$t_{res} = t_f - t_T \tag{7.92}$$

应注意,按式(7.92)求得的残余寿命是粗略的。

例 7-14　某一石油储罐底板(碳素钢制,板厚 6 mm)已使用 20 年,其中央部的面积为 125 m² ,底板外面产生了从土壤开始的许多孔蚀。在底板中央部任意选择 9 个 500 mm×500 mm 的测定区域,每个区域测定 5 个孔蚀深度,按顺序排列出孔蚀深度的数据,如表 7.14 所列,其中的 a_i 和 b_i 值,可在 MVLUE 系数表中查出(见表 7.15)。对于本例,因 N=9,n=9,所有可得 a_i 和 b_i 值如表 7.15 所列。

表 7.14 石油储罐底板中央部孔蚀深度数据

测定区域号	孔蚀深度/mm					最大孔蚀深度 X/mm
1	1.6	1.4	1.3	1.0	0.7	1.6
2	2.0	1.9	1.6	1.5	1.1	2.0
3	1.8	1.8	1.7	1.4	1.4	1.8
4	2.5	2.2	2.0	1.9	1.9	2.5
5	1.3	1.1	1.0	1.0	0.7	1.3
6	0.8	0.6	0.5	0.3	0.3	0.8
7	2.3	2.1	1.6	1.5	1.0	2.3
8	1.0	0.8	0.7	0.5	0.5	1.0
9	1.5	1.4	1.3	1.2	1.1	1.5

表 7.15 MVLUE 系数中的 a_i 和 b_i 值

N	n	i	a_i	b_i
9	9	1	0.032 290 98	0.088 391 18
9	9	2	0.047 956 59	0.094 369 26
9	9	3	0.063 399 55	0.091 965 12
9	9	4	0.079 568 65	0.082 654 82
9	9	5	0.097 217 90	0.065 573 80
9	9	6	0.117 356 53	0.037 977 19
9	9	7	0.141 789 11	$-0.006\ 485\ 85$
9	9	8	0.174 881 91	$-0.085\ 203\ 16$
9	9	9	0.245 538 78	$-0.369\ 242\ 36$

因为最大孔蚀深度 X 的分布服从极值分布,已知其累积分布函数。试求:

① 整个石油储罐底板的最大孔蚀深度;

② 底板孔蚀到穿透的概率;

③ 底板的剩余寿命。

解:

① 失效模式为点蚀,失效物理模型为 t 时刻整个底板区域内服从 Ⅰ 型极值分布的最大点蚀深度 $x_{\max}$;

$$F_{\mathrm{I}}(x) = \exp\left[-\exp\left(-\frac{x-\lambda}{a}\right)\right]$$

② t 时刻点蚀的失效判据为点蚀最大深度大于或等于底板厚度,即

$$x_{\max} \geqslant d$$

③ 已知数据 $N=9$,$n=9$,用最小方差无偏估计(MVLUE),统计评估 $\hat{\lambda}$ 和 $\hat{a}$。

对石油储罐的最大孔蚀深度数据,按由大到小的顺序重新排列,用 MVLUE 法可以计算出 $F_{\mathrm{I}}(Y)$、$a_i X_i$、$b_i X_i$,求出尺度参数 $\hat{a}$ 和位置参数 $\hat{\lambda}$,列于表 7.16。

a_i 和 b_i 值可在 MVLUE 系数表中查出。对于本例,因 $N=9$,$n=9$,故所有可得 a_i、b_i 值如表 7.15 所列。

表 7.16　石油储罐底板最大孔蚀深度数据极值分布

顺序 i	最大孔蚀深度 X_i/mm	$F_{\text{I}}(Y)=\dfrac{N+1-i}{N+1}$	a_iX_i	b_iX_i
1	2.5	0.90	0.080 7	0.221
2	2.3	0.80	0.110	0.217
3	2.0	0.70	0.127	0.184
4	1.8	0.60	0.143	0.149
5	1.6	·0.50	0.156	0.105
6	1.5	0.40	0.176	0.057
7	1.3	0.30	0.184	−0.008 43
8	0.0	0.20	0.175	−0.085 2
9	0.8	0.10	0.196	−0.295
合　计			$\hat{\lambda}=\sum a_iX_i=1.35$	$\hat{a}=\sum b_iX_i=0.544$

因为最大孔蚀深度 x 的分布服从 I 型极值分布,故其累积分布函数为

$$F_{\text{I}}(x)=\exp\left[-\exp\left(-\frac{x-1.35}{0.544}\right)\right]$$

④ 计算再现周期 T 和极值的标准分布变量 y:

因测定区域的面积为 $(0.5\times0.5)\text{m}^2=0.25\ \text{m}^2$,而储罐底板的总面积为 $125\ \text{m}^2$,所以再现周期为

$$T=125/0.25=500$$

由式(7.85)可得

$$y=-\ln\left[-\ln\left(1-\frac{1}{T}\right)\right]=-\ln\left[-\ln\left(1-\frac{1}{500}\right)\right]=6.213\ 607\ 3$$

⑤ 计算整个底板的最大孔蚀深度:

由式(7.84)可得最大孔蚀深度为

$$x_{\max}=\hat{\lambda}+\hat{a}y=(1.35+0.544\times6.213\ 607\ 3)\text{mm}=4.73\ \text{mm}$$

因底板的厚度为 6 mm,可判定底板上的点蚀并没有穿透。

⑥ 计算底板孔蚀到穿透的概率:

如图 7.17 所示,应用极值分布概率纸,实际表示在小面积的测定区域上的最大孔蚀深度分布,而点划线表示在底板中央部整个区域的最大孔蚀深度分布。石油储罐底板中央部孔蚀深度数如表 7.17 所列。

表 7.17　轴的允许挠度和偏转角

名　称	允许挠度 z_0/mm	名　称	允许偏转角 θ_0/rad
一般用途的轴	$(0.000\ 3\sim0.000\ 5)L$	滑动轴承	0.001
刚度要求较严的轴	$0.000\ 2L$	向心球轴承	0.005
感应电动机轴	0.1Δ	调心球轴承	0.05

名　称	允许挠度 z_0/mm	名　称	允许偏转角 θ_0/rad
安装齿轮的轴	$0.01\sim0.03m_{n,\text{gear}}$	圆柱滚子轴承	0.002 5
安装蜗轮的轴	$0.02\sim0.05m_{n,\text{worm}}$	圆锥滚子轴承	0.001 6
—	—	安装齿轮处轴的截面	$0.01\sim0.002$

注：L 为轴的跨距(mm)；Δ 为电动机定子与转子间的气隙(mm)；$m_{n,\text{gear}}$ 为齿轮的法面模数(mm)；$m_{n,\text{worm}}$ 为蜗轮的端面模数(mm)。

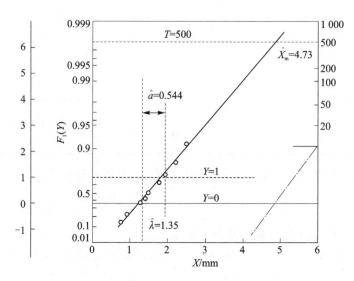

图 7.17　石油储罐底板最大孔蚀深度的推算

因此，可以通过读取在点划线上相应于特定 x 坐标的 $F_I(y)$ 值得出与 $x=6$ mm 相应的 $F_I(y)$ 值为 0.907，进而可推算出孔蚀穿透的概率为 $1-0.907=0.093=9.3\%$。

⑦ 底板的剩余寿命：

$$t_{\text{res}}=t_f-t_T$$

可得最大孔蚀深度达到板厚 d 时的寿命为

$$t_f=\left(\frac{d}{x_{\max}}\right)^{1/m}$$

$$t_T=\left(\frac{6}{4.73}\right)^{1/0.5}\times20\text{ 年}=32.18\text{ 年}$$

所以，底板的剩余寿命为 $t_{\text{res}}=t_f-t_T=(32.18-20)\text{年}=12.18\text{ 年}$。

7.9　零部件概率机械设计

7.9.1　轴的概率设计

轴按照所受的载荷分为**传动轴**（只承受扭矩）、**心轴**（只承受弯矩）、**转轴**（同时承受扭矩和弯矩）。轴的可靠性设计是考虑载荷、强度条件、刚度条件和轴径尺寸的概率分布，在给定目标可靠性和"响应-阈值"两个参数的分布情况下，可求第三个参数分布；或者给定"响应-阈值"各个参数分布求解轴的可靠性。

1. 轴的概率强度设计

例 7-15　一承受弯扭组合载荷作用的圆截面轴,轴的材料为钼钢;钼钢材料具有显著的塑形,其强度失效模式为屈服;采用第四强度理论进行设计,其等效应力为 $\sigma_{r4}=\sqrt{\sigma^2+3\tau^2}$。设计要求可靠度 $R=0.999$,现要求通过概率设计确定其直径 d,给出直径的均值和公差。

已知的参数如下:

① 轴的计算截面上所承受的弯矩 $M=(1.5\times10^7\pm4.2\times10^6)\mathrm{N\cdot mm}$;

② 轴的计算截面上所承受的扭矩 $T=(1.2\times10^7\pm3.6\times10^6)\mathrm{N\cdot mm}$;

③ 轴的材料钼钢强度为 $(\mu_{\sigma_b},\sigma_{\sigma_b}^2)=(93.5,1.875^2)\mathrm{MPa}$;

④ 轴直径的公差为 $0.005\mu_d$。

解:

① 弯扭组合载荷作用下的钼钢圆截面轴,失效物理模型为静强度韧性断裂;

失效物理模型:　　　　　　　　$\sigma_{r4}=\sqrt{\sigma^2+3\tau^2}$

假设弯矩和扭矩产生的效果独立,轴直径的公差为 3 倍标准差,即有

$$\sigma_d=\frac{0.005\mu_d}{3}=0.001\,67\mu_d$$

同理,弯矩的标准差为

$$\sigma_M=\frac{4.2\times10^6}{3}\mathrm{N\cdot mm}=1.4\times10^6\mathrm{N\cdot mm}$$

扭矩的标准差为

$$\sigma_T=\frac{3.6\times10^6}{3}\mathrm{N\cdot mm}=1.2\times10^6\mathrm{N\cdot mm}$$

抗弯截面系数 $W_z=\dfrac{\pi d^3}{32}$,则

$$\mu_{W_z}=\frac{\pi\mu_d^3}{32}=0.098\,2\mu_d^3$$

$$\sigma_{W_z}=\frac{\pi}{32}(3\mu^d2\sigma_d)=\frac{\pi}{32}(3\mu_d^2\times0.001\,67\mu_d)=0.000\,49\mu_d^3$$

弯曲应力的均值和标准差为

$$\mu_\sigma=\frac{\mu_M}{\mu_{W_z}}=\frac{1.5\times10^7}{0.098\,2\mu_d^3}=\frac{1.527\,5\times10^8}{\mu_d^3}$$

$$\sigma_\sigma=\frac{1}{\mu_{W_z}^2}\sqrt{\mu_M^2\sigma_{W_z}^2+\mu_{W_z}^2\sigma_M^2}$$

$$=\frac{1}{(0.098\,2\mu_d^3)^2}\sqrt{(1.5\times10^7)^2\times(0.000\,49\mu_d^3)^2+(0.098\,2\mu_d^3)^2\times(1.4\times10^6)^2}$$

$$=\frac{1.427\,7\times10^5}{\mu_d^3}$$

抗扭截面系数 $W_t=\dfrac{\pi d^3}{16}$,则

$$\mu_{W_t} = \frac{\pi \mu_d^3}{16} = 0.196\ 25\mu_d^3$$

$$\sigma_{W_t} = \frac{\pi}{16}(3\mu_d^2 \sigma_d) = \frac{\pi}{16}(3\mu_d^2 \times 0.001\ 67\mu_d) = 0.000\ 98\mu_d^3$$

扭转剪应力均值和标准差为

$$\mu_\tau = \frac{\mu_T}{\mu_{W_t}} = \frac{1.2 \times 10^7}{0.196\ 25\mu_d^3} = \frac{6.109\ 97 \times 10^7}{\mu_d^3}$$

$$\sigma_\tau = \frac{1}{\mu_{W_t}^2} \sqrt{\mu_T^2 \sigma_{W_z}^2 + \mu_{W_z}^2 \sigma_T^2}$$

$$= \frac{1}{(0.196\ 25\mu_d^3)^2} \sqrt{(1.2 \times 10^7)^2 \times (0.000\ 98\mu_d^3)^2 + (0.196\ 25\mu_d^3)^2 \times (1.2 \times 10^6)^2}$$

$$= \frac{6.828\ 395 \times 10^5}{\mu_d^3}$$

对于 σ^2，其均值和标准差为

$$\mu_{\sigma^2} = \mu_\sigma^2 = \left(\frac{1.527\ 5 \times 10^8}{\mu_d^3}\right)^2 = \frac{2.333\ 26 \times 10^{16}}{\mu_d^6}$$

$$\sigma_{\sigma^2} = 2\mu_\sigma \sigma_\sigma = 2\left(\frac{1.527\ 5 \times 10^8}{\mu_d^3}\right)\left(\frac{1.427\ 7 \times 10^5}{\mu_d^3}\right) = \frac{4.361\ 6 \times 10^{13}}{\mu_d^6}$$

对于 $3\tau^2$，其均值和标准差为

$$\mu_{3\tau^2} = 3\mu_\tau^2 = 3\left(\frac{6.109\ 97 \times 10^7}{\mu_d^3}\right)^2 = \frac{1.119\ 95 \times 10^{16}}{\mu_d^6}$$

$$\sigma_{3\tau^2} = 3 \times 2\mu_\tau \sigma_\tau = 6\left(\frac{6.109\ 97 \times 10^7}{\mu_d^3}\right)\left(\frac{6.828\ 395 \times 10^5}{\mu_d^3}\right) = \frac{1.036\ 88 \times 10^{15}}{\mu_d^6}$$

对于 $\sigma_{r4}^2 = \sigma^2 + 3\tau^2$，其均值和标准差为

$$\mu_{\sigma_{r4}^2} = \mu_{\sigma^2} + \mu_{3\tau^2} = \frac{2.333\ 26 \times 10^{16}}{\mu_d^6} + \frac{1.119\ 95 \times 10^{16}}{\mu_d^6} = \frac{3.453\ 615 \times 10^{16}}{\mu_d^6}$$

$$\sigma_{\sigma_{r4}^2} = \sqrt{\sigma_{\sigma^2}^2 + \sigma_{3\tau^2}^2} = \sqrt{\left(\frac{4.361\ 6 \times 10^{13}}{\mu_d^6}\right)^2 + \left(\frac{1.036\ 88 \times 10^{15}}{\mu_d^6}\right)^2} = \frac{103.780\ 38 \times 10^{13}}{\mu_d^6}$$

因此有均值和标准差：

$$\mu_{\sigma_{r4}} = \left(\mu_{\sigma_{r4}^2}\right)^{\frac{1}{2}} = \frac{1.858 \times 10^8}{\mu_d^3}$$

$$\sigma_{\sigma_{r4}} = \left\{\left[\frac{1}{2}\left(\mu_{\sigma_{r4}^2}\right)^{-\frac{1}{2}}\right]^2 \sigma_{\sigma_{r4}^2}^2\right\}^{\frac{1}{2}} = \frac{2.791\ 95 \times 10^6}{\mu_d^3}$$

② 失效准则为静强度第一强度理论，失效判据为拉应力超出断裂极限；钼钢为塑性材料，容易发生屈服，失效准则可采用第三或第四强度理论，本例采用第四强度理论进行设计。

失效判据为 $\sigma_{r4} = \sqrt{\sigma^2 + 3\tau^2} \geqslant \sigma_b$

③ 定义随机性能裕量函数，列方程求解未知量：

韧性断裂的随机性能裕量函数为

$$g = g(\sigma_b, \sigma_{r4}) = \sigma_b - \sigma_{r4}$$

当 $R = 0.999$ 时,$\beta = 3.091$。列方程,求解未知量 μ_d:

$$\beta = \frac{\mu_{\sigma_b} - \mu_{r4}}{\sqrt{\sigma_{\sigma_b}^2 + \sigma_{r4}^2}}, \quad 3.091 = \frac{93.5 - \dfrac{1.858 \times 10^8}{\mu_d^3}}{\sqrt{1.875^2 + \left(\dfrac{2.791\,95 \times 10^6}{\mu_d^3}\right)^2}}$$

解得 $\mu_d = 129.05$ mm;直径公差为 (0.005×129.05) mm $= 0.645$ mm。

所以采用轴的直径 $d = (129.05 \pm 0.65)$ mm。

2. 轴的概率刚度设计

轴在载荷作用下,将产生弯曲或扭转变形。若变形量超过允许的限度,就会影响轴上零件的正常工作,甚至会导致机器丧失应有的工作性能。例如,安装齿轮的轴,若弯曲刚度(或扭转刚度)不足而导致挠度(或扭转角)过大,将影响齿轮的正确啮合,使齿轮沿齿宽和齿高方向接触不良,造成载荷在齿面上严重分布不均。因此,在设计有刚度要求的轴时,必须进行刚度的校核计算。轴的弯曲刚度以挠度或偏转角来度量;扭转刚度以扭转角来度量。轴的刚度校核计算通常是计算出轴在受载时的变形量,并控制其不超过容许值。

(1) 弯曲刚度可靠性设计

常规设计刚度条件为

挠度:

$$z \leqslant [z_0] \tag{7.93}$$

偏转角:

$$\theta \leqslant [\theta_0] \tag{7.94}$$

如表 7.18 所列,表中 $[z_0]$ 为轴的允许挠度(mm),$[\theta_0]$ 为轴的允许偏转角(rad)。

表 7.18　轴的允许挠度和偏转角

名　　称	允许挠度 $[z_0]$/mm	名　　称	允许偏转角 $[\theta_0]$/rad
一般用途的轴	$(0.000\,3 \sim 0.000\,5)L$	滑动轴承	0.001
刚度要求较严的轴	$0.000\,2L$	向心球轴承	0.005
感应电动机的轴	0.1Δ	调心球轴承	0.05
安装齿轮的轴	$(0.01 \sim 0.03)m_{n,\text{gear}}$	圆柱滚子轴承	0.002\,5
安装蜗轮的轴	$(0.02 \sim 0.05)m_{n,\text{worm}}$	圆锥滚子轴承	0.001\,6
		安装齿轮处轴的截面	$0.01 \sim 0.002$

注:L 为轴的跨距(mm);Δ 为电动机定子与转子间的气隙(mm);
　　$m_{n,\text{gear}}$ 为齿轮的法面模数(mm);$m_{n,\text{worm}}$ 为蜗轮的端面模数(mm)。

在外载荷的作用下,轴产生弹性弯曲变形,如图 7.18 所示。变形后的轴线称为挠度曲线或弹性曲线。挠度 y 随截面位置 x 而变化的关系式 $z = z(x)$ 称为挠度曲线方程。在轴的刚度的可靠性设计中,**挠度曲线方程**常表示为

$$z = z(F, l, a, E, I, x) \tag{7.95}$$

式中,E 为材料的弹性模量;I 为轴截面的惯性矩;x 为计算截面到坐标原点的距离;其他见图 7.18。

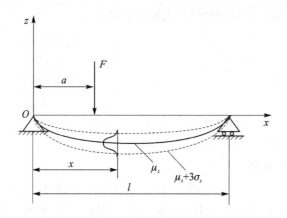

图 7.18　轴的刚度计算模型

若式(7.95)中的各个参数为相互独立的随机变量,则轴的挠度 z 的均值及标准差为

$$\mu_z = z(\mu_F, \mu_l, \mu_a, \mu_E, \mu_I, \mu_x) \tag{7.96}$$

$$\sigma_z = \sqrt{\left(\frac{\partial z}{\partial F}\right)^2 \cdot \sigma_F^2 + \left(\frac{\partial z}{\partial l}\right)^2 \cdot \sigma_1^2 + \left(\frac{\partial z}{\partial a}\right)^2 \cdot \sigma_a^2 + \left(\frac{\partial z}{\partial E}\right)^2 \cdot \sigma_E^2 + \left(\frac{\partial z}{\partial I}\right)^2 \cdot \sigma_1^2 + \left(\frac{\partial z}{\partial x}\right)^2 \cdot \sigma_x^2}$$

$$\tag{7.97}$$

由于式(7.95)中的各随机变量基本上均属于正态分布,故挠度 z 也近似于正态随机变量,这样,若已知挠度的许用值 $[z_0]$、挠度的均值 μ_z 及标准差 σ_z,则可利用正态分布联结方程求得在给定条件下**轴的刚度的可靠度**,即

$$\beta = \frac{\mu_{z_0} - \mu_z}{\sqrt{\sigma_z^2 + 0}} \tag{7.98}$$

对于一般转轴,当其两支撑点间的跨距为 l 时,取 $[z_0] = (0.0001 - 0.0005)l$;对于齿轮轴,常取 $[z_0] = (0.01 - 0.03)m$,其中 m 为齿轮模数。

参考上述方法,亦可计算截面的偏转角 θ 的可靠度。由于在一般情况下轴截面的偏转角非常小,例如汽车变速器设计其许用值仅为 $0.02°$,因此可近似认为 θ 等于挠度曲线方程一阶导数,即

$$\theta \approx \tan\theta = \frac{\mathrm{d}z}{\mathrm{d}x} \tag{7.99}$$

(2)扭转刚度可靠性设计

轴的扭转变形用每米长的扭转角 φ 来表示。

常规设计刚度条件为扭转角:

$$\varphi = 57\,300\,\frac{T}{GI_p} \leqslant [\varphi_0] \tag{7.100}$$

式中,T 为轴所受的扭矩(N・mm);G 为轴材料的剪切弹性模量(MPa);I_p 为的轴截面的极惯性矩(mm⁴);$[\varphi_0]$ 为轴每米长的允许扭转角,与轴的使用场合有关。对于一般传动轴,可取 $[\varphi_0] = 0.5 \sim 1(°)/m$;对于精密传动轴,可取 $[\varphi_0] = 0.25 \sim 0.5(°)/m$;对于精度要求不高的轴,$[\varphi_0]$ 可大于 $1(°)/m$。

可靠性设计中,设上式中的各物理量为独立的随机变量,则扭转角 φ 的均值和标准差分别为

$$\mu_\varphi = 57\ 300\ \frac{\mu_T}{GI_p} \tag{7.101}$$

例 7 - 16　如图 7.19 所示,某转轴在安装轴承处为阶梯型,已知 $D=20$ mm,$d=20$ mm,$r=1.5$ mm,$d_1=14$ mm,阶梯轴直径变化处危险截面上的弯矩 $M=67\ 200$ N·mm,轴向压力 $N=2\ 020$ N,材料为合金钢 12CrNi3A,强度极限 $\sigma_b=950$ N/mm^2,屈服极限 $\sigma_s=700$ N/mm^2,疲劳极限 $\sigma_{-1}=420$ N/mm^2。设计安全系数 $n_p=1.5$,用安全系数和可靠度分别表示校核轴的疲劳强度。

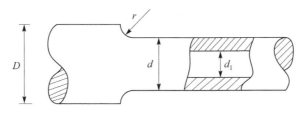

图 7.19　某变截面轴

解:

① 危险面应力计算:

该轴危险面上的危险点是在较细的一段轴与过渡圆弧相连接处横截面的最外边缘处。

最大工作应力为

$$\sigma_{max} = \frac{M}{W_z} + \frac{N}{A} = 100.4\ \text{N/mm}^2$$

最小工作应力为

$$\sigma_{min} = -\frac{M}{W_z} + \frac{N}{A} = -125.6\ \text{N/mm}^2$$

平均应力为

$$\sigma_m = \frac{1}{2}(\sigma_{max} + \sigma_{min}) = -12.6\ \text{N/mm}^2$$

应力幅为

$$\sigma_a = \frac{1}{2}(\sigma_{max} - \sigma_{min}) = 113.0\ \text{N/mm}^2$$

② 疲劳强度校核:

有效应力集中系数为

$$K_\sigma = 1 + q(Q_\sigma - 1) = 1 + 0.85(1.83 - 1) = 1.71$$

式中,q 为敏感系数,取 0.85;Q_σ 为理论应力集中系数,取 1.83。

将平均应力取绝对值进行计算是偏于安全的,则安全系数为

$$n = \frac{\sigma_{-1}}{\dfrac{K_\sigma}{\varepsilon_\sigma}\sigma_a + \psi_\sigma \sigma_m} = 2.12 > n_p = 1.5$$

式中,ε_σ 为尺寸系数,取 1.0;ψ_σ 为等效系数,取 0.4。

③ 可靠度计算：

假设强度、应力均为正态分布，应力的标准差 σ_s 按"3σ"法则计算，则

$$\sigma_s = \frac{2(K_\sigma\sigma_a + \psi_\sigma\sigma_m)}{6}, \quad \mu_s = \sigma_{-1}$$

σ_m 取正值，则 $\sigma_s/\mu_s = 0.16$，参考图 7.9，得可靠度值 $R > 0.995$。

7.9.2 齿轮概率强度设计

齿轮可靠性设计的基本方法以常规设计作为基础，以其设计参数作为随机变量，将由设计手册中查得的有关数据按统计量处理。目前主要是针对齿面的**接触强度**及齿根的**弯曲强度**设计。

例 7-17 板材校直机主动齿轮传递扭矩 $T_1 = 3\,400$ N·m，转速 $n_1 = 22.6$ r/min，齿数 $z_1 = z_2 = 29$，模数 $m = 6$ mm，变位系数 $x_1 = x_2 = 0.56$，中心距 $a' = 180$ mm，齿宽 $b = 260$ mm，重合度 $\varepsilon_a = 1.36$，齿轮精度为 8 级，表面粗糙度 $Ra = 3.2$ μm。齿轮材料为 40MnB，硬度为 $250\sim280$HBS，使用 5 年，每天工作两班，设备利用率 80%。试校核其接触疲劳强度的可靠度。

解：

① 该齿轮失效模式为接触疲劳，失效物理模型为齿面接触应力 S_H；

失效物理模型：

$$S_H = Z_H Z_E Z_\varepsilon Z_\beta \sqrt{\frac{F_t}{bd_1} \cdot \frac{i \pm 1}{i} \cdot K_A K_V K_{H\beta} K_{H\alpha}}$$

计算圆周力均值：

$$d_1 = mz_1 = (6 \times 29)\text{mm} = 174 \text{ mm}$$
$$\mu_{F_t} = 2\,000T_1/d_1 = (2\,000 \times 3\,400/174)\text{N} \approx 39\,080 \text{ N}$$

变异系数为

$$V_{F_t} = 0.03$$

由于采用电动机驱动，工作平稳，有使用系数 $K_A = 1$，$V_{K_A} = 0$。

圆周速度为 $v = d_1 n_1/19\,100 = (174 \times 22.6/19\,100)\text{m/s} = 0.206$ m/s。

动载系数：

$$K_V = 1 + 0.001\,25vz_1 = 1 + 0.001\,25 \times 0.206 \times 29 \approx 1$$
$$V_{K_V} = 0$$
$$\varphi_d = b/d_1 = 1.5$$

齿向载荷分布系数：

$$K_{H\beta} = -0.007\varphi_d + 0.039\,77\varphi_d^2 + 1.057$$
$$= -0.007 \times 1.5 + 0.039\,77 \times 1.5^2 + 1.057$$
$$= 1.095$$
$$V_{K_{H\beta}} = \frac{n+1}{10} \cdot \frac{K_{H\beta} - 1.05}{3K_{H\beta}} = 0.012$$

齿间载荷分配系数：

$$K_{H\alpha} = 0.008v + 1.05 = 0.008 \times 0.206 + 1.05 = 1.052$$

$$V_{K_{H\alpha}} = 0.03$$

啮合角：

$$\alpha' = \arccos\left[\frac{m(z_1 + z_2)}{2}\cos\alpha\right] = \arccos\left[\frac{6(29+29)}{2\times180}\cos20°\right] = 24.719°$$

节点区域系数：

$$Z_H = \sqrt{\frac{2}{\cos^2\alpha\tan\alpha'}} = \sqrt{\frac{2}{\cos^2 20°\tan24.719°}} = 2.22$$

由于两个齿轮均为钢制，则弹性影响系数 $Z_E = 189.8$。

重合度系数：

$$Z_\varepsilon = \sqrt{\frac{4-\varepsilon_a}{3}} = \sqrt{\frac{4-1.36}{3}} = 0.938$$

齿数比系数：

$$K_u = 1 + 1/u = 2$$

齿面接触应力均值：

$$\mu_{S_H} = Z_H Z_E Z_\varepsilon Z_\beta \sqrt{\frac{F_t}{bd_1}\cdot\frac{i\pm1}{i}\cdot K_A K_V K_{H\beta}K_{H\alpha}}$$

$$= 2.22\times189.8\times0.938\times1\times\sqrt{\frac{39\,080}{174\times260}\times2\times1\times1\times1.095\times K_{H\alpha}\times1.052}\ \text{MPa}$$

$$= 557.6\ \text{MPa}$$

综合变异系数：

$$V_{S_H} = [0.04^2 + 0.03^2 + 0.25(0.03^2 + 0 + 0 + 0.012^2 + 0.03^2)]^{1/2} = 0.06$$

② 失效判据为齿面接触应力 S_H 超出接触疲劳强度 δ_H，即

$$S_H \geqslant \delta_H$$

接触疲劳强度：

$$\mu_{\delta_{H\lim}} = 1.5\text{HBS} + 330 = (1.5\times250 + 330)\text{MPa} = 705\ \text{MPa}$$

应力循环次数：

$$N_L = 60\times22.6\times5\times300\times16\times0.8 = 2.6\times10^7$$

由于 $10^7 < N_L < 10^9$，应力循环次数为

$$\mu_{Z_N} = (10^9/N_L)^{0.057} = [10^9/(2.6\times10^7)]^{0.057} = 1.23$$

润滑油系数：

$$\mu_{Z_L} = 0.83 + \frac{4\times(1-0.83)}{(1.2+80/100)^2} = 1$$

速度系数：

$$\mu_{Z_v} = 0.85 + \frac{2\times(1-0.85)}{\sqrt{1.8+32/v}} = 0.85 + \frac{2\times(1-0.85)}{\sqrt{1.8+32/0.206}} = 0.874$$

粗糙度系数：

$$R_{Z_{100}} = (R_{Z_1} + R_{Z_2})\sqrt{100/a'}/2 = (3.2\times\sqrt{100/180}/2)\mu\text{m} = 2.6\ \mu\text{m}$$

$$M_{Z_R} = 0.32 + \sigma_{H\lim}/5\,000 = 0.461$$

$$Z_R = (3/R_{Z_{100}})^{M_{Z_R}} = (3/2.6)^{0.461} = 1.07$$

计算工作硬化系数：

$$\mu_{Z_w} = 1.276\,5 - \text{HBS}/1\,700 = 1.276\,5 - 250/1\,700 = 1.13$$

齿面接触疲劳强度均值：

$$\mu_{\delta_{H\lim J}} = \mu_{\delta_{H\lim}}\mu_{Z_N}\mu_{Z_L}\mu_{Z_V}\mu_{Z_R}\mu_{Z_w} = (705 \times 1.23 \times 1 \times 0.874 \times 1.07 \times 1.13)\,\text{MPa}$$
$$= 916.3\,\text{MPa}$$

齿面接触疲劳强度变异系数：

$$V_{\mu_{\delta_{H\lim J}}} = (0.003\,2 + 0.08^2)^{1/2} = 0.098$$

综合变异系数：

$$V_n = \sqrt{V_{\delta_{H\lim J}}^2 + V_{S_H}^2} = \sqrt{0.098^2 + 0.06^2} = 0.115$$

③ 定义随机性能裕量函数，列方程求接触疲劳可靠度：

可靠度指数为

$$\beta_R = \frac{\ln\mu_{\delta_{H\lim J}} - \ln\mu_{S_H}}{V_n} = \frac{\ln 916.3 - \ln 557.6}{0.115} = 4.319\,15$$

查标准正态分布表可得可靠度 $R = 0.999\,992\,2$。

7.9.3　滚动轴承概率寿命设计

滚动轴承的主要失效形式为疲劳点蚀、磨损和塑性变形。滚动轴承的寿命将直接影响机械的性能。因而，在选择滚动轴承时，常以基本额定寿命作为计算标准。基本额定寿命即按一组轴承中 10% 的轴承发生点蚀破坏，而 90% 的轴承不发生点蚀破坏前的转数（以 10^6 r 为单位）或工作小时数作为轴承的寿命。

滚动轴承是最早具有可靠性指标的机械零件。现行的额定动载荷计算方法规定，在基本额定动载荷 C 的作用下，滚动轴承可以工作 10^6 r，而其中 90% 不发生疲劳点蚀失效，这意味着其可靠度为 90%。

如果要求的可靠度为 0.90，则可以按额定动载荷的计算方法计算 C，并据以选择轴承。如果要求的可靠度不为 0.90，则应当计算出与目标可靠度 $R(t)$ 相应的可靠寿命或额定动载荷，并据以选择可靠度为 0.90 的轴承。

滚动轴承的寿命与可靠度之间的关系

大量寿命试验和理论分析证实，滚动轴承疲劳寿命服从威布尔分布，轴承寿命 t 的失效概率为

$$F(t) = 1 - e^{-\left(\frac{t}{T}\right)^b} \tag{7.102}$$

式中，t 为轴承寿命；T 为尺度参数；b 为形状参数。

因 $F(t) = 1 - R(t)$，故可得与 t 对应的可靠度为

$$R(t) = e^{-\left(\frac{t}{T}\right)^b} \tag{7.103}$$

上式可改写为

$$t = T\left[-\ln R(t)\right]^{\frac{1}{b}} \tag{7.104}$$

当 $R(t)=0.90$ 时,轴承的寿命 $t=L_{10}$,L_{10} 表示失效概率为 10% 的寿命,由上式可得

$$L_{10} = T\left[-\ln 0.9\right]^{\frac{1}{b}} \tag{7.105}$$

由上述两式,整理可得

$$t_R = L_{10}\left[\frac{\ln R(t)}{\ln 0.9}\right]^{\frac{1}{b}} \tag{7.106}$$

式中,t_R 为与 $R(t)$ 相应的可靠寿命。

实践表明,上式的适用范围为 $0.4 < R(t) < 0.93$。

按轴承类型的不同,形状参数 b 的值如下:

$$\text{球轴承 } b = \frac{10}{9}, \quad \text{辊子轴承 } b = \frac{3}{2}, \quad \text{圆锥辊子轴承 } b = \frac{4}{3} \tag{7.107}$$

样本中所列的基本额定动载荷是在不破坏概率(可靠度)为 90% 时的数据。实际上,不同的工作环境要求不同的可靠度,例如航空、航天工业通常要求"无失效"的轴承性能,即要求轴承寿命为 L_{10}。为了把样本中的基本额定动载荷值用于可靠度不等于 90% 的情况,须引入寿命修正系数。

将式(7.106)简化为

$$t_{0.9} = aL_{10} \tag{7.108}$$

$$a = \left[\frac{\ln R(t)}{\ln 0.9}\right]^{\frac{1}{b}} \tag{7.109}$$

式中,L_{10} 是可靠度为 90%(破坏概率为 10%)时的寿命,即基本额定寿命;a 是可靠度不为 90% 时的额定寿命修正系数(寿命可靠性系数),其值如表 7.19 所列。

表 7.19　滚动轴承寿命可靠性系数 a 值

可靠度 $R(t)/\%$	50	80	85	90	92	95	96	97	98	99
轴承寿命 L	L_{50}	L_{20}	L_{15}	L_{10}	L_8	L_5	L_4	L_3	L_2	L_1
球轴承	5.45	1.96	1.48	1.00	0.81					
滚子轴承	3.51	1.65	1.34	1.00	0.86	0.62	0.53	0.44	0.33	0.21
圆锥滚子轴承	4.11	1.75	1.38	1.00	0.84					

实际上遇到的问题,常常是给定目标可靠度下的可靠寿命,然后据此在目录中选用轴承。

由式(7.108)可得

$$L_{10} = \frac{t_{0.9}}{a} \tag{7.110}$$

例 7-18　一只 209 号径向球轴承在某项应用中得出具有 90% 可靠度的疲劳寿命为 100×10^6 rad。问:如果具有 95% 的可靠度,其疲劳寿命有多大?

解:由式(7.106),可得

$$t_{0.95} = L_{10}\left(\frac{\ln 0.95}{\ln 0.9}\right)^{\frac{9}{10}} = (100 \times 10^6 \times 0.523)\,\text{rad} = 52.3 \times 10^6 \,\text{rad}$$

例 7-19　用一对滚子轴承的轴,要求在系统可靠度为 0.98 时有 1 000 h 的可靠寿命,如已知轴的可靠度为 $R_1(t) = 0.999$,求在选择这对轴承时应取的额定寿命值。

解:轴与一对轴承属于串联系统,系统的可靠度为

$$R_s(t) = R_1(t) \times [R_2(t)]^2$$

因此,每个轴承的可靠度应为

$$R_2(t) = \left[\frac{R_s(t)}{R_1(t)}\right]^{\frac{1}{2}} = \left[\frac{0.98}{0.999}\right]^{\frac{1}{2}} = 0.99$$

由表 7.18 查得 $a = 0.21$,故应取的额度寿命为

$$L_{10} = \frac{t_{0.9}}{a} = \frac{1\ 000}{0.21}\ \text{h} = 4\ 762\ \text{h}$$

可见,选择一只可靠度为 90%、寿命为 4 762 h 的轴承,如果用于要求可靠度为 99% 的场合,其当量寿命仅为 1 000 h。所以,不应随便提高目标可靠度的要求。据疲劳寿命曲线推出轴承额定动载荷与寿命关系为

$$L_{10} = \left(\frac{C}{P}\right)^{\varepsilon}$$

式中,C 为轴承额定动载荷(N)。P 为当量动载荷(N)。ε 为疲劳寿命系数,对于球轴承,$\varepsilon = 3$;对于滚子和圆锥滚子轴承,$\varepsilon = 10/3$。考虑可靠度不同,材料和润滑条件不同,有

$$t = a \times b \times c \times \left(\frac{C}{P}\right)^{\varepsilon}$$

式中,a 为寿命可靠性系数,如表 7.19 所列。b 为材料系数,对于普通轴承钢,$b = 1$。c 为润滑系数,一般条件下,$c = 1$。

取 $b = c = 1$,则上式可改写为

$$C = a^{-\frac{1}{\varepsilon}} P t^{\frac{1}{\varepsilon}} = K P t^{\frac{1}{\varepsilon}}$$

式中,K 为额定动载荷可靠性系数,如表 7.20 所列,$K = a^{-\frac{1}{\varepsilon}} = \left[\frac{\ln 0.9}{\ln R(t)}\right]^{\frac{1}{b\varepsilon}}$。

对于球轴承,$\frac{1}{b\varepsilon} = \frac{3}{10}$;对于滚子轴承,$\frac{1}{b\varepsilon} = \frac{1}{5}$;对于圆锥滚子轴承,$\frac{1}{b\varepsilon} = \frac{9}{40}$。

表 7.20　滚动轴承额定动载荷可靠性系数 K 值

可靠度 $R(t)$/%	50	80	85	90	92	95	96	97	98	99
轴承寿命 L	L_{50}	L_{20}	L_{15}	L_{10}	L_8	L_5	L_4	L_3	L_2	L_1
球轴承	0.568 3	0.798 4	0.878 7	1.00	1.073	1.155	1.209	1.282	1.391	1.60
滚子轴承	0.686 1	0.860 6	0.917 0	1.00	1.048					
圆锥滚子轴承	0.654 5	0.844 6	0.907 1	1.00	1.054					

例 7-20　有一深沟球轴承,$d = 35$ mm,受轴向压力 $F_r = 6\ 000$ N 作用,转速 $n = 400$ r/min,要求可靠度 $R(t) = 0.95$,工作寿命 $t = 5\ 000$ h,试选择此轴承。

解: $C = KP \left(\frac{60nt}{10^6}\right)^{\frac{1}{\varepsilon}} = 1.155 \times 6\ 000 \times \left(\frac{60 \times 400 \times 5\ 000}{10^6}\right)^{\frac{1}{3}}$ N $= 29\ 139$ N,故可选择 6 307 轴承。

如只要求可靠度 $R(t) = 0.90$,工作寿命 $t = L_{10} = 5\ 000$ h,则

$$C = P\left(\frac{60nt}{10^6}\right)^{\frac{1}{\epsilon}} = 6\ 000 \times \left(\frac{60 \times 400 \times 5\ 000}{10^6}\right)^{\frac{1}{3}}\ \text{N} = 25\ 229\ \text{N}$$

故只选择 6 207 轴承即可。

如果只有 6 207 轴承可用,而又要求可靠度为 0.95,则可以允许的轴向力 F_r 便需降低,由

$$C = KP\left(\frac{60nt}{10^6}\right)^{\frac{1}{\epsilon}} = 1.155 \times P \times \left(\frac{60 \times 400 \times 5\ 000}{10^6}\right)^{\frac{1}{3}} = 25\ 500\ \text{N}$$

可得

$$P = \frac{25\ 500}{1.155 \times \left(\frac{60 \times 400 \times 5\ 000}{10^6}\right)^{\frac{1}{3}}}\ \text{N} = 5\ 251\ \text{N}$$

7.9.4 螺栓概率强度设计

1. 松螺栓连接

例 7-21 已知松螺栓连接的载荷为 $(\mu_F, \sigma_F) = (26\ 700, 900)\text{N}$,螺栓材料为 40Cr,其强度极限为 $(\mu_{\sigma_b}, \sigma_{\sigma_b}) = (900, 72)\text{MPa}$。现要求在质保期内,平均 1×10^4 个螺栓允许更换 13 个。设计该连接螺栓。

解:

① 该连接螺栓可靠性设计目标为

$$R(t) = 1 - \frac{13}{10\ 000} = 0.998\ 7$$

由标准正态分布表,$\int_{-\beta}^{\infty} \phi(z)\mathrm{d}z = 0.998\ 7$,可知 $\beta = 3.00$。

② 该螺栓材料为 40Cr 合金钢,失效模式为强度极限韧性断裂,失效物理模型为拉应力:

$$\sigma_s = \frac{F}{A} = \frac{4F}{\pi d^2}$$

求螺栓的应力,需确定面积 A 的统计量。螺栓横断面积 A 的均值为

$$\mu_A = \frac{\pi\mu_d^2}{4}$$

面积 A 的标准差为

$$\sigma_A = \left[\left(\frac{\partial A}{\partial d}\right)^2 \sigma_d^2\right]^{1/2} = \left[\left(\frac{\pi\mu_d}{2}\right)^2 \sigma_d^2\right]^{1/2} = \frac{\pi\mu_d}{2}\sigma_d$$

于是,螺栓拉应力值为

$$(\mu_s, \sigma_s) = \frac{(\mu_F, \sigma_F)}{(\mu_A, \sigma_A)} = \frac{(26\ 700, 900)}{\left(\frac{\pi\mu_d^2}{4}, \frac{\pi\mu_d}{2}\sigma_d\right)}$$

式中,μ_d 和 σ_d 为未知量,所以 μ_s 和 σ_s 为未知量。通常方便的方法由制造公差给出 μ_d 和 σ_d 的关系。由制造公差的统计数据:

$$\sigma_d \approx 0.001d$$

可得

$$\mu_s = \frac{4\mu_F}{\pi\mu_d^2} = \frac{4 \times 26\,700}{\pi\mu_d^2} = \frac{34\,013}{\mu_d^2}$$

$$\sigma_s^2 = \frac{\mu_F^2\sigma_A^2 + \mu_A^2\sigma_F^2}{\mu_A^4} = \frac{1\,316\,398.7}{\mu_d^4}$$

$$\sigma_s = \frac{1147}{\mu_d^2}$$

应力的统计量

$$(\mu_s, \sigma_s) = \left(\frac{34\,013}{\mu_d^2}, \frac{1\,147}{\mu_d^2}\right) \text{MPa}$$

静强度的统计量为 $(\mu_{\sigma_b}, \sigma_{\sigma_b}) = (900, 72)$ MPa。

③ 列联结方程，求解螺栓尺寸：

将有关数据代入联结方程，得

$$-3.00 = \frac{900 - \dfrac{34\,013}{\mu_d^2}}{\left[72^2 + \left(\dfrac{1\,147}{\mu_d^2}\right)^2\right]^{1/2}}$$

化简和整理后，得

$$\mu_d^4 - 80.204\,207\mu_d^2 + 1\,499.90 = 0$$

解上式，得

$$\mu_d = 5.45 \text{ mm}$$

此值应为螺栓的抗拉危险断面上的直径 d_0，故取螺栓直径为

$$\mu_d = 8 \text{ mm}, \quad \mu_{d_1} = 6.647 \text{ mm}$$

如果按常规设计方法，则松螺栓连接的强度条件为

$$\frac{4F}{\pi d_0^2} \leqslant [\sigma]$$

式中，$[\sigma] = \dfrac{\sigma_s}{n}$，为螺栓的许用拉应力。

安全系数：

$$n = \frac{2\,200k_m}{900 - (70\,000 - F_0)^2 \times 10^{-7}}$$

$$= \frac{2\,200 \times 1.25}{900 - (70\,000 - 26\,700)^2 \times 10^{-7}}$$

$$= 3.86$$

式中，对于合金钢，取系数 $k_m = 1.25$；F_0 为螺栓总拉力，此处 $F_0 = F = 26\,700$ N。

对于 40Cr，屈服极限 $\sigma_s = 750$ MPa，故 $[\sigma] = \dfrac{750 \text{ MPa}}{3.86} = 194.3$ MPa，得

$$d_0 = \left(\frac{4 \times 26\,700}{\pi \times 194.3}\right)^{1/2} \text{ mm} = 13.22 \text{ mm}$$

应取螺栓直径 $d = 16$ mm，内径 $d_1 = 13.85$ mm。

由此可见，对于松螺栓连接，按可靠性设计所得的螺栓直径比按常规设计方法所得的螺栓

直径要小得多。

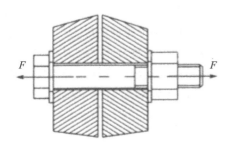

图 7.20　受拉螺栓

预先假设如下：螺栓不受预载荷，应力在零件截面上均匀分布，轴线为直线，随机载荷作用在中心，如图 7.20 所示。破坏可定为断裂，而设计准则为

$$P(S - s > 0) \geqslant R$$

列出工作应力的均值 μ_s 和标准差 σ_s 的表达式。

设螺栓抗拉危险截面的直径均值为 μ_{d_c}，其容许偏差 $\pm \Delta d_c = \pm 0.02 \mu_{d_c}$。由于尺寸偏差呈正态分布，按正态分布的"3 倍标准差原则"，有

$$\sigma_{d_c} = \frac{\Delta d_c}{3} = \frac{0.02 \mu_{d_c}}{3} = 0.006\,67 \mu_{d_c}$$

应力均值为

$$\mu_s = \frac{4 \mu_F}{\pi \mu_{d_c}^2} = \frac{4 \times 28\,000}{\pi \mu_{d_c}^2} = \frac{35\,650.7}{\mu_{d_c}^2}$$

应力标准差为

$$\sigma_s = \mu_s \sqrt{4 V_{d_c}^2 + V_F^2}$$
$$= \frac{35\,650.7}{\mu_{d_c}^2} \sqrt{\frac{4 \times (0.006\,67 \mu_{d_c})^2}{\mu_{d_c}^2} + \frac{1\,866.667^2}{28\,000^2}}$$
$$= \frac{2\,424.99}{\mu_{d_c}^2}$$

选择材料并按照其强度均值及变异系数求标准差。

选择 10.9 级的强度级，材料为 40Cr，其强度均值 $\mu_\delta = 1\,008$ MPa，变异系数 $V_\delta = 0.077$，则标准差为 $\sigma_\delta = V_\delta \mu_\delta = 0.077 \times 1\,008$ MPa $= 77.616$ MPa。

因应力及强度均呈正态分布，故可利用联结方程：

$$\beta = \frac{\mu_\delta - \mu_s}{\sqrt{\sigma_\delta^2 + \sigma_s^2}} = \frac{1\,008 - 35\,650.7/\mu_{d_c}^2}{\sqrt{77.616^2 + (2\,424.99/\mu_{d_c}^2)^2}}$$

查正态分布表，当 $R = 0.995$ 时，可靠性系数 $\beta = 2.575$，代入联结方程得

$$\mu_{d_c}^4 - 73.63 \mu_{d_c}^2 + 1\,262.12 = 0$$

解得

$$\mu_{d_c} = 6.817 \text{ mm} \quad \text{或} \quad \mu_{d_c} = 5.211 \text{ mm}$$

将 μ_{d_c} 的两种解代入 μ_s 表达式检验，表明应取 $\mu_{d_c} = 6.817$ mm。

若选用滚压螺纹，则有

$$d = \mu_{d_c} + 0.72t = (6.817 + 0.72 \times 1.25) \text{mm} = 7.717 \text{ mm}$$

取标准差直径为 M8 的粗牙螺纹，螺距 $t = 1.25$ mm，其实际可靠度 $R > 0.995$，满足设计要求。

2. 紧螺栓连接

有预紧力和受轴向动载荷的**紧螺栓连接**，是螺栓连接中最重要的一种形式。比较典型的

是发动机气缸盖螺栓连接。紧螺栓连接的一般设计步骤如下：

① 确定设计准则。假设每个螺栓的拉应力为沿横断面均匀分布，但由于载荷分布、动态应力集中系数和几何尺寸等因素的变异性，对于很多螺栓来说，每个螺栓的应力值的大小都是不一样的，而是呈分布状态。在没有充分的根据说明这种分布是别种分布状态时，通常第一个选择是假设它为正态分布。对于有紧密性要求的螺栓连接，假设其故障模式是螺栓发生屈服。因此，设计准则为：螺栓应力小于螺栓材料的屈服极限，同时概率大于或等于设计要求的可靠性 $R(t)$，表示为

$$P\left[(\sigma_0 - \sigma_s) > 0\right] \geqslant R(t) \tag{7.111}$$

② 选择螺栓材料，确定其强度分布。根据经验，可取螺栓拉伸强度的变异系数为 $V_{\sigma_b} = 5.3\% \sim 7\%$。

③ 确定螺栓的应力分布。

④ 应用联结方程，确定螺栓的直径。

例 7-22 发动机气缸盖螺栓连接，已知气缸内直径 $D = 380$ mm，缸内工作压力 $p = 0 \sim 1.70$ MPa，螺栓数目 $n = 8$，采用金属垫片，试设计此气缸盖螺栓。要求螺栓连接的可靠度为 0.999 999。

解：

① 该连接螺栓可靠性设计目标为

$$R(t) = 0.999\ 999$$

② 失效判据为拉应力超出材料屈服极限。

失效判据：$\qquad \sigma_s \geqslant [\sigma_\delta]$

螺栓材料选用 45♯钢，螺栓性能级别选用 6.8 级，假设其强度分布为正态分布，则材料屈服极限的均值为 $\mu_\delta = 480$ MPa，屈服极限的标准差为 $\sigma_\delta = 0.07\mu_\delta = (0.07 \times 480)$MPa = 33.6 MPa

③ 螺栓失效模式为屈服，失效物理模型为拉应力。

失效物理模型：$\qquad \sigma_s = \dfrac{F}{A} = \dfrac{4F}{\pi d^2}$

假设螺栓的应力分布为正态分布，则问题在于确定应力的均值及标准差。

气缸盖所受最大工作载荷 T 的均值为

$$\mu_T = \mu_{p_{max}}\left(\frac{\pi D^2}{4}\right) = 1.70 \times \frac{3.14 \times 380^2}{4} \text{ N} = 192\ 700 \text{ N}$$

每个螺栓所受最大工作载荷 F 的均值为

$$\mu_F = \frac{\mu_{F_T}}{n} = \frac{192\ 700}{8} \text{ N} = 24\ 090 \text{ N}$$

工作载荷 F 的变异系数可取 $V_F = \dfrac{\sigma_F}{\mu_F} = 0.08$。因此，工作载荷分布的标准差为

$$\sigma_F = 0.08\mu_F = 0.08 \times 24\ 090 \text{ N} = 1\ 927 \text{ N}$$

每个螺栓由工作载荷引起的应力均值为

$$\mu_s = \frac{\mu_F}{\mu_A} = \frac{24\ 090}{\frac{\pi}{4}\mu_d^2} = \frac{30\ 688}{\mu_d^2}$$

应力分布的标准差为

$$\sigma_s = 0.08\mu_s = 0.08 \times \frac{30\ 688}{\mu_d^2} = \frac{2\ 455}{\mu_d^2}$$

有预紧力的、受轴向载荷的紧螺栓连接在工作时,螺栓的总拉力为

$$F_2 = F + F_1$$

或

$$F_2 = \frac{C_1}{C_1 + C_2}F + F_0$$

式中,F 为螺栓上所受的工作载荷;F_0 为预紧力;F_1 为剩余预紧力;C_1 为螺栓刚度系数;C_2 为被连接件刚度系数;$\dfrac{C_1}{C_1+C_2}$ 为相对刚度。

令 $\dfrac{C_2}{C_1} = B$,则可改写为

$$F_2 = \frac{1}{1+B}F + F_0$$

将上式除以螺栓横断面面积 A,可得螺栓总拉应力分布的均值:

$$\mu_{S_T} = \frac{\mu_{F_2}}{\mu_A} = \frac{1}{1+B}\mu_s + \mu_{s_0}$$

当预紧应力 s_0 与螺栓的强度成一定比例时,可达到一定的可靠度。根据经验,取预紧应力分布的均值 $\mu_{s_0} = 0.50\mu_\delta = (0.5 \times 480)\text{MPa} = 240\ \text{MPa}$,标准差 $\sigma_{s_0} = 0.15\mu_{s_0} = (0.5 \times 240)\text{MPa} = 36\ \text{MPa}$。

实际上,螺栓的**刚度系数**$C_1 = \dfrac{\pi d^2 E}{4l}$ 可以较精确地算出,而被连接件的刚度系数 C_2 则较难精确确定。此处可取 $\mu_B = 8$,而其变异系数 $V_B = 0.10$,所以 B 的标准差为 $\sigma_B = 0.10 \times \mu_B = 0.10 \times 8 = 0.8$。

将有关数值代入得

$$\mu_{S_T} = \frac{1}{1+8} \times \frac{30\ 688}{\mu_d^2} + 240 = \frac{3\ 410}{\mu_d^2} + 240$$

④ 定义随机性能裕量函数,列方程求解未知量。

随机性能裕量函数 $g = g(\sigma_\delta, \sigma_s) = \sigma_\delta - \sigma_s$;列连接方程求解螺栓直径:

$$\beta = \frac{\mu_\delta - \mu_{S_T}}{\sqrt{\sigma_\delta^2 + \sigma_{S_T}^2}}$$

连接系数 β 与四个随机变量有关,它们是 μ_δ、μ_{S_T}、σ_δ、σ_{S_T}。

对于多维随机变量:

$$\sigma_{S_T}^2 = \left(\frac{\partial S_T}{\partial B}\right)^2 \sigma_B^2 + \left(\frac{\partial S_T}{\partial S_F}\right)^2 \sigma_{S_F}^2 + \left(\frac{\partial S_T}{\partial S_{F0}}\right)^2 \sigma_{S_{F_0}}^2$$

$$= \frac{F^2}{(1+B)^4}\sigma_B^2 + \left(\frac{1}{1+B}\right)2\sigma_{S_F}^2 + \sigma_{S_{F_0}}^2$$

代入前式后,得

$$\sigma_{S_{\mathrm{T}}}^2 = \frac{1}{(1+8)^4}\left(\frac{30\ 688}{\mu_d^2}\right)^2 \times 0.8^2 + \left(\frac{1}{1+8}\right)^2\left(\frac{2\ 455}{\mu_d^2}\right) + 36^2$$

$$= \frac{166\ 272}{\mu_d^4} + 1\ 296$$

由标准正态分布表知,当要求可靠度 $R=0.999\ 999$ 时,$\beta = 4.75$,于是,将有关各值代入联结方程,得

$$4.75 = \frac{480 - \left(\dfrac{3\ 410}{\mu_d^2} + 240\right)}{\left(\dfrac{166\ 272}{\mu_d^4} + 2\ 425\right)^{1/2}}$$

化简和整理后,得

$$\mu_d^4 - 405.95\mu_d^2 + 1\ 973 = 0$$

解上式,得

$$\mu_d = 20\ \mathrm{mm}$$

因此,螺栓的尺寸确定如下:

$$公称直径\ d = 24\ \mathrm{mm}, \quad 内径\ d_1 = 20.752\ \mathrm{mm}$$

习题 7

1. 验算零件不同失效形式可靠度的方法有哪些共同点?

2. 估计零件不同失效形式可靠寿命的方法有哪些共同点?

3. 如图 7.21 所示的工字梁为受均布载荷的简支梁,求工字梁的截面尺寸,要求可靠度为 $R=0.999\ 9$。已知参量为:梁的长度 $(\mu_l, \sigma_l^2) = (3\ 600, 12^2)\ \mathrm{mm}$,均布载荷 $(\mu_q, \sigma_q^2) = (30, 0.27^2)\ \mathrm{N/mm}$。

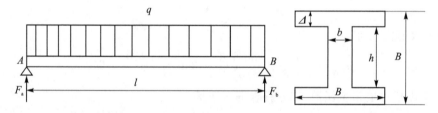

图 7.21　习题 3 示意图

4. 随机性能裕量方程为 $g(x) = r - l$,r 服从对数正态分布,其 $\mu_r = 100$,$\sigma_r = 12$,l 服从正态分布,其 $\mu_l = 50$,$\sigma_l = 75$,求 β 及设计验算点 r^*、l^* 的值。

5. 作用在某零件上的应力在 $[s_{\min}, s_{\max}]$ 区间上为均匀分布,该零件的强度服从正态分布 (μ_s, σ_s),试推导该零件的可靠度表达式。设 $s_{\min} = 93\ \mathrm{MPa}$,$s_{\max} = 392\ \mathrm{MPa}$;$\mu_s = 343\ \mathrm{MPa}$,$\sigma_s = 49\ \mathrm{MPa}$,求可靠度的大小。

6. 设计一拉杆,其要求的可靠度 $R=0.999$。已知作用于杆的拉力载荷 $(\mu_P, \sigma_P) = (294\ 000, 4\ 410)\ \mathrm{N}$,拉杆的材料为低合金钢,其强度极限为 $K_{1C} = 78.72\ \mathrm{MN/m^{3/2}}$,$(\mu_{S_b}, \sigma_{S_b}) = (10\ 545, 414)\ \mathrm{MPa}$。

7. 设计一空心圆柱受扭轴,已知轴的外径为 d_0、内径为 d_1,作用扭矩 $(\overline{M}_t, \sigma_{M_t}) = (13\ 720, 668)\mathrm{N \cdot m}$,材料的剪切强度极限为 $(\overline{\tau}_b, \sigma_{\tau_b}) = (313.6, 14.7)\mathrm{MPa}$,当要求可靠度 $R = 0.999\ 9$ 时,试确定轴的内外径。

8. 某液体泵的转轴长期在溶液中工作,由于溶液对轴的腐蚀作用,发生均匀腐蚀现象。已知轴径为 100 mm,腐蚀后的最小允许轴径为 99 mm,假定腐蚀速率服从正态分布,其均值为 $\overline{k} = 0.3\ \mathrm{mm/}$年,变异系数为 $V_k = 0.05$。求当要求可靠度为 0.9 时轴的腐蚀寿命。

第8章 疲劳寿命计算

计算零部件的寿命和可靠性是机械强度设计和校核的基础性工作之一。本章分别讲述疲劳相关的 S-N 曲线、疲劳载荷和载荷谱、疲劳寿命和可靠性分析计算，以及接触疲劳寿命分析等相关内容。

8.1 概 述

在机械产品设计研发当中，分析机械产品可靠性的目的是使其具有足够长且确定的寿命。预测寿命必须首先分析其失效原因。机械产品失效原因可以分为三类：

① 疲劳失效、老化失效、磨损失效以及由于环境因素导致的失效（比如腐蚀），这些失效都是由于循环载荷作用累积和日历时间，导致使用材料的性能退化引起，失效和时间相关。例如汽车上受重载部件的疲劳。

② 公差超差和误差链问题，导致零部件性能偏离，以至于无法有效行使功能，最终使产品失效或出现故障。例如加工工具的加工精度不够，或者密封处的泄漏严重。

③ 操作失误引起的人为失效。通常出现在生产、装配和测试，或者机器使用操作过程中。

其中，第②和第③种失效行为可以用统计方法来描述。本章针对第①种失效，结合产品设计、工艺设计确定临界安全载荷、参考手册和规范，给定构件强度和许用载荷；根据所承受的工作载荷和外部环境因素，确定的零部件应力和失效的最薄弱部位，该部位的应力水平和性能退化程度必须在设计允许的阈值范围内，并保证足够的裕度，这样才能保证产品设计的可靠性。

如图 8.1 所示，设计师一方面将作用于零部件的载荷作为设计输入，通过选择材料、构型

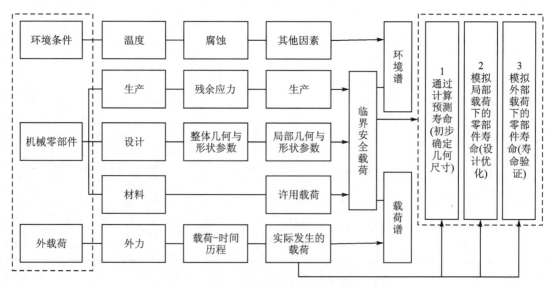

图 8.1 零部件寿命的设计分析和验证流程

和几何设计、选择加工工艺、生产装配调试等,再考虑使用环境因素(如温度、腐蚀等)的作用,给出零部件初步设计方案,形成零部件的承载能力。

另一方面,综合外力和载荷-时间历程,采集零部件真实的作用载荷,形成载荷谱;综合环境条件,采集振动、温度、腐蚀等环境因素,形成环境谱。

通过零部件的实际作用载荷和其承载能力,依据疲劳、磨损、腐蚀、老化等失效机理和相应数学模型(如名义应力法、局部应力法、断裂力学法等),进行寿命分析计算。

由于无法完全准确估计实际承受的动载荷,环境因素的作用与实际测量情况差别较大等,因此寿命计算通常与实验结果偏差较大。基于以上因素的较大不确定性,比如对机械疲劳寿命的分析计算,相关技术规范推荐的还是基于经典线性累积损伤理论的安全寿命估算,用于进行产品疲劳的初步设计、设计校核和寿命验证。

8.2　疲劳寿命相关理论

和静强度破坏不同,疲劳破坏是机械零部件在低于材料强度极限的交变应力的反复作用下,发生裂纹萌生并扩展,最后导致突然断裂。在机械结构中,疲劳是最常见的失效模式之一。总结其主要特征如下:

① 疲劳破坏是交变载荷导致的零部件的损伤不断累积的结果。

交变载荷导致的应力水平虽然不高,但每次循环都导致微小的内部损伤;疲劳破坏是一个损伤累积的过程,一般由裂纹形成、裂纹扩展和迅速断裂三个阶段组成。

② 疲劳裂纹始于局部高应力或高应变的应力集中区域。

由于外力传递、几何突变、温度差别、材料缺陷等原因,导致零部件结构表面或内部产生局部高应力或高应变,疲劳裂纹最初形成于这些局部区域。因此,零部件局部的设计和工艺措施可显著抵抗疲劳裂纹的形成,提高零部件的抗疲劳性能。

③ 疲劳寿命终结时最终表现为瞬间的脆性断裂。

无论零部件结构由脆性材料还是塑性材料构成,随着疲劳裂纹的扩展,最终都表现为无显著塑性变形的脆性断裂。事先并无明显的外部征兆(如显著变形等)的脆性断裂和寿命的分散性较大,使疲劳断裂带来的危险后果更大。

在交变载荷下引起的疲劳断裂,是机械结构断裂失效的主因,占断裂失效总数的 90% 以上。随着对疲劳机理认知的逐步深入,引入了如无裂纹寿命、裂纹扩展寿命、全寿命、安全寿命、使用寿命和经济寿命等相关概念。

① 安全寿命。

它是指考虑了安全系数和疲劳寿命分散性以后的无裂纹寿命,即安全寿命期内不能产生任何工程可检疲劳裂纹(裂纹长为 0.5~1 mm)。

② 使用寿命。

它是指考虑了安全系数和疲劳寿命分散性以后的全寿命。

③ 经济寿命。

以使用费用为标准而确定的设备寿命叫作经济寿命,指考虑经济性后的机械设备实际使用的寿命。例如机械设备使用一段时间后,对产生疲劳磨损零部件需进行大修更换;但经过几次大修后,到一定寿命时,性能下降较严重。此时不修不能用,再修不经济,此即为经济寿命。

随着人们对疲劳认识的逐步深入，对疲劳强度和寿命的设计准则进行了如下修正和不断完善。

① 无限寿命设计准则(dynamic endurance strength design)。

采用"疲劳强度耐久极限"(Fatigue Strength-Endurance Limit)的方法，要求设计应力低于持久疲劳极限，属于无限寿命设计，这是最早的疲劳安全设计准则。

② 安全寿命设计准则(fatigue strength design)。

采用线性累积损伤假设，也就是所谓的 Miner 法则(Miner's Rule)，要求机械零部件或结构在规定的使用期限(载荷循环次数)内不能产生任何工程可检疲劳裂纹(裂纹长为 $0.5\sim$ 1 mm)，属于安全有限寿命设计。

③ 损伤容限设计(damage tolerance design)。

它是为保证含裂纹或可能含裂纹的重要构件的安全，从 20 世纪 70 年代开始发展并逐步应用的一种现代疲劳断裂控制方法。这种方法的思路是：假定构件中存在着裂纹(依据无损伤能力、使用经验等假定其初始尺寸)，用断裂力学分析、疲劳裂纹扩展分析和试验验证，要求被检出裂纹小于临界长度，不会导致结构破坏。

本书仅涉及以上无裂纹寿命的估算方法，属于无限寿命设计和安全寿命设计的内容。

8.3　S-N 曲线和 p-S-N 曲线

1975 年，沃勒(Wöhler)疲劳试验，统计了变速箱的齿轮在不同齿根弯曲交变应力水平下的寿命，如图 8.2(a)所示。在双对数坐标系下，交变应力水平和疲劳寿命呈现线性关系；同时，在同一应力水平下，寿命呈明显的分布特性。

实践表明，疲劳寿命分散性较大，因此统计分析时必须考虑存活率(即可靠度)问题。如不特别说明，常规疲劳试验给出的 S-N(交变应力-疲劳寿命)曲线是 $p=50\%$ 的曲线。S-N 曲线上各点表示在相应循环次数下，不产生疲劳失效的最大交变应力值 σ_{max}(存活率为 50% 的中值寿命曲线)。

存活率 p(如 95%、99%、99.9%)的疲劳寿命 N_p 的含义是：母体(总体)中有 p 个疲劳寿命大于 N_p，失效概率等于 $1-p$。如图 8.3 所示，对应于存活率 p 的 S-N 曲线称为 p-S-N 曲线。

基于应力的沃勒疲劳曲线表示的是在双对数坐标下，材料承受的交变应力的幅值和失效前经历的容许**载荷循环次数** N (tolerable load cycles)之间的关系。

在双对数沃勒疲劳曲线中，有三个明显的区域：

① **静强度区**(static strength)：从开始到 $N=10^1\sim10^3$ 个循环；

② **疲劳强度区**(fatigue strength)：斜线段的区域，直到拐角处 $N_D=10^6\sim10^7$ 个循环；

③ **耐久强度区**(endurance strength)：从 $N>N_D$ 以后水平线的区域，N_D 对应的循环应力水平 σ_D 也称为疲劳极限。但是有些材料，比如奥氏体钢并没有明显的永久疲劳极限阶段。

在疲劳强度区域，曲线在双对数形式下可用下列方程表达：

$$N=N_D\left(\frac{\sigma_a}{\sigma_D}\right)^{-k} \tag{8.1}$$

工程上常用的 S-N 曲线有如下三种形式，如表 8.1 所列。

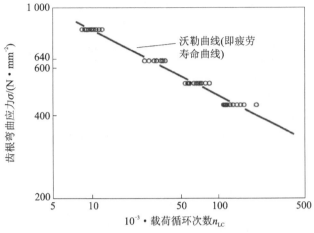

(a) 沃勒(Wöhler)齿根弯曲疲劳试验

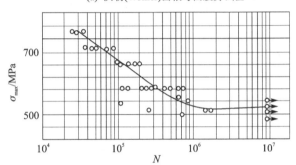

(b) 40CrNiMoA钢棒材光滑试件悬臂旋转弯曲
$(r=-1)S\text{-}N$曲线

图 8.2　典型试件 S - N 曲线

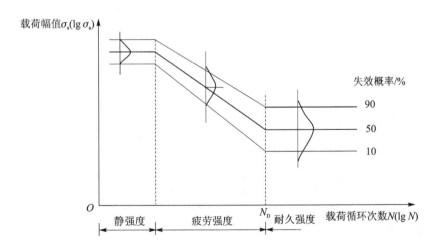

图 8.3　p - S - N 曲线(应力-疲劳寿命曲线)

表 8.1　工程上常用的三种 S-N 曲线

序　号	S-N 曲线类型	公　式	对数表达式
1	双参数幂函数式	$\sigma_a^k N = C$	$\lg N = \lg C - k \lg \sigma_a$
2	双参数指数函数式	$e^{k\sigma_{max}} N = C$	$\lg N = \lg C - k\sigma_{max} \lg e$
3	三参数幂函数式	$(\sigma_{max} - \sigma_m)^k N = C$	$\lg N = \lg C - k \lg (\sigma_{max} - \sigma_m)$

S-N（交变应力–疲劳寿命）曲线可给出以下疲劳强度和寿命数据：

① 给定寿命 N 下的疲劳强度,给定应力水平下的疲劳寿命 N；

② 持久疲劳极限 σ_D（耐久强度）。

如图 8.4 所示,与基于应力的沃勒疲劳曲线不同,基于应变的沃勒疲劳曲线表示的是在一定应变下的材料疲劳性能。用基于应变的沃勒疲劳曲线可以更好地描述材料损伤,因为大应变情况下,对交变载荷来说,每次载荷循环导致的残余应变和总应变几乎相同,因此可视为有同样的破坏力。

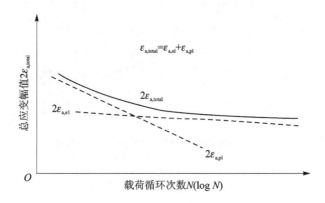

图 8.4　常应力情况下的应变沃勒疲劳曲线

双对数形式下,弹性和塑性应变幅度的曲线可用 Manson-Coffin 方程表达：

$$\varepsilon_{a,el} = (k_{el}/E) N_A^b \tag{8.2}$$

$$\varepsilon_{a,pl} = k_{pl} N_A^c \tag{8.3}$$

式中,k_{el}、k_{pl} 是材料的应力系数和应变系数；b、c 是应力和应变指数。

应变沃勒疲劳曲线通常用作裂纹曲线,这说明材料失效的原因是出现裂纹。

8.4　低周疲劳、高周疲劳和持久疲劳极限

1. 低周疲劳

低周疲劳又称低循环疲劳(LCF),是指断裂前循环次数较少,破坏循环次数一般低于 5×10^4 的疲劳。

低周疲劳的原因是作用于材料、零部件的应力水平较高,通常高于材料的屈服强度 σ_s；每次循环中塑性变形较大,低周破坏是塑性变形累积的结果,因此又把低周疲劳称为塑性疲劳,

如压力容器、燃气轮机零件等的疲劳。

如图 8.5 所示为低周疲劳的塑性应力-应变关系。如图 8.6 所示为低周疲劳的应力水平-寿命和 $S-N$ 曲线的关系。

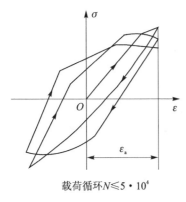

载荷循环 $N \leqslant 5 \cdot 10^4$

图 8.5　低周疲劳的塑性应力-应变关系

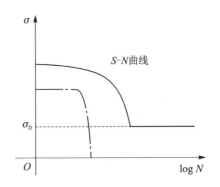

图 8.6　低周疲劳应力水平-寿命和 $S-N$ 曲线

2. 高周疲劳

高周疲劳又称高循环疲劳(HCF)。断裂前循环次数一般高于 5×10^4,低于 2×10^6。

高周疲劳的材料、零部件所受的最大交变应力一般情况下远低于材料的屈服强度 σ_s,甚至只有抗拉强度 σ_b 的二分之一左右。如弹簧、传动轴等的疲劳属高周疲劳。如图 8.7 所示为高周疲劳应力水平与 σ_D 的关系。如图 8.8 所示为高周疲劳应力水平-寿命和 $S-N$ 曲线的关系。

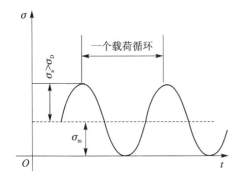

图 8.7　高周疲劳应力水平与 σ_D 的关系

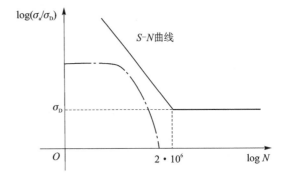

图 8.8　高周疲劳应力水平-寿命和 $S-N$ 曲线

3. 持久疲劳极限

当作用于材料、零部件的交变应力水平低于持久疲劳极限 σ_D 时,工程上若断裂前循环次数(疲劳寿命)高于 2×10^6,则称为持久疲劳极限寿命。

如图 8.9 所示为持久疲劳极限下的应力水平和 σ_D 的关系;如图 8.10 所示为持久疲劳极限下的应力水平-寿命和 $S-N$ 曲线的关系。

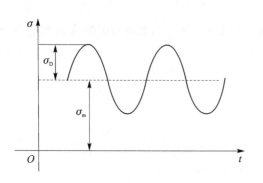

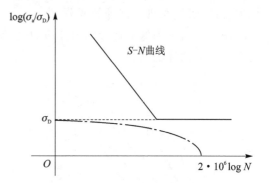

　　　　图 8.9　持久疲劳极限下的应力水平　　　图 8.10　持久疲劳极限下的应力水平-寿命和 S-N 曲线

8.5　获取 S-N 曲线

　　在交变应力下,材料对疲劳的抗力一般用 S-N 曲线与疲劳极限来衡量。在一定的应力比 r 下,使用一组标准试样,通过材料疲劳试验机,分别在不同的 σ_{max} 下施加交变载荷,直至破坏,记下每根试样破坏时的循环次数 N。在对数坐标系下,以 σ_{max} 为纵坐标、以破坏循环次数 lg N 为横坐标作出的曲线,就是材料在指定应力比 r 下的 S-N 曲线,如图 8.11 所示。

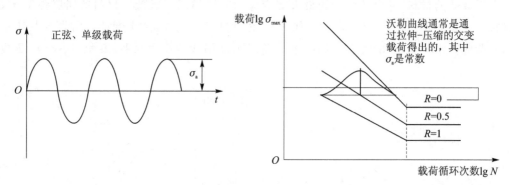

图 8.11　正弦交变应力下材料的 S-N 曲线

　　如图 8.12 所示为 7075 - T6 铝合金旋转弯曲($r=-1$)疲劳试验的拟合 S-N 曲线。

　　理想情况下,零部件在真实载荷作用下的 S-N 曲线可经过零部件的外场疲劳测试和台架试验获取(图 8.13 为 R. R. Moore 旋转梁式疲劳试验机),但是由于样本量、费用和时间的限制而无法实现。

　　真实工作情况下的材料工作 S-N 曲线是在对材料标准试件的 S-N 曲线进行修正后得到的。实际工作情况下,影响材料和零部件疲劳强度的因素如表 8.2 所列。

表 8.2　影响疲劳强度的因素

序　号	疲劳强度的影响因素	说　　明
1	工作条件	载荷特性(应力状态、循环特征、高载效应等),载荷交变频率,使用温度,环境介质

序　号	疲劳强度的影响因素	说　　明
2	零件几何形状及表面状态	尺寸效应,表面光洁度,表面防腐蚀,缺口效应
3	材料本质	化学成分,金相组织,纤维方向,内部缺陷
4	表面热处理及残余内应力	表面冷作硬化,表面热处理,表面涂层

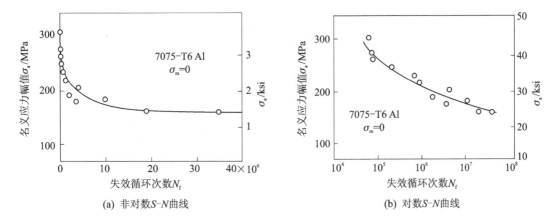

(a) 非对数 S-N 曲线　　　　　　　　(b) 对数 S-N 曲线

图 8.12　7075-T6 铝合金旋转弯曲疲劳试验的拟合 S-N 曲线

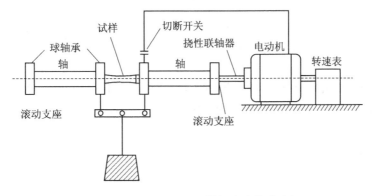

图 8.13　R. R. Moore 旋转梁式疲劳试验机

估算疲劳寿命的唯一的途径就是沃勒疲劳曲线(S-N 曲线),而且最好是采用零件疲劳试验测试出的 S-N 曲线。修正零件的 S-N 曲线,需要考虑如下参数:

① 形状参数 α_k 和槽口 β_k,表示的是局部应力比槽口处名义应力大多少。

② 残余应力对材料寿命的影响。总体来说,从工艺的角度,比如锻造时材料流动不良,会导致性能不良和材料缺陷。

③ 几何形状也会影响零件里的应力分布,统计特性是指一批零件中可能失效的数量。

④ 载荷类型的影响。弯曲应力导致支撑效应,这个影响通过一个支撑系数修正。

⑤ 表面状况的影响。表面光滑的零件的寿命比表面粗糙的零件要长。

⑥ 其他影响,如环境(腐蚀或者温度)等的影响。

如果没有沃勒疲劳曲线,那么可以参考"计算疲劳强度";还可采用另一种 Huck 提出的方法,该方法采用了通过几种沃勒疲劳曲线得出经过统计验证的公式,其中考虑了多个有影响的参数,比如材料类型、形状变量、载荷类型、应力水平比值、表面状况以及生产工艺等。

　　在所有的这些估计方法中,并不是全面考虑了重要因素的影响,可能有缺失。图 8.14 是通过电动试验台上的变速器试验测得的直齿圆柱齿轮零件的沃勒疲劳曲线与根据德国汽车标准 DIN3990 中轮齿应力曲线的对比。

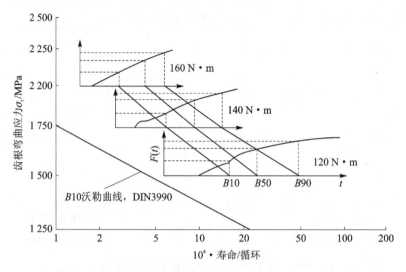

图 8.14　DIN 标准沃勒疲劳曲线与实测到的齿轮沃勒疲劳曲线的对比

8.6　疲劳应力-强度干涉模型

　　得到 S-N 曲线和 p-S-N 曲线后,在给定寿命下,工作应力 σ_B(工作疲劳应力)和许用交变应力 σ_W(疲劳强度)构成概率干涉模型,如图 8.15 所示。

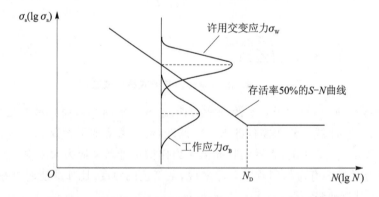

图 8.15　给定寿命下的疲劳强度-工作应力概率干涉模型

　　疲劳强度和工作疲劳应力,可以理解为许用载荷和实际工作载荷,两者概率分布区域相互干涉重叠。如图 8.16 所示,给定实际工作载荷的均值和分布,随着载荷循环的增加,其对应的工作疲劳强度降低,疲劳失效概率提高。如果已经知道零部件的疲劳曲线的幂指数 k,可以从图 8.16 所示的双对数坐标图推导出下面的方程:

$$\lg \sigma - \lg \sigma_{\mathrm{D}} = -\frac{1}{k}(\lg N - \lg N_{\mathrm{D}}) \tag{8.4}$$

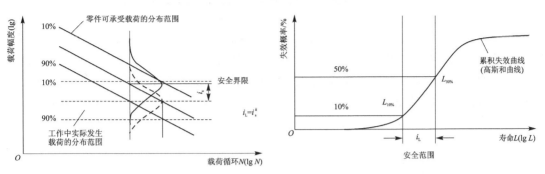

图 8.16　疲劳失效概率随载荷循环而增加

把以上方程代入概率干涉模型方程,就可以得到该载荷水平下给定疲劳寿命的疲劳可靠度。

$$\sigma_{\mathrm{W}} = \left(\frac{N}{N_{\mathrm{D}}}\right)^{-\frac{1}{k}} \times \sigma_{\mathrm{D}} = (\sigma_{\mathrm{D}} N_{\mathrm{D}}^{\frac{1}{k}}) N^{-1/k}$$

$$R = \phi \left(\frac{\overline{[(\sigma_{\mathrm{D}} N_{\mathrm{D}}^{1/k}) N^{-1/k}]} - \bar{\sigma}_{\mathrm{B}}}{\sqrt{s_{\mathrm{W}}^{2} + s_{\mathrm{B}}^{2}}} \right) \tag{8.5}$$

承受交变载荷的零件,其疲劳可靠性设计目标就是在一定的工作时间、一定的置信水平下不出现失效。为了达到这个目的,首先要把在预定的工作时间内的载荷描述清楚。此时需要对载荷依据幅值大小进行适当的分级,采用 Palmgren Miner 的线性累积假设,可得到载荷谱;许用载荷(承载强度)由材料和零件的几何要素、尺寸和表面状态修正后给出。可以对载荷谱和疲劳 $S-N$ 曲线建立干涉模型,进行干涉概率分析。

通过线性累积损伤假设,将载荷谱变换成等效的单幅值载荷谱。然而,求出这个载荷谱费时费力。因此,f_{B} 分布函数通常是未知的。此时,通常估计其输入概率,然后可靠度可以直接从许用载荷的分布计算,如图 8.17 所示。

$$R = 1 - P_{\mathrm{E}} \cdot F_{\mathrm{E}} \tag{8.6}$$

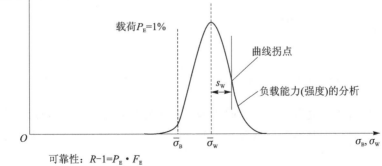

图 8.17　简化的载荷和强度之间的关系

8.7　疲劳载荷和制定载荷谱

通过观察多数零件上的工作应力和应变,可知载荷恒定不变的情况很少见,载荷通常或多或少会沿着时间曲线随机变化。如图 8.18 所示,一般情况下,纯粹的随机过程是叠加在确定性过程上的,例如,一架运输机在着陆、滑行、飞行过程中机翼平均载荷的变化历程。滑行、起飞、落地的过程是确定性的,但是因为空气中风的载荷或者地面的颠簸是随机的,实际载荷在以上过程叠加了一个随机过程。如图 8.19 所示的可逆式轧钢机的工作过程也类似。

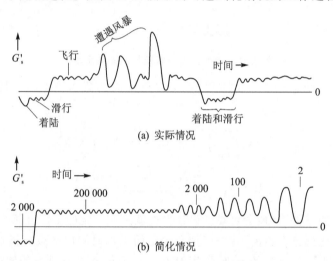

(a) 实际情况

(b) 简化情况

图 8.18　运输机着陆滑行-飞行机翼载荷时间历程

例如乘用车的载荷曲线因为道路的不平整和驾驶人的操作完全随机变化,如图 8.20 所示;因为海水随机扰动,轮船和钻井平台的载荷变化也完全随机。而运输机的燃气涡轮机叶片上的载荷在很大程度上是确定的,例如某次航行中转速几乎完全预先确定,如图 8.21 所示。

图 8.19　可逆式轧钢机的工作载荷时间历程　　　　**图 8.20　乘用车等的载荷时间历程**

现在通过利用以上真实的载荷-时间历程来预测疲劳寿命,就必须使用损伤等效的原则和相应的统计方法,将以上随机载荷或随机交变应力等效转换成不稳定循环交变应力和稳定循环交变应力,如图 8.22 所示。

如图 8.23 所示,交变应力的类型分为周期循环交变应力和随机交变应力,稳定交变应力的循环方式又可分为对称循环、脉动循环和非对称循环。

图 8.21　运输机燃气涡轮机叶片的载荷时间历程

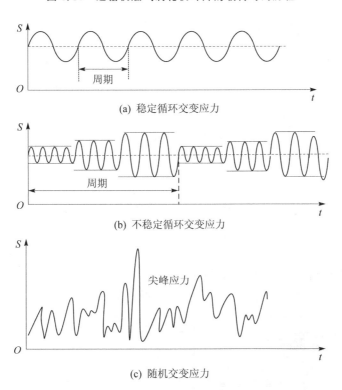

(a) 稳定循环交变应力

(b) 不稳定循环交变应力

(c) 随机交变应力

图 8.22　交变应力类型示意图

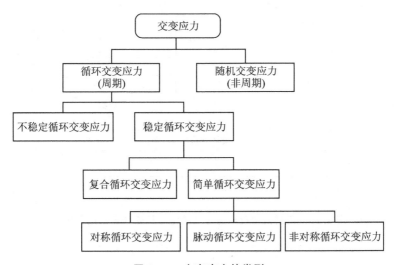

图 8.23　交变应力的类型

对于稳定循环交变应力(见图8.24),表示其对称、脉动特征的应力比参数 r 定义如下:

$$r = \frac{\sigma_m - \sigma_a}{\sigma_m + \sigma_a} = \frac{\sigma_{min}}{\sigma_{max}} \tag{8.7}$$

式中,σ_{max} 为交变应力的最大值;σ_{min} 为交变应力的最小值;σ_m 为平均应力;σ_a 为应力幅值;r 为循环特征参数,$-1 \leqslant r \leqslant 1$。

① 当 $r = -1$ 时为对称循环;

② 当 $r = 0$ 时为脉动循环;

③ 当 $r = 1$ 时为静载荷。

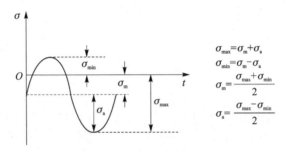

图 8.24　循环交变应力

8.7.1　工作载荷实测和载荷模拟

为了求得工作载荷,需要求出载荷与时间或者载荷与循环次数、里程等之间的关系。如图 8.25 所示,载荷与时间历程可以用测量、模拟和统计方法给出。

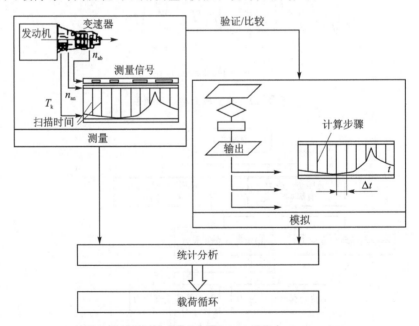

图 8.25　用测量和模拟的方法确定车辆变速器的载荷历程

1. 载荷实测

首先,零部件的应力和应变的时间历程曲线最好可以直接在工作过程中通过测量得到。图 8.26 是汽车变速器传动轴的扭矩测量示意图。在行驶时的转矩曲线可以通过微处理器在线分级,也可以记录下来随后分级。

在工作过程中测量很困难,如果某个位置处在力或转矩传递路径中,比如变速器轮齿上的拉应力,可通过名义载荷分析计算得出其他零件的载荷,可大幅减少零件载荷的测量时间和工作量。以汽车为例,通过测量得到离合器转矩,通过计算求出齿轮的转矩,然后再求出局部的应力。如图 8.27 所示,首先需要考虑离合器和齿轮的连接以及齿轮之间的接触条件,输入零部件的质量、刚度和阻尼,先分析组件整体的动态性能,再分析单个零件上的载荷,然后进一步地分析零件的受力和接触情况等,需要应用软件工具进行刚性或弹性的多体系统

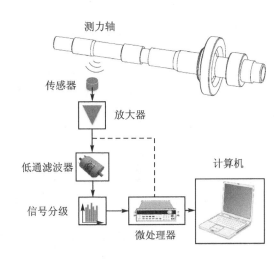

图 8.26 变速器传动轴的扭矩测量

(MBS)分析、有限元分析(FEM)或者边界元(BEM)分析。

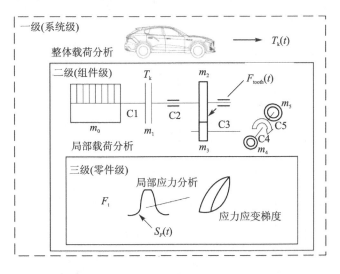

图 8.27 利用名义载荷分析计算得出局部载荷

2. 载荷模拟

模拟是另一种给出应力和应变时间历程曲线的方法。如图 8.28 所示,通过输入路况数据,整车、发动机和变速器数据,驾驶人数据,通过软件和算法,数值模拟算出载荷随时间或里程变化的动态曲线。用模拟的方法也需要测量相应的输入数据;此外,还需要算法来根据静态数据数值算出载荷随时间或里程变化的动态曲线。这样,只要边界条件和算法能够模拟真实

情况,通过模拟就可以算出与根据实际测量同样的应力和应变曲线。根据模型能力和细节,可以分别模拟名义载荷和局部载荷。

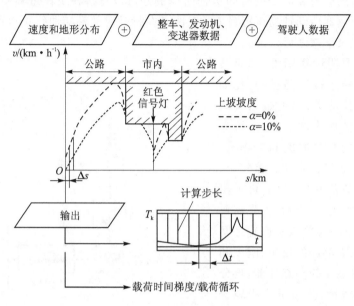

图 8.28 车辆的模拟形式

3. 标准载荷谱法

依据相应标准规范给定的载荷谱,可以规避载荷-时间历程。如图 8.29 所示,载荷谱的形式有正态谱、对数正态谱和线性谱。

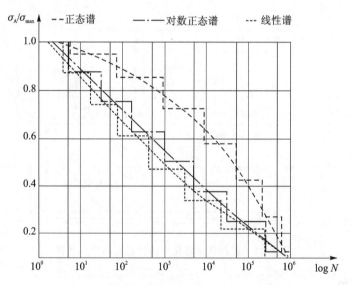

图 8.29 典型分布类型和 8 应力等级标准载荷谱

定义工作系数 $\sigma_{\text{equ}}/\sigma_{\text{nenn}}$ 为等效载荷和名义载荷之间的比值。用工作系数对载荷谱更进一步地简化,相当于取了有相同损伤结果的单等级应力等效载荷谱。

8.7.2　制定载荷谱

为了进行寿命计算,通过测量或模拟得到的载荷-时间历程需要分级和统计分析。有单参数分级法和双参数分级法。下面简单介绍用于计算寿命的单参数和双参数方法,单参数法只考虑幅值或者级别的极值,双参数法包括幅值和平均值或极大值和极小值。

应力或应变的大小和频率是影响寿命计算的主要因素,如图 8.30 所示,为与疲劳试验相对应,动态载荷被分解为正弦交变载荷,该简化没有考虑载荷的频率和加载顺序。

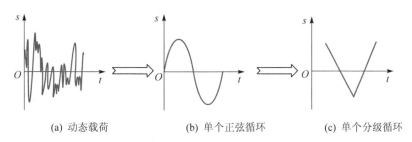

(a) 动态载荷　　　　　　(b) 单个正弦循环　　　　　　(c) 单个分级循环

忽略假设:振动曲线的形状;加载频率;加载顺序。

图 8.30　寿命分析中的随机载荷分级和简化

1. 穿级计数法

穿级计数法记录载荷幅度一般分 16～24 级,已足够准确。记录载荷谱包括分级计数和总计数。分级计数表示的是在某一级范围记录了多少循环;总计数说明有多少振动循环低于或者等于当前级别的上界。

如图 8.31 所示为穿级计数法的分级和计数过程。在穿级计数法里,穿过一级别的边界触发计数一次。直方图里级别号为 j,这一级的穿越数量为 n_j。累计的频次 H_j 等于实际计数的数字相加,就得到了累计频次的直方图。

把载荷谱根据幅值按台阶顺序排列,每个条块的高度对应上下极限的差,并代表了相应的载荷幅度,每个块的宽度表示对应的载荷循环数。这种方法提供了变换后损伤计算所需要的载荷幅度。

2. 雨流计数法

雨流计数法是由 Matsuishi 和 Endo 等人考虑了材料应力-应变行为而提出的一种计数法。该法认为塑性的存在是疲劳损伤的必要条件,并且其塑性性质表现为应力-应变的迟滞回环。一般情况下,虽然名义应力处于弹性范围,但从局部的、微观的角度来看,塑性变形仍然存在。

如图 8.32(a)所示为应变-时间历程,其对应的循环应力-应变曲线示于图 8.32(b)中。由图可见两个小循环 2-3-2′、5-6-5′ 和一个大循环 1-4-7 分别构成两个小的和一个大的迟滞回环。

如果疲劳损伤以此为标志,并且假定一个大变程所引起的损伤,不受为完成一个小的迟滞回环而截断的影响,则可逐次将构成较小迟滞回环的较小循环从整个应变-时间历程中提取出来,重新加以组合。这样,图 8.32(a)应变-时间历程将简化为图 8.33 的形式,而认为两者对材料引起的疲劳损伤是等效的。

雨流-回线法即基于上述原理进行计数。如图 8.34 所示,取时间为纵坐标,垂直向下,载

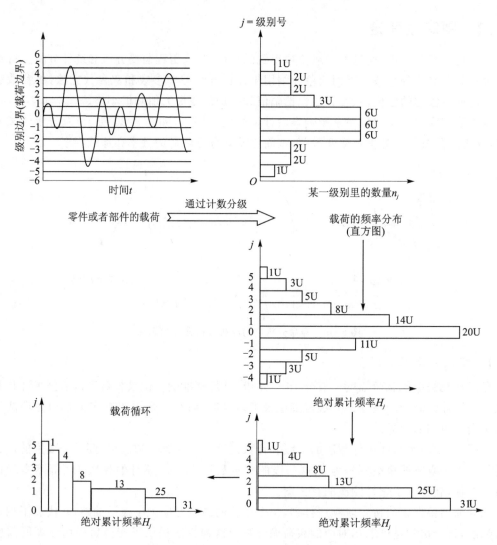

图 8.31 穿级计数法的分级和计数过程

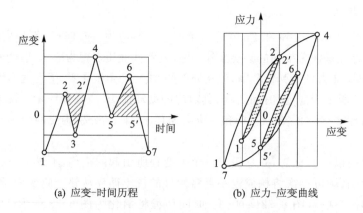

(a) 应变-时间历程   (b) 应力-应变曲线

图 8.32 应变-时间历程与应力-应变曲线

荷-时间历程形如一宝塔屋顶。设想雨滴以峰、谷为起点，向下流动。根据雨滴流动的迹线，确定载荷循环，雨流法的名称即由此得来。为实现其计数原理，特作如下规定。首先，从某一点 0 开始(见图 8.34)，凡起始于波谷的雨流遇到比它更低的谷值(代数值)便停止。例如起始于波谷 0 的雨流止于波谷 f 的水平线，因为波谷 f 的谷值(代数值)比波谷 0 的谷值要低。

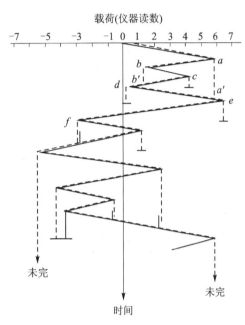

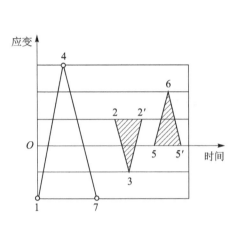

图 8.33　独立的应变-时间历程　　　　　　图 8.34　载荷历程的雨流计数

类似地，凡起始于波峰的雨流遇到比它更高的峰值便停止，例如起始于波峰 a 的雨流止于波峰 e 的水平线。另外，在雨滴流动过程中，凡遇到上面流下的雨滴时也就停止，例如起始于波峰 c 的雨流止于 b'；起始于波谷 d 的雨流止于 a'。这样，根据雨滴流动的起点和终点，可勾画出一系列完整的循环，如 b—c—b' 和 a—d—a' 等。最后，将所有完整的循环逐个提取出来，记录下它们的峰值和谷值。因为在图 8.34 中只取了很小一段载荷-时间历程，所以图中还包括有"未完"的雨流。

经过这样的计数阶段后，最终会遗留下如图 8.35(a)所示的发散-收敛波。按雨流法计数原则，此种波形无法再构成完整的循环，因此需要采取其他的措施。一种简便可行的方法是：在最高波峰 a 或最低波谷 b 处将波形截成两段，使左段起点与右段末点相接，构成如图 8.35(b)所示的收敛-发散波。此时，雨流-回线法计数原则可继续使用，直至记录完毕为止。

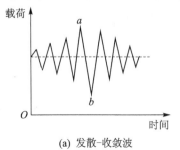

(a)　发散-收敛波　　　　　　　　(b)　收敛-发散波

图 8.35　发散-收敛波与收敛-发散波

例 8 - 1 用雨流计数法，记录如图 8.36 所示的载荷循环。

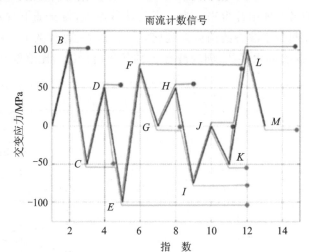

图 8.36　用雨流计数法记录某随机载荷循环

解：依据雨流计数法规则，应力循环计数过程如表 8.3 所列。

表 8.3　雨流计数法应力循环计数过程

路　径	起点应力/MPa	终点应力/MPa	变化幅值/MPa	循环数
$A \to B$	0	100	100	0.5
$B \to E$	100	−100	200	0.5
$C \to D$	−50	50	100	0.5
$D \to C$	50	−50	100	0.5
$E \to F$	−100	100	200	0.5
$F \to I$	75	−75	150	0.5
$G \to H$	0	50	50	0.5
$H \to G$	50	0	50	0.5
$K \to J$	−50	0	50	0.5
$J \to K$	0	50	50	0.5
$I \to F$	−75	75	150	0.5
$L \to M$	100	0	100	0.5

8.8　疲劳寿命计算

疲劳寿命计算，就是将工作载荷（载荷谱）与许用载荷进行对比分析。主要有三种不同的理论和计算方法：名义应力法、局部应力应变法和断裂力学法。断裂力学法假设零件已经出现裂纹，并计算裂纹扩展到发生断裂之前剩余的寿命。该部分内容与机械零部件相关性不大，本书不涉及相关内容。

对构件进行安全寿命估算的基本步骤是：

① 采集载荷时间历程，制定构件的疲劳载荷和应力谱；
② 采用局部模拟试验测定构件的疲劳性能 S - N 曲线；
③ 按照累积损伤理论估算构件的安全寿命。

8.8.1　累积损伤理论

交变载荷会对材料产生影响，当载荷超过一定极限之后会导致"损伤"。一般认为损伤经由单个载荷循环累积并导致材料断裂（疲劳）。在 1920 年前后，Palmgren 提出了线性累积的基本思想，主要针对滚子轴承的计算。在 1945 年，Miner 发表了通用形式的同样的理论。因此在一定幅值的单级区域里，载荷循环数 n 和到发生失效的载荷循环数 N 的比值，等于已经吸收的功 w 与可吸收的功 W 的比值，表达为

$$\frac{n}{N} = \frac{w}{W} \tag{8.8}$$

如果假设可吸收的断裂功 W 对所有的载荷大小都相同，那么载荷循环里不同的载荷导致的单次损伤部分就可以叠加起来：

$$\frac{n_1}{N_1} + \frac{n_2}{N_2} + \cdots + \frac{n_m}{N_m} = \frac{w_1}{W} + \frac{w_2}{W} + \cdots + \frac{w_m}{W} \tag{8.9}$$

当吸收功达到最大可吸收功时：

$$\frac{w_1 + w_2 + \cdots + w_m}{W} = 1 \tag{8.10}$$

替换掉无法定量得出的功，得到可以度量的部分：

$$\frac{n_1}{N_1} + \frac{n_2}{N_2} + \cdots + \frac{n_m}{N_m} \leqslant 1 \tag{8.11}$$

图 8.37 为 Palmgren - Miner 线性损伤累积假设。

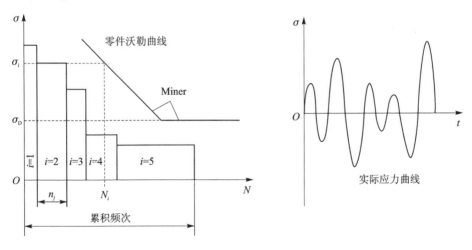

图 8.37　Palmgren - Miner 线性损伤累积假设

采用损伤累积假设的基本方程需要知道出现失效的载荷循环 N，以及对应的应力值 σ_i。这些可以从双对数坐标系下的沃勒疲劳曲线中的转折点 (σ_D, N_D) 以及斜率 k 得出。根据沃勒疲劳曲线上的直线方程，可以推导出许用载荷循环 N：

$$N = N_D \left(\frac{\sigma_a}{\sigma_D} \right)^{-k} \tag{8.12}$$

代入累积损伤模型,该模型表示 m 个载荷 σ_i 阶段组成的不连续载荷谱导致的累积损伤 S:

$$S = \sum_{i=1}^{m} \frac{n_i}{N_D} \left(\frac{\sigma_i}{\sigma_D} \right)^k, \quad \sigma_D \leqslant \sigma_i \leqslant \sigma_{max} \tag{8.13}$$

Miner 方程需考虑适用范围:

- 正弦形的交变载荷;
- 材料没有出现硬化或者软化的现象;
- 在交变载荷作用下,材料从无裂纹到形成初始裂纹;
- 至少有部分交变载荷水平要高于疲劳耐久极限。

如果没有注意到上述几点,尤其是最后一点,则计算的结果经常会趋于危险。

通过对累积损伤假说的大量研究工作,对典型的 S-N 曲线进行了不同的修正,一种是从疲劳极限点的外延代替水平疲劳极限,如图 8.38 所示(Haibach 和 Corten - Dolan 修正);另一种是对 S-N 曲线的斜率段和水平段同时修正,如图 8.39 所示(Zehner - Liu 修正)。

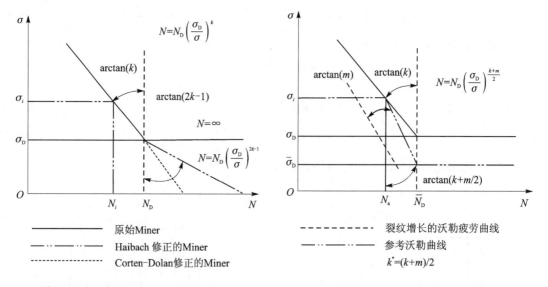

图 8.38　沃勒曲线 Haibach 和 Corten - Dolan 修正　　　图 8.39　沃勒曲线 Zehner - Liu 修正

Corten - Dolan 修正了 Palmgren - Miner 曲线,延长曲线至 $\sigma = 0$,不考虑耐久疲劳极限。

$$S = \sum_{i=1}^{m} \frac{n_i}{N_D} \left(\frac{\sigma_i}{\sigma_D} \right)^k, \quad 0 \leqslant \sigma_i \leqslant \sigma_{max} \tag{8.14}$$

当大部分载荷都小于永久疲劳极限时,根据该没有耐久极限应力的假设得出的结果偏保守安全。

从试验结果得出的 Haibach 修正的 Miner 理论,适用于永久疲劳极限随损伤增加而降低的材料。采用沃勒疲劳曲线斜率 k 计算载荷造成的损伤;当应力水平低于 σ_D 时,采用斜率 $2k-1$ 的曲线来计算损伤,结果比永久疲劳极限要低:

$$\begin{cases} S = \sum_{i=1}^{m} \dfrac{n_i}{N_D}\left(\dfrac{\sigma_i}{\sigma_D}\right)^k + \sum_{j=1}^{l} \dfrac{n_j}{N_D}\left(\dfrac{\sigma_i}{\sigma_D}\right)^{2k-1} \\ \sigma_1 \geqslant \sigma_i \geqslant \sigma_D, \quad \sigma_D \geqslant \sigma_j \geqslant 0 \end{cases} \tag{8.15}$$

间接 Miner 修正理论与 Mincr 修正理论的区别是：寿命曲线与永久疲劳极限曲线逐渐趋近，类似于渐近线。

考虑到损伤由裂纹形成和裂纹扩展两个不同的阶段组成，Zenner 和 Liu 对零件沃勒疲劳曲线进行了修正，如图 8.39 所示。修正后的裂纹扩展线的斜率 $m = 3.6$，其和材料无关。然后，由零件的沃勒疲劳曲线和裂纹扩展线得出该虚构的修正沃勒疲劳曲线。修正沃勒疲劳曲线上的转折点是在载荷谱的最高值上，其斜率是

$$k^* = \frac{k+m}{2} \tag{8.16}$$

取零件沃勒疲劳曲线的永久疲劳极限的一半，作为修正沃勒疲劳曲线的永久疲劳极限：

$$\bar{\sigma}_D = \frac{\sigma_D}{2} \tag{8.17}$$

这样，一个零件的损伤可以用类似于方程（8.13）的方法计算出：

$$S = \sum_{i=1}^{l} \frac{n_i}{N_D} \cdot \left(\frac{\sigma_i}{\sigma_D}\right)^{\frac{k+m}{2}} \tag{8.18}$$

$$\hat{\sigma}_a \geqslant \sigma_i \geqslant \frac{\sigma_D}{2} \tag{8.19}$$

Zenner 和 Liu 修正的零件沃勒疲劳曲线，得出的结果可能偏向危险。

8.8.2　Miner 疲劳寿命设计准则

当采用名义应力法和局部应力应变法时，一般采用线性疲劳累积损伤法则计算疲劳寿命，简便实用。Miner 准则公式为

$$\sum_{1}^{n} \frac{n_i}{N_i} = 1 \tag{8.20}$$

试验研究表明，如果施加大于屈服极限的超载，或在载荷谱中有超载时，则 $\sum n/N$ 的值往往比 1 大得多；另一方面，即使应力在持久极限以下，试验时裂纹也在扩展。所以，不考虑持久极限以下的应力，结果偏危险。

采用 Miner 法则进行初步设计，并依据情况进行修正。常见的修正方法有：

① 采用 $\sum n/N = C, C > 1$；

② 不考虑持久极限，在作 $P\text{-}S\text{-}N$ 曲线时，将倾斜线一直延长（无水平线）；

③ 只考虑裂纹形成寿命，不计入裂纹扩展寿命。

8.8.3　双参数损伤的计算

除了应力幅值之外，平均应力对寿命影响最大，因此以下对应力幅值-平均应力进行双参数损伤计算。使用极限载荷比例 $r = \sigma_{min}/\sigma_{max}$ 来表示平均应力。

两个参数都可以通过分类法（如雨流计数法等）获得。进行损伤计算时需要应力谱和每个不同循环应力比 r 水平下的沃勒疲劳曲线，如图 8.40 所示为某铝合金不同循环应力比 r 下的

S - N 曲线。

计算累积损伤时,需要同时考虑不同平均应力级别 j 下的循环应力水平 i,Miner 修正公式如下:

$$S = \sum_{j=1}^{q} \left[\sum_{i=1}^{p} \frac{n_{ij}}{N_{Dj}} \left(\frac{\sigma_{ij}}{\sigma_{Dj}} \right)^{k_j} \right] \tag{8.21}$$

另一种方法可以使用修正后的 Haigh 图(等寿命图)表示平均应力对寿命的影响。如图 8.41 所示,通过 Goodman 直线或 Gerber 抛物线等寿命图,说明了在给定寿命循环情况下的平均应力和应力幅值的关系。这里若使用雨流计数法,则通过转换即可得到均值为零的幅值。

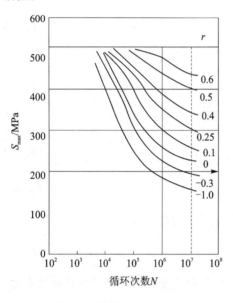

图 8.40 某铝合金不同循环
应力比 r 的 S - N 曲线

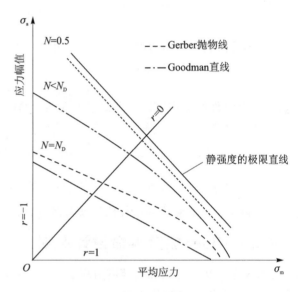

图 8.41 Haigh 等寿命图

(1)Goodman 直线:

$$\frac{\sigma_a}{\sigma_{-1}} + \frac{\sigma_m}{\sigma_b} = 1 \tag{8.22}$$

(2)Gerber 抛物线

$$\frac{\sigma_a}{\sigma_{-1}} + \left(\frac{\sigma_m}{\sigma_b} \right)^2 = 1 \tag{8.23}$$

式中,σ_a 为应力幅值;σ_m 为平均应力;σ_{-1} 为疲劳极限;σ_b 为强度极限。

采用 Goodman 直线较简单,而且偏安全。疲劳可靠性设计要考虑设计参数的随机性,所以其等寿命图是一个分布带,而不是一条曲线。

进一步的试验表明,应力幅值作用在零件上的顺序对寿命也有很大的影响。

① 同样的载荷谱,幅值较低的交变载荷如果比幅值较高的先作用在零件上,则寿命可能会增加。

② 用于估计寿命的试验载荷应该与工作时幅值的分布在时间顺序上相同,否则得出的结果会有大的偏差。

总的来说,影响寿命预测计算结果的不确定性有很多因素,必要时须通过试验获取零件的工作疲劳强度。

8.8.4　双参数疲劳寿命分析

在输入已知随机动载荷的情况下,利用有限元分析,计算疲劳部位的 von Mises 应力,利用雨流计数法获取双参数应力谱;将应力谱转换成 Goodman 直线,用等效计算应力块谱;最后,采用 Miner's rule 计算疲劳寿命。计算流程如图 8.42 所示。

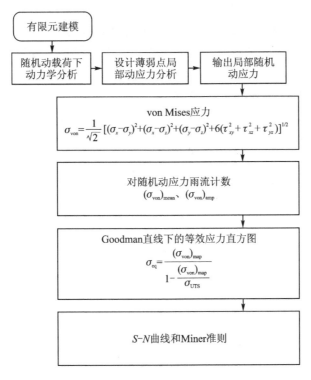

图 8.42　双参数疲劳寿命分析流程

常规稳定循环交变应力下的疲劳强度设计中,在等寿命图中给定应力循环比 r 下的工作疲劳应力和疲劳强度干涉模型,如图 8.43 所示。

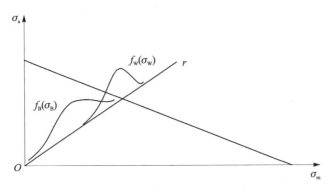

图 8.43　等寿命图中的疲劳强度-应力干涉模型

如果仅考虑应力幅$(\sigma_B)_a$和平均应力$(\sigma_B)_m$的分散特性,当循环载荷特征值r为常数时,在疲劳极限图的等r线上,可以给出复合疲劳应力σ_B的分布$f_B(\sigma_B)$和相应的复合疲劳强度σ_w的分布$f_w(\sigma_w)$,构成了一维应力-强度干涉模型。

8.9 接触疲劳寿命分析

8.9.1 接触疲劳失效分析

零件在循环接触应力作用下,产生局部永久性累积损伤,经过一定的循环次数后,接触表面发生麻点、浅层或深层剥落的过程,称为接触疲劳。典型接触疲劳失效零件有齿轮、滚动轴承和凸轮。

1. 滚子-平面接触应力形成机制

圆柱体滚子在弹性体平面滚动,弹性体内切应力τ_{yz}的变化如图 8.44 所示。图(a)表示滚子在位置 1,图(b)表示滚子在位置 2,图(c)表示滚子在位置 3。剖面线滚子表示滚子所在的位置。

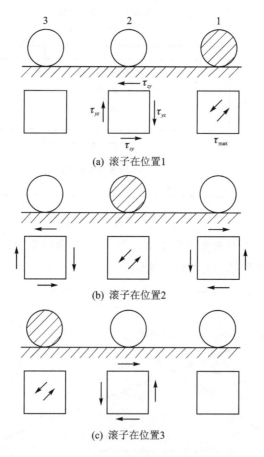

(a) 滚子在位置1

(b) 滚子在位置2

(c) 滚子在位置3

图 8.44 平面上圆柱体滚子滚动时的切应力

① 滚子在位置 1,在正下方 $\tau_{yz}=0$;在位置 2,下方(例如,位置 2 在位置 1 左边 0.85b 处)切应力 $\tau_{yz}=\tau_{zy}$ 最大,用 $\tau_0=0.256\sigma_{z\max}$ 表示。在位置 3,下方切应力很小,可忽略。

② 滚子在位置 2 时的切应力为 τ_{yz}。这时,位置 2 正下方,$\tau_{yz}=0$;位置 3 和 1 下方,$\tau_{yz}=\tau_{zy}=\tau_0$,切应力方向相反。

③ 滚子在位置 3 时的切应力 τ_{yz}。这时,位置 3 正下方,$\tau_{yz}=0$;位置 2 下方,$\tau_{yz}=\tau_{zy}=\tau_0$;位置 1 下方,切应力可忽略。

因此,弹性体内最危险的切应力是离表面 0.5b 处的 τ_{yz},其最大值为 $0.256\sigma_{H\max}=\tau_0$,即应力幅为 $0.256\sigma_{H\max}$ 的对称循环切应力。如图 8.45 所示为在表面下 0.5b 处切应力 τ_{yz} 的变化曲线。

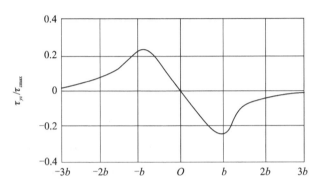

图 8.45　在表面下 0.5b 处切应力 τ_{yz} 的变化曲线

在切应力 τ_0 循环作用下,接触物体表面下形成平行于表面的裂纹,裂纹在滚动方向平行于表面扩展,再延伸到表面使之剥落。这种破坏的裂纹扩展速度较慢,断口光滑。

2. 接触应力

如图 8.46 表示两物体相接触时采用的坐标系,未加载时于 O 点接触。假设:

① 两物体为完全弹性体,并且各向同性;

② 作用于物体上的载荷仅产生弹性变形并遵循胡克定理;

③ 两物体的接触区面积比物体的总面积小很多;

④ 压力垂直于接触表面,即接触区中的摩擦力略去不计;

⑤ 表面光滑,无承载油膜。

在弹性体接触问题中,原为点接触的两物体受压力后,接触面的一般形状为椭圆,其长半轴为 a,短半轴为 b。取椭圆的中心为原点 O,压力分布为半椭球形,在 O 点的最大名义接触应力以 $\sigma_{H\max}$ 表示(见图 8.46(b))。令半椭球体的总压力等于 F,即得

$$\sigma_{H\max}=\frac{3F}{2\pi ab} \tag{8.24}$$

椭圆面积上的平均应力 σ_{Hm} 为

$$\sigma_{Hm}=\frac{F}{\pi ab} \tag{8.25}$$

由此可以看出,$\sigma_{H\max}$ 为 σ_{Hm} 的 1.5 倍。由弹性力学可得椭圆的长半轴 a 和短半轴 b 分别为

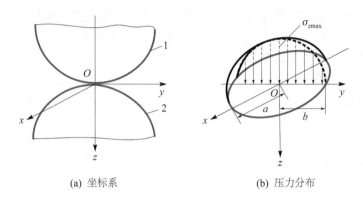

(a) 坐标系　　　　　　　　　　(b) 压力分布

图 8.46　两物体的接触

$$\begin{cases} a = m \left[\dfrac{3\pi F (k_1 + k_2)}{4(A + B)} \right]^{1/3} \\[3mm] b = n \left[\dfrac{3\pi F (k_1 + k_2)}{4(A + B)} \right]^{1/3} \end{cases} \tag{8.26}$$

式中，常数 A 和 B 都是正值。

设上边物体 1 的表面在接触点处的主曲率半径为 R_1 及 R_1'，下边物体 2 的表面在接触点处的主曲率半径为 R_2 及 R_2'，而 R_1 及 R_2 两曲率半径所在平面的夹角为 ψ，则 A 和 B 取决于以下两个方程，即

$$\begin{cases} A + B = \dfrac{1}{2} \left(\dfrac{1}{R_1} + \dfrac{1}{R_1'} + \dfrac{1}{R_2} + \dfrac{1}{R_2'} \right) \\[3mm] B - A = \dfrac{1}{2} \left[\left(\dfrac{1}{R_1} - \dfrac{1}{R_1'} \right)^2 + \left(\dfrac{1}{R_2} - \dfrac{1}{R_2'} \right)^2 + 2 \left(\dfrac{1}{R_1} - \dfrac{1}{R_1'} \right) \times \left(\dfrac{1}{R_2} - \dfrac{1}{R_2'} \right) \cos 2\psi \right]^{1/2} \end{cases} \tag{8.27}$$

而 m 及 n 是与比值 $(B-A)/(A+B)$ 有关的系数。引用符号：

$$\cos \theta = \frac{B - A}{A + B} \tag{8.28}$$

则 m、n 与 θ 的关系列于表 8.4。

表 8.4　m 及 n 的数值

$\theta/(°)$	30	40	50	60	70	80	90
m	2.73	2.14	1.75	1.49	1.28	1.13	1.00
n	0.49	0.57	0.64	0.72	0.80	0.89	1.00

$$k_1 = \frac{1 - \nu_1^2}{\pi E_1}, \quad k_2 = \frac{1 - \nu_2^2}{\pi E_2} \tag{8.29}$$

式中，ν_1、ν_2 为物体 1 和物体 2 的泊松比；E_1、E_2 为物体 1 和物体 2 的弹性模量。

比值 a/b 越大，接触面的椭圆越是长而窄。当 a/b 趋于无限大时，就得到两个轴线平行的圆柱体相接触的情况。这时，接触面是宽度为 $2b$ 的狭矩形，而名义接触应力沿接触面宽度方向按半椭圆分布。令接触面的单位长度上的接触力为 w，则

$$w = \frac{\pi b \sigma_{\text{Hmax}}}{2} \tag{8.30}$$

从而得到最大名义接触应力:

$$\sigma_{\text{Hmax}} = \frac{2w}{\pi b} \tag{8.31}$$

它等于平均应力 $w/(2b)$ 的 π 倍。再对局部应变进行分析可得

$$b = \sqrt{\frac{4w(k_1 + k_2) R_1 R_2}{R_1 + R_2}} \tag{8.32}$$

及

$$\sigma_{\text{Hmax}} = \sqrt{\frac{w(R_1 + R_2)}{\pi^2 (k_1 + k_2) R_1 R_2}} \tag{8.33}$$

当两物体的材料相同,即 $E_1 = E_2 = E$ 及 $\nu_1 = \nu_2 = \nu = 0.3$ 时,得工程上常用的公式,即

$$\begin{cases} b = 1.52 \sqrt{\dfrac{wR_1 R_2}{E(R_1 + R_2)}} \\ \sigma_{\text{Hmax}} = 0.418 \sqrt{\dfrac{wE(R_1 + R_2)}{R_1 R_2}} \end{cases} \tag{8.34}$$

对于圆柱体与平面相接触的情况,只需在上面的公式中,令 $R_1 \to \infty$,对于圆柱体与圆柱座相接触的情况,只需在以上的公式中取 R_1 为负值。

用解析法可以推导出接触物体的切应力 τ_{yz} 的表达式。当轴线平行的两圆柱体相接触时,在接触区表面下 $0.5b$ 处的平面上,切应力 τ_{yz} 的变化如图 8.45 所示。图中横坐标由 $-b$ 到 b 的区域为接触面的宽度,O 点为接触区的中点,该点的压应力为最大应力 σ_{Hmax}。切应力的最大值在表面以下 $0.5b$ 处,离中心点 O 的距离为 $0.85b$,且 $+0.85b$ 处的 τ_{yz} 与 $-0.85b$ 处的 τ_{yz} 方向相反,故此切应力为对称循环切应力。

3. 影响接触疲劳强度的因素

(1) 滑动速度

如图 8.47 所示,表示滚子在弹性平面上滚动或滑动时,弹性体内切应力的分布。由图可以看出,纯滑动时,最大切应力在表面;滚动伴随滑动时,与纯滚动相比,最大切应力的位置离表面较近,且应力更大。就是说,如在接触疲劳中存在滑动,将显著降低疲劳寿命。

一般质量的钢材,总存在非金属夹杂等缺陷,加工后的零件表面,总留有不同程度的刀痕、磨削痕、腐蚀或磨损造成的痕迹。因此,以滚动为主的两接触件,常以表层下某一深度处存在的缺陷作为裂纹源。对于以滑动为主的两接触件,表面上的切削痕等缺陷是应力集中点,成为接触疲劳裂纹源。裂纹从表面开始,沿与滑动方向成 20°~40° 角向下

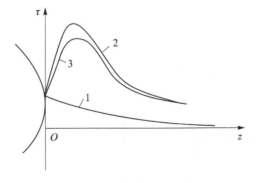

1—纯滑动;2—滚动伴随滑动;3—纯滚动

图 8.47　滚动或滑动时最大切应力的位置

扩展并分叉,使表层剥落,形成浅坑,断口粗糙。表面裂纹的形成比表面下的裂纹慢,但裂纹扩展速度很快。

(2) 表面粗糙度

两接触物体表面的几何形态和性质称为表面形貌。经机械加工的零件,表面上还是高低不平,有峰和谷。

两物体在滚动和滑动过程中,两表面上的峰和谷彼此之间产生嵌合、压碎、弹性应变和塑性压扁等现象,使物体的表面层损伤,摩擦因数增大,表面发热,润滑变坏,影响两接触表面的接触疲劳特性。

由试验可知,以精车的表面粗糙度为基准,如将两钢制件接触表面的表面粗糙度降低到抛光的数值,则接触疲劳寿命可提高到精车寿命的 8 倍左右;此后,如再继续降低表面粗糙度,则对接触疲劳寿命的影响变小。

(3) 润滑油膜

若传动齿轮的两轮齿之间或滚动轴承的滚珠与座圈之间,能形成弹性流体动压润滑(简称弹流)油膜,则两接触面之间的最大单位压力将大大降低,使接触疲劳寿命显著增加。

求弹流最小油膜厚度的道森公式,写成有量纲形式为

$$h_0 = 2.65 a^{0.54} (\eta_0 v)^{0.7} R^{0.43} E'^{0.03} w^{-0.13} \tag{8.35}$$

式中,w 为单位接触长度的载荷;

$$E' = \left[\frac{1}{2} \left(\frac{1-\nu_1^2}{E_1} + \frac{1-\nu_2^2}{E_2} \right) \right]^{-1}$$

ν_1、ν_2——分别为物体 1 和物体 2 的泊松比;

a——润滑油粘度压力指数;

η_0——润滑油粘度;

v——综合滚动速度,$v = \frac{1}{2}(v_1 + v_2)$;

v_1、v_2——分别为物体 1 和 2 接触表面的线速度;

R_1、R_2——分别为物体 1 和 2 接触表面的曲率半径,$R = \frac{R_1 R_2}{R_1 + R_2}$。

由下式即可求得最小油膜厚度 h_0。引入膜厚比 λ 为

$$\lambda = \frac{h_0}{\sqrt{R_{a1}^2 + R_{a2}^2}} \tag{8.36}$$

式中,R_{a1}、R_{a2} 为接触面 1 和 2 的峰谷值算术平均偏差。

当 $\lambda \geq 3$ 时为全弹流,当 $\lambda < 3$ 时为部分弹流。对于大多数工业传动齿轮和滚动轴承,当 $\lambda > 1.5$ 时,就处于部分弹流状态;当 $\lambda > 3$ 时,疲劳寿命与油膜厚度无关;当 $\lambda < 1.0$ 时,即进入边界润滑状态(见图 8.48)。

弹流油膜的建立使接触面之间的压力分布趋于和缓,峰值压力下降,从而减少了接触疲劳的损伤,使接触疲劳寿命提高。进入部分弹流状态后,虽不是全膜,但基本上建立了承载油膜。图 8.49 表示膜厚比 λ 与接触疲劳损伤的关系。

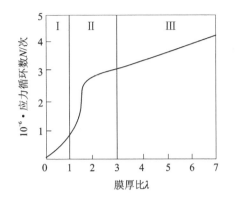

Ⅰ—边界润滑区；Ⅱ—边界润滑区；Ⅲ—边界润滑区

图 8.48　膜厚比 λ 与润滑状态

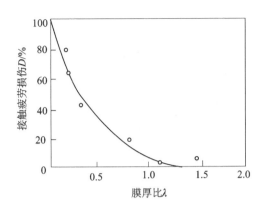

图 8.49　膜厚比 λ 与接触疲劳损伤 D 的关系

4. 润滑剂

润滑剂的腐蚀作用对接触疲劳的影响要比粘度的影响大。润滑剂对金属会产生程度不同的腐蚀作用，使用不同的润滑剂，裂纹扩展速度相差可达 7 倍。

润滑油中的添加剂，对接触疲劳寿命的影响很复杂，有的提高，有的降低，有的无影响。含有氧和水分的添加剂，将急剧降低寿命；对裂纹尖端有腐蚀作用的添加剂，会降低寿命；能降低表面摩擦力的添加剂，可提高寿命。

5. 金属夹杂物

轴承钢中的非金属夹杂物，有脆性的（如氧化铝、硅酸盐、氮化物等）、有塑性的（如硫化物）和球状的（如硅钙酸盐、铁锰酸盐）三类。脆性夹杂物的边缘部分最易造成微裂纹，其中，以脆性的带有棱角的氧化物、硅酸盐夹杂，对接触疲劳寿命降低最多。塑性的硫化物夹杂，易随基体的塑性变形协调，当硫化物夹杂把氧化物夹杂包住，形成共生夹杂物时，可以降低氧化物夹杂的坏作用。钢中适度的硫化物夹杂，能提高接触疲劳寿命。

① 马氏体含碳量。承受接触载荷的零件，多采用高碳钢淬火或渗碳钢表面渗碳后淬火，使表层获得最佳硬度。对于轴承钢，在未溶碳化物状态相同的条件下，当马氏体含碳量（质量分数）在 0.4% ～ 0.5% 时，接触疲劳寿命最高（见图 8.50）。

② 马氏体和残余奥氏体的级别。渗碳钢淬火，因工艺不同可以得到不同级别的马氏体和残余奥氏体。如残余奥氏体越多，马氏体针越粗大，则表层中的残余压应力和渗碳层强度就越低，易于产生微型纹，降低接触疲劳寿命。

③ 在一定硬度范围内，接触疲劳强度随硬度升高而增大，但并不保持正比关系。轴承钢表面硬度为 62HRC 时，其寿命最长（见图 8.51）。

表面脱碳降低表面硬度，又使表面易形成非马氏体组织，并改变表面残余应力分布形成残余拉应力，降低接触疲劳寿命。某些齿轮早期接触疲劳失效分析表明，当脱碳层厚度为 0.20 mm、表面含碳量（质量分数）为 0.3%～0.6% 或 70%～80% 时，疲劳裂纹是脱碳层内起源的。

渗碳件心部硬度太低，则表层硬度梯度太陡，易在过渡区内形成裂纹而产生深层剥落。实践表明，渗碳齿轮心部硬度以 35～40HRC 为宜。

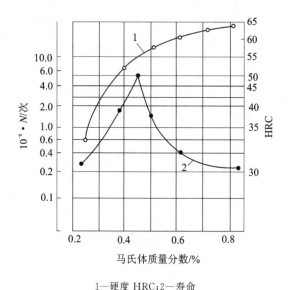

1—硬度 HRC；2—寿命

图 8.50　轴承钢马氏体含碳量
对接触疲劳寿命的影响

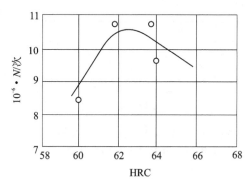

图 8.51　轴承钢马氏体表面硬度
对接触疲劳寿命的影响

8.9.2　接触疲劳强度的计算

接触疲劳强度计算也是以 $S-N$ 曲线为依据的，但接触疲劳的 $S-N$ 曲线与拉伸和弯曲疲劳的 $S-N$ 曲线不同。对材料接触疲劳试验的基本要求是，应尽可能地将被试验的材料做成滚子形零件（试样），并接近实际使用条件。这些条件包括：试样的加载形式、润滑油的选择与供油方法、材料的化学成分及组织状态、试样的形状和试样的表面加工特性等。

接触疲劳的 $S-N$ 曲线的纵坐标是最大名义接触应力 σ_{Hmax}。σ_{Hmax} 的计算不考虑应力集中和局部塑性变形后应力重新分配等因素，而按弹性理论的公式进行。在每个应力水平下，对成组试验法的数据进行统计，得到 σ_{Hmax} 的均值，根据各个应力水平下 σ_{Hmax} 的均值画出 $S-N$ 曲线。

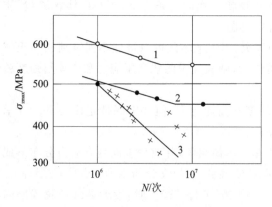

1—$w_C=0.34\%$碳钢；2—$w_C=0.10\%$碳钢；3—硬铝

图 8.52　接触疲劳试验的 $S-N$ 曲线

对于在每个应力水平下，用一个试样的接触疲劳常规试验法，试样的数目不得少于 12 个，其中在接触疲劳极限水平区段进行试验的试样数不得少于 3 个。

图 8.52 所示为 $w_C=0.34\%$ 碳钢、$w_C=0.10\%$ 碳钢和硬铝用润滑油润滑进行接触疲劳试验的 $S-N$ 曲线。图 8.53 所示为 14CrMnSiNi2Mo 钢经碳氮共渗和渗碳后淬火试验的接触疲劳 $S-N$ 曲线。

表 8.5 所列为某些材料的接触疲劳极限。

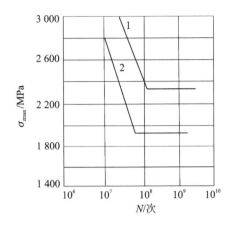

1—碳氮共渗试样,渗层厚度为 0.66 mm;2—渗碳试样,渗层厚度为 0.76 mm

图 8.53　14CrMnSiNi2Mo 钢的接触疲劳的 S - N 曲线

表 8.5　某些材料的接触疲劳极限

材料及热处理	σ_b/MPa	σ_s/MPa	δ/%	硬度 HBW		接触疲劳极限
				试验前	试验后	σ_{Hlim}/MPa
St50	568	358	28	159	191	481
Si - Mn 钢,调制	797	521	23	229	266	706
Cr - Mn 钢,调制	1 149	1 065	15	347	363	1 040
轴承钢,不淬火	989	928	18	310	322	559
轴承钢,淬火	1 981	—	—	573	592	1 726
特种铸铁	400	—	—	259	310	608
铝青铜	686~736	226	30	200	227	549

接触疲劳极限的循环基数为 N_0,以不产生大量扩展性点蚀为依据。对于低碳钢,$N_0 = (2 \sim 4) \times 10^6$ 次;调质钢为 $(10 \sim 20) \times 10^6$ 次;铸铁为 $(2 \sim 6) \times 10^6$ 次;青铜与铜合金为 $(3 \sim 12) \times 10^6$ 次。当应力低于接触疲劳极限时,经过相当多次循环后,也可能产生一些非扩展性的点蚀。

例 8 - 2　如图 8.54 所示为一对啮合的直齿圆柱齿轮,假设选择齿轮传动的节点作为接触应力的计算点,进行齿面的接触疲劳强度设计。

解:选择齿轮传动的节点作为接触应力的计算点,可得齿面的接触应力为

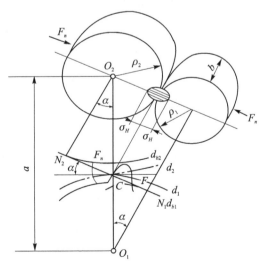

图 8.54　直齿圆柱齿轮

$$\sigma_H = Z_E Z_H Z_\varepsilon \sqrt{\frac{2KT_1}{bd_1^2} \cdot \frac{u \pm 1}{u}} \quad \text{(MPa)}$$

式中,u——齿数比,$u = z_2/z_1 > 1$;

d_1——小齿轮的分度圆直径(mm);

b——两齿廓接触长度(mm);

"$+$""$-$"——用于外接触和内接触;

K——计算齿轮强度用的载荷系数;

T_1——小齿轮传递的转矩(N·mm);

Z_E——材料弹性系数(见表8.6)。

Z_H——节点区域系数(见图8.55),标准圆柱齿轮 $Z_H = 2.5$;

Z_ε——重合度系数,考虑重合度的影响,按下式计算:$Z_\varepsilon = \sqrt{\dfrac{4 - \varepsilon_a}{3}}$

ε_a——端面重合度,$\varepsilon_a = \left[1.88 - 3.2\left(\dfrac{1}{z_1} \pm \dfrac{1}{z_2}\right)\right]\cos \alpha$。

表 8.6 材料弹性系数 Z_E

小齿轮材料	大齿轮材料			
	钢	铸 钢	球墨铸铁	灰铸铁
钢	189.8	188.9	181.4	162.0
铸铁	—	188.0	180.5	161.4
球墨铸铁	—	—	—	156.6
灰铸铁	—	—	—	143.7

对于标准直齿圆柱齿轮面,其接触疲劳强度的校核公式为

$$\sigma_H = Z_E Z_H Z_\varepsilon \sqrt{\frac{2KT_1}{bd_1^2} \cdot \frac{u \pm 1}{u}} \leqslant [\sigma_H] \quad \text{(MPa)}$$

这里,令 $b = u_d d_1$(齿宽系数见表8.7),则齿面接触疲劳强度的设计公式为

$$d_1 \geqslant \sqrt[3]{\frac{2KT_1}{\phi_d} \cdot \frac{u \pm 1}{u}\left(\frac{Z_E Z_H Z_\varepsilon}{[\sigma_H]}\right)^2} \quad \text{(mm)}$$

式中,$\phi_d = \dfrac{b}{d_1}$。

表 8.7 圆柱齿轮的齿宽系数

齿轮相对轴承位置	对称布置	非对称布置	悬臂布置
u_d	0.9~1.4	0.7~1.15	0.4~0.6

1. 大、小齿轮均为硬齿面时,u_d 取取表中偏下限的数值;均为软齿面或仅大齿轮为软齿面时,取表中偏上限数值。

2. 直齿圆柱齿轮宜选较小值,斜齿可取较大值。

3. 载荷稳定、轴刚性较大时取大值,否则取小值

长期工作齿轮,$[\sigma_H]$ 按以下公式计算:

$$[\sigma_H] = \frac{\sigma_{Hlim}}{S_{Hmin}} \quad (MPa)$$

式中,σ_{Hlim}——齿面接触疲劳极限,其值按图 8.56 查取;

　　S_{Hmim}——齿面接触疲劳强度的最小安全系数,一般取 1,齿轮损坏会引起严重后果的取 1.25。

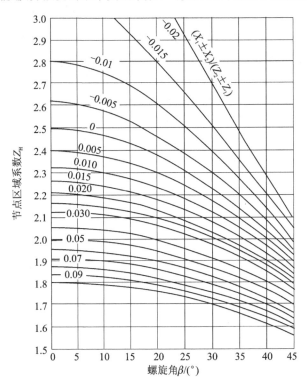

图 8.55　节点区域系数 Z_H（外啮合标准圆柱直齿轮传动分度圆压力角 an＝20°）

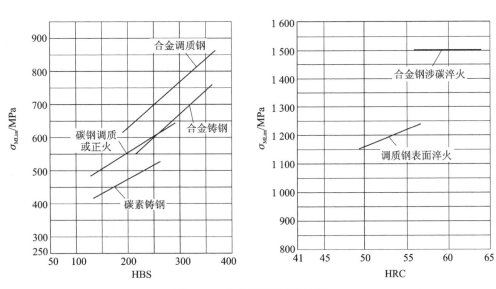

图 8.56　齿轮的接触疲劳极限

习题 8

1. 依据交变应力循环特征参数 r 的定义，用公式表示对称循环、脉动循环和静载荷。

2. 高周疲劳和低周疲劳的疲劳寿命循环范围分别是什么？什么是持久疲劳极限寿命？

3. 简述多个不同疲劳应力水平下的 Miner 疲劳寿命设计准则，列出公式并以图示说明。

4. 画图说明 Goodman 疲劳等寿命图，列出公式，并简述 Goodman 等寿命图的适用性。

5. 结合图 8.32 和图 8.33，简述雨流-回线法计数原理。

6. 结合图 8.42 和图 8.43，简述双参数疲劳寿命分析流程，给出步骤中的核心公式。

7. 滚动轴承，其轴径与轴瓦的初始间隙为由公差配合确定的正态随机变量 $\mu_0 = N(2.1, 0.24)\,\mu m$，根据机器工作要求，磨损后的最大允许间隙 $\mu_{max} = 80\,\mu m$，已知磨损速度的均值 $\mu_u = 0.18\,\mu m/h$，标准离差 $\sigma_u = 0.18\,\mu m/h$。求稳定工作 300 h 后的耐磨可靠度，可忽略跑合阶段的磨损量。

第9章 寿命试验及统计分析

这一章介绍机械产品寿命试验方案设计、失效统计分析评估的原理方法及加速寿命试验。通过评估机械零部件和系统的失效时间的分布，描述其失效行为；通过威布尔概率纸作图法和分析方法，确定威布尔寿命分布的参数。下面先介绍与质量和可靠性试验相关的基本概念。

9.1 可靠性研制及试验规划

机械产品研制的可靠性工程保证可分为管理和试验测试技术两方面。可靠性工程管理包括采用过程改进方法，如能力成熟度模型集成（Capability Maturity Model Integration ，CMMI）和质量控制来提高和保证产品的可靠性。试验测试技术包括使用适用于产品的可靠性试验测试和验证方法。

CMMI 方法通过评估产品制造过程质量，逐步提升产品质量水平，达到质量目标要求，生产出工程师和工程管理者都满意的高质量产品。质量控制的重点是如何保证所生产产品的技术规格保持在已确定的公差范围内，为产品开发人员制定新产品的公差提供必要依据。

美国国家航空航天局（NASA）系统工程手册中，所有新产品的开发过程中的测试和试验规范，都要明确试验配置、试验目标、试验标准、试验设备和开展试验活动的地点。从技术验证的角度明确产品试验的任务和执行任务的详细规范，防止产品技术验证活动偏离确定的目标。试验规范应覆盖产品的全部功能范围，而试验人员在试验过程中不允许随意更改。

1. 产品质量要求及可靠性试验规范框架

如表 9.1 所列为与产品质量相关的技术参数和要求，以及相应的研制技术规范。其中与设计相关的产品质量特征参数有产品寿命和故障率，与工艺和生产相关的参数有产品不良率。

表 9.1 产品质量相关的参数和相应的研制技术规范

产品质量内含	产品质量 → 可靠性 → 耐久性 / 基本可靠性；产品质量 → 质量一致性		
要求和参数	产品寿命	故障率	产品不良率
单位	年	百分比/年 百分比/小时	百分比，10^{-6}
参数概率分布类型	威布尔分布	指数分布	正态分布
研制技术规范	制定寿命和可靠性技术规范，进行量化设计		通过检查、筛选，保证生产产品的技术规格保持在公差范围内，实现质量控制

制定相应技术规范需要注意的是：

① 旧的规范不能用来识别新产品固有的潜在失效和故障。这是因为新产品可能采用新的结构、新材料来提高性能和降低成本，现有规范无法识别新的失效机理。

② 其次可以使用加速试验（ALT）方法估算产品寿命。可靠性研究表明，可以利用小样本数据和失效物理模型预测评估产品的可靠性；如果有大样本量的数据，可以用统计模型来预测评估产品的可靠性。

针对机械产品零部件失效和故障数据，分别依据是否与可靠寿命 L_B 或寿命期内失效率 λ 两类相关进行区分失效模式，建立小样本统计数据和失效物理模型的关系，从而对考虑寿命的可靠性问题进行定量评估。

以汽车为例，假设有 100 辆车经过 10 年的试验未发现任何问题（10 年，160 000 km），则可以得出汽车每 10 年的故障率低于 1%，即所谓的"B_1 寿命 10 年"。当汽车每 10 年的故障率低于 1% 时，其置信水平达到 60% 左右，称为常规置信水平。实际试验时可通过施加重载和高温进行加速试验，并将加速系数提高到 10。这将使试验周期缩短 1/10，即 1 年。因此可在 1 年（16 000 km）或 1 周内不停车（7×24 h×100 km/h＝16 800 km）测试 100 个项目。

如果增加试验时间，则测试样品性能降级并发生故障，因此可以减少样本量，并通过少量的故障产品的数据来识别可靠性问题并制定纠正措施，这被称为加速寿命试验。例如，将试验时间增加 4 倍，或增加到 1 个月，必要的样本量将减少到试验时间的倒数的平方，即 $1/16(1/4)^2$ 或 6 台发动机。最终的试验方案是：6 台发动机应在高负荷和高温条件下进行 1 个月的试验，试验判据标准为未发生故障。

因为往往会发生未预料到的故障，因此必须进行加速寿命试验，识别出所有影响机械产品寿命的故障。例如，在洗衣机缸的原型样机试验中，通过首次 ALT 试验获得的使用寿命长于设计寿命，这是因为设计中未考虑模型简化，原型样机中洗衣机缸的结构设计变化（拐角半径增加、肋骨插入等）延长了试验获取的使用寿命。然而，最终的 ALT 参数显示，由于化学反应，塑料的强度减弱；通过改变注塑成型过程中的脱模剂解决了这个问题——这是任何人都无法预测的解决方案。需要注意的是，这种方法揭示了准确的故障模式，包括完全意外的故障模式，而 FMEA 做不到。

2. 质量保证相关试验规范框架

如图 9.1 所示，一整套试验规范可归纳为四类：

① 现有可对比产品的所有验证规范；

② 解决现有可对比产品中存在问题的规范；

③ 处理新设计部分潜在问题的规范；

④ 检查新加入的性能特征的规范。

后三类的规范都是重新制定的。划分新产品中潜在问题的目的是检查是否遗漏了必要的问题。

在编写相关规范的框架前，首先要选择可与新产品进行对比的现有机械产品，并列出现有的所有相关技术规范。其次，需要设计新的技术规范来解决新产品出现的问题。现有产品的现存问题可通过精确的问题分析来解决，新产品的潜在问题可通过识别和解决潜在故障来处理，并在下一研制周期中通过落实设计改进措施来解决。为了纠正新供应商制造的同类组件存在的潜在问题，需考虑增加针对该潜在问题的试验规范。再次，对于产品的新设计部分，需要预测与之相关的潜在问题并通过试验规范来解决这些问题。特别要注意的是，所有包含新

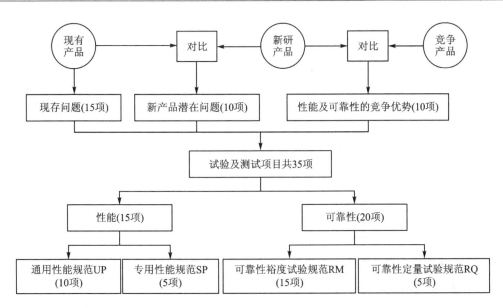

图 9.1　质量保证相关四类试验规范

化学材料的物品都应按照新的定量规范进行寿命测试,因为当产品接近使用寿命时可能会出现新的磨损失效。最后,用新制定的专用性能规范来检验新产品特有的性能。

以上所有规范又可分为两类:性能规范和可靠性规范。如果待识别的问题与材料随时间的断裂或退化有关,则为可靠性问题;如果不是,则为性能问题。因此,质量保证试验规范可分为四类:

① 通用性能规范(Usual Performance,UP);

② 专用性能规范(Special Performance,SP);

③ 可靠性裕度试验规范(Reliability Marginal,RM);

④ 可靠性定量试验规范(Reliability Quantitative,RQ)。

UP 用于由操作员或消费者检查预期性能。

SP 用于检查特殊环境下的性能,如热或磁场。

RM 用于识别在恶劣或特殊条件下的物理变化,包括异常使用环境,如静电过应力或雷电冲击。

RQ 用于审查正常工作和环境条件下的产品状态,并评估产品寿命、可靠寿命(累积失效率的寿命 $X\%$)和寿命内的失效率。请注意,寿命参数 MTTF 是指同生产批次产品约 60% 发生故障的时间点,这是一个不可接受的比率。可靠性定量(Reliability quantitative,RQ)试验规范用于在给定产品可靠性目标(累积失概率 $X\%$)和寿命的情况下,估计产品的寿命(或周期)。加速寿命试验(ALT)与 RQ 试验规范有关。

9.2　可靠性试验

总体来说,产品从研制到交付使用过程中凡是**为了提高、鉴定及验证产品的可靠性水平,获得可靠性数据而进行的测试和试验**,均称为**可靠性试验**。试验是任何工程开发计划所不可缺少的组成部分,设计人员为了确定产品在使用过程中可能发生的全部故障原因,测试可靠性水平,可靠性试验是必要手段。

1. 可靠性试验的目的

依据来自实验室试验、评估和鉴定试验以及验收试验所收集的可靠性数据,可达到以下几个方面的目的:

① 在规定的置信度条件下,收集能够验证产品可靠性所必需的数据,从而确保产品设计满足预期使用条件。

② 确定修复性维修和预防性维修计划,使产品能够始终保持良好的运行状态。

③ 为产品设计改进、修订优化使用规程和维修策略提供必要的数据依据。

④ 验证产品设计阶段实施的可靠性设计改进及分析的有效性。

⑤ 可以确定:(i) 质保期,在节约质保成本的基础上提升产品销售量;(ii) 产品的维修/大修间隔,便于实施预防性维修。

⑥ 为后续产品的研发提供参考依据。

2. 可靠性试验的分类

产品从研制到交付过程中,根据不同的试验目的,可靠性试验与评价工作主要包括以下内容。

(1) 环境应力筛选

环境应力筛选(Environmental Stress Screening,ESS)的目的在于尽早发现与排除产品中的不良元器件、制造工艺和其他缺陷引发的早期故障。

(2) 可靠性研制试验

在产品研制阶段,应尽早开展产品的可靠性研制试验,通过对产品施加适当的环境应力、工作载荷,寻找产品中的设计缺陷,以改进设计,提高产品的固有可靠性水平。

(3) 可靠性增长试验

可靠性增长试验的目的在于,通过对产品施加模拟实际使用环境的综合环境应力,暴露产品中的潜在缺陷并采取纠正措施,使产品的可靠性达到规定要求。

(4) 可靠性鉴定试验

对于有可靠性指标要求的产品,特别是任务关键的或新技术含量较高的产品,应进行可靠性鉴定试验,以便验证产品的设计是否达到了规定的可靠性要求。可靠性鉴定试验一般应在第三方进行。

(5) 可靠性验收试验

对于批量生产的产品,应从中随机抽取受试件进行可靠性验收试验,以验证批量生产的产品的可靠性是否保持在规定的水平。

(6) 可靠性分析评价

可靠性分析评价的目的在于,通过综合利用与产品有关的各类信息,评价产品是否满足规定的可靠性要求。可靠性分析评价应在产品的设计定型阶段完成,一般适用于样本量少的复杂产品。

(7) 寿命试验

对于有寿命要求的产品,应对其进行寿命试验,验证产品在规定条件下的寿命指标。总体而言,为了评价产品寿命特征的试验即称为**寿命试验**。寿命试验是在生产过程比较稳定的条件下,剔除了产品早期失效后进行的试验,通过寿命试验可以了解产品寿命分布的统计规律。寿命试验可以分为贮存寿命试验、工作寿命试验、加速寿命试验。

对于机械产品而言,研制方和用户通常关注产品的寿命是否可以满足既定要求。因此,本章将着重对寿命试验进行讲述,给出机械产品寿命试验流程及失效评估方法,使读者对寿命试验及其统计评估、面向寿命的可靠性试验有较为系统的认知。

3. 可靠性试验的一般步骤

可靠性试验是一个动态过程,需要依据产品的设计和开发过程不断迭代和调整。实施可靠性试验需要预先制订全面的计划,详细说明每一类测试的具体要求,并描述执行测试部门的责任;同时,所制订的可靠性试验计划应具有足够的灵活性,以便在试验开展时进行必要的修改。

制订可靠性试验计划的主要依据之一是与待测产品相关的可用数据,这些数据能够从某种程度上反映产品的潜在问题。另一方面,必须为每个非标准零件、材料、配套设备、组件、子系统以及系统本身制定测试程序,以便对产品的可靠性水平进行全方位的验证。

可靠性试验的一般步骤包括以下方面。

(1) 确定试验目标及试验对象

为什么要进行可靠性试验?针对产品的哪些性能指标进行可靠性试验?在大多数项目中,通常要求针对整套设备进行可靠性试验,然而出于成本及测试能力的考虑,需对上述要求进行修改,以适应具体的测试条件,避免可靠性试验因成本和测试能力的限制而无法进行。

(2) 确定性能阈值标准

可接受的性能值是多少?如何定义产品的失效?

(3) 选择试验场地和设备

在哪里进行测试?使用什么类型的试验台?

(4) 选择试验样本

- 针对产品的哪个级别进行测试?是系统或子系统还是单元?样本数量是多少?样本量是否足以证明产品在一定置信度下具有满足要求的可靠性?
- 一般而言,投试样本数量由规定的置信水平所决定,但通常会受测试成本和时间等因素的影响。

(5) 确定试验时间

试验需要持续多长时间?是否需要同时对所有样本进行试验?

(6) 确定试验条件

- 产品的使用条件是什么?试验循环是否能够覆盖用户使用剖面的95%?是否需要在多种环境条件下进行试验?是否有必要进行顺序测试?每次试验针对单一功能还是多个功能?与每种使用条件相关的环境条件是什么?什么样的应力会导致产品失效?
- 试验条件应尽量还原受试产品的使用条件。例如,燃油喷射泵中使用的聚四氟乙烯密封件会对驱动轴产生磨损,因此对磨损轴进行测试从而找出导致密封件退化的因素非常重要。
- 通常情况下,试验循环应覆盖95%以上的用户使用剖面。例如,车辆制造商通过在不同的地形上驾驶车辆,在关键位置安装应变计,收集底盘与悬架的实时应力和应变数据。

- 可靠性试验过程应将外部环境加以考虑,如温度、湿度和电磁干扰等。同时,在进行组件或子系统级可靠性试验时,应考虑系统内部的其他零组件对受试样本产生的影响。

（7）试验结果分析

产品性能是否可以接受？试验是否产生任何故障？如何进行数据分析？如何找到适当的统计分布？

（8）提出改进建议

如果产品可靠性未达标,可采取何种改进措施来提高产品的可靠性水平？

9.3　寿命试验方案

寿命试验是研究产品寿命特征的方法,这种方法可在实验室模拟各种使用条件来进行。寿命试验是可靠性试验中最重要最基本的项目之一,它是将产品放在特定的试验条件下考察其失效(损坏)随时间变化的规律。通过寿命试验,可以了解产品的寿命特征、失效规律、失效率、平均寿命以及在寿命试验过程中可能出现的各种失效模式。如结合失效分析,可进一步弄清导致产品失效的主要失效机理,作为可靠性设计、可靠性预测、改进新产品质量,以及确定合理的筛选、例行试验条件(批量保证)等的依据。通过寿命试验可以对产品的寿命和可靠性水平进行评价,并通过质量反馈来提高新产品的可靠性水平。

9.3.1　寿命试验的分类

寿命试验存在多种分类方法,按照试验性质,寿命试验可分为如下类型。

（1）贮存寿命试验

产品在规定的环境条件下进行非工作状态的存放试验称为贮存试验。贮存的条件可以是室温、高温或者潮湿环境等。试验的目的是了解产品在特定的环境条件下贮存的可靠度。产品在制造出来后,有时需要在仓库内贮存一段时间。为了掌握产品在贮存期内参数变化的规律,观测它能否保持原有的可靠性指标,预测产品实际有效的贮存期,就需要进行贮存试验。由于在贮存期间产品处于非工作状态,失效率较低,通常要选取较多的样品做较长时间的试验,才能对产品的可靠性做出预测和评价。为缩短试验时间,可以进行贮存的加速试验,加速贮存试验常用高温贮存来实现。

（2）工作寿命试验

产品在规定的条件下进行有负荷的工作试验称为工作寿命试验。工作寿命试验又分为静态和动态两种试验。

静态试验是施加额定载荷的寿命试验。通过静态试验,可以了解产品在额定载荷下工作的可靠性。但是,静态试验难以反映产品在实际工作状态下的可靠性。

动态试验是模拟产品实际工作状态的试验。由于这种试验与产品的实际工作状态非常接近,所以它的准确度比静态试验高,但动态试验设备比较复杂,费用较高。

（3）加速寿命试验

由于目前产品的可靠性水平迅速提高,为了缩短试验周期、节约费用,快速对产品的可靠性做出评价,就要进行加速寿命试验。

加速寿命试验就是在既不改变产品的失效机理又不增加新的失效因素的前提下,提高试验应力,加速产品失效因素的作用,加速产品的失效过程,促使产品在短期内大量失效。根据试验结果,可以预测正常应力的产品寿命。

根据试验中应力施加的方式,加速寿命试验可分为恒定应力加速寿命试验、步进应力加速寿命试验、序进应力加速寿命试验等。

除上述分类方法外,按照寿命试验的实施方式,还可将其分为完全寿命试验,Ⅰ类截尾试验和Ⅱ类截尾试验等。

9.3.2　寿命试验的内容

寿命试验方案应根据被试验产品的性质和试验目的进行设计。但无论试验是否加速、有无替换,Ⅰ类截尾或Ⅱ类截尾一般均应包括下列基本内容。

(1) 明确试验对象

寿命试验的样品必须在经过严格的质量检验和例行试验的合格品中抽取。样品数量的确定既要考虑到保证统计分析的正确性,又要考虑到试验的经济性,同时要为试验设备条件所容许。

(2) 确定试验条件

要根据试验目的来确定施加哪种应力条件。了解产品的贮存寿命,需要施加一定的环境应力;了解产品的工作寿命,需要施加一定的环境应力和负载应力。试验条件要严格控制,以保证试验结果的有效性。

(3) 确定失效判据

失效标准是判断产品失效的技术指标。一个产品往往有好几项技术指标,在寿命试验中,通常规定某一项或几项指标超出了标准就判为失效。

(4) 选定测试周期

在没有自动记录失效设备的场合下,要合理选择测试周期,周期太密会增加工作量,太疏又会丢失一些有用的信息。一般的原则是使每个测试周期内测得的失效样本数比较接近,并且要有足够的测试次数。

(5) 确定投试样本数

投试样本数与试验结果、试验时间有关,也与产品种类和价值有关。一般来说,对于复杂的大型机械产品,因生产数量少、价格高,投试量应少些。大批量生产的简单产品价格便宜,可以多投试一些。下面的例子说明了在规定的试验时间和置信度水平下,可靠性试验投试样本数量的选择过程。

例 9-1　假设轴封的寿命服从双参数威布尔分布,形状参数为 $b=1.3$,试验时间限制为 500 h。在置信度为 80% 的条件下,应投试多少个样本以证明该批次轴封的 B_5 寿命为 1 000 h?

解: 在威布尔发布假设前提下,轴封的可靠性可表示为

$$R(t) = \exp\left[\frac{\ln(1-\alpha)}{\sum\limits_{i=1}^{n}\left(\dfrac{T_i}{t}\right)^b}\right]$$

式中,试验目标为 $t=1\,000$ h,试验时间为 $T_i=500$ h;$R(1\,000)=0.95$,$\alpha=80\%$。将数据代入上式,有

$$0.95 = \exp\left[\frac{\ln(1-0.8)}{n\left(\dfrac{500}{1\,000}\right)^{1.3}}\right]$$

求解可得出：$n = 77.25$。因此，在假设前提条件下，需要投试的样本数量为 77 个。

（6）确定试验截止时间

试验截止时间与投试样本数量及希望达到的失效数有关。例如，当试验中累积失效概率 $F(t) \approx r/n$ 达到某规定值就截止试验，则若产品的寿命为指数分布，将 $F(t) \approx r/n$ 代入式（9.1），就可求得试验截止时间，即

$$t_r = T\ln\frac{n}{n-r} \tag{9.1}$$

粗略估计产品在该试验条件下的平均寿命 T 后，就可求得试验截止时间。

9.3.3　制订寿命试验计划

一般而言，寿命试验计划可分为统计试验计划和试验检测计划，可靠性试验中的寿命试验属于统计试验范畴，制订相应计划的首要任务是确定投试样本的数量。试验样本数量的大小与预先规定的置信度和试验结果的统计分布密切相关，样本数量越少，置信区间越大，因此统计分析结果的不确定性越高。为此，需要对足够多的样本进行试验，但这种做法的缺陷在于大大增加了试验成本和试验时间及工作量。

在制订统计试验计划时，所抽取的样本必须为真正的随机样本，方能符合统计试验对于样本性质的要求。此外，需要依据成本、试验周期等条件制定出合理的测试方法，主要包括：

① 完全寿命试验；

② 截尾（删失）试验；

③ 加速寿命试验或其他缩短试验周期的方法。

上述方法中，最理想的方法为完全寿命试验，即对样本中的所有成员进行寿命测试，直至全部失效，这种方法能够获得最为全面的统计数据。然而，完全寿命试验所需的费用成本和时间成本巨大，难以满足产品研制的经济性和快速性需求。因此，为节省成本和试验时间，研制方通常会根据实际情况进行截尾（删失）试验或加速寿命试验，在保证试验有效性的前提下大大缩短试验时间并减少试验成本。本章后续将对上述三种试验进行介绍。

制订试验计划最重要的目的是确保试验能够表明产品达到了预期的寿命和可靠度，例如，在预先规定的置信度条件下（例如 95% 或 90%），要求产品的 B_{10} 寿命达到 300 000 km。此外，还需要对成本和试验时间加以要求。

本小节将结合示例说明两种主要的寿命试验计划方法。

1. 基于威布尔分布的寿命试验计划

下面结合具体示例说明基于威布尔分布的寿命试验计划，该方法的威布尔概率纸如图 9.2 所示。

在置信度 $P_A = 95\%$ 的条件下，需要验证某产品的 B_{10} 寿命为 200 000 km，即 $R(200\,000\ \text{km}) = 90\%$。可以在威布尔分布 95% 的置信度表格中查询，得出 $n = 29$，即如果 $n = 29$ 个测试样品的实验寿命达到了 $t = 200\,000$ km，则在 95% 的置信度下，产品的可靠性为 $R(200\,000\ \text{km}) = 90\%$。上述示例的具体情况可参见图 9.3。

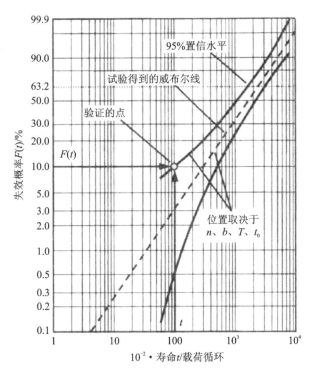

图 9.2　基于威布尔分布的寿命试验计划概率纸

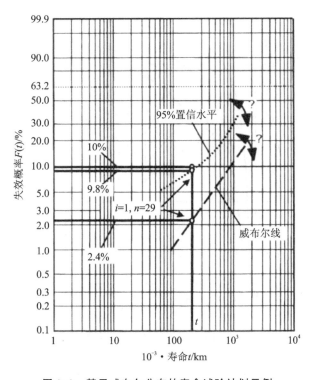

图 9.3　基于威布尔分布的寿命试验计划示例

2. 基于二项分布的寿命试验计划

假设投试 n 个样品进行寿命试验，如果这些样品完全相同，则理论上所有待测样品应表现出相同的可靠性水平，即 $R_i(t)=R(t)$，$i=1,2,\cdots,n$。如果 n 个样品在经历了 t 时间的试验后均未发生失效，则根据上述条件，该事件发生的概率为 $[R_i(t)]^n$；换言之，t 时刻 n 个样品中至少有一个出现失效的概率为 $P=1-[R_i(t)]^n$。

上述过程也可以这样解释：若对 n 个随机样品进行寿命试验直至 t 时刻未出现失效，则单个试样的可靠性至少为 $R_i(t)$，若给定置信度为 P_A，则有

$$P_A=1-R_i(t)^n \quad \text{或} \quad R_i(t)=(1-P_A)^{\frac{1}{n}} \tag{9.2}$$

例 9-2 在给定置信度为 95% 的条件下对一批样品进行寿命试验，若需验证产品的 B_{10} 寿命为 $200\ 000$ km，即 $R(200\ 000\ \text{km})=90\%$，试求需要投试样品的数量。

解： 根据式（9.2），有

$$R_i(t)=(1-P_A)^{\frac{1}{n}} \Leftrightarrow n=\frac{\ln(1-P_A)}{\ln[R_i(t)]}$$

可得出

$$n=\frac{\ln(0.05)}{\ln(0.9)}=28.4$$

图 9.4 表示不同的置信度下，试验时间 t 内无样品失效，投试样品数量 n 和可靠度 $R(t)$ 的关系。

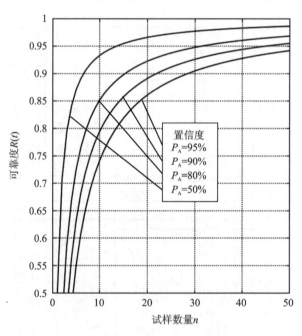

图 9.4 不同置信度下试样数量和可靠度的关系

3. 寿命比值

在进行寿命试验时，若根据实际情况需要延长或缩短试验时间，则需要对投试样品的数量进行一定的调整。根据威布尔分布函数 $R(t)=\exp[-(t/T)^b]$，如果试验进行到时间 $t_{\text{test}}\neq$

t，则 $R(t_{test}) = \exp\left[-(t_{test}/T^b)\right]$，对该式进行化简，可得出

$$\frac{\ln[R(t_{test})]}{\ln[R(t)]} = \left(\frac{t_{test}}{t}\right)^b = (L_V)^b \tag{9.3}$$

则可以得出 $R(t)^{(L_V)^b} = R(t_{test})$，其中 $L_V = \dfrac{t_{test}}{t}$。对于三参数威布尔分布，则有

$$L_V = \frac{t_{test} - t_0}{t - t_0} \Rightarrow t_{test} = L_V(t - t_0) + t_0 \tag{9.4}$$

将 $R(t)^{(L_V)^b} = R(t_{test})$ 代入式(9.2)，可得出

$$R(t) = (1 - P_A)^{\frac{1}{n(L_V)^b}} \tag{9.5}$$

因此，对于一定的可靠度 $R(t)$ 和置信度 P_A，延长试验时间 t_{test} 可以减少需要投试的样品数量，反之亦然，如图 9.5 和图 9.6 所示。

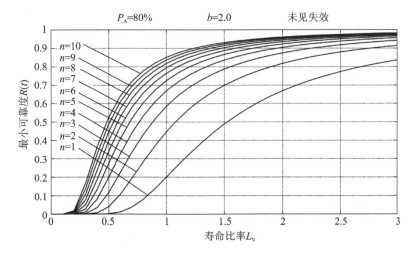

图 9.5　可靠度与寿命比率及投试样品数量的关系

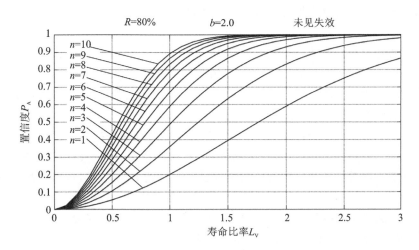

图 9.6　置信度与寿命比率和投试样品数量的关系

例 9 - 3　设计一个低成本的寿命试验。已知条件如下：

① 投试样本数量为 $n=3$；

② 试验经费能够支撑完成 120 000 km 的试验；

③ 寿命要求：40 000 km；

④ 寿命服从威布尔分布，形状参数为 $b=2.0$；

⑤ 置信度：$P_A=80\%$。

试问如下哪种试验方案较优：

① 投试 1 个试样，运行 120 000 km；

② 投试 3 个试样，每个运行 40 000 km。

解：参照图 9.5，$b=2.0$，$P_A=80\%$，可有：

① 如果投试 1 个样品试验 120 000 km，寿命比率为 $L_V=120\,000/40\,000=3$，则可以看出所对应的可靠度为 $R=83.6\%$。

② 投试 3 个试样，每个试样试验 40 000 km，此时 $L_V=40\,000/40\,000=1$，此时有 $R=58.5\%$。

因此，可得出结论：由于上述两个试验的时间和工作量相同，因此可选择能够达到更高可靠度的试验方法，即方案①。

例 9-4　验证可靠性目标，确定试验长度和试样数量。

已知：一定的预算用于 40 000 km 的无失效的寿命试验，假定形状参数为 $b=2.0$。

问题：试验样件数量应该是多少，才能有效而经济地验证可靠度达到 80%，置信度 $P_A=80\%$？

解：解这个问题有两种方法：有了已知的数据 $b=2.0$，$R=80\%$，根据图 9.5，再加上 $P_A=80\%$，图 9.6 也适用。这两种方法得出的结果是一样的。

求解 L_V：从 y 轴 $R=80\%$ 或者 $P_A=80\%$ 开始向右，直到与一条对应一个 n 值的曲线相交。这个交点分别在两个图中的横坐标值就是寿命比率 L_V。

结论：最经济的试验就是只有 1 件试样（1 件试样，1 次试验，1 个人），也就是 $n=1$。横坐标上 80% 对应的 $n=1$ 曲线上的寿命比率是 $L_V=2.7$。因此，试验寿命就是 $2.7\times40\,000$ km $=108\,000$ km。对于要求的可靠性目标（R 和 $P_A\geqslant80\%$），最经济的试验是 1 个试样（$n=1$），测试寿命 108 000 km。

例 9-5　如果一件试样在完成要求的寿命之前被终止移除，怎样计算可靠度。

已知：试验目的是验证可靠度 $R=80\%$，置信水平要在 $P_A=80\%$。这要求用一件试样试验进行到要求寿命的 2.7 倍以前不出现故障。然而，这件试样在完成要求的寿命的 1.1 倍时间之后就被终止移除。假设威布尔形状参数为 $b=2.0$。

问题：第二件试样需要再测试多久不出现故障才能验证原来的可靠度要求 $R\geqslant80\%$？

解：从图 9.7（$b=2.0$，$P_A=80\%$）可以看出，寿命比率 $L_V=1.1$，还需要的试验是 $n=6$ 才能证明可靠度达到 $R=80\%$。因为 1 只试样已经进行到 $L_V=1.1$，还需要测试 5 只试样达到 $L_V=1.1$。

如果第一件试样在进行到 $L_V=1.1$ 时终止移除，另一件试样试验至要求寿命的 2.45 倍未发生失效，则可实现可靠度 $R\geqslant80\%$ 的验证要求。

4. 试验样本和允许失效数分析

二项分布下，样本置信度 P_A 为

$$P_A = 1 - \sum_{i=0}^{x} \binom{n}{i} \left\{ \left[1 - R(t) \right]^i R(t)^{n-i} \right\} \tag{9.6}$$

式中，x 是试验时间内出现的失效次数；n 是试验样本数量。

依据以上公式，制定拉尔森列线图（Larson nomogram），如图 9.7 所示。

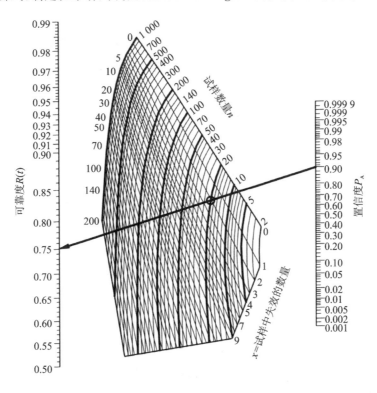

图 9.7　拉尔森列线图

如图 9.7 拉尔森列线图所示，某试验样本 $n=20$，试验时间 t 内所有样件出现了 2 次失效，$x=2$，如果要求评估置信水平 $P_A = 90\%$，则评估可靠度 $R(t) = 75\%$。

5. 先验信息和贝叶斯方法

可以使用考虑先验信息的贝叶斯定律来降低试样的数量 n。先验信息表达的形式是先验的分布密度函数 $f(\theta)$。对某一个事件 A，我们要在 θ 未知的情况下分析概率 $P(A \mid \theta)$。然后根据贝叶斯定律和先验信息求出后验的分布密度函数：

$$f(\theta \mid A) = \frac{P(A \mid \theta) f(\theta)}{\int_{-\infty}^{\infty} P(A \mid \theta) f(\theta) \mathrm{d}\theta} \tag{9.7}$$

有了这个密度，置信区间可以用积分求出：

$$P(a \leqslant \theta \leqslant b) = \int_{a}^{b} f(\theta \mid A) \mathrm{d}\theta \tag{9.8}$$

为了成功进行通过性试验，如果 R 是一个已知的概率值（矩形均匀分布 $0 \leqslant R \leqslant 1$），那么如果使用贝叶斯方法，试样数量可以减少 1 个（在指数上是 $n+1$，而不是 n）：

$$P_A = P(R_0 < R < 1) = \frac{\int_{R_0}^{1} R^n \, dR}{\int_{0}^{1} R^n \, dR} = 1 - R^{n+1} \tag{9.9}$$

进一步使用贝叶斯方法的条件是需要确定先验分布。

（1）Beyer/Lauster 的方法

一种解决这个问题的方法来自 Beyer/Lauster。在时刻 t 的先验的可靠度表示为 R_0，置信度是 63.2%。根据参考文献[11]，考虑到先验的威布尔分布的失效行为，可以得到下列置信度关系：

$$P_A = 1 - R^{n \cdot L_V^b + \text{lfm}(1/R_0)} \sum_{i=0}^{x} \left\{ \begin{matrix} n + 1/\left[L_V^b \ln(1/R_0)\right] \\ i \end{matrix} \right\} \left(\frac{1 - R^{L_V^b}}{R^{L_V^b}} \right) \tag{9.10}$$

式中，b 代表威布尔形状参数；x 代表时刻 t 之前失效的数量。

如果不允许有失效（通过性试验），也就是 $x = 0$，那么

$$P_A = 1 - R^{n \cdot L_V^b + \frac{1}{\ln(1/R_0)}}$$

从这个方程解出式样数量，我们得到

$$n = \frac{1}{L_V^b} \left[\frac{\ln(1 - P_A)}{\ln(R)} - \frac{1}{\ln(1/R_0)} \right] \tag{9.11}$$

这就是说，试样数量可以通过先验可靠度 R_0 来减少：

$$n^* = \frac{1}{L_V^b \ln(1/R_0)} \tag{9.12}$$

这里，使用诺谟图也是有帮助的，如图 9.8 所示。

例 9-6　为发布一批产品，需要进行寿命试验。要求达到寿命 $B_{10} = 20\ 000$ h，也就是说 $R(20\ 000) = 0.9$。

从以前类似型号的产品中获得的已知信息如下：

① $R_0 = 0.9$（置信度 63.2%）；

② 形状参数 $b = 2$。

这次验证要求 $P_A = 85\%$，试样数量 $n = 5$。根据图 9.8，寿命比率 $L_V = 1.25$，因此试验时间 $t_{\text{test}} = 25\ 000$ h（直线①）。

通过分析如图 9.8 所示的列线图，我们可以有如下结论：

① 如果没有先验的信息，那么需要有 $n = 10$ 个试样进行试验（$L_V = 1.25$，直线②）。

② 如果有 1 只试样失效，那么试样的数量要增加到 $n = 14$（相应的 $L_V = 1.25$，直线③）。

（2）Kleyner 等人的方法

另一种考虑先验信息的方法是由 Kleyner 等人提出的。对先验的分布采用了矩形均匀分布和 beta 分布的混合分布。两种分布的比重用"相似系数" ρ 来表示。如果关于 R 的知识不足，那么就需要对许多个单元进行试验来得出一个可靠的结论。在参考文献[12]中，从旧型号的试验数据用来估计预先分布，这就是这种方法的思想所在。主观方面的判断用于旧型号和新型号之间的相似程度，这是通过估计"相似系数" ρ 的值来实现的。如果两个型号没有任何相似度，那么旧型号的信息和新型号没有任何参考价值，$\rho = 0$。ρ 的值越大，新旧型号的产品越相似，需要的试样数量就越少。如果 $\rho = 1$，先验的分布就完全是 beta 分布而不含有任何矩

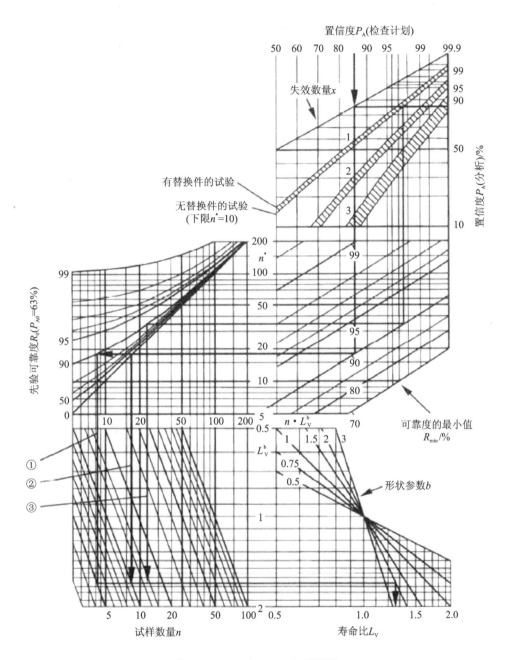

图 9.8　Beyer/Lauster 的诺谟图

形均匀分布的成分。这意味着先验的信息 R 十分适用,需要的试样数量也就很少。这种主观的估计方法是 Kelyner 方法的主要思想。

在参考文献[8]中,说明了这种方法的计算过程。如果假设在试验过程中没有出现失效,后验的密度函数可以通过参考文献[12]介绍的方法使用贝叶斯定律计算。

$$f(R) = \cfrac{(1-\rho)R^n + \rho \cfrac{R^{A+n-1}(1-R)^{B-1}}{\beta(A,B)}}{\cfrac{1-\rho}{n+1} + \rho \cfrac{\beta(A+n,B)}{\beta(A,B)}} \tag{9.13}$$

对方程(9.13)进行积分,就得到了置信度:

$$P_A = \int_R^1 f(R)\mathrm{d}R \tag{9.14}$$

估计出的"相似系数"ρ 必须在 0～1 之间。A 和 B 是 beta 分布的参数,它们可以从以往产品的失效数据中求出。beta 分布的通用密度函数是:

$$f(x) = \begin{cases} \cfrac{\Gamma(A+B)}{\Gamma(A)\Gamma(B)}x^{A-1}(1-x)^{B-1}, & 0 < x < 1; A > 0; B > 0 \\ 0, & \text{其他} \end{cases} \tag{9.15}$$

式中,$\Gamma(\cdots)$ 是欧拉伽马函数。先验的分布用"相似系数"把 beta 分布和均匀分布混合得出。使用贝叶斯定律,根据方程(9.13)得出后验分布。

一般来说,可靠度 R 和置信度 P_A 都是已知的。如果 A 和 B 已知,那么唯一未知的就是试样数量 n。这可以用数值方法进行积分或者直接从图上读取。

图 9.9 表示的是 R 中的 beta 密度函数以及 beta 分布函数,其中 $A=25$ 和 $B=3$。beta 分布的均值(中位数)位于可靠度 $R_{\text{median}}=90.22\%$ 处。

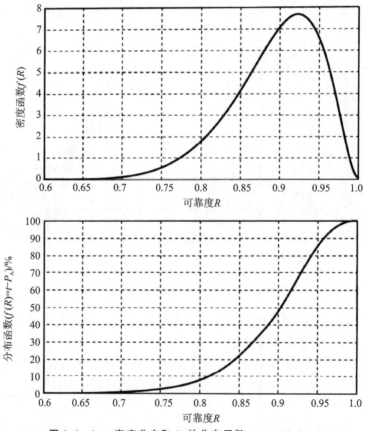

图 9.9 beta 密度分布和 R 的分布函数,$A = 25, B = 3$

图 9.10 表示的是根据方程(9.2)、置信度 P_A 在不同的相似系数($\rho=0$;$\rho=0.1$;$\rho=0.2$; $\rho=0.4$;$\rho=0.6$;$\rho=0.8$;$\rho=1$)下进行通过性试验与需要测试的样本数量 n 的函数关系。需要达到的可靠度是 $R(t_{test})=0.9$。先验密度函数对应的 beta 分布的参数是 $A=25,B=3$,如图 9.10 所示。这些参数是从以往的试验里得来的。从图 9.11 可以看出,随着 ρ 的增大,n 的数量减小。

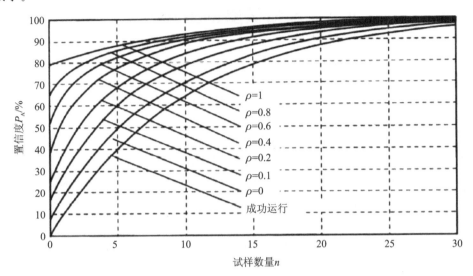

图 9.10 在置信度 P_A 下,相似系数 ρ 与测试样本数量 n 的函数关系,评估的目标可靠度 $R(t_{test})=0.9$

图 9.11 表示的是需要的试样数量和相似系数之间的关系。置信度和可靠度都设在 90%。这和在实际中通常使用的数据是一致的。如果需要 22 个试样完成通过性试验,那么在先验的信息完全正确的情况下($\rho=1$),试样数量可以减少到 7。如果 $\rho=0$,Kleyner 等人提出的方法是完全矩形的分布,则试样数量只可以减少 1 个。

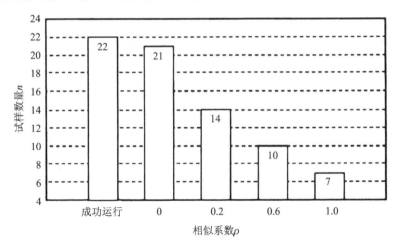

置信度 P_A 为 90%,可靠度 R 为 90%。

图 9.11 需要的试样数量 n 和相似系数 ρ 之间的函数关系

这方面更详细的数学描述可以从参考文献[13]中查阅。

参考文献[14]中还介绍了另一种方法。这种方法用 beta 分布描述可靠性数据,而且比Kleyner 等人的方法在计算上更简单。以往的信息通过一个称为转换系数的数值来传递。引入时间加速系数之后,就可能使用加速试验获得的信息来减少试样的数量,而且,有了寿命比率,其他时间长度不同的试验可以用来验证寿命。

9.4　寿命试验的统计分析

9.4.1　顺序统计量的概念

完全寿命试验的评估方法与顺序统计量密切相关,因此本节对顺序统计量作简要介绍。

顺序统计量(或次序统计量)的正式定义如下:

设 $x_1, x_2, \cdots, x_n$ 为取自总体 X 的样本,称 $x_{(i)}$ 为该样本的第 i 个(阶)顺序统计量,其取值是将样本观测值从小到大排列后得到的第 i 个观测值。其中,$x_{(1)} = \min\{x_1, \cdots, x_n\}$ 称为该样本的最小顺序统计量,$x_{(n)} = \max\{x_1, \cdots, x_n\}$ 称为该样本的最大顺序统计量。

注意,在一个简单随机样本中,$x_1, x_2, \cdots, x_n$ 为独立同分布,然而顺序统计量 $x_{(1)}, x_{(2)}, \cdots,$ $x_{(n)}$ 则既不独立,分布也并不相同。

本节利用如下具体示例进一步说明顺序统计量的概念及其各类参数。

假设一组受试零件样本包含 $n = 50$ 只零件:

将试验得到的 50 个不同寿命值 t_i 按照从小到大的顺序排列,得到

$$t_{(1)}, t_{(2)}, t_{(3)}, \cdots, t_{(49)}, t_{(50)} ; \quad t_{(i)} < t_{(i+1)}$$

例如,对某一组具体样本,有

$t_1 = 100\ 000$ 循环,$\cdots\cdots, t_5 = 400\ 000$ 循环,$\cdots\cdots, t_{50} = 3\ 000\ 000$ 循环,这里 $t_i, i = 1, 2, \cdots,$ 50 称为顺序统计值,是顺序统计量 $t_{(i)}$ 的具体实现。

当第一个顺序统计量失效时,意味着实验样本的 1/50 出现失效。可以为第一个顺序统计量赋予失效概率 $F(t) = 1/50 = 2.0\%$,第二个顺序统计量赋予失效概率 $F(t) = 2/50 = 4.0\%$,以此类推,则可得到零件失效时间的经验分布函数。

上述仅为一组样本的失效时间数据,显然,对于其余组别的样本通常会得到不同的寿命试验结果,例如 $t_1 = 100\ 000$ 循环,$\cdots\cdots, t_5 = 400\ 000$ 循环,$\cdots\cdots, t_{50} = 3\ 000\ 000$ 循环。一般而言,m 组试验样本的实验结果如图 9.12 所示。

由图 9.12 可以看出,顺序统计量的失效时间在一定范围内变化,这意味着可将顺序统计量视为服从特定分布的随机变量,第 i 阶顺序统计量的概率密度函数用 $\varphi_{t_{(i)}}(t)$ 表示为

$$\varphi_{t_{(i)}}(t) = \frac{n!}{(i-1)!\ (n-i)!} [F(t)]^{i-1} [1-F(t)]^{n-i} f(t) \tag{9.16}$$

式中,$F(t)$ 和 $f(t)$ 分别为总体分布的累积分布函数和概率密度函数。上式的推导过程如下:

对任意实数 t,考虑顺序统计量 $t_{(i)}$ 的取值落于小区间 $(t_i - 0.5\mathrm{d}t, t_i + 0.5\mathrm{d}t]$ 内这一事

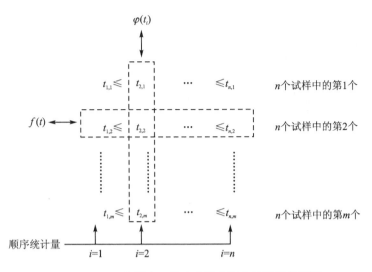

图 9.12　m 组容量为 n 的试验样本顺序统计量示意图

件,其等价于"样本容量为 n 的样本中有一个观测值落于 $(t_i - 0.5 \mathrm{d}t, t_i + 0.5 \mathrm{d}t]$ 之间,而有 $i - 1$ 个观测值小于或等于 $t_i - 0.5 \mathrm{d}t$,有 $n - i$ 个观测值大于 $t_i + 0.5 \mathrm{d}t$",其直观示意图如图 9.13 所示。

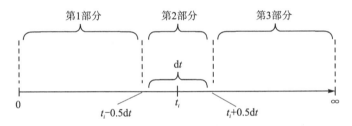

图 9.13　顺序统计量取值示意图

样本的每个分量小于或等于 $t_i - 0.5 \mathrm{d}t$ 的概率为 $F(t_i - 0.5 \mathrm{d}t)$,落入区间 $(t_i - 0.5 \mathrm{d}t, t_i + 0.5 \mathrm{d}t]$ 的概率为 $F(t_i + 0.5 \mathrm{d}t) - F(t_i - 0.5 \mathrm{d}t)$,大于 $t_i + 0.5 \mathrm{d}t$ 的概率为 $1 - F(t_i + 0.5 \mathrm{d}t)$,而将 n 个分量分为上述三部分的分法有 $\dfrac{n!}{(i-1)! \ 1! \ (n-i)!}$ 种,若 $F_{t_{(i)}}(t)$ 为顺序统计量 $t_{(i)}$ 的分布函数,则由多项分布可得

$$F_{t_{(i)}}(t_i + 0.5 \mathrm{d}t) - F_{t_{(i)}}(t_i - 0.5 \mathrm{d}t) \approx$$

$$\frac{n!}{(i-1)! \ (n-i)!} [F(x)]^{i-1} [F(t_i + 0.5 \mathrm{d}t) - F(t_i - 0.5 \mathrm{d}t)] [1 - F(t_i + 0.5 \mathrm{d}t)]^{n-i}$$

$$(9.17)$$

上式两端同时除以 $\mathrm{d}t$ 并令 $\mathrm{d}t \to 0$,即有

$$\varphi_{t_{(i)}}(t) = \lim_{\mathrm{d}t \to 0} \frac{F_{t_{(i)}}(t_i + 0.5 \mathrm{d}t) - F_{t_{(i)}}(t_i - 0.5 \mathrm{d}t)}{\mathrm{d}t}$$

$$= \frac{n!}{(i-1)! \ (n-i)!} [F(t)]^{i-1} [1 - F(t)]^{n-i} f(t) \qquad (9.18)$$

例 9 - 7　假设某批次零件失效时间总体分布为 $b = 1.5$、$T = 1$ 的双参数威布尔分布。当

试验样本量为 $n=30$ 时,分别求出失效时间的第 5、10、15、20、25 阶顺序统计量的概率密度函数。

解：由双参数威布尔分布的概率密度函数及式(9.16),可给出各阶顺序统计量的概率密度函数如图 9.14 所示。可以看出,各阶顺序统计量的概率密度函数在一定范围内出现偏移。例如,第 5 阶顺序统计量分布于 $0.1\sim0.7$ 范围内,而失效时间 0.3(中位数)出现的概率最大。

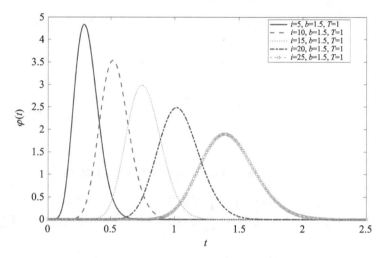

图 9.14　各阶顺序统计量的概率密度函数

根据式(9.16),顺序统计量的概率密度函数依赖于总体分布的概率密度及累积分布函数。实际工程中,总体分布通常无法给出,此时,可假设总体累积分布函数为 $[0,1]$ 区间均匀分布,变换如下:

$$F(t)=F(u)=u,\quad 0<u<1 \tag{9.19}$$

$$f(u)=1,\quad 0<u<1 \tag{9.20}$$

将式(9.19)及式(9.20)代入式(9.16),可得出

$$\varphi_i(u)=\frac{n!}{(i-1)!\,(n-i)!}\cdot u^{i-1}\cdot(1-u)^{n-i} \tag{9.21}$$

易见,此时经过变换后的第 i 阶顺序统计量服从参数为 $a=i,b=n-i-1$ 的 beta 分布。对于例 9-6 中所给出的顺序统计量,其对应于公式的各阶概率密度函数如图 9.15 所示。

进行寿命试验评估时,通常需要给出每个失效时间的失效概率,此过程可以采用威布尔概率纸进行分析,此时需要在分布范围内选择足够多的值对失效概率进行评估。通常情况下可采用均值、中位数和模数,三种数值均可从概率密度方程中得出。

均值:

$$u_{\mathrm{m}}=\frac{i}{n+1} \tag{9.22}$$

中位数:

$$u_{\mathrm{median}}\approx\frac{i-0.3}{n+0.4} \tag{9.23}$$

模数:

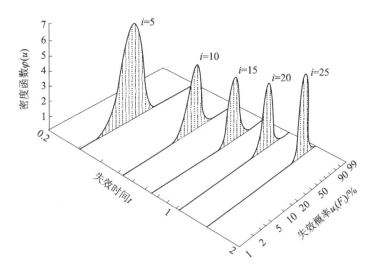

图 9.15　beta 变量 u 的概率密度函数

$$u_{\mathrm{mode}} = \frac{i-1}{n-1} \tag{9.24}$$

实际工程中,常采用中位数对顺序统计量的失效概率进行估计,即

$$F(t_i) = \frac{i-0.3}{n+0.4} \tag{9.25}$$

例如,当 $i=25$ 时,中位数 $F(t_{25})=81.3\%$,如图 9.15 所示,可以看出失效概率大于 81.3% 的概率为 50%。类似地,可以作出一条穿过所有 $[t_i, F(t_i)]$ 点的直线,称为"威布尔线",如图 9.16 所示。

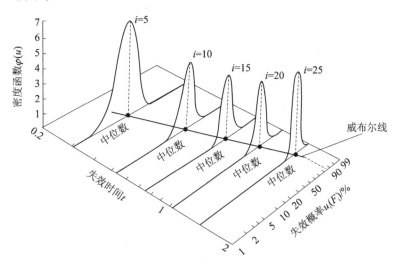

图 9.16　顺序统计量的失效概率密度函数(包含中位数及威布尔线)

威布尔线仅描述了试验结果的一种可能性,若采用中位数求解顺序统计量的失效概率,则威布尔线两侧的概率均为 50%。实际工程中,需要给出威布尔线所处的置信区间,借以度量威布尔线的可信程度。如图 9.17 所示表示威布尔线 90% 的置信区间。

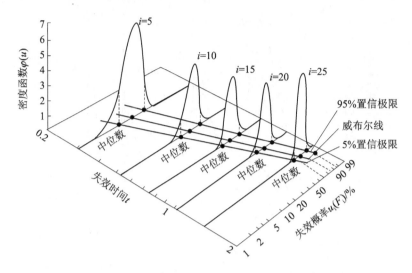

图 9.17　顺序统计量的失效概率密度函数及其 90% 置信区间

　　置信区间的上下界可通过概率密度的积分得出。对于如图 9.17 所示的 $i=25$ 失效概率的置信下限和置信上限分别为 $F(t_{25})5\%=68.1\%$ 及 $F(t_{25})95\%=90.9\%$。将各阶顺序统计量的置信上限和置信下限点相连接，则可得出试验周期内顺序统计量置信区间的极限曲线，如图 9.18 所示。将图 9.18 的结果绘制于威布尔概率纸上，如图 9.19 所示。对于不同容量的样本，威布尔线可能位于置信极限曲线内的任意位置，如图 9.19 所示。可以看出，对应于 90% 的置信区间，失效出现在置信极限外部的概率仅为 10%。

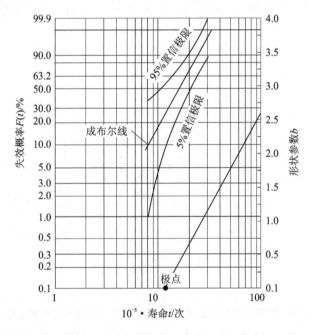

图 9.18　顺序统计量威布尔线及其置信极限曲线在威布尔概率纸上的表示

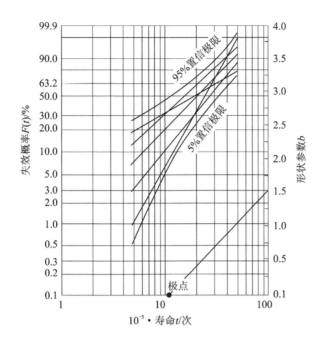

图 9.19　不同容量样本的 90% 置信极限曲线在威布尔概率纸上的表示

9.4.2　基于威布尔概率纸的失效时间分析

本小节结合具体实例阐述基于威布尔概率纸的失效时间分析方法。以齿轮点蚀试验为例。取容量为 $n=10$ 的齿轮试样在应力 $\sigma_H=1\,528\ \mathrm{N/mm^2}$ 的条件下进行试验,失效时间单位为百万次循环,结果如下:

$$15.1,12.2,17.3,14.3,7.9,18.2,24.6,13.5,10.0,30.5$$

下面对基于威布尔概率纸的失效时间分析进行详细说明。

1. 威布尔线的确定

① 将失效时间递增排列,则

$$t_1=7.9,\quad t_2=10.0,\quad t_3=12.2,\quad t_4=13.5,\quad t_5=14.3,$$
$$t_6=15.1,\quad t_7=17.3,\quad t_8=18.2,\quad t_9=24.6,\quad t_{10}=30.5$$

② 根据式(9.25)计算各顺序统计量的失效概率 $F(t_i)$:

$$F(t_1)=6.7\%,\quad F(t_2)=16.3\%,\quad F(t_3)=25.9\%,\quad F(t_4)=35.6\%,\quad F(t_5)=45.2\%,$$
$$F(t_6)=54.8\%,\quad F(t_7)=64.4\%,\quad F(t_8)=74.1\%,\quad F(t_9)=83.7\%,\quad F(t_{10})=93.3\%$$

③ 将所计算得出的数据点 $[t_i,F(t_i)]$ 绘制于威布尔坐标纸上,如图 9.20 所示。

④ 采用直线拟合威布尔坐标纸上的数据点,并得出威布尔分布的参数 b 及 T,其中特征寿命 T 是失效概率为 63.2% 处的横线与拟合直线的交点,形状参数 b 则为拟合图线的斜率。拟合直线及其参数如图 9.20 所示,所得出的威布尔分布的失效概率函数为

$$F(t)=1-\mathrm{e}^{-\left(\frac{t}{18\times10^6}\right)^{2.7}}\tag{9.26}$$

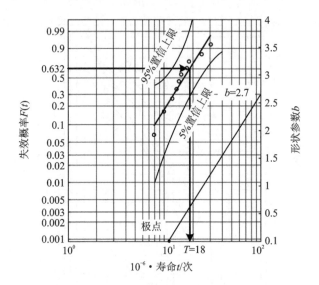

图 9.20　齿轮点蚀失效数据在威布尔坐标纸上的表示

2. 威布尔线的置信区间

顺序统计量为符合某种分布的随机变量,因此前述拟合得出的威布尔直线仅代表某种"平均值",不同样本的威布尔直线会在一定区间内变动,此时需要确定威布尔直线的置信区间以确定其可信程度。得出置信区间后,就可以用单一样本数据获得较为可信的总体分布。

根据式(9.27)~式(9.30)确定相应置信区间曲线所对应的参数,并在威布尔概率纸上绘制出相应的坐标点,可得出威布尔直线的置信上限及置信下限曲线,两条直线之间的区域即为失效概率的 90% 置信区域。依据齿轮试验数据,得出的置信区间数据如表 9.2 所列,根据表中的数据在威布尔概率纸上可绘制出相应的置信区域。

$$T_{\min} = T_{5\%} \approx T_{\text{median}} \left(1 - \frac{1}{9n} + 1.645 \sqrt{\frac{1}{9n}} \right)^{-3/b_{\text{median}}} \tag{9.27}$$

$$T_{\max} = T_{95\%} \approx T_{\text{median}} \left(1 - \frac{1}{9n} - 1.645 \sqrt{\frac{1}{9n}} \right)^{-3/b_{\text{median}}} \tag{9.28}$$

$$b_{\min} = b_{5\%} \approx \frac{b_{\text{median}}}{1 + \sqrt{\dfrac{1.4}{n}}} \tag{9.29}$$

$$b_{\max} = b_{95\%} \approx b_{\text{median}} \cdot \left(1 + \sqrt{\frac{1.4}{n}} \right) \tag{9.30}$$

式中,b_{median} 和 T_{median} 对应于表达式(9.26)中所对应的形状参数和尺度参数。

当试验样本量较少时,对于置信区间的讨论具有工程实用性和必要性,置信区间可视为衡量所求得参数可信性的重要指标。随着样本容量 n 的增加,置信区间的宽度将逐渐减小,通常情况下,当 $n>50\sim100$ 时,置信区间可以忽略。

表 9.2　齿轮试验置信区间数据

i	t_i	$F(t_i)_{5\%}/\%$	$b_{5\%}$	$F(t_i)_{50\%}/\%$	b_{median}	$F(t_i)_{95\%}/\%$	$b_{95\%}$
1	7.9	0.5		6.7		25.9	
2	10	3.7		16.3		39.4	
3	12.2	8.7		25.9		50.7	
4	13.5	15		35.6		60.8	
5	14.3	22.2	1.5	45.2	2.7	69.7	3.7
6	15.1	30.4		54.8		77.8	
7	17.3	39.3		64.4		85	
8	18.2	49.3		74.1		91.3	
9	24.6	60.6		83.7		96.3	
10	30.5	74.1		93.3		99.5	

3. 三参数威布尔分布的寿命分析

若考虑失效前时间 t_0，则如第 2 章所述，寿命试验结果在威布尔概率纸上所作出的将不再是一条直线，而是上凸的曲线。考虑失效前时间的威布尔分布寿命分析步骤如下：

① 将数据点描绘于威布尔概率纸上，如果数据点的趋势无法用直线近似拟合，则说明需要采用曲线模拟失效行为，即采用三参数威布尔分布，如图 9.21 所示。

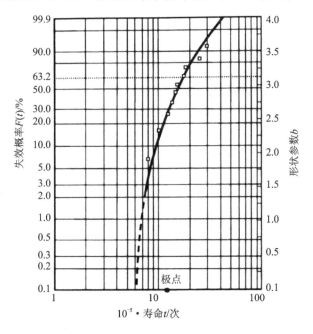

图 9.21　三参数威布尔分布逼近曲线

出现失效前时间 t_0 的原因主要在于：

● 产品在 t_0 时刻前不会出现失效。例如，制动垫片需要出现磨损后才可能发生破损。

● 产品的生产、运输和投入使用之间有时间间隔。

损伤的出现和扩大需要一定的时间。例如,齿轮的点蚀出现之前,会出现裂纹并发生扩展。

可采用作图法近似得到失效前时间 t_0,如图 9.22 所示,将逼近曲线延伸至横轴即可得到 t_0 的近似值,可以认为失效前时间位于截距前方的一定范围内。

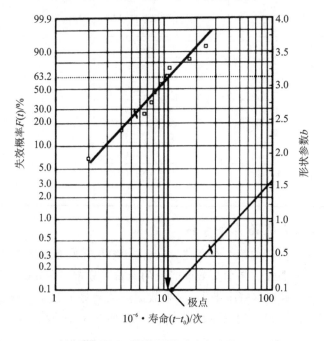

图 9.22　变换后的威布尔直线

② 将上述逼近曲线变换为威布尔直线。首先,进行变换:$t'_i = t_i - t_0$。如果能够在威布尔概率纸上绘制出通过坐标点 $(t'_i, F(t'_i))$ 的直线,即可得到 t_0 的最佳近似。

失效前时间 t_0 的最佳近似只能通过迭代过程得出,对于前述齿轮试验,可得到最终的 t_0 值为 $t_0 = 6 \times 10^6$ 次循环,如图 9.22 所示。此时,齿轮的失效时间可表示为如下的三参数威布尔分布:

$$F(t) = 1 - e^{-\left[\frac{t - 6 \times 10^6}{(18 - 6) \times 10^6}\right]^{1.6}} \tag{9.31}$$

③ 利用所求出的三参数威布尔分布确定相应的置信区间,如图 9.23 所示为齿轮试验数据的 90% 置信区间,其中各参数的值如下:

① $T_{min} = 13 \times 10^6$ 次;

② $T_{median} = 18 \times 10^6$ 次;

③ $T_{max} = 25 \times 10^6$ 次;

④ $b_{min} = 0.8$;

⑤ $b_{median} = 1.6$;

⑥ $b_{max} = 2.5$。

由于试验样本数量较少,因此难以确定采用双参数或三参数威布尔分布,由前述过程可以看出,两种分布均可以得到可行解。对于三参数威布尔分布,在已知或明确推断存在失效前时间的情况下方可采用;其他情况下,应尽量采用双参数威布尔分布,这样可使得分析结果趋于保守。

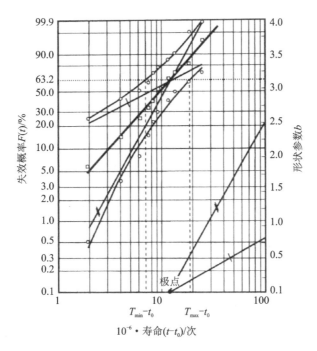

图 9.23　三参数"威布尔直线"的分布参数和置信区间

9.4.3　不完全(删失)试验的失效数据分析

通过进行删失试验,可以极大节省工程试验的费用及减小工作量,本小节将针对不同类型的删失试验的失效数据分析方法进行探讨。

对于一组容量为 n 的试验样本,若在所有 n 个样本全部失效之前中断试验,则称该组样本为"不完全试验样本"。若在规定的时间内终止试验,则称该类不完全试验为 I 类删失(或称为"定时截尾")。如图 9.24 所示,其中"×"表示出现失效,该组样本中的第 4 及第 5 个试件直至试验结束(试验至预先规定的时间)均未失效。对于在规定时间内未出现失效的试件,仅能够得知其在试验中断后仍然完好。对于 I 类删失,在规定时间内失效的试件数量 r 为一随机变量,r 的取值在实验开始之前为未知数。

与定时截尾试验不同,若试验在出现规定数量的试件失效之后停止,则称之为 II 类删失(定数截尾),如图 9.25 所示。试验在出现 4 个失效试件时停止,第 3 件和第 4 件试件在试验停止时未出现失效。对于定数截尾试验,在出现规定数量的试件失效时的试验时间为随机变量,只有在试验结束时方可知试验时间的长度。

对于定时截尾及定数截尾试验,前述采用的完全样本试验数据分析方法将不再适用。此时,可首先利用下式近似计算失效时间的累积分布:

$$F(t_i) \approx \frac{i-0.3}{n+0.4}, \quad i=1,2,\cdots,r$$

为分析定时截尾或定数截尾试验数据,通常需要将威布尔概率纸上的最佳拟合线延长并通过最后一次失效数据点进行寿命估计。此方法适用于试件失效机理不发生改变的情况,所得出的结论只能基于最短和最长观测寿命。若试验截止时间后试件的失效机理改变,则无法采用此种方法。

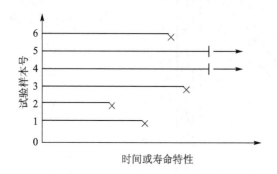

图 9.24　Ⅰ类删失(定时截尾)示意图　　　　图 9.25　Ⅱ类删失(定数截尾)示意图

举例来说,对于定时截尾和定数截尾,设

样本容量: $n=6$;

失效数量: $r=4$, $r \rightarrow n_f(t)$;

失效概率: $F_i = F(t_i) \approx \dfrac{i-0.3}{n+0.4}$, $i=1,\cdots,n$,

则对于如下试验序列

$$t_1 = 900, \quad t_2 = 1\,300, \quad t_3 = 1\,900, \quad t_4 = 2\,300, \quad t_5 = ?, \quad t_6 = ?$$

可得出失效概率为

$$F_1 = 10.94\%, \quad F_2 = 26.26\%, \quad F_3 = 42.19\%, \quad F_4 = 57.81\%$$

9.4.4　分组最小值方法

采用分组最小值方法时,首先将投试样品等分成 m 组,如图 9.26 所示为 $n=30$ 个样品分为 $m=6$ 组的情况,每组中有 $k=5$ 个待测样品。

对每组中的样品同时进行试验,直到出现第一个失效样品。为此,对于图 9.26 中的分组情况,需要采用 6 台试验台架。当有样品失效时,同组内其余样品不再继续进行试验,因此,所得到的结果为每组中第一个失效样品的测试时间,如图 9.26 所示。

接下来,将失效时间按递增顺序排列:

$$t_{T8} < t_{T27} < t_{T14} < t_{T2} < t_{T18} < t_{T25} \tag{9.32}$$

或者

$$t_1 < t_2 < t_3 < t_4 < t_5 < t_6 \tag{9.33}$$

进一步,可采用威布尔概率纸进行失效数据的分析。首先,按照式(9.33)的排序,在威布尔概率纸上绘制出相应的数据点,并对每组中的第一个失效点算出相应的顺序统计量:

$$F(t_i) \approx \frac{i-0.3}{m+0.4} \tag{9.34}$$

式中, m 为组号。

基于上述过程,即可得到威布尔概率纸上的一条直线,如图 9.27 所示。理论上讲,威布尔直线的斜率,即威布尔分布的形状参数 b,对样本和总体而言是相同的,这说明起初的若干次失效和总体分布的形状参数一致。因此,要准确地表达失效行为,必须要将威布尔直线向右

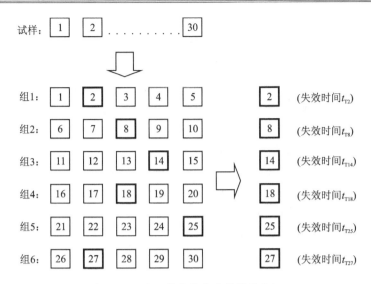

图 9.26　分组最小值方法的样品分组

平移,平移量取决于每组中第一次失效对应的失效概率 $F_1^* = 0.7/(k+0.4)$,以及与最初失效的中位数相对应的代表性值。从首次失效直线与 50% 线的交点做一条竖直线,该竖直线与首次失效的 F_1^* 线的交点同时也是总体分布上的一个点,首次失效线需要平移到该点处,如图 9.27 所示。

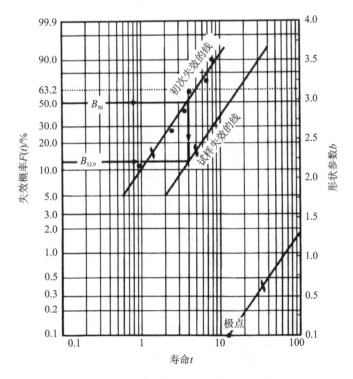

图 9.27　分组最小值方法数据分析

　　例 9-8　以场地试验的示例说明分组最小值方法的应用过程。首先,将受试产品等分成若干组,分组数等于失效数量加 1,可以保证将运行时间短于第一次失效时间的产品也包含在

内。每组中的待测产品数量为

$$k = \frac{n - n_f}{n_f + 1} + 1 \tag{9.35}$$

式中，k 为每组中产品的数量；n 为观察时刻产品的总数，n_f 为失效产品的数量。

已知 $n = 4\,800$ 件产品在一个月内交付给用户，先后有 $n_f = 16$ 件产品失效，分别为

$t_{f1} = 1\,500$ km（累计频率为 4.2%）；

$t_{f2} = 2\,300$ km；$t_{f3} = 2\,800$ km；$t_{f4} = 3\,400$ km；$t_{f5} = 3\,900$ km；

$t_{f6} = 4\,200$ km；$t_{f7} = 4\,800$ km；$t_{f8} = 5\,000$ km；$t_{f9} = 5\,300$ km；

$t_{f10} = 5\,500$ km；$t_{f11} = 6\,200$ km；$t_{f12} = 7\,000$ km；$t_{f13} = 7\,600$ km；

$t_{f14} = 8\,000$ km；$t_{f15} = 9\,000$ km；

$t_{f6} = 11\,000$ km（累计频率为 95.8%）。

解：每组的样品数量为

$$k = \frac{4\,800 - 16}{16 + 1} + 1 = \frac{4\,784}{17} + 1 = 281.4 + 1 \Rightarrow k \approx 282$$

因此，在每个失效产品之间有 281 个未失效产品。同时，根据前述分组最小值分析的原理可知，每个失效产品之间的未失效产品数量只能在初次失效出现后方可得知。当总体为 $n = 4\,800$ 个产品，$k = 282$ 时，每个初次失效的中位秩为 $\frac{1 - 0.3}{k + 0.4} 100\% = 0.25\%$。

要得到 $n = 4\,800$ 个产品的失效分布，可以过 50% 线和所有初次失效直线的交点做竖直线，然后经过 0.25% 直线和竖直线的交点做一条与所有初次失效直线平行的直线，如此所得出的结果即为全体失效分布的直线，结果如图 9.28 所示。

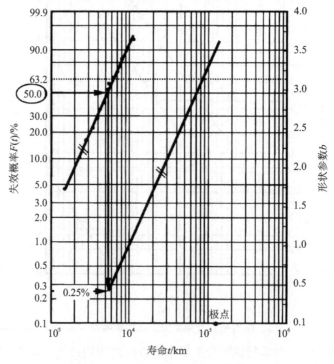

图 9.28 分组最小值方法求总体失效分布

9.4.5　质保期失效数据分析

原理上,如果无法将试样分成相等的几个组并在类似的条件下试验,那么上述讲的方法也可以采用。但在这种情况下,需要事先知道未失效件的寿命特征值。

下面的例子说明了在未失效零件的寿命特征已知的情况下如何计算失效分布。

下面的分析就说明了在失效和未失效零件的寿命特性已知的情况下失效分布的计算。

已知下列数据:

实验样本数量 $n=50$;失效件数 $n_f=12$;未失效件数 $n_s=38$;

相应地,失效零件 f 和未失效零件 s 的运行时间(10^3 km)从小到大排列如下:

$t_{s1}=40$;$t_{s2}=51$;$t_{f1}=54$;$t_{f2}=55$;$t_{s3}=58$;$t_{s4}=59$;$t_{s5}=59$;$t_{f3}=60$;$t_{s6}=60$;$t_{f4}=61$; $t_{s7}=62$;$t_{f5}=63$;$t_{f6}=65$;$t_{s8}=66$;$t_{s9}=66$;$t_{f7}=67$;$t_{f8}=70$;$t_{s10}=70$;$t_{s11}=70$;$t_{s12}=70$; $t_{s13}=70$;$t_{f9}=71$;$t_{s14}=72$;$t_{s15}=72$;$t_{s16}=72$;$t_{s17}=72$;$t_{s18}=72$;$t_{s19}=73$;$t_{s20}=73$;$t_{s21}= 73$;$t_{s22}=74$;$t_{f10}=75$;$t_{s23}=77$;$t_{s24}=78$;$t_{s25}=78$;$t_{s26}=79$;$t_{s27}=80$;$t_{s28}=81$;$t_{s29}=81$; $t_{s30}=82$;$t_{s31}=82$;$t_{s32}=83$;$t_{f11}=84$;$t_{s33}=85$;$t_{s34}=86$;$t_{s36}=88$;$t_{f12}=91$;$t_{s37}=92$; $t_{s38}=92$。

把时间值从小到大排列出来,包括未失效的零件,见表 9.3。这个方法是注意未失效零件的值。如果一个未失效的零件与失效零件的值相同,那么它们在同一行中。对未失效的零件也作相同处理。

完成这一步的分配之后,将失效和未失效的零件列在表 9.3 中。

表 9.3　分配的过程(对运行时间分组)

序数 j	按升序排列的寿命特征 $10^{-3} \cdot t_j/\text{km}$	失　效	未失效	之前的零件数
	40		×	
	51		×	
1	54	×		2
2	55	×		3
	58		×	
	59		×	
	59		×	
3	60	×		7
	60		×	
4	61	×		9
	62		×	
5	63	×		11
⋮	⋮	⋮	⋮	⋮

　　未失效的零件值 t_{s37} 和 t_{s38} 不能赋给失效零件,因为没有在它们之后失效的零件。但是,这些值也被计入,因为取 $n=50$ 而不是 $n=48$。

　　后面的步骤包括计算平均顺序值以及中位秩。这里我们只讨论前面几步。完整的计算可以通过与前几节类似的方法完成。

1. 计算平均序数 $j(t_j)$

　　平均序数 $j(t_j)$ 等于上一个序数 $j(t_{j-1})$ 再加上失效数 $n_f(t_j)$ 与增长量 $N(t_j)$ 的积。

$$j(t_j) = j(t_{j-1}) + \left[n_f(t_j) N(t_j) \right]$$

$$N(t_j) = \frac{n+1-j(t_{j-1})}{1+剩余零件的数量}$$

　　剩余零件的数量是试样数量减去所有以往失效的零件数量,包括当前的零件的差,从表 9.3 中可以看出。

$$N(t_j) = \frac{n+1-j(t_{j-1})}{1+(n-以往零件的数量)}$$

　　在 $n_f(t_j)$ 碰巧一直等于 1 的这个例子里,我们可以看出:

$$j_0 = 0$$

$$j_1 = j_0 + N_1,\ 其中\ N_1 = \frac{50+1-0}{1+(50-2)} = \frac{51}{49} = 1.04$$

$$j_1 = 0 + 1.04 = 1.04$$

$$j_2 = j_1 + N_2,\ 其中\ N_2 = \frac{50+1-1.04}{1+(50-3)} = \frac{49.95}{48} = 1.04$$

$$j_2 = 1.04 + 1.04 = 2.08$$

$$j_3 = j_2 + N_3,\ 其中\ N_3 = \frac{50+1-2.08}{1+(50-7)} = \frac{48.92}{44} = 1.11$$

$$j_3 = 2.08 + 1.11 = 3.19$$

$$依次计算\ j_4, \cdots, j_{12}$$

2. 计算中位秩 $F(t_j)(\%)$

　　为了得到中位秩,我们采用如下近似公式:

$$F_{median}(t_j) \approx \frac{j(t_j) - 0.3}{n+0.4} \times 100\%$$

　　这个例子里,计算结果如下:

$$F_{median}(t_1) \approx \frac{j_1 - 0.3}{n+0.4} \times 100\% = \frac{1.04 - 0.3}{50 + 0.4} \times 100\% = 1.47\%$$

$$F_{median}(t_2) \approx \frac{j_2 - 0.3}{n+0.4} \times 100\% = \frac{2.04 - 0.3}{50 + 0.4} \times 100\% = 3.53\%$$

$$F_{median}(t_3) \approx \frac{j_3 - 0.3}{n+0.4} \times 100\% = \frac{3.19 - 0.3}{50 + 0.4} \times 100\% = 5.73\%$$

$$F_{median}(t_j), \cdots, F_{median}(t_{12}),\ 以此类推$$

表 9.4 中包括几个计算结果。

表 9.4 结果分析

序列号 j	10^{-3}·寿命 特征值从 小到大/km	失效件 数量 $n_f(t_j)$	未失效件 数量 $n_s(t_j)$	计算结果			
				以往零件 数量	增加量 $N(t_j)$	平均序列 数 $j(t_j)$	中位秩 $F(t_j)/\%$
1	54	1	2	2	1.04	1.04	1.47
2	55	1	3	3	1.04	2.08	3.53
3	60	1	3	7	1.11	3.19	5.73
4	61	1	1	9	1.14	4.33	7.99
5	63	1	1	11	1.16	5.49	10.31
6	65	1		12	1.17	6.66	12.62
7	67	1	2	15	1.23	7.89	15.07
8	70	1		16	1.23	9.12	17.51
9	71	1	4	21	1.40	10.52	20.28
10	75	1	9	31	2.02	12.54	24.30
11	84	1	10	42	4.28	16.82	32.77
12	91	1	4	47	8.54	25.36	49.73
	＞91		2				
		$n_f(t)=12$	$n_s(t)=38$				
		$n=50$					

计算得出的中位秩 $F_{\text{median}}(t_j)$ 以及寿命值 t_j 就构成了威布尔概率纸上的各点坐标,从中拟合得到的直线就是寿命分布,如图 9.29 所示。

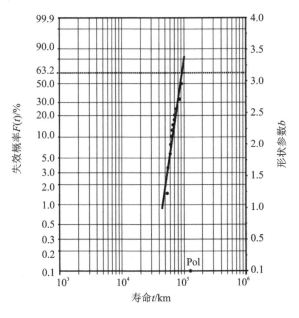

图 9.29 未失效和失效的单个数据已知的威布尔分布图

这个例子里的数据计算如下：

形状参数 $b=6.4$；特征寿命 $T=92\,000$ km；平均寿命 MTTF$=91\,000$ km。

很明显可以看出，在失效和未失效样件数量相对较少（$n<50$）的情况下，也能得到和在数量较多（$n=360$）并且完全失效的情况下相同的结果。因此，试验时间和搜集的数据量都大大减少，同时数据的计算和分析时间也缩短了。

如果样品数量 $n\geqslant50$（包括失效和未失效），则可以对数据进行分类，然后按如上文介绍的方法来计算序列数和中位秩。

为了阐明上述内容，下面通过一个例子来进一步说明。

例 9 - 9 质保期内失效数量按照行驶里程分组，共有 $n_{auto}=3\,780$ 辆（见表9.5第一列）。既然里程组别里 $20\,000\sim24\,000$ km 没有任何失效，以后的计算当中也可以忽略。

将未失效的零件部分（未出现零件失效的车辆）计入到一个里程分组中并在对数分布概率纸上表示出来（见图9.30）。我们假设行驶里程的分布已知。

行驶里程分组里的上限可以从里程分布里读出。上限是指对应的每一组里纵坐标的百分比数值，它是行驶里程低于组内上限的车辆的总数。这里，80%的车辆已经行驶了 $40\,000$ km 而没有零件出现故障。这说明20%的车辆已经实现了行驶里程超过 $40\,000$ km。

在每一组里，进一步计算的分配基数是某一段时间内车辆的产量或者市场上颁发牌照的车辆总数。

所有车辆的使用时间必须大致相同，否则必须进行修正计算。

要确保目前车辆行驶里程的统计分布比在有额外的长里程的数据时短，这意味着失效概率和行驶里程之间的关系对所有车辆是一样的。

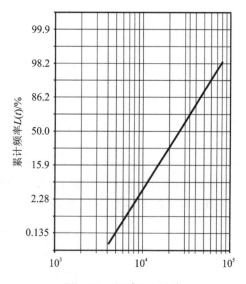

图 9.30 行驶里程分布

在这个例子中，出厂并获许可的车辆总数是 $n_{auto}=3\,780$ 辆。在这些车中，$n_f(t)=19$ 辆里出现一个零件受损，也就是 $n_s(t)=3\,761$ 辆没有零件受损。

损伤排序里第一组行驶的里程排序的损伤时间的上限是 $4\,000$ km。在图9.30中的行驶里程分布里，可以看出累计频率是 0.035%。

$4\,000$ km 以下这一组未失效的零部件相当于没有零件失效的 $3\,761$ 辆车的 0.035%。这大约就是 1 辆车 $[n_s(t_1)]$。如果把行驶里程分布理想化，在分布的下面区域有一定程度的不精确，但是不会影响整体结果。

下一组的上限是到 $8\,000$ km。对应的累计频率值在行驶里程分布中是未失效零件（车辆）的 1.7%。由于行驶里程的分布表示的是累计频率函数，而在这个方法里我们关心的是一组的百分比部分，所以需要从得到的值里减去上一组中的累计值。这样，从 $4\,000\sim8\,000$ km 这一组的百分比为 1.7%-0.035%=1.665% $[n_s(t_2)]$。

其余的 $n_s(t_j)$ 的值可以用相同的方法得到，见表9.5。

表 9.5　确定 $n_s(t_j)$ 的值

行驶里程 t_j/km	累计频率 $L(t_j)$/(%)	单个频率 $l(t_j)=L(t_j)-L(t_j-1)$/(%)	未失效零件的数量 $n_s(t_j)$
0~4 000	0.035	0.035	1
4 000~8 000	1.7	1.665	63
8 000~12 000	8.6	6.9	260
12 000~16 000	20.0	11.4	429
16 000~20 000	33.5	13.5	508
20 000~28 000	57.0	23.5	884
28 000~32 000	67.0	10.0	376
32 000~36 000	74.0	7.0	263
36 000~40 000	80.0	6.0	226

利用上文的 $n_s(t_j)$ 就可以用中位秩方法计算失效行为,见表 9.6。

表 9.6　利用中位秩方法计算失效行为

行驶里程 t_j/km	失效件数量 $n_f(t_j)$	未失效件数量 $n_s(t_j)$	计算结果			
			以往零件数量	增加量 $N(t_j)$	平均序列数 $j(t_j)$	中位秩 $F(t_j)$/%
0~4 000	5	1	1	5.00	5.00	0.12
4 000~8 000	2	63	69	2.03	7.03	0.17
8 000~12 000	2	260	331	2.19	9.22	0.23
12 000~16 000	2	429	762	2.50	11.72	0.30
16 000~20 000	1	508	1 272	1.50	13.22	0.34
20 000~28 000	1	884	2 157	2.32	15.54	0.40
28 000~32 000	2	376	2 534	6.04	21.58	0.56
32 000~36 000	3	263	2 799	11.48	33.06	0.86
36 000~40 000	1	226	3 028	4.98	38.04	0.99
>40 000		751				
	$n_f(t)=19$	$n_s(t)=3\,761$				
	$n=3\,780$					

在威布尔概率纸上作出表 9.6,可以看出这些值表示的是一种混合分布,如图 9.31 所示。

由于长时间磨损导致的失效在分布的第二部分,直线段 2 的这种失效分布已经被后面的实际数据所验证,如图 9.32 所示。

仅仅通过观察在质保期内损伤的零件,可以看出一种完全不同的失效行为(见图 9.31 中虚线段 1),但是这不能正确地反映实际情况。

知道了这一点,就得到了关于每辆车零件失效的下列数值。需要的场地数据和计算出来的中位秩汇总在表 9.7 里。

车辆总数:$n_{veh}=140$;有 1 只零件失效的车辆:$n_{vehf}(t)=10$;没有零件失效的车辆:$n_{vehs}(t)=130$。

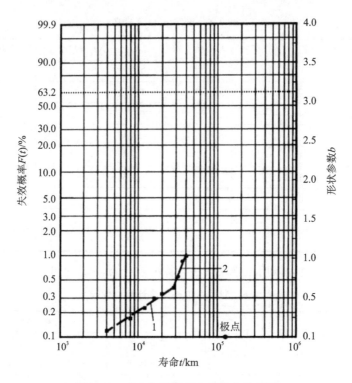

图 9.31　威布尔概率纸上的混合分布图

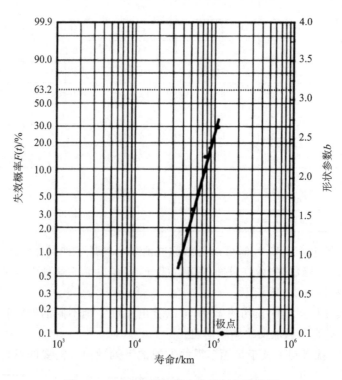

图 9.32　威布尔概率纸上的长时间的数据

表 9.7　在中位秩方法里分析长期数据

行驶里程 t_j/km	失效件数量 $n_f(t_j)$	未失效件数量 $n_s(t_j)$	计算结果			
			以往零件数量	增加量 $N(t_j)$	平均序列数 $j(t_j)$	中位秩 $F(t_j)$/%
36 110	1	42	42	1.38	1.38	0.72
45 311	1	19	62	1.68	3.06	1.83
53 000	1	22	85	2.24	5.30	3.32
61 125	1	9	95	2.60	7.90	5.05
72 700	2	11	107	6.51	14.41	9.38
75 098	2	2	111	6.83	21.24	13.92
87 000	1	14	127	5.4	26.64	17.51
110 000	1	16	144	17.77	44.41	29.33
>110 000		5				
	$n_f(t)=10$	$n_s(t)=140$				
	$n=150$					

对这种方法的一些说明：

当准备质保期内信息的时候，必须保证在每一辆车上损伤的零件属于第一种损伤（第一批零件）。只有在这种情况下，行驶里程和损伤部分相应的值才能一致。

如果在质保期内损伤频率已经太高，以至于每一辆车上多于一种损坏（更换件也出现失效），那么只能计入初次的失效；而且，如果可能，所有损伤的零件已经到达。

9.4.6　小样本下的置信区间

当工作时间短，或行驶里程较短，比如 1 年或者 15 000 km，或者针对电气电子元件时，总失效数太小，比如小于 10%。

这种情况下，给出另一种已被证明是有效的计算置信区间的方法。这种方法是基于置信区间系数 V_g[15]。在这个方法里，要确定单个 t_q 值，它又取决于组里样件的数量 n。对应 $P_A=90\%$（双面）的置信区间系数 V_q 可以从附录的图里查出。这些系数依赖于试样的数量 n 和威布尔形状参数 b。对于中间的 b 值，需要对 V_q 进行插值得到。

对于百分之 q 的寿命下限，失效概率可以这样求得：$t_{qu}=t_q/V_q$；对于百分之 q 的寿命上限，失效概率可以这样求得：$t_{qo}=t_q V_q$。

分别把单个上限和下限的坐标点连接起来，就得到了整个置信水平（见图 9.33）。

下面通过一个例子进一步阐述。

例 9-10　对实验样品的数量 $n=100$，实验进行到序数值 $j=10$。根据表 9.8，t_j 个 F_j 可以这样取值：

$$F_j \approx \frac{j-0.3}{n+0.4} \cdot 100\%$$

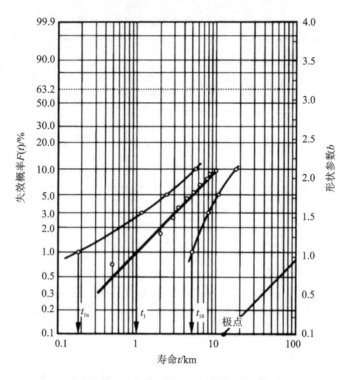

图 9.33　总失效数太小时的置信水平

表 9.8　t_j 和 F_j 的取值

j	1	2	3	4	5	6	7	8	9	10
t_j（循环数）	62	190	288	332	426	560	615	780	842	1 000
$F_j/\%$	0.70	1.69	2.69	3.68	4.68	5.68	6.67	7.67	8.66	9.66

把这些单个的点在威布尔图上绘出。然后，经过这些点采用线性的光滑函数进行处理，得到了威布尔形状函数 $b=1$。

对应 $b=1$ 和 $n=100$ 的置信区间系数 V_q 可从附录的图里查到，见表 9.9。

表 9.9　V_q 系数

$q/\%$	t_q	V_q	$t_{qo}=t_q V_q$	$t_{qu}=t_q/V_q$
1	96	5.0	480	19.2
3	295	2.6	767	113.5
5	500	2.1	1 050	238.1
10	1 030	1.7	1 751	606.0

9.5　加速寿命试验

加速寿命试验可以用来快速获得产品的寿命分布、失效率和可靠性信息。其实现方式是将产品置于能够使其提前失效的试验环境中进行试验，因此可以在短时间内实现对高可靠性产品的寿命预计。很多情况下,加速寿命试验是评价产品是否达到高可靠、长寿命需求的唯一方法。

9.5.1　加速寿命试验的原理

加速寿命试验有如下三种常用方法:

① 在受试产品正常工作条件下增大其使用频率。此方法适用于每天在固定时间段内使用的产品,如家用电器或汽车轮胎。

② 将受试产品放置于比正常工作条件下更严酷的环境中,从而加速产品的失效。

③ 针对受试产品的某种退化机理,如弹簧刚度的退化、金属的腐蚀、机械部件的磨损等,通过施加相应的加速应力,使产品快速退化,这种方法称为加速退化试验。

制定加速寿命试验需要遵循如下基本原则:

① 失效机理要与实际使用或常规试验保持一致。这是加速试验最重要的原则。如实际使用或常规试验中齿轮失效是齿面剥落,而加速试验中却是轮齿弯曲疲劳折断,加速改变了失效机理,这是不正确的。

② 失效分布规律要大致相同。这需要满足两个方面:一是同一种故障模式的分布规律要大体相近;二是从整个系统来看,各子系统、各组件及零部件所发生故障模式的比例、前后次序也要尽量相近。

③ 要有一定的加速系数,否则就失去了加速试验的意义。加速系数定义为正常应力作用下的寿命 L_0 与加大应力下元件的寿命 L 之比,即

$$\tau = \frac{L_0}{L} > 1 \tag{9.36}$$

一般加速系数可达 5~20。

9.5.2　加速寿命试验方法分类

加速寿命试验通常将产品(或零件)放在更加苛刻的工作条件下进行试验,或者在正常工作条件下加大工作强度,因此,加速寿命试验方法通常可以分为加速失效时间方法以及提高应力方法两大类:

① 加速失效时间方法。

该方法适用于连续使用的产品或零件,如轮胎、烤箱、加热器和电灯泡等。由于不需要确定正常工作应力条件和加速工作应力条件之间的失效时间分布关系,因此,相比于提高应力方法而言,加速失效时间方法是首选。

② 提高应力方法。

加速失效时间方法的应用前提是失效时间能够被压缩,当该前提无法保证时,即由于产品的持续工作无法缩短产品的试验时间时,只能够采用提高应力的方法,产品或零件的可靠性只能通过施加比正常工作条件更加严酷的应力来获得。此时,采用相应的模型就可以将提高应力条件下获得的结果外推到正常应力条件下。

加速寿命试验根据应力施加的方法,分为恒定应力、步进应力、序进应力和变应力四种加速寿命试验。

① 恒定应力加速寿命试验。

将一定数量的试件分组,每组固定在一个应力水平下做寿命试验,所选用的最高应力水平应保证失效机理不变,最低应力水平要高于正常工作条件下的应力水平。试验做到各组样品均有一定数量的产品发生失效为止,如图 9.34 所示。将 m 个试件分成 n 组,第一组固定在应力水平 S_1 上,以此类推,第 n 组固定在应力水平 S_n 上,做寿命试验。设 S_0 为正常应力,则应取 $S_0 < S_1 < \cdots < S_n$,最高应力水平应不改变试件的失效机理,并且试验要做到各组均有一定数量的试件失效为止。这种方法较成熟,它的试验因素单一,数据容易处理,外推精度较高,但是需要大量的试验样本和试验时间。

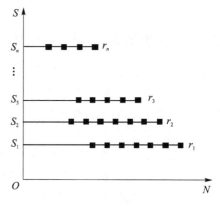

图 9.34 恒定应力加速寿命试验

② 步进应力加速寿命试验。

将一定数量的试件分成 n 组,对试件施加应力的方式是以阶梯逐步地升高,每组规定各步加载的时间,一直做到试件大量失效为止,如图 9.35 所示。它是以累积损伤失效物理模型为理论依据的,一般假定前面低一级应力试验对本级试验的影响可以忽略不计,实际上往往不可忽略,所以试验的预计精度较低,并且施加应力与实际应力有一定的差距。但试验周期较短,通常用在工艺对比、筛选摸底等定性分析的场合。

③ 序进应力加速寿命试验。

将一定数量的试件分成 n 组,对试件施加应力的方式是随时间等速直线上升或按一定规律变化,如图 9.36 所示,可看作步进应力的每级应力差很小的极限情况。进行这种试验需要专门的程序控制,且同样施加应力与实际应力有一定的差距,一般很少使用。

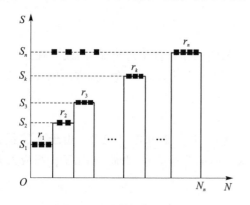

图 9.35 步进应力加速寿命试验

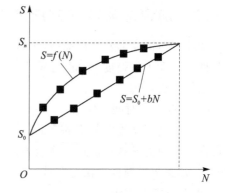

图 9.36 序进应力加速寿命试验

④ 变应力加速寿命试验。

将一定数量的试件分成 n 组,对试件施加的应力是任意变动的应力载荷谱,因为产品实际承受的应力常是变应力,所以可以直接采用实际应力-时间载荷谱试验,使产品寿命估计更贴近实际情况,并且可减少样本量,是加速寿命试验的方向。

9.5.3　恒定应力加速寿命试验设计

（1）加速应力 S 的选择

任何产品的失效都有其失效机理,因此就要研究各种环境应力对失效机理的影响,以便找出什么样的应力加大时会加速产品失效,并依此选择加速应力。所谓环境应力是指产品在正常使用过程中所经受的且会影响其性能和寿命的任何工作环境,例如载荷、振动、冲击(属机械应力),温度(产生热应力或冷脆性),湿度、腐蚀(产生锈蚀),电、磁(产生电、磁力)等。当有多种失效机理起作用时,则应选择对产品失效影响最显著的那种应力作为加速应力。

（2）加速应力水平和应力个数的选定

设加速应力水平取为 $|S_1|<|S_2|<\cdots<|S_n|$ 共 n 个,则应使其个数 $n\geqslant 4$,通常取 $n=4\sim 5$。其中最低应力水平 $|S_1|$ 应选得既高于又接近实际工作时的应力水平,以提高依据其试验结果推算正常应力水平下的寿命特征(外推)的准确性;最高应力水平 $|S_n|$ 则应在不改变产品失效机理的前提下尽量取得高一些,以达到最佳的加速效果。应力水平之间常取等间隔分配。

（3）试验样品的选取与分组

整个恒定应力加速寿命试验由 $n(n=4\sim 5)$ 个加速应力水平下的寿命试验组成。设在 S_i 应力水平下投入的试样为 m 件,则整个恒定应力加速寿命试验所投试样的总数 m 为

$$m=m_1+m_2+\cdots+m_n=\sum_{i=1}^{n}m_i \tag{9.37}$$

式中,n 为加速应力水平数;m_i 为第 $i(i=1,2,\cdots,n)$ 组试样数。

各组试样数可以相等,也可以不等,但一般均不少于 5 个。整个试样应在同一批合格产品中随机抽取。

（4）测试周期及试验停止时间的确定

自动监测设备可记录准确的失效时间,否则就需要对试样做周期性的测试,测试周期愈短,测试的次数愈多,则所得的失效时间就愈准确。测试时间的确定与产品的寿命分布有关,且应使每个测试周期内测到的失效试样数比较接近。

为了缩短试验时间和节约试验费用,对组成恒定应力加速寿命试验的每组寿命试验常采用截尾寿命试验方法。一般要求每组试验的截尾数 r_i 占该组投试样品数 n_i 的 50% 以上,至少也要占 30%,且应使 $r_i\geqslant 5(i=1,2,\cdots,n)$,否则会影响统计分析的精度。

例 9-11　基于现场的试验数据,可以为新设计的模块和任何修改的模块建立加速寿命试验计划。表 9.10 显示了几个模块的 ALT 参数。改进后的模块 D 的年失效率为 0.2%,L_{Bx} 寿命为 6 年。因为这是一个改进的设计,预期的年故障率为 0.4%,预期寿命 L_{Bx} 为 3.0。为了增加目标产品的寿命,新设计的寿命目标为 $L_{Bx}(x=1.2)$ 12 年,年故障率为 0.1%。产品的可靠性可以通过计算每个模块的故障率和每个模块的寿命来确定。产品可靠性的目标是年故障率超过 1.1%,$L_{Bx}(x=13.2)$ 为 12 年(见表 9.10)。

表 9.10　产品总体参数加速寿命试验计划

序　号	可靠度	市场数据		预期设计			有针对性的设计	
	零部件	年故障率/%	B_x 寿命/年	年故障率/%		B_x 寿命/年	年故障率/%	B_x 寿命/年
1	模块 A	0.34	5.3	新的	1.70	1.1	0.15	12 ($x=1.8$)
2	模块 B	0.35	5.1	给定的	0.35	5.1	0.15	12 ($x=1.8$)
3	模块 C	0.25	4.8	修改的电机	0.50	2.4	0.10	12 ($x=1.2$)
4	模块 D	0.20	6.0	修改的	0.40	3.0	0.10	12 ($x=1.2$)
5	模块 E	0.15	8.0	给定的	0.15	8.0	0.1	12 ($x=1.2$)
6	其余	0.50	12.0	给定的	0.50	12.0	0.5	12 ($x=0.6$)
总计		1.79	7.4	—	3.60	3.7	1.1	12($x=13.2$)

　　在没有现场可靠性数据的情况下,针对新设计零部件的可靠性,通常使用类似机械产品零部件的数据作为参考。如果对零部件进行了重大的重新设计,则现场的故障率可能会更高。因此,预测的故障率将取决于以下因素:

　　① 新设计与先前设计保持相似结构的程度;

　　② 假设由新制造商为产品提供新设计的零部件;

　　③ 与先前设计相比的载荷大小;

　　④ 新设计中包含的技术变化和附加功能。

　　因此,对于表 9.10 中的模块 A,预期年故障率为 1.7%,预期寿命为 1.1 年,因为没有关于新设计可靠性的现场数据。新设计的可靠性目标是 $L_{Bx}(x=1.8)$ 超过 12 年,年故障率为 0.15%。为了满足预期的机械产品寿命,ALT 应有助于识别可能影响产品可靠性的设计参数。

9.5.4　加速寿命试验与方程

　　在加速寿命试验中,可以根据恒定应力加速试验取得的数据,即各级应力水平 S_i($i=1$, $2,\cdots,n$)下试验样品的失效时间 $t_{i1}\leqslant t_{i2}\leqslant\cdots\leqslant t_{ir}$($i=1,2,\cdots,n$),绘制出加速寿命曲线(见图 9.37),它反映了寿命方程,可用于推算正常应力条件下的寿命特征。

　　通常,对于机械产品,都以机械应力作为加速应力进行恒定应力加速寿命试验。这时其加速寿命曲线如图 9.38 所示。下式为加速寿命方程:

$$N_i = N_j \left(\frac{S_j}{S_i}\right)^m \qquad (9.38)$$

通过加速寿命试验得到数据后,可利用上述方法获得加速寿命曲线和方程,外推出正常应力条件下产品的寿命特征数据。

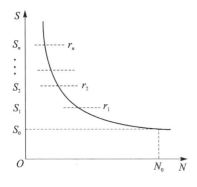

图 9.37 加速寿命曲线

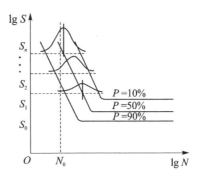

图 9.38 机械应力加速寿命曲线

9.5.5 影响加速寿命试验因素之间的关系

通过对加速寿命试验原理分析可知,影响加速寿命试验效果的主要因素有环境应力、样本容量及试验时间。下面分析这 3 个因素之间的关系。

1. 试验时间与环境应力的关系

产品在使用过程中影响其性能和寿命的任何工作条件,如载荷、温度、速度、振动和腐蚀等,统称为环境应力,即广义应力,也简称应力。

图 9.39 中曲线为机械零件的 $S-N$ 疲劳曲线,即应力与寿命关系曲线。通过 $S-N$ 曲线,就可以预测在规定的试验加速时间内应选择的应力水平,或在规定的应力水平下所需试验的时间。显然,提高应力水平,可减少应力循环次数,也即缩短试验时间。根据 $S-N$ 疲劳曲线确定应力水平,可以保证失效机理不变。

另外,要对加速条件试验的两个机械零件进行寿命比较,则这两个零件的曲线必须相似,如图 9.40 所示;否则,不能进行比较,如图 9.41 所示,因为在加速条件下的试验会得到与实际情况相反的结论。

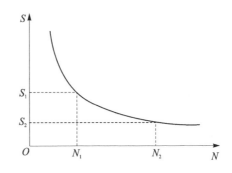

图 9.39 机械零件的 $S-N$ 曲线

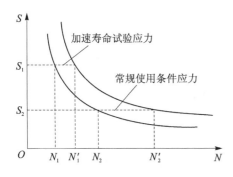

图 9.40 两个 $S-N$ 疲劳曲线相似

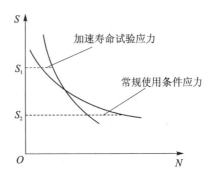

图 9.41 两个 $S-N$ 疲劳曲线不相似

2. 样本容量与环境应力的关系

对于结构复杂且价格昂贵的产品,宜采用小样本,主要靠加大环境应力来达到加速的目的。反之,结构简单、价格低廉且生产量大的产品,就可以增加样本容量 n 来达到加速的目的。

在进行试验时,为了获得产品的可靠性数据,需要对产品的可靠度提出置信水平的要求。需要研究置信水平 γ、可靠度 R 与样本容量 n 的关系。

设产品的失效概率为 p,可靠度为 R(也是无故障运行概率 q),则 $p+q=1$。若随机抽取容量为 n 的样本,按预定的目标进行试验,发现多于 r 个产品不合格,则这批产品将被拒收;反之,只有 r 件或少于 r 件的不合格品,则这批产品将被接受。

n 件样本试验中恰好有 k 件失效的概率,可由二项分布近似求得

$$P_n(k) = C_n^k p^k q^{n-k} \tag{9.39}$$

式中,$C_n^k = \dfrac{n!}{(n-k)!\,k!}$。

当失效产品数 k 为 $0 \sim r$ 中的任一整数时,产品被接受,可见接受概率为

$$P_n(k \leqslant r) = \sum_{k=0}^{r} C_n^k p^k q^{n-k} \tag{9.40}$$

若要求产品的可靠度 R 具有置信水平 γ,则接受概率应满足 $P_n(k \leqslant r) = 1-\gamma$,于是上式可改写为

$$1-\gamma = \sum_{k=0}^{r} C_n^k p^k q^{n-k} \tag{9.41}$$

$$\gamma = 1 - \sum_{k=0}^{r} C_n^k p^k q^{n-k} \tag{9.42}$$

上述公式表示受试产品不大于 r 个失效时的产品置信水平 γ、可靠度 R(故障运行概率 q)与样本容量 n 的关系。

如果受试产品无失效发生,即 $k=0$,则有

$$\gamma = 1 - q^n = 1 - R^n \tag{9.43}$$

上式表示受试产品无失效时的置信水平 γ、可靠度 R 与样本容量 n 的关系。

一般情况,环境应力接近正态分布,所以可以用上面的公式确定试验应力、样本容量 n 及置信水平 γ 之间的关系。

(1) 试验无失效发生的情况

设一个产品在试验载荷 W_0 时的失效概率为

$$P = F(W \leqslant W_0) = \int_{-\infty}^{W_0} \frac{1}{\sigma_W \sqrt{2\pi}} \exp\left(-\frac{W-\mu_W}{2\sigma_W^2}\right) \mathrm{d}W \tag{9.44}$$

式中,W_0 为试验载荷;μ_W 为导致失效的平均载荷;σ_W 为载荷标准差。

令 $Z = \dfrac{W-\mu_W}{\sigma_W}$,则上式转化为标准正态分布

$$P = F(W \leqslant W_0) = \int_{-\infty}^{W_0} \frac{1}{\sqrt{2\pi}} \exp\left(-\frac{Z^2}{2}\right) \mathrm{d}Z = \Phi\left(\frac{W_0-\mu_W}{\sigma_W}\right)$$

将 P 代入式(9.43)可以得到 n 个受试产品无效时产品可靠度 R 的置信水平

$$\gamma = 1 - R^n = 1 - (1-p)^n = 1 - \left[1 - \Phi\left(\frac{W_0 - \mu_W}{\sigma_W} \right) \right]^n \tag{9.45}$$

可见,在给定置信水平 γ 的条件下,利用上式就可以确定受试产品失效时的样本容量 n 与载荷的定量关系。

例 9 - 12　设计一机械零件,要它能承受平均载荷 $\mu_W = 15\ 000$ N,并对其进行可靠性试验。

① 样本容量取 $n = 6$,要求置信水平为 90%,在试验过程中零件不发生失效。如果载荷呈正态分布,标准差 $\sigma_W = 0.1\mu_W = 1\ 500$ N,那么试验载荷为多少?

② 若样本容量取 $n = 1$,则相同条件试验载荷应为多少?

解:

① 要求试验中不发生失效,置信水平为 90%,则可由式(9.45)把已知数据 $n = 6$、$\mu_W = 15\ 000$ N、$\sigma_W = 0.1\mu_W = 1\ 500$ N 代入,得到

$$\gamma = 1 - \left[1 - \Phi\left(\frac{W_0 - \mu_W}{\sigma_W} \right) \right]^n$$

$$0.9 = 1 - \left[1 - \Phi\left(\frac{W_0 - 15\ 000\ \text{N}}{1\ 500\ \text{N}} \right) \right]^6$$

$$\Phi\left(\frac{W_0 - 15\ 000\ \text{N}}{1\ 500\ \text{N}} \right) = 0.318\ 7$$

查正态分布表,得 $Z = -0.471\ 4$,由此得

$$\frac{W_0 - 15\ 000\ \text{N}}{1\ 500\ \text{N}} = -0.471\ 4$$

所以

$$W_0 = 15\ 000\ \text{N} - 0.471\ 4 \times 1\ 500\ \text{N} = 14\ 292.9\ \text{N}$$

上式说明被试的 5 个零件如果能承受 14 292.9 N 的载荷而不生失效,则有 90% 的把握说这批零件可以承受平均载荷为 15 000 N 而不失效。

② 试件 $n = 1$,其他条件同①。由式(9.45)得

$$0.9 = 1 - \left[1 - \Phi\left(\frac{W_0 - 15\ 000\ \text{N}}{1\ 500\ \text{N}} \right) \right]^1$$

$$\Phi\left(\frac{W_0 - 15\ 000\ \text{N}}{1\ 500\ \text{N}} \right) = 0.9$$

查正态分布表,得 $Z = 1.281\ 7$,由此得

$$\frac{W_0 - 15\ 000\ \text{N}}{1\ 500\ \text{N}} = 1.281\ 7$$

所以

$$W_0 = 15\ 000\ \text{N} + 1\ 500\ \text{N} \times 1.281\ 7 = 16\ 922.55\ \text{N}$$

即试件应在载荷 $W_0 = 16\ 922.55$ N 下试验不发生失效,才能有 90% 的把握相信这批零件可以承受 15 000 N 的平均载荷。

可见,要得到同样的结论,试件数越少,所加的试验载荷就越大。

(2)试验中有失效发生的情况

如果在试验中,有产品出现失效,则只要将产品在试验载荷 W_0 时的失效概率 P 代入

式(9.45),就可以求得 n 个受试产品当出现 r 个失效时的置信水平 γ。

例 9-13　上例中,若 6 个样本在试验载荷 $W_0 = 14\ 292.9$ N 下有一个失效,求实现平均设计载荷为 15 000 N 的可能性(置信水平)有多大?

解: 一个零件的失效概率为

$$P = \Phi\left(\frac{W_0 - \mu_W}{\sigma_W}\right) = \Phi\left(\frac{14\ 292.9 - 15\ 000}{1\ 500}\right) = \Phi(-0.471\ 4)$$

查表得 $P = 0.318\ 7$。

然后把 $n = 6$、失效数 $r = 1$ 代入式(9.42)得

$$\gamma = 1 - \sum_{k=0}^{r} C_n^k p^k q^{n-k}$$

$$= 1 - \left[\frac{6!}{(6-0)!} \times 0.318\ 7^0 \times (1 - 0.318\ 7)^{6-0} + \frac{6!}{(6-1)!} \times \right.$$

$$\left. 0.318\ 7^1 \times (1 - 0.318\ 7)^{6-1}\right]$$

$$= 0.619\ 3$$

即实际平均载荷超过平均设计载荷的可能性(置信水平)为 61.93%。

3. 样本容量与试验时间的关系

在进行寿命试验时,经常需要在样本容量和试验时间之间进行协调。若产品复杂、价格昂贵,则可以采用小样本进行试验,用延长试验时间的方式来加快试验。当然,通过增大应力也可以缩短试验时间。如果产品简单、价格低廉,则采用大样本来缩短试验时间。一般情况下,复杂系统采用小样本试验,简单系统采用大样本试验。

(1) 对于系统

对于复杂系统,组成元件数很多,其寿命基本上属于指数分布。下面讨论两种情况。

① 无失效发生的情况:对于一台样机试验至时间 t_0,其失效概率和可靠度分别为 $P_f = P(t_0) = 1 - \exp\left(-\frac{t_0}{T}\right)$ 和 $R = 1 - P_f = \exp\left(-\frac{t_0}{T}\right)$,其中 t_0 为试验时间,T 为平均失效时间(平均寿命)。

若 n 台样机进行相同时间 t_0 的独立试验,并且无失效发生,则由式(9.45)可得

$$\gamma = 1 - R^n = 1 - (1 - P)^n = 1 - \left\{1 - \left[1 - \exp\left(-\frac{t_0}{T}\right)\right]\right\}^n = 1 - \exp\left(-\frac{nt_0}{T}\right)$$

$$(9.46)$$

若 n 次独立试验时间长度不同,且无失效发生,则置信水平为

$$\gamma = 1 - \exp\left(-\frac{t_1 + t_2 + \cdots + t_n}{T}\right) \tag{9.47}$$

例 9-14　对新设计的齿轮减速器进行加速寿命试验。减速器的设计寿命为 1 500 h,只有一台样机可供试验。如果要求设计寿命 1 500 h 的置信水平是 95%,那么减速器在不发生失效的情况下,需要试验多长时间?

解: 已知样机数 $n = 1$,平均寿命 $T = 1\ 500$ h,置信水平 $\gamma = 95\%$。可得

$$\gamma = 1 - \exp\left(-\frac{nt_0}{T}\right)$$

代入已知条件可得

$$0.95 = 1 - \exp\left(-\frac{1 \times t_0}{1\ 500}\right)$$

所以

$$t_0 = 2.995\ 7 \times 1\ 500\ \text{h} \approx 4\ 494\ \text{h}$$

即一台减速器需运行 4 494 h 不发生失效,才能保证有 95% 的把握说该减速器具有 1 500 h 的平均寿命。

　　可见,当样本容量 $n=1$ 时,寿命试验的时间很长。如果适当增加样本容量,可以明显地缩短试验时间。现假设 $n=6$,则试验时间为

$$t_0 = \frac{2.995\ 7 \times 1\ 500}{6}\ \text{h} = 749\ \text{h}$$

可见,试验时间是原来的 1/6。因此,必须在样本容量与试验时间之间权衡得失。

　　② 有失效发生的情况:如果从总体中随机抽取一个系统进行试验,由于随机的原因,系统发生失效。经修理后,该系统继续投入试验,功能上仍和新的系统一样,而且修理并不改变整个系统的失效机理。因为指数分布的失效是随机失效,修理过的系统也仍然受到随机失效因素的控制,即系统的失效率是常数。可见,在系统试验中,对一台经过 k 次修理的样机的试验,相当于 $k+1$ 台样机,其中 k 台样机已失效,还有一台样机在继续试验。

　　设投入试验的样机为 n 台,修理了 k 次,则由式(9.45)可求得试验的置信水平为

$$\gamma = 1 - \sum_{r_i=0}^{k} \frac{N!}{r_i!\ (n-r_i)!} \left[1 - \exp\left(-\frac{t_0}{T}\right)\right]^{r_i} \left[\exp\left(-\frac{t_0}{T}\right)\right]^{N-r_i} \tag{9.48}$$

式中,N 为统计样本量,$N=n+k$;t_0 为试验时间;T 为平均失效时间,即平均寿命;r_i 为失效样机数目。

　　例 9 - 15　对两台齿轮箱进行寿命试验,其中一台在 1 750 h 前发生失效,经修理后继续试验,随后,两台齿轮箱不再发生失效。若每台齿轮箱总共试验了 3 450 h,求齿轮箱的平均寿命 $T = 1\ 500$ h 的置信水平。

　　解:修理次数 $k=1$,样机数 $n=2$,所以统计样本量 $N=2+1=3$。试验时间为 3 450 h,$T=1\ 500$ h,将以上已知数据代入式(9.45)得

$$\gamma = 1 - \sum_{r_i=0}^{k} \frac{N!}{r_i!\ (n-r_i)!} \left[1 - \exp\left(-\frac{t_0}{T}\right)\right]^{r_i} \left[\exp\left(-\frac{t_0}{T}\right)\right]^{N-r_i}$$

$$= 1 - \frac{3!}{0!(3-0)!} \left[1 - \exp\left(\frac{3\ 450}{1\ 500}\right)\right]^{0} \left[\exp\left(\frac{3\ 450}{1\ 500}\right)\right]^{3-0} -$$

$$\frac{3!}{1!\ (3-1)!} [1 - \exp(-2.3)]^{1} [\exp(-2.3)]^{3-1} = 0.971\ 9$$

即两台(一台经过修理和一台未修过)齿轮箱都要试验到 3 450 h,且不再发生失效,才可以 97.19% 的置信水平说明齿轮箱具有 1 500 h 的平均寿命。

　　(2) 对于元件

　　如果被试验元件(零件或部件)的寿命分布服从指数分布,可以用前述系统的方法进行计算。如果被试元件的失效是时间的函数,一般用威布尔分布来描述其寿命分布。

　　① 无失效发生的情况:对于两参数威布尔分布,其平均寿命的数学期望为

$$T = \eta\Gamma\left(1+\frac{1}{\beta}\right) \qquad (9.49)$$

式中，β 为形状参数；η 为尺度参数，对两参数威布尔分布，因位置参数为零，所以尺度参数即特征寿命；$\Gamma\left(1+\frac{1}{\beta}\right)$ 为 Γ 函数，可查 Γ 函数表。

如果试验时间为 t_0，则元件的失效概率按两参数威布尔分布为

$$P_f = P(t_0) = 1 - \exp\left[-\left(\frac{t_0}{\eta}\right)^{\beta}\right] \qquad (9.50)$$

对 n 个元件进行独立试验不发生失效时，其置信水平 γ 为

$$\gamma = 1 - (1-P_f)^n$$

把式(9.50)代入上式，得置信水平 γ 为

$$\gamma = 1 - \exp\left[-n\left(\frac{t_0}{\eta}\right)^{\beta}\right] \qquad (9.51)$$

例 9-16　一种新的表面处理方法用于齿轮的设计，如果使其平均寿命能达到 1 000 h，就可以被采用。现在用 4 个样本进行寿命试验，4 个样本都运转了 1 200 h 而没有发生失效。根据经验得知为两参数威布尔分布，其形状参数 $\beta=2$。计算平均寿命 $T=1 000$ h 的置信水平。

解：由题意可知，样本数 $n=4$，试验时间 $t_0=1 200$ h，无失效发生，平均寿命 $T=1 000$ h，位置参数是零，形状参数 $\beta=2$，求出尺度参数：

$$\eta = \frac{T}{\Gamma\left(1+\frac{1}{\beta}\right)} = \frac{1 000}{\Gamma\left(1+\frac{1}{2}\right)}$$

查 Γ 函数表得

$$\Gamma(1.5) = 0.886\ 23$$

$$\eta = \frac{1 000}{\Gamma\left(1+\frac{1}{2}\right)} = \frac{1 000}{0.886\ 23}\ \text{h} = 1\ 128\ \text{h}$$

把以上数据代入式(9.45)得

$$\gamma = 1 - \exp\left[-n\left(\frac{t_0}{\eta}\right)^{\beta}\right] = 1 - \exp\left[-4\times\left(\frac{1\ 200}{1\ 128}\right)^2\right] = 0.989\ 2$$

故平均寿命 $T=1 000$ h 的置信水平为 98.92%。

② 有失效发生的情况：在试验过程中有失效发生时，其置信水平计算如下：

$$\gamma = 1 - \sum_{r_i=0}^{k}\frac{N!}{r_i!\ (n-r_i)!}\left[1-\exp\left(-\frac{t_0}{T}\right)^{\beta}\right]^{r_i}\left[\exp\left(-\frac{t_0}{T}\right)^{\beta}\right]^{N-r_i} \qquad (9.52)$$

式中，k 为修理次数；N 为统计样本量，$N=n+k$（n 为样本数）；t_0 为试验时间；r_i 为失效样本数。

例 9-17　一种新设计的机构寿命服从威布尔分布，形状参数 $\beta=2$，位置参数等于零，尺度参数（特征寿命）$\eta=4 000$ h。现在对 5 台机构进行寿命试验，每台试验时间 $t_0=5 000$ h，试验中发生失效的为 2 台，经修理后再继续试验。求平均寿命及置信水平。

解：求出平均寿命，有

$$T = \eta\Gamma\left(1+\frac{1}{\beta}\right) = 4 000\Gamma\left(1+\frac{1}{2}\right) = 4 000\Gamma(1.5)$$

同前查 Γ 函数表得

$$\Gamma(1.5)=0.886\ 23$$

$$T=4\ 000\ \text{h}\times0.886\ 23=3\ 545\ \text{h}$$

因样机 $n=5$，修理次数 $k=2$，统计样本容量为 $N=5+2=7$。进一步可得

$$\gamma=1-\sum_{n_i=0}^{k}\frac{N!}{r_i!\ (n-r_i)!}\left[1-\exp\left(-\frac{t_0}{T}\right)^{\beta}\right]^{r_i}\left[\exp\left(-\frac{t_0}{T}\right)^{\beta}\right]^{N-r_i}$$

$$=1-\frac{7!}{0!\ (7-0)!}\left[1-\exp\left(-\frac{5\ 000}{4\ 000}\right)^2\right]^0\left[\exp\left(-\frac{5\ 000}{4\ 000}\right)^2\right]^{7-0}-$$

$$\frac{7!}{1!\ (7-1)!}\left[1-\exp(-1.25)^2\right]^1\left[\exp(-1.25)^2\right]^{7-1}-$$

$$\frac{7!}{2!\ (7-2)!}\left[1-\exp(-1.25)^2\right]^2\left[\exp(-1.25)^2\right]^{7-2}=0.999\ 9$$

即该机构平均寿命 $T=3\ 545\ \text{h}$ 的置信水平为 99.99%。

习题 9

1. (1) 已知退化数据如下，其轨迹可拟合为 $y=at^b$，请用最小二乘法求解参数 a、b。

t	100	200	300	400	500	600
y	0.86	1.25	1.45	2	2.3	2.6

(2) 设定失效阈值为 $y=15$，求该样本的伪寿命。

(3) 通过分布检验与拟合 40 ℃ 寿命分布模型服从对数正态分布 $\ln(13.214,1.085)$，求寿命为 10 年时的可靠度。

2. GsAs 激光器在通信系统、激光印刷、固体激光器、军事等方面有着广泛应用前景，是一类典型的高可靠、长寿命产品。利用传统的基于失效时间的可靠性评估方法，需要很长的试验时间才能得到足够的失效数据，大大增加了试验成本。

为节约试验成本，缩短试验时间，某研究机构对 15 个激光器样本展开为期 4 000 h 的退化试验，测量时间间隔为 250 h，共得到 16 组样本退化数据。本例基于退化分布模型对 GsAs 激光器退化数据进行可靠性建模，在退化量服从威布尔分布的假设条件下实现其可靠性评估。

r/h	0	250	500	750	1 000	1 250	1 500	1 750	2 000	2 250	2 500	2 750	3 000	3 250	3 500	3 750	4 000
1	0.00	0.47	0.93	2.11	2.72	3.51	4.34	4.91	5.48	5.99	6.72	7.13	8.00	8.92	9.49	9.87	10.94
2	0.00	0.71	1.22	1.90	2.30	2.87	3.75	4.42	4.99	5.51	6.07	6.64	7.16	7.78	8.42	8.91	9.28
3	0.00	0.71	1.17	1.73	1.99	2.53	2.97	3.30	3.94	4.16	4.45	4.89	5.27	5.69	6.02	6.45	6.88
4	0.00	0.36	0.62	1.36	1.95	2.30	2.95	3.39	3.79	4.11	4.50	4.72	4.98	5.28	5.61	5.95	6.14
5	0.00	0.27	0.61	1.11	1.77	2.06	2.58	2.99	3.38	4.05	4.63	5.24	5.62	6.04	6.32	7.10	7.59
6	0.00	0.36	1.39	1.95	2.86	3.46	3.81	4.53	5.35	5.92	6.71	7.70	8.61	9.15	9.95	10.49	11.01
7	0.00	0.36	0.92	1.21	1.46	1.93	2.39	2.68	2.94	3.42	4.09	4.58	4.84	5.11	5.57	6.11	7.17
8	0.00	0.46	1.07	1.42	1.77	2.11	2.40	2.78	3.02	3.29	3.75	4.16	4.76	5.16	5.46	5.81	6.24
9	0.00	0.51	0.93	1.57	1.96	2.59	3.29	3.61	4.11	4.60	4.91	5.34	5.84	6.40	6.84	7.20	7.88

续表

r/h	0	250	500	750	1 000	1 250	1 500	1 750	2 000	2 250	2 500	2 750	3 000	3 250	3 500	3 750	4 000
10	0.00	0.41	1.49	2.38	3.00	3.84	4.50	5.25	6.26	7.05	7.80	8.32	8.93	9.55	10.45	11.28	12.21
11	0.00	0.44	1.00	1.57	1.96	2.51	2.84	3.47	4.01	4.51	4.80	5.20	5.66	6.20	6.54	6.96	7.42
12	0.00	0.39	0.80	1.35	1.74	2.98	3.59	4.03	4.44	4.79	5.22	5.48	5.96	6.23	6.99	7.37	7.88
13	0.00	0.30	0.74	1.52	1.85	2.39	2.95	3.51	3.92	5.03	5.47	5.84	6.50	6.94	7.39	7.85	8.09
14	0.00	0.44	0.70	1.05	1.35	1.80	2.55	2.83	3.39	3.72	4.09	4.83	5.41	5.76	6.14	6.51	6.88
15	0.00	0.50	0.83	1.29	1.52	1.91	2.27	2.78	3.42	3.78	4.11	4.38	4.63	5.38	5.84	6.16	6.62

3. 某汽车零件在量产前进行了完全样本寿命试验,容量为 8 的样本试验失效时间结果如下:

$$69\,000\ \text{km},29\,000\ \text{km},24\,000\ \text{km},52\,500\ \text{km},$$
$$128\,000\ \text{km},60\,000\ \text{km},12\,800\ \text{km},98\,000\ \text{km}$$

(1) 试计算失效数据的均值、标准差及分布范围。

(2) 求出顺序统计量,并得出相应的失效概率。

(3) 根据威布尔概率纸求出表示失效规律的威布尔分布参数。

(4) 求出 B_{10} 寿命和中位数。

(5) 零件在 $t_1 = 70\,000$ km 时的可靠度为多少?

(6) 绘制出威布尔直线的 90% 置信区间。

(7) 计算威布尔分布参数的 90% 置信区间,并在威布尔概率纸上进行表示。

4. 某种机械开关的完全寿命试验数据如下:

$$470、550、600、800、1\,080、1\,150、1\,450、1\,800、2\,520、3\,030\ \text{次}$$

(1) 根据概率纸方法求出威布尔分布参数。

(2) 求出 B_{10} 寿命和中位数。

(3) 画出威布尔分布的 90% 置信水平曲线。

5. 对 8 只相同的零件进行寿命试验,试验在第 5 只零件失效后停止。试给出描述失效行为的威布尔分布、90% 置信区间及分布参数的置信限。

失效数据/h:192,135,102,214,167。

第 10 章　维修性与可用性

通过确定可靠性、维修性和费用之间的关系和开展优化设计,可以达到在产品的高可用性的同时寿命周期费用最少的目的,实现可用性和寿命周期费用之间的最佳平衡。此外,随着机械产品的组成结构和功能复杂性的提高,"生命周期成本"很大程度上会影响投资决策,其显得越来越重要。本章介绍并分析与维修计划相关的可靠性和可用性计算模型及参数,分析影响产品生命周期成本中的可靠性和使用过程中的维修计划,阐述维修性、生命周期费用及二者与可靠性的关系。

10.1　维修的基础知识

维修是指产品技术状态劣化或发生故障后,为恢复其功能而开展的技术活动,包括各类计划内预防性维修和计划外的故障修复及事故修理。维修工作直接影响产品的可用性,其目的是保持或恢复产品的可用度。

维修方式可以分为预防性维修、视情维修和故障后修复(非预防性维修)。维修活动工作包括:日常检查、大修和故障后修复。在维修计划中,要确定检查间隔时间、维修程度、维修优先级、零备件数量与人力工时等。为了保障维修工作的进行,需要和后勤保障部门协调,以保证所需备件的数量和质量,包括运输和储存等。与可靠性和可用性类似,可以用概率表示维修性。

10.1.1　维修方式

维修方式可以分为事前的预防性维修、视情维修,以及事后的修复性维修三大类。

1. 预防性维修(Preventive Maintenance)

预防性维修是指预先制定的维修工作,也就是说,机械产品运行一段时间之后,在预先确定的时间或周期内进行维修。预防性维修工作能了解并评估当前的状态,还能使设备、机器和零件保持正常的状态。

预防性维修工作包括:

① **维护**(service):使设备、机器和零件保持正常状态的工作,例如清洁、补充润滑脂、添加制冷剂、调节、校准等;

② **检查**(inspection):确定并判断当前状态的工作,例如检查磨损状态、腐蚀、泄漏、连接松动、周期性或连续性测量与分析等;

③ **大修**(overhauling):将产品拆解到某零部件、总成或元件的程度,视必要情况更换零部件、总成或元件等。

预防性维修通常是不考虑机器当前状态的,即使设备当前没有任何技术问题也要进行,预防性维修旨在预防。预防性维修的目的是避免由于磨损、老化、腐蚀、污染导致的故障和停机,以及这些问题带来的后果,保证机器设备系统和零部件等正常工作。

2. 视情维修（Condition-Based Maintenance）

视情维修不采用固定的检修间隔，这样就避免了对正常工作的零部件不必要的周期性更新。同时避免过于频繁的预防性维修而导致可用度降低。对零部件的状态参数进行连续或周期性监测，确定运行中的磨损程度。这些测量、观察和评估称为状态监控。通过状态监控，就能在不影响机械产品可靠性和安全性的情况下减少维修费用。

通过视情维修使时间、成本和质量三方面同时达到最优化。这种维修方式通过自动化仪表，对运行中的关键零部件进行仔细检查监测，可预测失效发生时间，在失效之前就更换零件，有针对性地进行维修。

视情维修适用于运行状况能够一直被监控的系统或零部件。机械产品视情维修的**检测手段**有：

- 热成像；
- 无损材料检测；
- 油品分析；
- 振动分析。

如车辆制动系统里的监测仪能测量制动片的磨损状况，这样就能预测制动片在更换之前还有多长的寿命。图 10.1 列出了目前各类机器状态监测技术的使用相对频率，其中最常见的包括轴承和机械振动的监测。

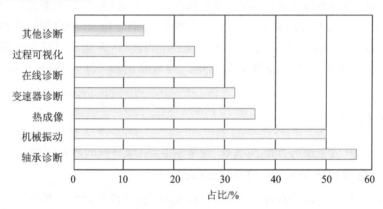

图 10.1　机器状态的各种监测方式

由于需要采集大量的数据进行评估，故这些监测工作量巨大，然而，这在不影响设备安全或可靠性的前提下大大降低了整体的维修成本。

3. 修复性维修（Corrective Maintenance）

修复性维修在设备、装置和零件部分或完全失效时进行，其目的在于恢复产品的正常工作状态。需要注意的是，修复性维修可能同样需要预防性维修措施中的检查等。

典型的修复性维修基本步骤如下：

① 现场确认失效；
② 安排负责维修的人员；
③ 维修人员到失效现场；
④ 准备维修工具并测试；

⑤ 查找失效源头,定位装置或零部件故障;

⑥ 拆卸故障装置或零部件;

⑦ 准备用于替换的全新备用零部件;

⑧ 更换故障零部件(排除故障);

⑨ 调整、校准并测试修复后的装置或零部件;

⑩ 修复好的装置或零部件整机装配;

⑪ 整机功能性能测试。

10.1.2　维修级别

而维修级别是指机器设备使用部门开展不同程度维修工作的组织机构,通常依据维修程度和维修能力从低到高划分三级维修机构。

(1) 基层级(O-organizational-level maintenance)

由设备的使用操作人员和保障人员进行维修的机构,只限定较短时间能完成的简单维修工作,配备有限的保障设备和人员。指进行维修的设备所在最低建制的维修机构和单位。

(2) 中继级(I-intermediate-level maintenance)

比基层级(O)有较高的维修能力(有数量较多和能力较强的人员及保障设备),承担基层级(O)所不能完成的维修工作。

(3) 基地级(D-depot-level maintenance)

具有更高修理能力的维修机构,承担设备大修和大部件的修理、备件制造和中继级(I)所不能完成的维修工作。可完成复杂设备大修及改装的一级维修组织。

10.1.3　维修优先级

从产品正常运行使用和经济性两方面重要程度考虑,确定产品的维修优先级。零件的重要程度可以从系统运行使用和经济角度两方面衡量。

举例来说,一个传送带机构由作为驱动装置的电动机(零件 1)和三条作为执行驱动的、相互平行的传送带(零件 2～4)组成,其对应的可靠性框图如图 10.2 所示。如果电动机失效,那么整个装置都会停止;但如果只有一条传送带失效,剩余的两条传送带可以继续运转,该装置可以继续运行并盈利。在这个例子里,可认为电动机最重要,维修优先级最高。

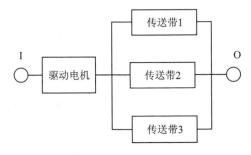

图 10.2　传送带装置的可靠性框图

10.1.4　维修能力

在实际工程中,考虑到维修资源的有限性,可用于维修的设施、人员、工具、设备和更换备件等构成维修能力。

1. 修理团队(Repair Teams)

通过可维修性分析,可以估算出维修的类型和时间。从分析中可以得到需要的人员数量和技能水平。修理团队的组建是整个维修计划的一部分,这些团队通常人数不多。

2. 备用零件库存的基本要求

从维修角度看,物料是指为了进行维修工作而需要的备用件,库存是物料输入和输出之间的缓冲。从经济角度,超过实际需要的储备量会导致成本过高。因此,在满足维修需求的前提下,需要对库存进行最优管理。

(1) 库存的用途

备用零件有下列用处:

① 避免等待时间:在意外的失效发生时,节约了备用件等待时间;

② 批量效应:大量采购储备零件,可以拿到较低的价格;

③ 备用件储备,减小了维修的不确定性;

④ 储备零件可以确保长期有备用件使用。

(2) 库存函数

如图 10.3 表示的是**库存函数** $S(t)$,在时间 $t=0$ 时,库存量 $S(t)$ 有 S_{nom} 数量的备用件。维修人员在需要的时候取用零件,库存量随之逐渐降低。如果库存低于某个下限 S_{order},那么就需要再订购一定数量的备用件,订购这个行为发生的时间 t_{order} 称为订购时间,订购零件的数量称为订购量 N_{order}。在订购零件运到之前,需要分析从"下订单"到"零件到达"之间对零件的需求量。订购点的确定应该保证在货到之前库存量还没有降到安全库存量 S_s。考虑到不可预测因素,每个库存都有安全库存量。

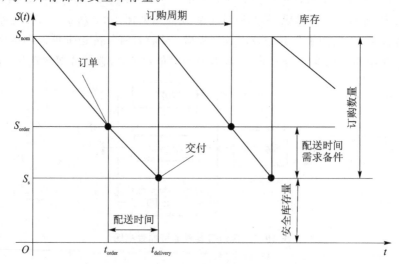

图 10.3　库存量-时间函数

订购数量 N_{order} 取决于 $S_{nominal}$ 和安全库存 S_s：$N_{order} = S_{nominal} - S_s$。如果订购数量估计准确，那么零件在 $t_{delivery}$ 这一时刻送达时，库存量正好达到了名义库存量 $S_{nominal}$。

10.1.5　维修计划和策略

兼顾设备可用度和所需的维修成本制订维修计划。制定维修策略包括：

① 确定维修方式和维修周期（例如，检查间隔和维修复杂程度）；

② 备用件库存策略；

③ 维修人员的数量和技能水平；

④ 维修优先级；

⑤ 维修级别。

如图 10.4 所示，维修计划是维修的基础。依据维修策略来实施以下 5 类维修工作：

① 单纯修复性维修；

② 带有状态监控的预防性维修；

③ 单纯预防性维修；

④ 预防性和修复性相结合的维修；

⑤ 基于状态的维修。

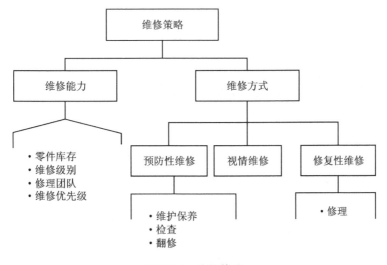

图 10.4　维修策略

10.2　生命周期费用

从可靠性工程的角度，生命周期费用（成本）可以分为可靠性费用和维修费用。

产品生命周期费用是指从最初的计划或开发合同开始，经生产、使用直至报废的整个时间过程产生的费用，如图 10.5 所示。各种成本费用包括采购费用、各种一次性费用、运行费用、维修费用和其他费用。

产品生命周期中的费用由用户直接（例如运行费用）或间接（购买价格中包含的生产费用）承担，这些费用的总和称为生命周期费用，其包括用户采购费用和使用此产品（设备、机器或仪

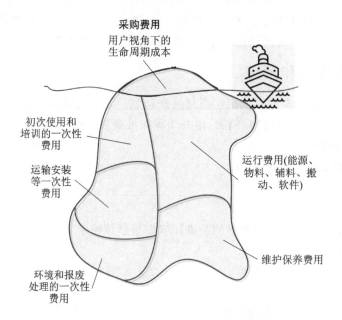

图 10.5　用户所需负担的产品生命周期费用

器)过程中的费用。

　　此时,失效还可能导致由于设备无法就位而耽误的工期。如果和安全相关,则在出现故障的同时还可能产生赔付费用。

　　图 10.6 简要表示了产品生命周期过程中各个费用的总和(Life Cycle Costs,LCC)。可以看出,尽管设计阶段费用不高,但随着产品进入使用阶段,费用迅速升高;采购价格可以看成是用户的投资成本。

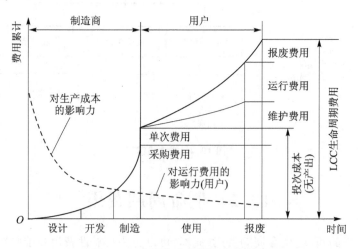

图 10.6　产品全生命周期中的费用

　　在产品的使用期间,会产生运行费用和维修费用,它们会不断增加,一直到产品不再工作,因此会在总的投资花费中占有很大比重。开发中优化费用成本(价值管理)的目的是尽可能降低生命周期中使用期间的费用。产品的可靠性和维修性水平很大程度上决定了生命周期费用的多少。

如图 10.7 所示,不同产品生命周期费用的构成区别很大。对于简单的工具比如扳手,只有投资成本和报废处理费用,也就是说既没有使用费用,也没有维修费用。对于汽车,这三种费用都有,而水泵的主要费用是运行时期的能量消耗费用(大约占 96%)。

产品的可用度对生命周期费用影响很大。图 10.8 表示了可用度和生命周期费用之间的关系,可用度达到最优时生命周期成本降到最低。可靠性高、维修性好会使销售价格提高;类似地,维修工作组织得好,维修费用也会提高。这两部分费用提高,可用度就会提高。同时,由于可用度提高,也会降低停机时间的费用。

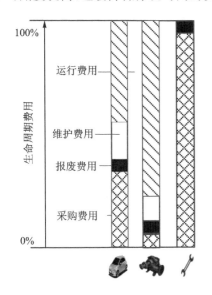

图 10.7　不同产品的生命周期费用构成

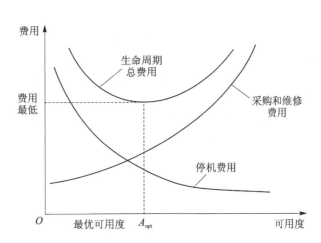

图 10.8　可用度和生命周期费用

采购费用、维修费用以及停机费用的总和最小时可用度达到最优值 A_{opt}。在这个点上,生命周期成本达到最低,可用度达到最优。

10.3　可用性参数

设备因为故障和预防性维修而停机,并不是一直在运转。如果需要等待维修人员或备用件,还会出现延误,等待时间长短也是不确定量。

10.3.1　状态函数

设备出现故障并进行维修,修复后恢复正常工作,经历的系列事件如图 10.9 所示。如果设备运行状态用一个状态函数 $c(t)$ 来表示,则其取值随时间与状态的不同而变化:

$$c(t) = \begin{cases} 1, & \text{正常运行} \\ 0, & \text{修理中} \\ -1, & \text{维修中} \\ -2, & \text{维修延迟中} \\ -3, & \text{供货延迟中} \end{cases} \tag{10.1}$$

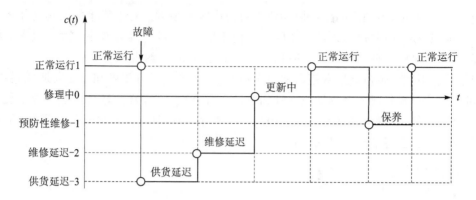

图 10.9　系列事件下的状态函数

图 10.9 表示了随时间变化的状态函数:当 $t=0$ 的时候设备开始工作,直到有零件出现故障。因为需要更换零件,只有维修人员和零件都到达现场,才开始进行修理;当所有的维修都完毕时,设备重新开始工作。由于维修计划中的预防性检修,设备还要进入停机状态来实施事前计划的检修。检修工作完成后,设备进入正常工作状态。

在可以正常维修或延迟情况下,状态函数随时间变化。

(1) 备件供应延迟时间(Supply Delay Time,SDT)

SDT 包括等待备件的生产或运输、管理延迟、生产延迟、采购延迟和运输延迟等。多数情况下 SDT 受备用件库存的种类和数量影响。

(2) 维修延迟时间(Maintenance Delay Time,MDT)

MDT 包括等待维修人员和其他维修保障供给的时间。维修人员要携带测试、测量工具、仪器、手册和其他技术资料,还有维修需要的保障供给:包括维修车间、测试台、飞机库等。维修时间还受可用维修渠道数量的影响。一个维修渠道是指能够胜任维修任务的团队和保障供给物品的总和。如果有一个维修渠道能够在故障出现的时候立即就位,那么就可以避免维修时间的延迟。

由于备件供给和维修延迟时间都受外部条件的影响,它们不属于设备本身的属性,因此不能通过产品设计来改变。

10.3.2　维修性参数

维修计划的活动时间及延迟时间都是随机变量,可用维修性参数表示。**维修度**指在一定的物料、备件和人员条件下,在规定时间内能够完成维修工作或检查工作的概率。因此,维修度是事件状态的概率。

如图 10.10 所示,维修工作需要的时间 τ_M 是随机变量,下标 M 表示"维修"。维修时间 τ_M 不仅包括实际的维修工作,还包括从发现故障(停机)到重新工作之间的所有时间,包括等待供给、备用件或者测量工具、休息和日常管理等的延误时间。

维修度函数

$$G(t)=P,\quad \tau_M \leqslant t \tag{10.2}$$

对应的维修概率密度函数为 $g(t)$。维修率 $\mu(t)$ 的含义是:产品在 $[0,t]$ 时间区间内处于维修状态,在 $[t,t+\mathrm{d}t]$ 时间区间内结束维修的概率。

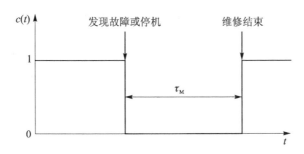

图 10.10　维修工作需要的时间随机变量

维修时间 τ_M 的数学期望值 $E(\tau_M)$ 为

$$\mathrm{MTTM} = E(\tau_M) = \int_0^\infty t g(t)\, \mathrm{d}t = \int_0^\infty \left[1 - G(t)\right] \mathrm{d}t \qquad (10.3)$$

式中,MTTM 是平均维修时间(Mean Time to Maintenance)的缩写。

工程中常用对数正态分布来描述维修时间,图 10.11 是维修时间密度函数的例子,其分别用对数正态分布和指数分布来表达。

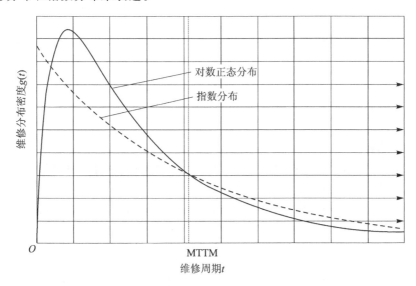

图 10.11　同 MTTM,对数正态函数和指数函数的维修度 $G(t)$

维修方式可以分为预防性维修和修复性维修。预防性维修的变量用 PM(Preventive Maintenance)作为下标,修复性维修的变量用 R(Repair)作为下标。根据不同维修方式,相应的维修时间 τ_{PM} 代表预防性维修时间,τ_R 代表修复性维修时间。

维修度函数可分为预防性维修 $G_{PM}(t)$ 和修复性维修 $G_R(t)$。

类似于方程(10.3)中的 MTTM,下列术语在工程中常用于表示维修时间。

MTTPM(Mean Time To Preventive Maintenance)表示平均预防性维修时间。

MTTR(Mean Time To Repair)表示平均修复时间。表 10.1 归纳了寿命、可靠性和维修参数之间的关系。

表 10.1 可靠性参数和维修参数的关系

参　数	随机变量			
	寿　命	维修时间	预防性维修时间	修复时间
随机变量	T_L	T_M	T_{PM}	T_R
分布函数	$F(t)$	$G(t)$	$G_{PM}(t)$	$G_R(t)$
生存概率	$R(t)$	—	—	—
密度函数	$f(t)$	$g(t)$	$g_{PM}(t)$	$g_R(t)$
失效率/维修率	$\lambda(t)$	$\mu(t)$	$\mu_{PM}(t)$	$\mu_R(t)$
期望值	MTTF	MTTM	MTTPM	MTTR

维修性量化表征系统或零部件维修工作的复杂程度。由于机器停机影响大,维修成本将急剧上升,故人们越来越重视维修性,需要在产品开发阶段就考虑可维修性设计。同时,工程中的维修性取决于机器和设备的安装,以及维修工作的安排。在设计中直接影响零部件维修性的因素包括:

① 机内集成功能测试(BIT's);

② 模块化设计;

③ 组件的技术设计(例如,电气方式还是机械);

④ 人因工程;

⑤ 标签和编码;

⑥ 信息显示和指示信号;

⑦ 标准化;

⑧ 互换性/相容性。

如果在设计阶段就能够考虑到使用阶段可能发生的故障并排除,则日后在查找和排除故障上花费的时间会大幅度减少。

例 10-1 图 10.12 所示为包含冗余系统的某机械系统示意图。考虑到如表 10.2 所列零部件的维修率,计算机械系统的不可用性。

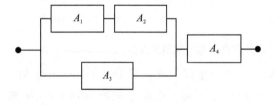

图 10.12 某机械系统 RBD

表 10.2 零部件故障和修复率

零　件	失效率 λ	维修率 μ
P1	2.28×10^{-4}	2
P2	1×10^{-4}	0.25
P3	1×10^{-6}	0.125
P4	1×10^{-4}	0.25

解: 可依次简化 RBD 如下。

由于 A_1 和 A_2 是串联的,因此可以用它们的等效可用性来代替它们,如图 10.13 所示。

$$A = A_1 \cdot A_2$$

再有一个简单的并联结构,用它的等价表达式表示:

$$A_1 \cdot A_2 + A_3 - A_1 \cdot A_2 \cdot A_3$$

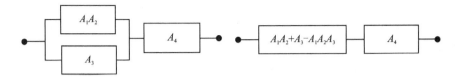

图 10.13　等效 RBD

最终可用性表达式如下：

$$A_4(A_1 \cdot A_2 + A_3 - A_1 \cdot A_2 \cdot A_3)$$

利用下式中给出的参数计算可用性。

$$A = \frac{\mu}{\mu - \lambda}$$
$$A_1 = 0.999\ 9$$
$$A_2 = 2.28 \times 10^{-4}$$
$$A_3 = 0.999\ 9$$
$$A_4 = 0.999\ 6$$

替换公式中的值

$$A_{\text{system}} = A_4(A_1 . A_2 + A_3 - A_1 . A_2 . A_3)$$
$$= 0.999\ 8$$

10.3.3　可用性参数

可修产品因零部件出现故障而停止使用，经过维修修复后恢复到可以工作的状态。因此，可靠性和维修性水平决定了产品的可用度。

可用度 $A(t)$ 是指系统在正常的工作和维修状态下，在某一时刻 t 或某个时间范围内能够正常工作的概率。

在状态图 10.9 中，正常工作状态 $c = 1$。可用度 $A(t)$ 为工作状态 $c(t)$ 的数学期望值：

$$A(t) = [c(t) = 1 \mid \text{在 } t = 0 \text{ 这个时刻的状态一样}] = E[c(t)] \tag{10.4}$$

对平均可用度 $A_{\text{Av}}(t)$ 可表示为

$$A_{\text{Av}}(t) = \frac{1}{t} \int_0^t A(x)\,\mathrm{d}x \tag{10.5}$$

平均可用度可简化为区间可用度：

$$A_{\text{Int}}(t) = \frac{1}{t_2 - t_1} \int_{t_1}^{t_2} A(x)\,\mathrm{d}x \tag{10.6}$$

区间可用度表示在时间段 $[t_1, t_2]$ 内的平均可用度。当时间 $t \to \infty$，可用度函数和平均可用度收敛到一个和初始值 $t = 0$ 时刻无关的值，称为稳态可用度：

$$A_{\text{D}} = \lim_{t \to \infty} A(t) = \frac{\text{MTTF}}{\text{MTTF} + \bar{M}} = \frac{1}{1 + \dfrac{\bar{M}}{\text{MTTF}}} \tag{10.7}$$

式中，$\bar{M}$ 是平均停机时间。

　　某零件的失效行为用威尔分布描述,分布参数为 $b=3.5,T=1\,000$ h。维修时间的分布函数为威布尔分布,分布参数为 $b=3.5,T=10$ h。如图 10.14 所示是一个零件瞬时可用度收敛到稳态可用度的例子。

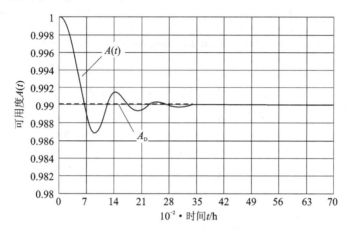

图 10.14　瞬时可用度和稳态可用度

　　根据考虑的平均停机时间的不同,定义了下面几种稳态可用度。

　　固有稳态可用度 $A_D^{(i)}$ 定义为

$$A_D^{(i)} = \frac{\text{MTTF}}{\text{MTTF}+\text{MTTR}}, \quad \bar{M}=\text{MTTR} \tag{10.8}$$

　　固有稳态可用度基于失效概率分布函数 $F(t)$ 和修复性维修函数 $G_R(t)$,描述的是系统的失效行为与修复性维修活动。固有稳态可用度可作为评估产品质量的一个指标。

　　技术稳态可用度 $A_D^{(t)}$ 定义为

$$A_D^{(t)} = \frac{\text{MTTF}}{\text{MTTF}+\text{MTTPM}+\text{MTTR}} \tag{10.9}$$

式中, $\bar{M}=\text{MTTM}=\text{MTTPM}+\text{MTTR}$,考虑了失效行为、预防性维修和修复性维修。

　　运行稳态可用度 $A_D^{(o)}$ 定义为

$$A_D^{(o)} = \frac{\text{MTTF}}{\text{MTTF}+\text{MTTPM}+\text{MTTR}+\text{SDT}+\text{MDT}} \tag{10.10}$$

式中, $\bar{M}=\text{MTTPM}+\text{MTTR}+\text{SDT}+\text{MDT}$,在技术稳态可用度 $A_D^{(t)}$ 的基础上又增加考虑了备件延迟和维修延迟。**供应延迟时间**(Supply Delay Time,SDT)主要包括等待备用件的生产和交付,维修延迟(MDT)包括等待维修人员和用品等,因此运行稳态可用度适合评估备用件的数量和维修渠道的数量。运行稳态可用度包括维修团队的质量和设计参数(可靠性和维修性)。

　　总体稳态可用度 $A_D^{(p)}$ 是描述稳态可用度的最常用方法。它不仅包括系统失效行为、所有的维修措施和管理上的停工时间,还包括了物流上的延迟,还考虑了无法控制的外部原因导致的停机。

　　表 10.3 汇总了稳态可用度参数和期望值。

表 10.3　稳态可用度汇总

类　别	产品设计相关		预防性维修	备用件的可用度	维修团队	维修用品	外部影响
	可靠性	维修性					
$A_D^{(i)}$	√	√	—	—	—	—	—
$A_D^{(\tau)}$	√	√	√	—	—	—	—
$A_D^{(o)}$	√	√	√	√	√	√	—
$A_D^{(p)}$	√	√	√	√	√	√	√
参数	MTTF	MTTR	MTTPM	SDT	MDT	—	

10.4　可修复系统的计算模型

产品的首次失效通常并不一定导致报废,而是可以在检查或维修等工作下再持续工作一段时间。一个系统如果有维修过程就称为**可修复系统**。为了分析可修复系统的可靠性和可用度,研究人员开发了各种计算模型。这些模型的复杂程度不同,具体取决于包含了哪些维修工作。因此,本节将介绍一些可行的模型来计算系统参数。

零部件的可靠性可以通过事先制定好的定期维修计划得到提高。可修复系统可以用**马尔科夫**方法分析,该方法可以帮助确定一个系统或零件的可用度,其前提是失效和维修行为必须能用指数分布来描述。

如果一个系统由彼此独立的元件组成,那么可以采用布尔-马尔科夫模型来计算这个系统的稳态可用度。

常规的维修过程能通过计算得出在不同时间里需要的备用件,以此保证零件或系统的维修,在这里,维修指用全新的零件更换故障零件。然而,更换所用的时间在常规的维修过程中被忽略不计。

如果更换或维修故障零件的时间不能忽略,那么就要用另一种维修过程。因为实际上发现零件故障及进行维修都需要一定的时间,使用这种过程就能更好地模拟真实情况,这样,可用度就可以计算出来。

如果一个系统可以用更新的过程来表述,就几乎不需要限制计算模型为某一种分布。然而,这只有在能够用这些过程来描述简单结构系统的情况下才可实现。状态只有两种:"工作中"和"维修中",如果采用半马尔科夫过程,就可以加入第三种状态,比如"检查中"。

系统传输理论能够对产品给出最通用的描述,它能给任意结构的复杂系统建立模型,用任意函数描述零件的失效和维修行为,以及系统内零件之间的关系,还能够包括各种维修计划和备用件的物流等。

10.4.1　周期预防性维修模型

预防性维修可以缓解老化和磨损带来的产品故障率升高及可靠性降低的影响,能提高产品的可靠性,大大延长产品的使用时间。

1.基本假设

现假设每次维修后的产品状态都完全和新的一样,也就是说维修工作包括更新或大修,

$R(t)$ 是需要定期预防性维修的产品的可靠度。按照预先设定的维修间隔时间 T_{PM}（PM 表示预防性维修）进行预防性维修工作，与产品是否出现故障状态无关。

如图 10.15 所示为在考虑长期的预防性维修计划情况下，确定零件的可靠度 $R_{PM}(t)$。

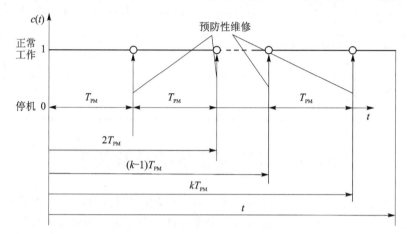

图 10.15 长期的维修计划

周期预防性维修模型有下列假设：

① 维修引起的停机时间可以忽略不计；

② 在每次更新之后，产品的状态认为是全新的；

③ 定期进行维修工作，周期是 T_{PM}；

④ 每次检查前后的失效行为是随机独立的；

⑤ 即使在第 k 次维修之后出现失效，下一次维修仍然将在第 $(k+1)T_{PM}$ 时刻进行。

由于一系列事件被视为是随机独立的，所以可靠性函数为

$$R_{PM}(t) = R(T_{PM})^k R(t - k \cdot T_{PM}) \tag{10.11}$$

式中，$kT_{PM} \leqslant t \leqslant (k+1)T_{PM}$

$R(T_{PM})^k$ 是指在 k 个维修区间中而没有出现任何失效的概率；$R(t - k \cdot T_{PM})$ 是指在上一次维修（k^{th}）完成之后工作中的生存概率。

零件在每次定期维修之后的**期望值**$MTTF_{PM}$ 为

$$MTTF_{PM} = \int_0^\infty R_{PM}(t) \, dt = \frac{\int_0^{T_{PM}} R(t) \, dt}{1 - R(T_{PM})} \tag{10.12}$$

2. 失效率是常数的零件的定期维修

如果零件的失效行为可以用指数分布来描述，那么周期性的维修对这个零件的失效行为没有任何影响，这是因为

$$R_{PM}(t) = e^{-k\lambda T_{PM}} e^{-\lambda(t - kT_{PM})} = e^{-\lambda t} = R(t) \tag{10.13}$$

也就是说失效行为不会随着定期维修而改变。失效率不变，就不能查出老化的征兆。

3. 失效率随时间变化的零件的定期维修

如果失效率随时间变化，那么零件的失效行为就受维修周期长短的影响。如果零件的失

效行为可以用**三参数威布尔分布**来表示,那么可靠度 $R_{PM}(t)$ 为

$$R_{PM}(t) = \exp\left\{-\left[k \cdot \left(\frac{T_{PM} - t_0}{T - t_0}\right)^b + \left(\frac{t - k \cdot T_{PM} - t_0}{T - t_0}\right)^b\right]\right\} \quad (10.14)$$

当 $kT_{PM} \leqslant t \leqslant (k+1)T_{PM}$ 时,零件在周期性维修下和不在周期性维修下的**可靠度函数**如图 10.16 所示(形状参数 $b = 2.0$,特征寿命 $T = 2\,000$ h,无失效时间 $t_0 = 500$ h)。这里,维修周期定为 $T_{PM} = 1\,000$ h。

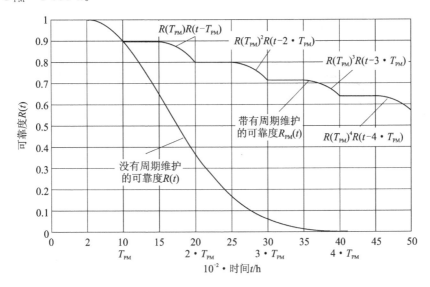

图 10.16　定期维修和无定期维修的可靠度

根据方程(10.14)绘制可靠度函数,如图 10.16 所示。每次维修后,生存概率函数出现断点,导致失效密度函数和失效率不连续。维修行为在时刻 T_{PM},$2T_{PM}$,$3T_{PM}$,… 时发生,定期维修大大提高了产品的生存概率,同一时刻的函数 $R_{PM}(t)$ 值远远大于 $R(t)$ 的值。

图 10.17 显示的是以零件的期望值 MTTF_{PM}(以特征寿命 T 为单位)作为**形状参数 b** 和维修周期 T_{PM} 的函数,这里假设未失效时间 $t_0 = 0$。

可以看出,当形状参数 $b > 1$ 时,预防性维修的期望值 MTTF_{PM} 大于无维修($T_{PM} = \infty$)MTTF 的值。无论形状参数 b 是多少,MTTF_{PM} 的增大受维修周期 T_{PM} 的影响都很大。总体来说,b 的值越大,也就是老化和磨损对失效的影响越大,实施定期维修的作用也越大。当形状参数 $b < 1$ 时,定期维修反而会使平均寿命降低。当形状参数 $b = 1$ 时,维修对可靠性没有影响,也就对平均寿命没有影响。

例 10-2　某零件经过寿命测试,得出其失效规律符合威布尔分布,形状参数 $b = 2.7$,$T = 1\,000$ h,平均寿命 MTTF 是 889.3 h,但我们要求它的寿命达到 2\,000 h,该要求可以通过实施维修计划进行定期更新来实现。那么维修的周期要多长才能达到希望的 MTTF_{PM} 呢?

解：通过观察图 10.17 中给定的 b 值和希望的 MTTF_{PM},可以看出 $T_{PM} = 0.7T = 700$ h。

此外,如图 10.18 所示,根据式(10.8),零件的稳态可用度 A_D 是形状参数 b 的函数,并以维修周期 T_{PM} 作为参数。我们假设预防性的更新不会导致停机,而是在班次轮休的时候完成。如果有(意外的)失效出现,那么立即开始对失效零件进行维修,零件平均维修时间的估算结果是 $\text{MTTR} = 0.1T$。

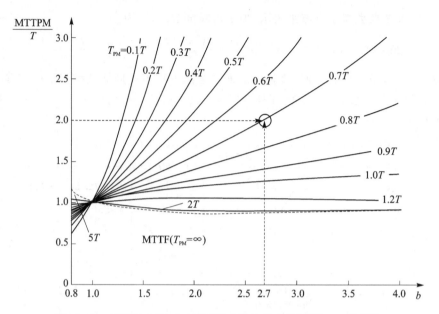

图 10.17　零件的 $MTTF_{PM}$ 是形状参数 b 和维修周期 T_{PM} 的函数

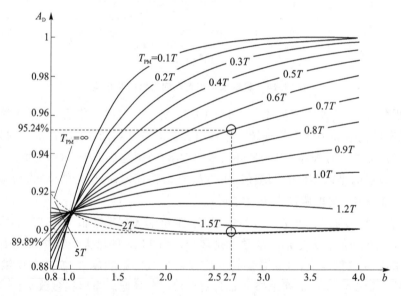

图 10.18　定期维修时间为 $MTTR=0.1T$ 时的零件稳态可用度

举例：

根据式(10.8)，上述例子里 $MTTR=0.1T=100$ h 的零件的稳态可用度 $A_D=89.89\%$。计划维修后，稳态可用度达 95.24%，提高了 5.95%。

10.4.2　马尔科夫模型

利用**马尔科夫模型**即可研究可修复系统，该模型的目的是确定一个系统或零件的可用度。为了简化模型和计算，提出下列几点条件：

① 我们观测的机器可以连续地从工作状态切换到维修状态；

② 每次维修工作后,机器状态和新出厂的完全相同;

③ 每台机器工作和维修需要的时间是连续值并且是随机独立的;

④ 任何开关装置的影响都忽略不计。

马尔科夫方法是基于马尔科夫过程的,**马尔科夫过程**是一个有有限多个状态 $C_0, C_1, \cdots,$ C_n 的随机过程 $X(t)$,对于任何一个时间点 t,这个过程将来的变化只与当前的状态相关。也就是说,只有那些单元的失效率和维修率是常数的系统才可以用马尔科夫模型来分析;而且,该方法是基于可能状态变化之间的平衡关系,得到的是一组本构微分方程,从中可以解出基于时间函数的可用度。

1. 单个元件的可用度

我们先从单个元件的可用度开始逐步解释马尔科夫方法。

(1) 确定状态

每个单元只可能是两个状态之一:不是"正常工作"就是"失效"。

① 状态 C_0:该单元功能正常,并且正在工作;

② 状态 C_1:该单元已经失效,并且目前正在维修之中。

对应的状态概率用 $P_0(t)$ 和 $P_1(t)$ 表示。

(2) 制作状态图

状态图表示一个单元状态的改变。一个单元从一个状态过渡到另一个状态有一定的概率。从一个节点(状态)出发的各个箭头表示的过渡概率总和一定是 1。为了简化马尔科夫图,给定过渡概率、失效概率 λ 和维修概率 μ,图 10.19 就是这样的一个单元的马尔科夫图。

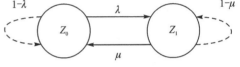

图 10.19　一个单元的马尔科夫图

(3) 推导本构微分方程

为了推导**本构微分方程**,首先需要平衡各种可能出现的状态变化。状态变化的概率可以通过所有过渡概率的和计算得出。这些过渡概率可以通过状态概率和对应的过渡概率的乘积得到。所有离开一个状态的箭头都计为负值,而指向一个状态的箭头计为正值。这样对单个元件来说,可以得到两个微分方程:

$$\frac{\mathrm{d}P_0(t)}{\mathrm{d}t} = -\lambda \cdot P_0(t) + \mu \cdot P_1(t) \tag{10.15}$$

$$\frac{\mathrm{d}P_1(t)}{\mathrm{d}t} = -\mu \cdot P_1(t) + \lambda \cdot P_0(t) \tag{10.16}$$

(4) 标准化和初始状态

由于元件在任何时刻总是要在某个状态下的,所有状态概率的总和一直是 1,因此标准化条件就是

$$P_0(t) + P_1(t) = 1 \tag{10.17}$$

初始状态说明的是 $t=0$ 这一时刻该单元所处的状态。通常来说,所关注单元在开始的时候和新的一样工作正常。因此,**初始状态**是

$$P_0(t=0) = 1, \quad P_1(t=0) = 0 \tag{10.18}$$

(5) 求解状态概率

下列求 $P_0(t)$ 的方程是从方程(10.15)和方程(10.16),以及标准化条件式(10.17)和初始

条件式(10.18)得到的：

$$P_0(t) = \frac{\mu}{\mu + \lambda} + \frac{\lambda}{\mu + \lambda} \cdot e^{-(\lambda + \mu) \cdot t} \tag{10.19}$$

根据标准状态,得到状态概率

$$P_1(t) = 1 - P_0(t) \tag{10.20}$$

(6) 求解可用度

单元在某一时刻如果处于可工作的状态,其**可用度**等于状态概率:

$$A(t) = P_0(t) \tag{10.21}$$

不可用度就是可用度的互补事件:

$$U(t) = 1 - A(t) = P_1(t) \tag{10.22}$$

2. 静态解

可用度在 $t \to \infty$ 时收敛于极限的静态解,稳态可用度 A_D 通常这样表达:

① 工作时间长度的数学期望值 MTTF$= 1/\lambda$(平均故障时间);

② 维修时间长度的数学期望值 MTTR$= 1/\mu$(平均维修时间)。

这对实际维修工作有重要的意义:

$$A_D = \lim_{t \to \infty} A(t) = \frac{\mu}{\mu + \lambda} = \frac{\text{MTTF}}{\text{MTTF} + \text{MTTR}} = \frac{1}{1 + \dfrac{\text{MTTR}}{\text{MTTF}}} \tag{10.23}$$

如图 10.20 所示,稳态可用度取决于商 MTTR/MTTF,商值变大,稳态可用度变小。

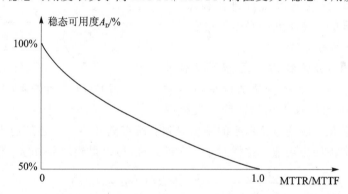

图 10.20　稳态可用度 A_D 随 MTTR/MTTF 的变化

　　例 10 - 3　这里为了解释马尔科夫方法,用一个失效和维修行为都符合指数分布的单元作为例子。表 10.4 中有不同的参数,其显示了在失效率 λ 不变而维修率不同的情况下的可用度,可用度 $A(t)$ 如图 10.21 所示。

表 10.4　马尔科夫例子中的参数

编　号	λ / h^{-1}	MTTF/h	μ / h^{-1}	MTTR/h	$A_D / \%$
C_1	0.001	1 000	0.01	100	91
C_2	0.001	1 000	0.002	500	66.7
C_3	0.001	1 000	0.001	1 000	50
C_4	0.001	1 000	0	∞	0

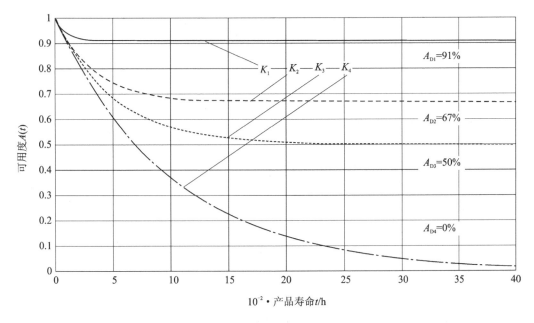

图 10.21 失效率不变,在不同维修率 μ_i 下的可用度 $A(t)$

可以观察从收敛到稳态可用度的时间,在 $\mu = 0$ 时,即无限长的维修时间(MTTR→∞),可靠度和可用度相同。稳态可用度随着维修时间的增加而降低。

3. 多个元件的马尔科夫模型

要分析有多个元件的系统时,还需要考虑到所有元件之间的相互作用。如果有 n 个单元相互作用,那么马尔科夫模型包括可能的失效和过渡的组合可以有 2^n 种状态。最简单的情况是系统由两个单元 K_1 和 K_2 组成,则有 4 种可能的状态,如表 10.5 所列。

图 10.22 表示的是带有所有过渡的马尔科夫状态图。比率 λ_1 和 μ_1 表示 K_1 的过渡行为,而 λ_2 和 μ_2 表示 K_2 的过渡行为。这里没有考虑 C_0 到 C_3 和 C_1 到 C_2,因为这代表两个元件同一时刻改变了状态。

表 10.5 有两个单元的系统的状态描述

状 态	描 述	概 率
C_0	单元 K_1 和 K_2 都未失效	$P_0(t)$
C_1	K_1 失效而 K_2 未失效	$P_1(t)$
C_2	K_1 未失效而 K_2 失效	$P_2(t)$
C_3	单元 K_1 和 K_2 已失效	$P_3(t)$

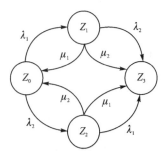

图 10.22 两个单元的马尔科夫状态

状态概率的微分方程组仍然对应马尔科夫图中状态过渡的平衡。因此

$$\begin{cases} \dfrac{\mathrm{d}P_0(t)}{\mathrm{d}t} = -(\lambda_1+\lambda_2)\cdot P_0(t)+\mu_1 P_1(t)+\mu_2 P_2(t) \\[2mm] \dfrac{\mathrm{d}P_1(t)}{\mathrm{d}t} = \lambda_1 P_0(t)-(\lambda_2+\mu_1)P_1(t)+\mu_2 P_3(t) \\[2mm] \dfrac{\mathrm{d}P_2(t)}{\mathrm{d}t} = \lambda_2 P_0(t)-(\lambda_1+\mu_2)P_2(t)+\mu_1 P_3(t) \\[2mm] \dfrac{\mathrm{d}P_3(t)}{\mathrm{d}t} = \lambda_2 P_1(t)+\lambda_1 P_2(t)-(\mu_1+\mu_2)P_3(t) \end{cases} \tag{10.24}$$

和之前一样，标准方程就是状态概率之和，即

$$P_0(t)+P_1(t)+P_2(t)+P_3(t)=1 \tag{10.25}$$

这里，初始状态是

$$P_0(t=0)=1 \quad 和 \quad P_i(t=0)=0, \quad \forall\, i=1(1)3 \tag{10.26}$$

由标准方程和初始状态，求解微分方程组，比如使用拉氏变换，这种求解十分复杂且费时。

经过一系列复杂的运算，求得各种可能状态的概率：

$$P_0(t)=\frac{\lambda_1\lambda_2\mathrm{e}^{-(\lambda_1+\mu_1+\lambda_2+\mu_2)t}+\mu_1\lambda_2\mathrm{e}^{-(\lambda_1+\mu_2)t}+\mu_2\lambda_1\mathrm{e}^{-(\lambda_1+\mu_1)t}+\mu_2\mu_1}{(\lambda_1+\mu_1)(\lambda_2+\mu_2)} \tag{10.27}$$

$$P_1(t)=\frac{\lambda_1\left[\lambda_2\mathrm{e}^{-(\lambda_1+\mu_1+\lambda_2+\mu_2)t}-\lambda_2\mathrm{e}^{-(\lambda_1+\mu_2)t}+\mu_2\mathrm{e}^{-(\lambda_1+\mu_1)t}-\mu_2\right]}{(\lambda_1+\mu_1)(\lambda_2+\mu_2)} \tag{10.28}$$

$$P_2(t)=\frac{\lambda_2\left[-\lambda_1\mathrm{e}^{-(\lambda_1+\mu_1+\lambda_2+\mu_2)t}-\mu_1\mathrm{e}^{-(\lambda_2+\mu_2)t}+\lambda_1\mathrm{e}^{-(\lambda_1+\mu_1)t}+\mu_1\right]}{(\lambda_1+\mu_1)(\lambda_2+\mu_2)} \tag{10.29}$$

$$P_3(t)=\frac{\lambda_1\lambda_2\left[\mathrm{e}^{-(\lambda_1+\mu_1+\lambda_2+\mu_2)t}-\mathrm{e}^{-(\lambda_2+\mu_2)t}-\mathrm{e}^{-(\lambda_1+\mu_1)t}+1\right]}{(\lambda_1+\mu_1)(\lambda_2+\mu_2)} \tag{10.30}$$

为了求得可靠性，还需要考虑系统结构。因为我们分析的是两个元件，不是串联就是并联。它们的可用度分别是

$$A(t)=P_0(t) \tag{10.31}$$

$$A(t)=P_0(t)+P_1(t)+P_2(t)=1-P_3(t) \tag{10.32}$$

这样，在静态情况下，状态概率是常数，状态的变化是零，即

$$\lim_{t\to\infty}P_i(t)=P_i=\notin, \quad \lim_{t\to\infty}\frac{\mathrm{d}P_i(t)}{\mathrm{d}t}=0, \quad \forall\, i=0(1)3 \tag{10.33}$$

因此，对于静态情况，微分方程组成了线性方程组。根据方程组及式（10.28）~式（10.31），可以求出下列静态解：

$$\begin{cases} P_0(t)=\dfrac{\mu_1\mu_2}{(\lambda_1+\mu_1)(\lambda_2+\mu_2)}, \quad P_1(t)=\dfrac{\lambda_1\mu_2}{(\lambda_1+\mu_1)(\lambda_2+\mu_2)} \\[3mm] P_2(t)=\dfrac{\lambda_2\mu_1}{(\lambda_1+\mu_1)(\lambda_2+\mu_2)}, \quad P_3(t)=\dfrac{\lambda_1\lambda_2}{(\lambda_1+\mu_1)(\lambda_2+\mu_2)} \end{cases} \tag{10.34}$$

得到在串联和并联时两个元件稳态可用度之间的关系。串联时：

$$A_{\mathrm{D}}=\frac{1}{\left(1+\dfrac{\lambda_1}{\mu_1}\right)\left(1+\dfrac{\lambda_2}{\mu_2}\right)} \tag{10.35}$$

并联时：

$$A_D = 1 - \frac{1}{\left(1 + \dfrac{\mu_1}{\lambda_1}\right)\left(1 + \dfrac{\mu_2}{\lambda_2}\right)} \tag{10.36}$$

例 10 - 4　两个元件的系统的失效和维修规律都服从指数分布,其参数如表 10.6 所列。

表 10.6　失效和维修分布的参数

编　号	失效行为		维修行为		稳态可用度 A_{Di} /%
	λ/h^{-1}	MTTF/h	μ/h^{-1}	MTTR/h	
C_1	0.001	1 000	0.01	100	90.9
C_2	0.002	500	0.02	50	90.9

如图 10.23 所示,两个单元串联和并联的可用度方程分别为方程(10.31)和方程(10.32)。图中还表示了通过方程(10.35)和方程(10.36)求得的稳态可用度,可以看出其很快就达到了稳态。

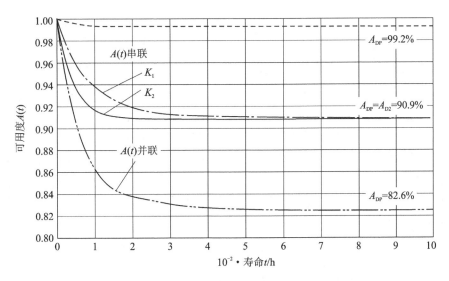

图 10.23　两个单元串联和并联时的可用度

10.4.3　布尔–马尔科夫模型

如图 10.24 所示,由相互独立可修复元件组成的系统,可使用**布尔–马尔科夫模型**(Boole-Markov)描述。可维修系统可以看成可维修单元的集合。用马尔科夫模型求出单个系统元件的稳态可用度,用布尔模型描述元件连接逻辑关系。

布尔–马尔科夫模型局限于相应的元件必须有固定的失效率和维修率。如果失效率和维修率随时间变化就无法得到基于时间函数的解。因此,布尔–马尔科夫模型只能得到稳态可用度。用过渡率可算出单个元件的稳态可用度 A_{Di} 。

$$A_{Di} = \lim_{t \to \infty} A_i(t) = \frac{\mu_i}{\mu_i + \lambda_i} = \frac{\text{MTTF}_i}{\text{MTTF}_i + \text{MTTR}_i} \tag{10.37}$$

这里,需要计算工作小时数的期望值 MTTF$_i$,以及将维修时间 MTTR$_i$ 作为失效或维修分布的期望值 $E(t)$。用布尔模型计算系统稳态可用度。

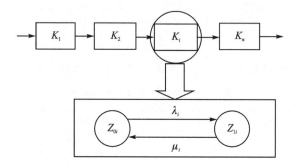

图 10.24　布尔-马尔科夫模型

串联系统：

$$A_{DS} = \prod_{i=1}^{n} A_{Di} = \prod_{i=1}^{n} \frac{\mu_i}{\mu_i + \lambda_i} = \prod_{i=1}^{n} \frac{MTTF_i}{MTTF_i + MTTR_i} \tag{10.38}$$

并联系统：

$$A_{DS} = 1 - \prod_{i=1}^{n} (1 - A_{Di}) = 1 - \prod_{i=1}^{n} \frac{\mu_i}{\mu_i + \lambda_i} = 1 - \prod_{i=1}^{n} \frac{MTTF_i}{MTTF_i + MTTR_i} \tag{10.39}$$

例 10 - 5　现在为了分析系统可用度,计算一个由三个符合威布尔分布的元件串联组成的系统的可用度。每只单元的维修规律符合指数分布,平均维修间隔是 MTTR = 100 h。如表 10.7 所列,给出了每个元件失效分布的参数和计算出的稳态可用度,以及系统稳态可用度。

表 10.7　系统元件失效分布的参数和计算出的稳态可用度

编　号	失效行为				维修分布	稳态可用度
	b	T/h	t_0/h	MTTF/h	MTTR/h	A_{Di}
K_1	2.0	3 000	0	2 658	100	0.963 7
K_2	1.8	3 200	500	2 901	100	0.996 7
K_3	1.5	2 500	1 500	2 354	100	0.959 3
系统稳态可用度: $A_{DS} = \prod_{i=1}^{n} \dfrac{MTTF_i}{MTTF_i + MTTR_i} = \prod_{i=1}^{n} A_{Di} = 0.893\ 7$						

10.4.4　一般更新过程

更新理论起源于对"人口更新"的研究,随后更多研究概率论里独立和正态随机变量的一般问题。一般的更新过程属于随机点过程,并假设单个单元在连续状态下工作。假设在寿命终结时刻,失效的零件立即被更换为一只新的、具有同样统计特性的零件。一般的更新过程假设维修时间相对于工作时间可以忽略不计,即 MTTF≫MTTR。该简化导致无法用一般的更新过程模型计算可用度。

1. 到第 n 次维修之前的时间

一般更新过程用图 10.25 来表示。

点 $T_1, T_2, \cdots$ 表示更新时间点或再生点。T_n 的值是指从原点到第 n 次 z 维修时间点的距离,即第 n 次维修的时间点。更新过程产生一系列时间点,这些维修时间点彼此独立,因此

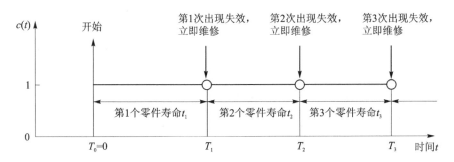

图 10.25　一般更新过程

这个过程经常视为点过程。寿命 τ_n 为正的独立随机变量,并都符合同样的分布规律 $F(t)$。下面这个方程符合一般的更新过程:

$$T_n = \sum_{i=1}^{n} \tau_i, \quad n = 1(1)\infty \tag{10.40}$$

原点本身不计为一个维修点,第 n 次维修的分布,也就是在 T_n 时间点上,由 $F(t)$ 的卷积幂得出:

$$F_n(t) = F^{*(n)}(t) \tag{10.41}$$

它对应 n 个寿命和分布,$F(t)$ 的第 n 次卷积幂可用下列公式递归求解:

$$F^{*(n)}(t) = \int_0^t F^{*(i-1)}(t-t')f(t')\mathrm{d}t', \quad \forall i = 2(1)n \tag{10.42}$$

式中,$F^{*(1)}(t) \equiv F(t)$。

2. 更新次数

在时间段 $[0,t]$ 内更新点的数量 $N(t)$ 是一个离散的随机变量:

$$N(t) = \begin{cases} 0, & t < T_1 \\ n, & T_n \leqslant t < T_{n+1} \end{cases} \tag{10.43}$$

要得到在 0 和 t 之间恰好有 n 个维修点的概率,需要 $W_n(t) = P[N(t) = n]$,于是得到下式:

$$W_n(t) = F^{*(n)}(t) - F^{*(n+1)}(t) \tag{10.44}$$

第一个零件开始工作到时间点 t 之间没有维修工作发生的概率就是该零件的可靠度:

$$W_0(t) = 1 - F(t) = R(t) \tag{10.45}$$

3. 更新函数和更新密度

更新函数 $H(t)$ 定义为在时间段 $[0,t]$ 内发生更新次数的期望,从方程(10.43)可以得到

$$H(t) = E[N(t)] = \sum_{n=1}^{\infty} nW_n(t) = \sum_{n=1}^{\infty} n[F^{*(n)}(t) - F^{*(n+1)}(t)] = \sum_{n=1}^{\infty} nF^{*(n)}(t), \quad t \geqslant 0$$

更新函数是计算需要备件数量的依据,因为其以 50% 的概率预测了在时间 t 之前需要多少次维修。也就是说如果更新过程要维持 50% 的概率,那么在时间 t 就需要总共 $H(t)$ 的备用件。

从更新函数推导出更新密度:

$$h(t) = \frac{\mathrm{d}H(t)}{\mathrm{d}t} = \sum_{n=1}^{\infty} f^{*(n)}(t) \tag{10.46}$$

其是无限个失效密度的卷积幂之和,可以用下面的方程递归计算得到:

$$f_s(t) = f^{*(i)}(t) = \int_0^t f^{*(i)}(t)(t - t')\,\mathrm{d}t', \quad \forall\, i = 2(1)\,n \tag{10.47}$$

式中,$f^{*(1)}(t) \equiv f(t)$。

　　表达式 $h(t)\mathrm{d}t$ 是在时间段 $[t, t + \mathrm{d}t]$ 中发生一定数量失效的平均概率,因此更新密度就是单位时间内失效的平均数量。图 10.26 以正态分布密度函数为例,说明了这种关系,其中:$\mu = 36\ \mathrm{h}, \sigma = 6\ \mathrm{h}$。

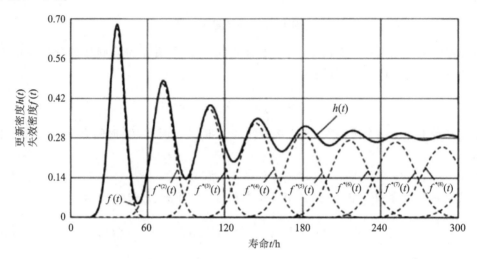

图 10.26　更新密度是失效密度卷积幂的无限次和

4. 更新方程

　　更新函数的拉氏变换可以用几何数列来表示。对方程(10.46)通过拉氏变换的卷积定理,就可得到

$$L[h(t)] = \tilde{h}(s) = \sum_{n=1}^{\infty} \tilde{f}^n(s) = \tilde{f}(s)[1 + \tilde{f}(s) + \tilde{f}^2(s) + \tilde{f}^3(s) + \cdots] = \frac{\tilde{f}(s)}{s[1 - \tilde{f}(s)]} \tag{10.48}$$

利用拉氏变换的积分定理,从这个维修函数得出下列方程:

$$L[H(t)] = \tilde{H}(s) = \sum_{n=1}^{\infty} \tilde{F}^n(s) = \frac{1}{s}\sum_{n=1}^{\infty} \tilde{f}^n(s) = \frac{\tilde{f}(s)}{s[1 - \tilde{f}(s)]} \tag{10.49}$$

如果把方程(10.48)和方程(10.49)重新整理,可以得到

$$\tilde{h}(s) = \tilde{f}(s) + \tilde{h}(s)\tilde{f}(s) \tag{10.50}$$

$$\tilde{H}(s) = \tilde{F}(s) + \tilde{H}(s)\tilde{f}(s) \tag{10.51}$$

对方程(10.50)和方程(10.51)进行逆变换,同时根据拉氏变换的卷积定律,就能得到下面的方程:

$$h(t) = f(t) + h * f(t) = f(t) + \int_0^t h(t - t')f(t')\,\mathrm{d}t' \tag{10.52}$$

$$H(t) = f(t) + H * f(t) = F(t) + \int_0^t H(t-t') f(t') \, \mathrm{d}t' \tag{10.53}$$

这些方程称为更新理论的积分方程或简称为**维修方程**。

5. 估算备用件需求量

根据参考文献[10]，已经找出一般更新过程 $H(t)$ 的渐近线。对于较长的时间 t，这些渐近线趋近 $H(t)$ 和 $N(t)$。这里还是需要 $E(\tau) = \mathrm{MTTF} < \infty$ 和 $\mathrm{Var}(\tau) < \infty$。

更新理论的基础定律还可以对更新过程的渐近线作进一步说明。其中一个重要的推论就是曲线 $H(t)$ 的渐近线可以用下列方程描述的直线表示：

$$\widehat{H}(t) = \frac{t}{\mathrm{MTTF}} + \frac{\mathrm{Var}(\tau) + \mathrm{MTTF}^2}{2\mathrm{MTTF}^2} - 1 = \frac{t}{\mathrm{MTTF}} + \frac{\mathrm{Var}(\tau) - \mathrm{MTTF}^2}{2\mathrm{MTTF}^2} \tag{10.54}$$

从 $H(t)$ 得到一个渐近解，这样就知道为维持更新过程而需要随时间变化的备件数量。

6. 可用度说明

假设一般更新过程，零件更换没有任何延迟，可用度如下：

$$A(t) = 1, \quad \forall \, t \geqslant 0 \tag{10.55}$$

7. 一般更新过程的分析

维修方程(10.52)和方程(10.53)是线性的第二类 Volterra 型积分方程。方程求解和数值积分方法可参考相关文献。

10.4.5　交替更新过程

如果维修时间或更新失效件花费的时间不能忽略，那么我们面对的就是交替的更新过程。这个过程更加容易模拟实际状况，因为通常发现零件故障和维修都需要一定的时间。

1. 交替更新过程和步骤

交替更新过程如图 10.27 所示。第一个零件从时间 $t=0$ 时开始工作，在第一个寿命阶段 $\tau_{1,1}$ 处于工作状态。寿命结束时，该零件失效，随后进入故障状态或维修状态。在维修过程 $\tau_{0,1}$ 中，失效的零件或被修理，或被更换。在修理或更换结束后，零件立即回到工作状态。在随机的寿命 $\tau_{1,2}$ 结束后，它再次需要维修或更换，时间是 $\tau_{0,2}$，寿命和维修时间交替出现。

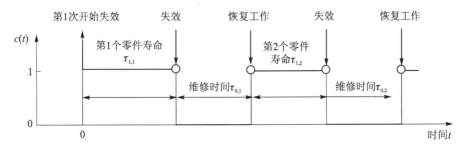

图 10.27　交替更新过程

图 10.28 表示每段寿命结束的时刻 $T_{1,n}$ 和每次维修完毕的时刻 $T_{0,n}$。

寿命 $\tau_{1,n}$ 计算如下：

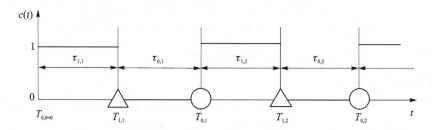

图 10.28　交替的更新过程

$$\tau_{1,n} = T_{1,n} - T_{0,n-1}, \quad n = 1(1)\infty \tag{10.56}$$

式中,不将工作开始的时刻 $T_{0,0} = 0$ 作为维修点。

维修时间长度可以计算如下:

$$\tau_{0,n} = T_{0,n} - T_{1,n}, \quad n = 1(1)\infty \tag{10.57}$$

如果方程(10.56)和方程(10.57)中的差是独立正态随机变量,系列时间点 $T_{1,1}$、$T_{0,1}$、$T_{1,2}$、$T_{1,3}$、…就表示了交替的更新过程;而且,还需要所有的寿命 $\tau_{1,n}$ 和所有的维修时间长度 $\tau_{1,n}$ 都有相同的分布。因为我们已经假设在时间 $t = 0$ 时新的零件进入工作状态,第一段寿命 $\tau_{1,1}$ 和以后的寿命 $\tau_{1,n}$ 有相同的分布,这种过程称为一般交替更新过程。

寿命 $\tau_{1,n}$ 的规律用 $F(t)$、$f(t)$ 和 MTTF 来表示,而维修时间长度 $\tau_{0,n}$ 的规律用 $G(t)$、$g(t)$ 和 MTTR 来表示。寿命 $\tau_{1,n}$ 当时间到达维修时刻 $T_{1,n}$ 的时候结束,这也是为什么这个时候称为失效点。维修时刻 $T_{0,n}$,即 $\tau_{0,n}$ 结束的时刻,也是再次投入工作的时间点。

2. 更新方程

和一般更新过程相似,嵌入过程的更新方程是经过拉氏变换、几何级数展开、重写拉普拉斯域以及拉普拉斯逆变换之后得到的积分方程。由失效点组成的嵌入单次更新过程的更新密度的更新方程如下所示:

$$h_1(t) = f(h) + h_1 * [f * g(t)] = f(t) + \int_0^t h_1(t - t')[f * g(t')] \, dt' \tag{10.58}$$

更新函数的更新方程为

$$H_1(t) = F(h) + H_1 * [f * g(t)] = F(t) + \int_0^t H_1(t - t')[f * g(t')] \, dt' \tag{10.59}$$

为了估算备用件的需求量,比较实际的做法是使用失效数的更新函数 $H_1(t)$,这样当失效发生后进入维修状态时,就有需要的备用件可供使用。

嵌入 0 次更新过程的维修密度的更新方程是

$$h_0(t) = f * g(t) + h_0 * [f * g(t)] = f * g(t) + \int_0^t h_0(t - t')[f * g(t')] \, dt' \tag{10.60}$$

更新函数的更新方程是

$$H_0(t) = F * g(t) + H_0 * [f * g(t)] = F * g(t) + \int_0^t h_0(t - t')[f * g(t')] \, dt' \tag{10.61}$$

3. 备用件需求的估算

这两种更新过程都有可能找出更新的定律,这些定律能使我们估算出当时间较长时的 $H_1(t)$ 和 $H_0(t)$。需要 $\text{MTTF}<\infty,\text{MTTR}<\infty,\text{Var}(\tau_1)<\infty,\text{Var}(\tau_0)<\infty<\text{MTTF}<\infty$。

可以知道,下面这条直线就是嵌入单次更新过程曲线 $H_1(t)$ 的渐近线:

$$\widehat{H}_1(t)=\frac{t}{\text{MTTF}+\text{MTTR}}+\frac{\text{Var}(\tau_1)+\text{Var}(\tau_0)+\text{MTTR}^2-\text{MTTF}^2}{2(\text{MTTF}+\text{MTTR})^2} \qquad (10.62)$$

而下面这条直线对应的是嵌入 0 次更新过程曲线 $H_0(t)$ 的渐近线:

$$\widehat{H}_0=\frac{t}{\text{MTTF}+\text{MTTR}}+\frac{\text{Var}(\tau_1)+\text{Var}(\tau_0)+(\text{MTTF}+\text{MTTR})^2}{2(\text{MTTF}+\text{MTTR})^2}-1$$

$$(10.63)$$

这样看来,方程(10.62)和方程(10.63)对维修函数 $H_1(t)$ 和 $H_0(t)$ 在时间 t 较大时给出的渐近值比一般的更新计算方法更准确。同时,这些方程还能在时间 t 较大时给出备用件的需求量。这里,应采用维修函数 $H_1(t)$ 的逼近值,因为在失效发生的时刻,备用件已经准备好了。

4. 点可用度

在实际工作中,**点可用度**作为设备的性能指标受到越来越多的关注。根据方程(10.4),点可用度指的是零件在某一时刻 t 时工作状态的概率。点可用度可以根据交替式更新过程用各种不同的方法求出。下面介绍三种方法。

(1) 方法一

把点可用度视为区间可靠度 $x=0$ 的特殊情况:

$$A(t)=R(t)+R*h_0(t)=R(t)+\int_0^t R(t-t')h_0(t')\,\mathrm{d}t' \qquad (10.64)$$

为了求出方程(10.64)的点可用度,需要已知维修密度函数 $h_0(t)$。

(2) 方法二

计算零件点可用度的第二种方法不需要明确知道维修密度函数 $h_0(t)$。预设一个零件从 $t=0$ 时刻开始处于工作状态(状态 1)。如图 10.29 所示,只考虑维修零件重新进入工作状态的时间 $T_{0,n}$,第一次更新过程结束后的第一次维修在时刻 t'。

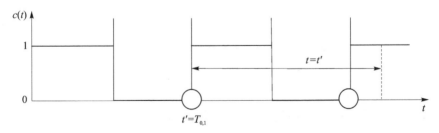

图 10.29　交替更新过程的状态变化

第一次重新进入工作时间 $T_{0,1}$ 的分布密度等于 $f*g(t')$。如果第一次维修完成的时间 $t\leqslant t'$,则在 t 时刻为状态 1 的概率等于 $A(t-t')$。

对所有可能的 t' 进行积分,我们得到

$$P(Z(t)=1 \,|\, T_{0,1}=t' \leqslant t) = \int_0^t A(t-t')[f*g(t')]\,\mathrm{d}t' \qquad (10.65)$$

另外，还需要考虑 $T_{0,1}$ 发生在时刻 t 以后的情况。这时，时刻 t 以后为状态 1 的概率等于

$$P(Z(t)=1 \,|\, T_{0,1}=t' > t) = 1 - F(t) = R(t) \qquad (10.66)$$

点可用度的递归公式可以直接从方程(10.65)和方程(10.66)推导出，在时刻 $T_{0,1}$，将它们各自在不同条件下应用全概率定律：

$$A(t) = R(t) + A*[f*g(t)] = R(t) + \int_0^t A(t-t')[f*g(t')]\,\mathrm{d}t' \qquad (10.67)$$

（3）方法三

根据方程(10.4)，点可用度定义为状态函数 $C(t)$ 在 t 时刻的数学期望值，状态函数的计算通过数字函数 $N_1(t)$ 和 $N_0(t)$ 得出。

$N_1(t)$ 表示在时间段 $[0,t]$ 内失效的次数，$N_0(t)$ 表示的是在时间段 $[0,t]$ 内完成的维修的次数。从图 10.30 可以看出，在时刻 t，条件数 $C(t)$ 是

$$C(t) = 1 + N_0(t) - N_1(t) \qquad (10.68)$$

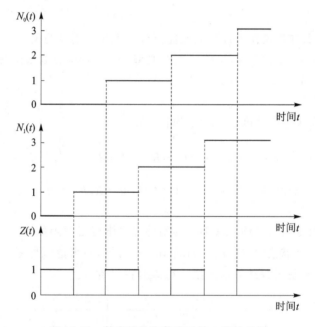

图 10.30　数字函数和状态函数之间的关系

通过期望值，我们从状态函数获得另一种点可用度。考虑到随机变量的加法原则以及常量的期望值也是常量，我们可以得到下面的点可用度：

$$A(t) = E[Z(t)] = 1 + E[N_0(t)] - E[N_1(t)] = 1 + H_0(t) - H_1(t) \qquad (10.69)$$

采用拉氏变换能发现方程(10.64)、方程(10.67)和方程(10.69)在计算点可用度 $A(t)$ 上是等效的。

5. 渐进特性

可用度 $A(t)$ 经过足够长的时间后会收敛到一个和 $t=0$ 时刻初始状态无关的常数。稳态可用度可以通过基本的更新理论计算。

$$A_D(t) = \lim_{t \to \infty} A(t) = \frac{\text{MTTF}}{\text{MTTF} + \text{MTTR}} \tag{10.70}$$

定义相邻维修点间的时间段为维修周期,稳态可用度就是工作时间占整个周期比例的期望值。

6. 交替更新过程的分析

更新方程(10.58)～方程(10.61)是线性的第二类 Volterra 积分方程,其求解要使用数值积分方法。计算点可用度 $A(t)$ 的方程(10.64)、方程(10.67)和方程(10.69)也可以用数值方法求解。

例 10-6　图 10.31 表示的是在相同威布尔维修分布下,不同威布尔失效分布的更新密度、更新函数、失效和维修密度以及可用度,维修分布类似于正态分布,其形状参数 $b = 3.5$。选择各种不同失效分布但是使 MTTF 值保持恒定。失效分布的形状参数改变了 5 次,这也使得在 MTTF 不变的情况下有不同的特征寿命 T。分布的参数总结在表 10.8 中。

表 10.8　失效分布和维修分布的参数

编号	失效分布 $F(t)$				维修分布 $G(t)$			
	b	MTTF/h	T/h	$\sqrt{\text{Var}(\tau)}$/h	b	MTTR/h	T/h	$\sqrt{\text{Var}(\tau)}$/h
1	1.0	1 000	1 000	1 000	3.5	600	666.85	189.87
2	1.5	1 000	1 107.73	678.97	3.5	600	666.85	189.87
3	2.0	1 000	1 128.38	522.72	3.5	600	666.85	189.87
4	2.0	1 000	1 119.85	363.44	3.5	600	666.85	189.87
5	4.0	1 000	1 103.26	280.54	3.5	600	666.85	189.87

图 10.31 表示更新密度收敛到稳定值 $h_\infty = 1/(\text{MTTF} + \text{MTTR}) = 6.25 \times 10^{-4} \text{ h}^{-1}$,根据形状参数,更新密度会有不同的形状。形状参数 b 越大,更新密度在稳定值 h_∞ 上下振动越剧烈。失效分布的方差越小,更新密度收敛得越快。

更新方程也显示了这一点。根据方程(10.62)和方程(10.63),其可能收敛到线性渐近线,而更新函数的斜率向 $1/h_\infty$ 收敛。方差不同,更新函数在水平方向的位置不同。

可用度还基于形状参数而采取不同的形式。形状参数 b 的值越大,可用度围绕稳态可用度 $A_D = \text{MTTF}/(\text{MTTF} + \text{MTTR}) = 10/16 = 62.5\%$ 振荡的幅度越大。

10.4.6　半马尔科夫过程

采用通用马尔科夫过程可以描述复杂的系统,但是需要这个系统符合指数分布。Levy 和 Smith 在 1945 年首次提出了**半马尔科夫过程**(Semi - Markov Processes,SMP)理论,在一定程度上结合了更新过程和马尔科夫过程的优点,可描述一个结构简单的系统更新过程,不限制其符合某一种分布。

1. 半马尔科夫过程方法

半马尔科夫过程有 $m+1$ 个状态$(C_0, \cdots, C_m)$,并有下列特性:如果在某一时刻 t 处于状态 C_i,那么下一个状态就取决于半马尔科夫过渡概率(SMT)$Q_j(t)$。这就让计算当中包含了

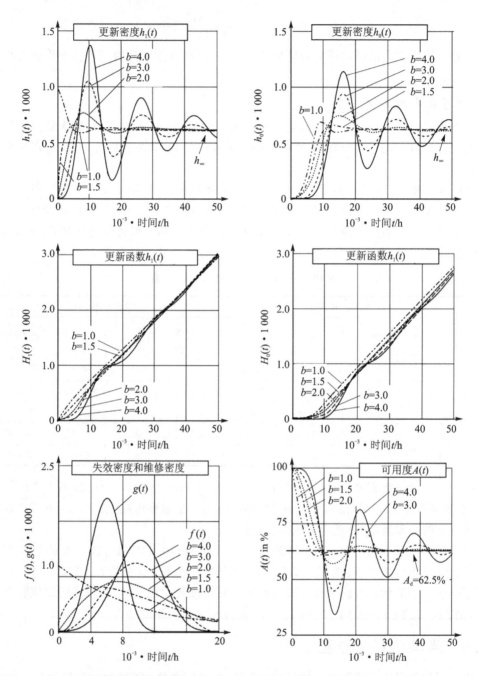

图 10.31 维修行为和失效符合威布尔分布时的更新密度、更新函数、失效密度、维修密度和可用度

上一次开始的时间 t'。图 10.32 是一个符合半马尔科夫过程下状态函数 $c(t)$ 的例子。

花在各种状态 C_i 下的时间分布函数可以通过求和得到,即

$$O_i(t) = \sum_{j=0}^{m} O_{ij}(t) \tag{10.71}$$

每个状态 C_i 上以及过渡到 C_j 的时间是个正随机变量,分布函数是 $F_{ij}(t)$。这个过程也称为马尔科夫更新过程,它完全由 $F_{ij}(t)$ 和初始条件决定。

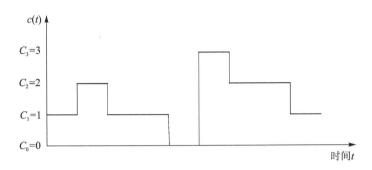

图 10.32　半马尔科夫过程下的状态指示函数

和更新过程不同,半马尔科夫过程可以模拟多于两种的状态。它与可维修系统的维修一起,不仅能表达工作状态、故障状态或维修状态,还可以模拟其他状态,比如"预防性维修造成的停机"或"等待备用件"。

状态概率是如下:

$$P_{i,j}(t) = P(Z(t) = Z_j \mid Z(0) = Z_i) \tag{10.72}$$

上式对应了状态 i 从 $t=0$ 时算起,在每一时刻 t 处于状态 j 的概率分布。该概率函数由积分方程组得出,很多文献里称其为半马尔科夫过程的柯尔莫哥洛夫方程:

$$P_{i,j}(t) = \delta_{ij}[1 - Q_i(t)] + \sum_{k=0}^{m} \int_0^t q_{ik}(t') P_{k,j}(t - t') \, \mathrm{d}t' \tag{10.73}$$

其中克罗内克函数当 $j \neq i$ 时,$\delta_{ij} = 0, \delta_{ii} = 1$,半马尔科夫过程密度是

$$q_{ij}(t) = \frac{\mathrm{d}Q_{ij}(t)}{\mathrm{d}t} \tag{10.74}$$

为了确定可用度,需要构造过程状态两个互补的子集:Γ_S 是被观测产品所有状态中处于可工作状态的子集,而 Γ_F 是被观测产品所有状态中处于失效状态的子集。因此,点可用度可用下面的方法计算:

$$A(t) = \sum_{j \in \Gamma_S} P_{i,j}(t) \tag{10.75}$$

10.5　小　结

对不同的计算模型进行分析归纳和总结,如表 10.9 所列,标出了每个模型可以分析的系统参数,描述失效和维修行为分布的方程类型,每个模型的方程,对应各模型的求解方法,最后列出了各模型可求解的系统参数。

表 10.9　不同模型的对比

模　型	单个零件	复杂结构	预防性维修	维修	维修计划	零件状态	复杂性依赖性	失效行为	维修行为	类型描述	求解选择	可靠度 $R(t)$	可用度 $A(t)$	稳态可用度 $A_D(t)$	备用件需求
周期性维修模型	√	—	√	—	—	2	—	随机	—	代数	解析法	√	—	√	√
马尔科夫模型	√	√	—	√	—	n	—	指数分布	指数分布	微分方程组	解析法	—	√	√	√

续表 10.9

模 型	单个零件	复杂结构	预防性维修	维 修	维修计划	零件状态	复杂性依赖性	失效行为	维修行为	类型描述	求解选择	可靠度 $R(t)$	可用度 $A(t)$	稳态可用度 $A_D(t)$	备用件需求
布尔-马尔科夫模型	√	—	—	√	—	2		随机		代数	数值方法	—	—	√	—
一般更新过程	√	—	—	√	—	2		随机	随机	积分系统	数值方法	—	—	—	√
交替更新过程	√	—	—	√	—	2		随机	随机	积分系统	数值方法	—	√	√	√
半马尔科夫过程	√	√	—	√	—	n		随机	随机	积分方程组	数值方法/蒙特卡罗模拟	—	√	√	√

习题 10

1. 一个零件的 MTTF 是 5 000 h,该零件的 MTTR 最高不能超过多少才使可用度达到 $A_D=99\%$?

2. 一个串联系统含有三个相同的零件,每个零件的 MMTF 是 1 500 h,系统的稳态可用度是 99%,则零件的 MTTR 值是多少?

3. 一个由三个相同零件并联而成的系统,系统的稳态可用度是 $A_{DS}=99.9\%$,则单个零件的稳态可用度 A_{Di} 是多少?

4. 一个由三个相同零件并联而成的系统,每个零件的 MTTF 是 1 500 h,系统的稳态可用度是 99%,则每个零件的 MTTR 是多少?

5. 某系统由三个零件组成,其可靠性框图如图 10.33 所示。系统的稳态可用度 A_{DS} 是 95%,稳态可用度 A_{D2} 和 A_{D3} 都是 90%,零件 1 的平均寿命是 1 000 h。

(1) 为了使整体可用度达到上述值,计算零件 1 所需要的稳态可用度 A_{D1};

(2) 零件 1 的 MTTR 要达到多少,才能使其稳态可用度达到(1)的计算结果?

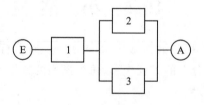

图 10.33 习题 5 图

6. 现在要确定某零件备用件的库存量。寿命 τ_1 符合指数分布,失效率是 $\lambda_1=0.002$ 1/h。维修时间 τ_0 也同样符合指数分布,维修率是 $\lambda=0.11/h$。注:$\mathrm{Var}(\tau_1)=1/\lambda^2$ 且 $\mathrm{Var}(\tau_0)=1/\mu^2$,库存量用 I 表示(初始值)。

(1) 使用交替更新的近似方程 $\widehat{H}_1(t)$,给出库存量 $S(t)$ 的通式;

(2) 为了保证零件在 8 760 h 内的期间库存不会降低到零,计算库存量 I 应该是多少。

7. 某零件的失效率 $\lambda = 0.031/h$ 和维修率 $\mu = 0.21/h$，单个零件第一次开始工作的时刻是 $t = 0$。

(1) 计算单个零件的稳态可用度 A_D；

(2) 在 $t = 2.1\,h$ 时刻，单个零件的可用度 $A(t)$ 是多少？

8. 某零件的失效率 $\lambda = 0.011/h$ 和维修率 $\mu = 0.11/h$。

(1) 计算该零件的稳态可用度 A_D；

(2) t^* 在什么时刻，可用度 $A(t^*) = 95\%$？

附 录

附表 1 给出了标准正态分布 $\phi(x)=NV(\mu=0,\sigma=1)$ 的值,其中 $x\geqslant0$。 $x<0$ 的情况用 $\phi(-x)=1-\phi(x)$ 表示。

附表 1　标准正态分布

x	+0.00	+0.01	+0.02	+0.03	+0.04	+0.05	+0.06	+0.07	+0.08	+0.09
0.0	0.500 0	0.504 0	0.508 0	0.512 0	0.516 0	0.519 9	0.523 9	0.527 9	0.531 9	0.535 9
0.1	0.539 8	0.543 8	0.547 8	0.551 7	0.555 7	0.559 6	0.563 6	0.567 5	0.571 4	0.575 3
0.2	0.579 3	0.583 2	0.587 1	0.591 0	0.594 8	0.598 7	0.602 6	0.606 4	0.610 3	0.614 1
0.3	0.617 9	0.621 7	0.625 5	0.629 3	0.633 1	0.636 8	0.640 6	0.644 3	0.648 0	0.651 7
0.4	0.655 4	0.659 1	0.662 8	0.666 4	0.670 0	0.673 6	0.677 2	0.680 8	0.684 4	0.687 9
0.5	0.691 5	0.695 0	0.698 5	0.701 9	0.705 4	0.708 8	0.712 3	0.715 7	0.719 0	0.722 4
0.6	0.725 7	0.729 1	0.732 4	0.735 7	0.738 9	0.742 2	0.745 4	0.748 6	0.751 7	0.754 9
0.7	0.758 0	0.761 1	0.764 2	0.767 3	0.770 4	0.773 4	0.776 4	0.779 4	0.782 3	0.785 2
0.8	0.788 1	0.791 0	0.793 9	0.796 7	0.799 5	0.802 3	0.805 1	0.807 8	0.810 6	0.813 3
0.9	0.815 9	0.818 6	0.821 2	0.823 8	0.826 4	0.828 9	0.831 5	0.834 0	0.836 5	0.838 9
1.0	0.841 3	0.843 8	0.846 1	0.848 5	0.850 8	0.853 1	0.855 4	0.857 7	0.859 9	0.862 1
1.1	0.864 3	0.866 5	0.868 6	0.870 8	0.872 9	0.874 9	0.877 0	0.879 0	0.881 0	0.883 0
1.2	0.884 9	0.886 9	0.888 8	0.890 7	0.892 5	0.894 4	0.896 2	0.898 0	0.899 7	0.901 5
1.3	0.903 2	0.904 0	0.906 6	0.908 2	0.909 9	0.911 5	0.913 1	0.914 7	0.916 2	0.917 7
1.4	0.919 2	0.920 7	0.922 2	0.923 6	0.925 1	0.926 5	0.927 9	0.929 2	0.930 6	0.931 9
1.5	0.933 2	0.934 5	0.935 7	0.937 0	0.938 2	0.939 4	0.940 6	0.941 8	0.942 9	0.944 1
1.6	0.945 2	0.946 3	0.947 4	0.948 4	0.949 5	0.950 5	0.951 5	0.952 5	0.953 5	0.954 5
1.7	0.955 4	0.956 4	0.957 3	0.958 2	0.959 1	0.959 9	0.960 8	0.961 6	0.962 5	0.963 3
1.8	0.964 1	0.964 9	0.965 6	0.966 4	0.967 1	0.967 8	0.968 6	0.969 3	0.969 9	0.970 7
1.9	0.971 3	0.971 9	0.972 6	0.973 2	0.973 8	0.974 4	0.975 0	0.975 6	0.976 1	0.976 7
2.0	0.977 2	0.977 8	0.978 3	0.978 8	0.979 3	0.979 8	0.980 3	0.980 8	0.981 2	0.981 7
2.1	0.982 1	0.982 6	0.983 0	0.983 4	0.983 8	0.984 2	0.984 6	0.985 0	0.985 4	0.985 7
2.2	0.986 1	0.986 4	0.986 8	0.987 1	0.987 5	0.987 8	0.988 1	0.988 4	0.988 7	0.989 0
2.3	0.989 3	0.989 6	0.989 8	0.990 1	0.990 4	0.990 6	0.990 9	0.991 1	0.991 3	0.991 6
2.4	0.991 8	0.992 0	0.992 2	0.992 5	0.992 7	0.992 9	0.993 1	0.993 2	0.993 4	0.993 6
2.5	0.993 8	0.994 0	0.994 1	0.994 3	0.994 5	0.994 6	0.994 8	0.994 9	0.995 1	0.995 2
2.6	0.995 3	0.995 5	0.995 6	0.995 7	0.995 9	0.996 0	0.996 1	0.996 2	0.996 3	0.996 4
2.7	0.996 5	0.996 6	0.996 7	0.996 8	0.996 9	0.997 0	0.997 1	0.997 2	0.997 3	0.997 4
2.8	0.997 4	0.997 5	0.997 6	0.997 7	0.997 7	0.997 8	0.997 9	0.997 9	0.998 0	0.998 1
2.9	0.998 1	0.998 2	0.998 2	0.998 3	0.998 4	0.998 4	0.998 5	0.998 5	0.998 6	0.998 6
3.0	0.998 7	0.998 7	0.998 7	0.998 8	0.998 8	0.998 9	0.998 9	0.998 9	0.999 0	0.999 0

正态分布转换：$x = \dfrac{t-\mu}{\sigma}$。

对数正态分布转换：$x = \dfrac{\ln(t-t_0)-\mu}{\sigma}$。

附表 2 为 n 个 $(1 \leqslant n \leqslant 10)$ 试样、秩为 i、5％置信极值中位值百分比。

附表 2　n 个 $(1 \leqslant n \leqslant 10)$ 试样、秩为 i、5％置信极值中位值百分比

	$n=1$	2	3	4	5	6	7	8	9	10
$i=1$	50.000 0	29.289 3	20.629 9	15.910 4	12.994 9	10.910 1	9.427 6	8.299 6	7.412 5	6.696 7
2		70.710 7	50.000 0	38.572 8	31.381 0	26.445 0	22.849 0	20.113 1	17.962 0	16.226 3
3			79.370 0	61.427 2	50.000 0	42.140 7	36.411 6	32.051 9	28.623 7	25.857 5
4				84.089 6	68.619 0	57.859 3	50.000 0	44.015 5	39.308 5	35.510 0
5					87.055 0	73.555 0	63.588 4	55.984 5	50.000 0	45.169 4
6						89.089 9	77.151 0	67.948 1	60.691 5	54.830 6
7							90.572 4	79.886 9	71.376 3	64.490 0
8								91.700 4	82.038 0	74.142 5
9									92.587 5	83.773 7
10										93.303 3

附表 3 为 n 个 $(11 \leqslant n \leqslant 20)$ 试样、秩为 i、5％置信极值中位值百分比。

附表 3　n 个 $(11 \leqslant n \leqslant 20)$ 试样、秩为 i、5％置信极值中位值百分比

	$n=11$	12	13	14	15	16	17	18	19	20
$i=1$	6.606 9	5.612 6	5.192 2	4.830 5	4.515 8	4.239 7	3.995 3	3.777 6	3.582 4	3.406 4
2	14.796 3	13.597 9	12.579 1	11.702 2	10.939 6	10.270 3	9.678 2	9.150 6	8.677 5	8.251 0
3	23.578 5	21.668 6	20.044 9	18.647 4	17.432 1	16.365 4	15.421 8	14.581 0	13.827 1	13.147 4
4	32.380 4	29.757 6	27.527 6	25.608 4	23.939 3	22.474 5	21.178 5	20.023 8	18.988 5	18.055 0
5	41.189 0	37.852 9	35.016 3	32.575 1	30.452 0	28.588 6	26.940 0	25.471 2	24.154 3	22.968 8
6	50.000 0	45.950 7	42.507 7	39.544 3	36.967 1	34.705 0	32.703 8	30.920 7	29.322 0	27.880 5
7	58.811 0	54.049 3	50.000 0	46.514 7	43.483 3	40.822 7	38.468 7	36.371 4	34.490 9	32.795 2
8	67.619 5	62.147 1	57.492 3	53.485 3	50.000 0	46.940 8	44.234 2	41.822 6	39.660 3	37.710 5
9	76.421 5	70.242 4	64.983 7	60.455 7	56.516 7	53.059 2	50.000 0	47.274 2	44.830 1	42.626 2
10	85.203 7	78.331 4	72.472 4	67.424 9	63.033 0	59.177 3	55.765 8	52.725 8	50.000 0	47.542 1
11	93.893 1	86.402 1	79.955 1	74.391 6	69.548 0	65.295 0	61.531 3	58.177 4	55.169 9	52.458 0
12		94.387 4	87.420 9	81.352 6	76.060 7	71.411 4	67.296 2	63.628 6	60.339 7	57.373 8
13			94.807 8	88.297 8	82.567 9	77.525 5	73.060 0	69.079 3	65.509 1	62.289 5
14				95.169 5	89.060 4	83.634 6	78.821 5	74.528 8	70.678 0	67.204 8
15					95.484 2	89.729 7	84.578 2	79.976 2	75.845 7	72.119 5
16						95.760 3	90.321 8	85.419 0	81.011 5	77.033 2

续附表 3

	$n=11$	12	13	14	15	16	17	18	19	20
17							96.004 7	90.849 4	86.172 9	81.495 0
18								96.222 4	91.322 5	86.852 6
19									96.417 6	91.749 0
20										96.593 6

附表 4 为 n 个($21 \leqslant n \leqslant 30$)试样、秩为 i、5% 置信极值中位值百分比。

附表 4　n 个($21 \leqslant n \leqslant 30$)试样、秩为 i、5%置信极值中位值百分比

	$n=21$	22	23	24	25	26	27	28	29	30
$i=1$	3.246 8	3.101 6	2.968 7	2.846 8	2.734 5	2.630 7	2.534 5	2.445 1	2.361 8	2.284 0
2	7.864 4	7.512 4	7.190 6	6.895 2	6.623 1	6.371 7	6.138 6	5.922 1	5.720 2	5.531 7
3	12.531 3	11.970 4	11.457 6	10.986 8	10.553 3	10.152 6	9.781 3	9.436 1	9.114 5	8.814 1
4	17.209 0	16.438 6	15.734 3	15.087 9	14.492 5	13.942 2	13.432 3	12.958 3	12.516 6	12.104 1
5	21.890 5	20.910 7	20.014 7	19.192 4	18.435 0	17.735 1	17.086 4	16.483 4	15.921 6	15.396 8
6	26.574 0	25.384 4	24.296 6	23.298 6	22.379 1	21.529 4	20.741 9	20.010 0	19.327 9	18.690 9
7	31.258 4	29.859 2	28.579 8	27.405 6	26.324 1	25.324 6	24.398 3	23.537 3	22.735 0	21.985 7
8	35.943 4	34.334 5	32.863 4	31.513 2	30.269 5	29.120 3	28.055 1	27.065 1	26.142 6	25.280 9
9	40.628 8	38.810 2	37.147 3	35.621 1	34.215 3	32.916 3	31.712 0	30.593 2	29.550 4	28.576 4
10	45.314 4	43.286 0	41.431 5	39.729 2	38.161 3	36.712 5	35.369 6	34.121 5	32.958 5	31.872 1
11	50.000 0	47.762 0	45.715 7	43.837 5	42.107 5	40.508 9	39.027 1	37.650 0	36.366 7	35.167 9
12	54.685 6	52.238 0	50.000 0	47.945 8	46.053 7	44.305 3	42.684 7	41.178 5	39.774 9	38.463 9
13	59.371 2	56.714 0	54.284 3	52.054 2	50.000 0	48.101 8	46.342 3	44.707 1	43.183 3	41.759 9
14	64.056 6	61.189 8	58.568 5	56.162 5	53.946 3	51.898 2	50.000 0	48.235 7	46.591 6	45.055 9
15	68.741 6	65.665 5	62.852 7	60.270 8	57.892 5	55.694 7	53.657 7	51.764 3	50.000 0	48.352 0
16	73.426 0	70.140 8	67.136 6	64.378 9	61.838 6	59.491 1	57.315 3	55.292 9	53.408 4	51.648 0
17	78.109 5	74.615 6	71.420 2	68.486 8	65.784 7	63.287 5	60.972 9	58.821 5	56.816 7	54.944 1
18	82.791 1	79.089 4	75.703 2	72.594 4	69.730 5	67.083 7	64.630 4	62.350 0	60.225 1	58.240 1
19	87.468 7	83.561 4	79.985 3	76.701 4	73.675 9	70.879 7	68.287 7	65.878 5	63.633 3	61.537 1
20	92.135 6	88.029 6	84.265 7	80.807 6	77.620 9	74.675 4	71.944 9	69.406 8	67.041 5	64.832 0
21	96.753 2	92.487 6	88.542 5	84.912 1	81.565 0	78.470 6	75.601 7	72.934 9	70.449 6	68.127 9
22		96.898 4	92.809 4	89.013 2	85.507 5	82.264 9	79.258 1	76.462 7	73.857 4	71.423 6
23			97.031 3	93.104 8	89.446 7	86.057 8	82.913 6	79.990 0	77.265 0	74.719 1
24				97.153 2	93.376 9	89.847 4	86.567 7	83.516 6	80.672 1	78.014 3
25					97.265 5	93.628 3	90.218 7	87.041 7	84.078 4	81.309 1
26						97.369 3	93.861 4	90.563 9	87.483 4	84.603 2
27							97.465 5	94.077 9	90.885 5	87.895 9
28								97.554 9	94.279 8	91.185 9
29									97.638 2	94.468 3
30										97.716 0

附表 5 为 n 个($1 \leqslant n \leqslant 10$)试样、秩为 i、5%置信极限失效概率百分比。

附表 5　n 个($1 \leqslant n \leqslant 10$)试样、秩为 i、5%置信极限失效概率百分比

	$n=1$	2	3	4	5	6	7	8	9	10
$i=1$	50.000 0	2.532 1	1.695 2	1.274 2	1.020 6	0.851 2	0.730 1	0.639 1	0.568 3	0.511 6
2		22.360 7	13.535 0	9.761 1	7.644 1	6.285 0	5.337 6	4.638 9	4.102 3	3.677 1
3			36.840 3	24.860 4	18.925 6	15.316 1	12.875 7	11.111 3	9.774 7	8.726 4
4				47.287 1	34.259 2	27.133 8	22.532 1	19.290 3	16.875 0	15.002 8
5					54.928 1	41.819 7	34.126 1	28.924 1	25.136 7	22.244 1
6						60.696 2	47.929 8	40.031 1	34.494 1	30.353 7
7							65.183 6	52.932 1	45.035 8	39.337 6
8								68.765 6	57.086 4	49.309 9
9									71.687 1	60.583 6
10										74.113 4

附表 6 为 n 个($11 \leqslant n \leqslant 20$)试样、秩为 i、5%置信极限失效概率百分比。

附表 6　n 个($11 \leqslant n \leqslant 20$)试样、秩为 i、5%置信极限失效概率百分比

	$n=11$	12	13	14	15	16	17	18	19	20
$i=1$	0.465 2	0.426 5	0.393 8	0.365 7	0.341 4	0.320 1	0.301 3	0.284 6	0.269 6	0.256 1
2	3.331 9	3.046 0	2.805 3	2.599 9	2.422 6	2.267 9	2.131 8	2.011 1	1.903 3	1.806 5
3	7.882 0	7.187 0	6.605 0	6.110 3	5.684 7	5.314 6	4.989 8	4.702 5	4.446 5	4.216 9
4	13.507 5	12.285 1	11.266 6	10.404 7	9.665 8	9.025 2	8.464 5	7.969 5	7.259 4	7.135 4
5	19.957 6	18.102 5	16.565 9	15.271 8	14.164 4	13.211 1	12.377 1	11.642 6	10.990 6	10.408 1
6	27.125 0	24.530 0	22.395 5	20.607 3	19.086 5	17.776 6	16.636 3	15.634 4	14.746 9	13.955 4
7	34.981 1	31.523 8	28.704 9	26.358 5	24.372 7	22.669 2	21.190 8	19.895 3	18.750 4	17.731 1
8	43.562 6	39.086 2	35.479 9	32.502 8	29.998 6	27.860 2	26.011 4	24.396 1	22.972 1	21.706 9
9	52.991 3	47.267 4	42.738 1	39.041 5	35.956 6	33.337 4	31.082 9	29.120 1	27.394 6	25.865 1
10	63.564 1	56.189 4	50.535 0	45.999 5	42.255 6	39.101 1	36.400 9	34.059 8	32.008 7	30.195 4
11	76.159 6	66.132 0	58.990 2	53.434 3	48.924 8	45.165 3	41.970 5	39.215 5	36.811 5	34.693 1
12		77.907 8	68.366 0	61.461 0	56.021 6	51.560 4	47.808 3	44.595 5	41.806 4	39.359 5
13			79.418 4	70.326 6	63.655 8	58.342 8	53.945 1	50.217 2	47.003 3	44.196 6
14				80.736 4	72.060 4	65.617 5	60.435 8	56.111 8	52.420 3	49.218 2
15					81.896 4	73.604 2	67.380 7	62.332 1	58.088 0	54.441 7
16						82.925 1	74.987 6	68.973 8	64.057 4	59.897 2
17							83.843 4	76.233 9	70.419 8	65.633 6
18								84.668 3	77.362 6	71.738 2
19									85.413 1	78.389 4
20										86.089 1

附表 7 为 n 个 $(21 \leqslant n \leqslant 30)$ 试样、秩为 i、5％置信极限失效概率百分比。

附表 7　n 个 $(21 \leqslant n \leqslant 30)$ 试样、秩为 i、5％置信极限失效概率百分比

	$n=21$	22	23	24	25	26	27	28	29	30
$i=1$	0.244 0	0.232 9	0.222 8	0.213 5	0.205 0	0.197 1	0.189 8	0.183 0	0.176 7	0.170 8
2	1.719 1	1.639 7	1.567 4	1.501 2	1.440 3	1.384 2	1.332 3	1.284 1	1.239 4	1.197 6
3	4.010 0	3.822 3	3.651 5	3.495 3	3.352 0	.3219 9	3.097 8	2.984 7	2.879 6	2.781 6
4	6.780 6	64.59 6	6.167 6	5.900 8	5.656 3	5.431 2	5.223 3	5.030 8	4.852 0	4.685 5
5	9.884 3	9.410 9	8.980 9	8.588 5	8.229 1	7.898 6	7.593 6	7.311 4	7.049 4	6.805 5
6	13.244 8	12.603 4	12.021 5	11.491 1	11.005 6	10.559 7	10.148 5	9.768 2	9.415 5	9.087 4
7	16.817 6	15.994 1	15.248 0	14.568 6	13.947 5	13.377 4	12.852 2	12.366 9	11.916 9	11.498 7
8	20.575 0	19.556 2	18.634 4	17.796 1	17.030 4	16.328 2	15.681 9	15.085 1	14.532 2	14.018 5
9	24.499 4	23.272 4	22.163 0	21.156 6	20.237 8	19.396 0	18.622 0	17.907 7	17.246 5	16.632 6
10	28.580 1	27.131 3	25.824 3	24.638 9	23.558 6	22.570 0	21.661 7	20.824 3	20.049 6	19.330 8
11	32.810 9	31.126 4	29.609 3	28.235 6	26.985 0	25.842 4	24.793 4	23.827 1	22.934 0	22.105 9
12	37.190 1	35.254 4	33.514 8	31.942 1	30.513 0	29.208 2	28.012 0	26.911 1	25.894 4	24.952 6
13	41.719 9	39.515 6	37.539 4	35.746 4	34.138 9	32.664 2	31.313 9	30.072 5	28.927 1	27.866 9
14	46.406 4	43.913 2	41.684 5	39.678 5	37.862 2	36.208 9	34.697 2	33.309 0	32.029 6	30.846 4
15	51.261 1	48.454 4	45.954 4	43.710 7	41.683 8	39.842 4	38.161 3	36.619 7	35.205 5	33.889 3
16	56.302 4	53.150 6	50.356 5	47.857 7	45.606 7	43.566 3	41.706 9	40.004 4	38.439 2	36.994 8
17	61.559 2	58.020 0	54.902 5	52.127 2	49.635 9	47.383 8	45.336 0	43.464 5	41.746 4	40.162 9
18	67.078 9	63.090 9	59.610 1	56.530 9	53.779 1	51.300 2	49.052 2	47.002 1	45.123 5	43.394 5
19	72.944 8	68.408 7	64.506 7	61.086 1	58.048 0	55.323 4	52.860 8	50.621 1	48.573 0	40.691 4
20	79.327 5	74.053 3	69.636 2	65.819 2	62.459 5	59.464 6	56.769 8	54.326 9	52.098 8	50.056 1
21	86.705 4	80.187 8	75.075 1	70.772 7	67.039 2	63.740 5	60.790 2	58.127 2	55.706 4	53.492 7
22		87.269 5	80.979 6	76.019 9	71.827 7	68.175 8	64.938 0	62.033 0	59.403 4	57.006 6
23			87.787 6	81.710 8	76.896 5	72.809 8	69.237 4	66.059 8	63.200 4	60.605 3
24				88.265 4	82.387 9	77.710 7	73.726 1	70.230 9	67.112 7	64.299 1
25					88.707 2	83.016 9	78.470 0	74.583 0	71.162 8	68.102 9
26						89.117 0	83.602 6	79.179 5	75.386 1	72.038 5
27							89.498 1	84.149 3	79.843 9	76.140 2
28								89.853 4	84.660 8	80.467 4
29									90.185 5	85.140 4
30										90.496 6

附表 8 为 n 个 $(1 \leqslant n \leqslant 10)$ 试样、秩为 i、95％置信极限失效概率百分比。

附表 8　n 个($1 \leqslant n \leqslant 10$)试样、秩为 i、95% 置信极限失效概率百分比

	$n=1$	2	3	4	5	6	7	8	9	10
$i=1$	95.000 0	77.639 3	63.159 7	52.712 9	45.072 0	39.303 8	34.816 4	831.234 4	28.312 9	25.886 6
2		97.467 9	86.465 0	75.139 5	65.740 8	58.180 3	52.070 3	47.067 9	42.913 6	39.416 3
3			98.304 7	90.238 9	81.074 4	72.866 2	65.873 8	59.968 9	54.964 2	50.690 1
4				98.725 9	92.356 0	84.683 9	77.467 9	71.076 0	65.505 8	60.662 4
5					98.979 4	93.715 0	87.124 4	80.709 7	74.863 3	69.646 3
6						99.148 8	94.662 4	88.888 7	83.125 0	77.755 9
7							99.269 9	95.361 1	90.225 3	84.997 2
8								99.360 9	95.897 7	91.273 6
9									99.431 7	96.322 9
10										99.488 4

附表 9 为 n 个($11 \leqslant n \leqslant 20$)试样、秩为 i、95% 置信极限失效概率百分比。

附表 9　n 个($11 \leqslant n \leqslant 20$)试样、秩为 i、95% 置信极限失效概率百分比

	$n=11$	12	13	14	15	16	17	18	19	20
$i=1$	23.840 4	22.092 2	20.581 7	19.263 6	18.103 6	17.075 0	16.156 6	15.331 8	14.586 8	13.910 8
2	36.435 9	33.868 1	31.633 9	29.673 4	27.939 6	26.395 7	25.012 5	23.766 1	22.637 5	21.610 6
3	47.008 7	43.810 5	41.009 9	38.538 9	36.344 2	34.382 5	32.619 3	31.026 3	29.580 2	28.261 9
4	56.437 4	52.732 6	49.465 0	46.565 6	43.978 5	41.657 2	39.564 1	37.667 9	35.942 5	34.366 4
5	65.018 8	60.913 7	57.262 0	54.000 5	51.075 2	48.439 7	46.055 0	43.888 3	41.912 0	40.102 8
6	72.875 0	68.476 3	64.520 1	60.958 5	57.744 4	54.834 7	52.191 8	49.782 8	47.579 7	45.558 2
7	80.042 4	75.470 0	71.295 1	67.497 2	64.043 5	60.898 9	58.029 5	55.404 6	52.996 7	50.781 8
8	86.492 5	81.897 5	77.604 5	73.641 5	70.001 3	66.662 6	63.599 1	60.784 5	58.193 5	55.803 4
9	92.118 0	87.714 9	83.434 1	79.392 6	75.627 3	72.139 7	68.917 1	65.940 2	63.188 5	60.641 5
10	96.668 1	92.813 0	88.733 4	84.728 2	80.913 5	77.330 8	73.988 6	70.879 9	67.991 3	65.306 9
11	99.534 8	96.954 0	93.395 0	89.595 3	85.833 6	82.223 4	78.809 2	75.603 9	72.605 4	69.804 6
12		99.573 5	97.194 7	93.889 7	90.334 2	86.788 9	93.363 8	80.104 7	77.027 9	74.134 9
13			99.606 2	97.400 1	94.315 3	90.974 8	87.622 9	84.365 6	81.249 6	78.293 1
14				99.634 3	97.577 4	94.685 4	91.535 5	88.357 4	85.253 0	82.268 9
15					99.658 6	97.732 1	95.010 2	92.030 5	89.009 3	86.044 6
16						99.679 9	97.868 2	95.297 5	92.470 6	89.591 9
17							99.698 7	97.988 9	95.553 5	92.864 6
18								99.715 4	98.096 7	95.783 5
19									99.730 4	98.193 5
20										99.743 9

附表 10 为 n 个($21 \leqslant n \leqslant 30$)试样、秩为 i、95% 置信极限失效概率百分比。

附表 10　*n* 个(21≤*n*≤30)试样、秩为 *i*、95％置信极限失效概率百分比

	n＝21	22	23	24	25	26	27	28	29	30
i＝1	13.294 6	12.730 6	12.212 3	11.734 6	11.292 8	10.883 0	10.501 9	10.146 6	9.814 5	9.503 4
2	20.672 5	19.812 2	19.020 4	18.289 3	17.612 1	16.983 1	16.397 5	15.850 7	15.339 2	14.859 6
3	27.055 2	25.946 7	24.924 9	23.980 1	23.104 0	22.289 3	21.530 0	20.820 5	20.156 1	19.532 6
4	32.921 1	31.591 3	30.363 7	29.227 3	28.172 3	27.190 2	26.273 9	25.417 0	24.613 9	23.859 8
5	38.440 8	36.909 1	35.493 2	34.180 7	32.960 8	31.824 2	30.762 7	29.769 1	28.837 2	27.961 5
6	43.697 6	41.980 0	40.389 9	38.913 9	37.540 5	36.259 5	35.062 0	33.940 2	32.887 3	31.897 1
7	48.738 9	46.849 4	45.097 5	43.469 2	41.952 0	40.535 4	39.209 8	37.967 0	36.799 5	35.700 9
8	53.593 6	51.545 6	49.643 5	47.872 8	46.220 9	44.676 7	43.230 2	41.872 8	40.596 6	39.394 7
9	58.280 1	56.086 8	54.045 6	52.142 3	50.364 6	48.699 8	47.139 1	45.673 1	44.293 6	42.993 4
10	62.809 9	60.484 4	58.315 5	56.289 3	54.393 3	52.616 2	50.947 8	49.378 9	47.901 2	46.507 3
11	67.189 1	64.745 6	62.460 7	60.321 5	58.316 2	56.433 7	54.664 0	52.997 9	51.427 0	49.943 9
12	71.420 0	68.873 7	66.485 3	64.243 6	62.137 8	60.157 6	58.293 1	56.535 5	54.876 5	53.308 6
13	76.500 5	72.868 7	70.390 6	68.057 9	65.861 1	63.791 1	61.838 7	59.995 6	58.253 6	56.605 5
14	79.425 0	76.727 6	74.175 7	71.764 5	69.487 1	67.335 8	65.302 8	63.380 3	61.560 8	59.837 1
15	83.182 4	80.443 7	77.836 4	75.361 1	73.014 7	70.791 8	68.686 1	66.690 9	64.799 6	63.005 2
16	86.755 2	84.005 9	81.365 6	78.843 4	76.441 4	74.157 6	71.988 0	69.927 5	67.970 4	66.100 4
17	90.115 6	87.396 6	84.752 0	82.204 0	79.762 2	77.430 0	75.206 6	73.088 9	71.072 8	69.153 6
18	93.219 3	90.589 1	87.978 5	85.431 3	82.969 6	80.603 9	78.338 3	76.172 8	74.105 6	72.133 1
19	95.990 1	93.540 4	91.019 1	88.508 9	86.052 5	83.671 8	81.378 0	79.175 7	77.066 0	75.047 4
20	98.280 9	96.177 6	93.832 4	91.411 5	88.994 4	86.622 6	84.318 1	82.092 3	79.950 4	77.894 1
21	99.756 0	98.360 3	96.348 5	94.099 2	91.770 9	89.440 4	87.147 8	84.914 9	82.753 5	80.669 1
22		99.767 1	98.432 6	96.504 7	94.343 7	32.101 4	89.851 5	87.633 1	85.467 8	83.367 4
23			99.777 2	98.498 8	96.648 0	94.568 8	92.406 4	90.231 8	88.083 1	85.981 5
24				99.786 5	98.559 7	96.780 1	94.776 7	92.688 6	90.584 5	88.501 3
25					99.795 0	98.615 8	96.902 2	94.969 2	92.950 6	90.912 6
26						99.802 9	98.667 7	97.015 3	95.148 0	93.194 4
27							99.810 2	98.715 9	97.120 4	95.314 5
28								99.817 0	98.760 6	97.218 4
29									99.823 3	98.802 4
30										99.829 2

附表 11 为伽马函数。

附表 11　伽马函数

x	$\Gamma(x)$	x	$\Gamma(x)$	x	$\Gamma(x)$
1.00	1	1.34	0.892 215 507	1.68	0.905 001 03
1.01	0.994 325 851	1.35	0.891 151 442	1.69	0.906 781 816
1.02	0.988 844 203	1.36	0.890 184 532	1.70	0.908 638 733
1.03	0.983 549 951	1.37	0.889 313 507	1.71	0.910 571 68
1.04	0.978 438 201	1.38	0.888 537 149	1.72	0.912 580 578
1.05	0.973 504 266	1.39	0.887 854 292	1.73	0.914 665 371
1.06	0.968 743 649	1.40	0.887 263 817	1.74	0.916 826 025
1.07	0.964 152 042	1.41	0.886 764 658	1.75	0.919 062 527
1.08	0.959 725 311	1.42	0.886 355 79	1.76	0.921 374 885
1.09	0.955 459 488	1.43	0.886 036 236	1.77	0.923 763 128
1.10	0.951 350 77	1.44	0.885 805 063	1.78	0.926 227 306
1.11	0.947 395 504	1.45	0.885 661 38	1.79	0.928 767 49
1.12	0.943 590 186	1.46	0.885 604 336	1.80	0.931 383 771
1.13	0.939 931 45	1.47	0.885 633 122	1.81	0.934 076 258
1.14	0.936 416 066	1.48	0.885 746 965	1.82	0.936 845 083
1.15	0.933 040 931	1.49	0.885 945 132	1.83	0.939 690 395
1.16	0.929 803 067	1.50	0.886 226 925	1.84	0.942 612 363
1.17	0.926 699 611	1.51	0.886 591 685	1.85	0.945 611 176
1.18	0.923 727 814	1.52	0.887 038 783	1.86	0.948 687 042
1.19	0.920 885 037	1.53	0.887 567 628	1.87	0.951 840 185
1.20	0.918 168 742	1.54	0.888 177 659	1.88	0.955 070 853
1.21	0.915 576 493	1.55	0.888 868 348	1.89	0.958 379 308
1.22	0.913 105 947	1.56	0.889 639 199	1.90	0.961 765 832
1.23	0.910 754 856	1.57	0.890 489 746	1.91	0.965 230 726
1.24	0.908 521 058	1.58	0.891 419 554	1.92	0.968 774 309
1.25	0.906 402 477	1.59	0.892 428 214	1.93	0.972 396 918
1.26	0.904 397 118	1.60	0.893 515 349	1.94	0.976 098 907
1.27	0.902 503 064	1.61	0.894 680 608	1.95	0.979 880 651
1.28	0.900 718 476	1.62	0.895 923 668	1.96	0.983 742 54
1.29	0.899 041 586	1.63	0.897 244 233	1.97	0.987 684 984
1.30	0.897 470 696	1.64	0.898 642 03	1.98	0.991 708 409
1.31	0.896 004 177	1.65	0.900 116 816	1.99	0.995 813 26
1.32	0.894 640 463	1.66	0.901 668 371	2.00	1
1.33	0.893 378 053	1.67	0.903 296 499		

伽马函数是欧拉定义的广义参数积分(欧拉第二积分)。对实数,$x>0$,

$$\Gamma(x) = \int_0^{\infty} e^{-t} t^{x-1} dt$$

有下列方程:

$$\Gamma(x=1), \quad \Gamma(x+1) = x\Gamma(x), \quad \Gamma(x) = \frac{\Gamma(x+1)}{x}, \quad \Gamma(x) = (x-1)\Gamma(x-1)$$

例如:

① $\Gamma(1.35) = 0.891\ 151\ 442$;

② $\Gamma(0.8) = \dfrac{\Gamma(1.8)}{0.8} = \dfrac{0.931\ 383\ 771}{0.8} = 1.164\ 979\ 713\ 75$;

③ $\Gamma(3.2) = 2.2 \times \Gamma(2.2) = 2.2 \times 1.2 \times \Gamma(1.2) = 2.2 \times 1.2 \times 0.918\ 168\ 742 = 2.423\ 97$。

根据 V_q 方法,用作图方法得出置信区间(见附图1~附图8)。

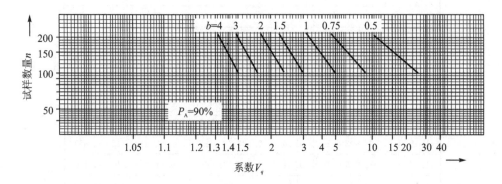

附图 1　根据 V_q 方法[VDA 4.2],在不同 b 值的情况下 t_1 寿命的置信区间($q=1\%$)

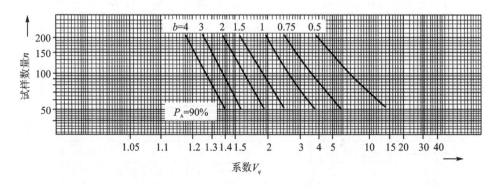

附图 2　根据 V_q 方法[VDA 4.2],在不同 b 值的情况下 t_1 寿命的置信区间($q=3\%$)

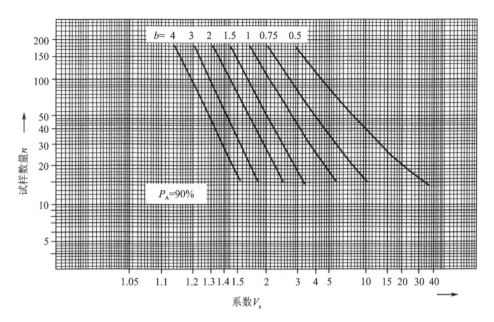

附图 3　根据 V_q 方法［VDA 4.2］,在不同 b 值的情况下 t_1 寿命的置信区间($q=5\%$)

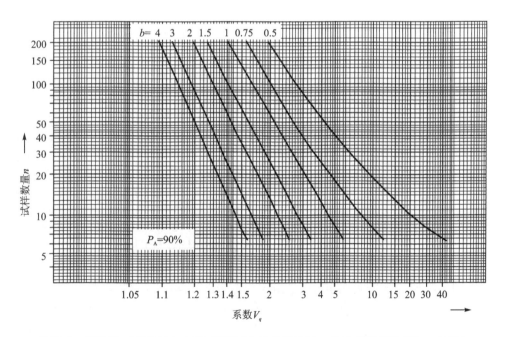

附图 4　根据 V_q 方法［VDA 4.2］,在不同 b 值的情况下 t_1 寿命的置信区间($q=10\%$)

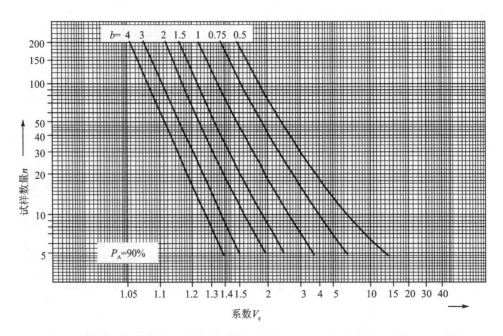

附图 5　根据 V_q 方法[VDA 4.2],在不同 b 值的情况下 t_1 寿命的置信区间($q=30\%$)

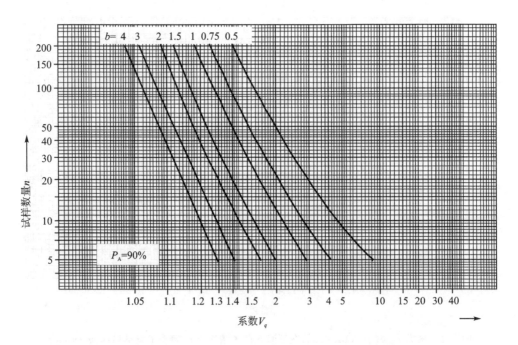

附图 6　根据 V_q 方法[VDA 4.2],在不同 b 值的情况下 t_1 寿命的置信区间($q=50\%$)

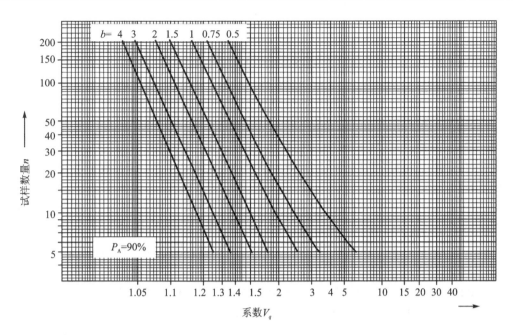

附图 7　根据 V_q 方法［VDA 4.2］,在不同 b 值的情况下 t_1 寿命的置信区间($q=80\%$)

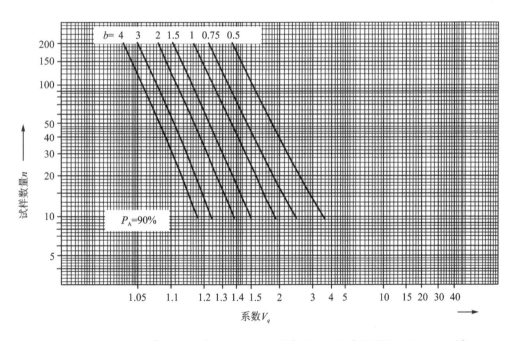

附图 8　根据 V_q 方法［VDA 4.2］,在不同 b 值的情况下 t_1 寿命的置信区间($q=90\%$)

参考文献

[1] Verband der Automobilindustrie. VDA 4. 2 Sicherung der Qualitätvor Serieneinsatz System FMEA. Frankfurt，VDA，1996.

[2] 康锐，石荣德. 故障模式影响及危害性分析指南：GJB/Z 1391—2006. 北京：总装备部军标出版发行部，2006.

[3] Naval Surface Warfare Center. Handbook of Reliability Prediction Procedures for Mechanical Equipment. West Bethesda，Maryland 20817-5700，2001.

[4] Bernd Bertsche. Reliability in Automotive and Mechanical Engineering. Stuttagrat，Springer，2008.

[5] Seongwoo Woo. Reliability Design of Mechanical Systems. Seoul，Springer，2017.

[6] 闻邦春. 机械设计手册　疲劳强度与可靠性设计. 北京：机械工业出版社，2014.

[7] Beyer R，Lauster E. Statistische Lebensdauerprüfpläne bei Berücksichtigung von Vorkenntnissen. QZ 35，Heft 2，1990：93-98.

[8] Kleyner，Bhagath，Gasparini，et al. Bayesian techniques to reduce sample size in automotive electronics attribute testing. Microelectronic Reliability，1997，37(6)：879-883.

[9] Martz H F，Waller R A. Bayesian reliability analysis. John Wiley & Sons，New York，1982.

[10] Krolo A，Bertsche B. An Aproach for the Advanced Planning of a Reliability Demonstration Test based on a Bayes Procedure. Proc. Ann. Reliability & Maintainability Symp.，2003：288-294.

[11] Beyer R，Lauster E. Statistische Lebensdauerprüfpläne bei Berücksichtigung von Vorkenntnissen，1990，QZ 35，Heft 2，S：93-98.

[12] Kleyner Bhagath，Gasparini Robinson. Bayesian techniques to reduce sample size in automotive electronics attribute testing. Microelectronic Reliability，1997，37（6）：879-883.

[13] Martz H F，Waller R A. Bayesian reliability analysis. John Wiley & Sons，New York，1982.

[14] Krolo A，Bertsche B. An Aproach for the Advanced Planning of a Reliability Demonstration Test based on a Bayes Procedure. Proc. Ann. Reliability & Maintainability Symp.，2003，S：288-294.

[15] Verband der Automobilindustrie . VDA 3. 2 Zuverlässigkeitssicherung bei Automobilherstellern und Lieferanten. VDA，Frankfurt，2000.